高等数学

（下册）（第2版）

主　编　张清平　阳彩霞

副主编　宋　翌　王学敏　陈　芸

北京理工大学出版社
BEIJING INSTITUTE OF TECHNOLOGY PRESS

内 容 简 介

本教材以新形势下的教材改革精神为指导，结合编者多年的一线教学实践编写而成．全书共6章，分别为常微分方程、向量代数和空间解析几何、多元函数微分学、重积分、曲线积分与曲面积分、无穷级数．本书以“掌握概念、强化应用、培养技能”为指导思想，体现应用型本科教育以应用为目的，以必需、够用为度的基本原则．在体系上注重突出高等数学课程循序渐进、由浅入深的特点．

按照应用型本科院校高等数学教学的特点，我们还在每一小节后配有课后习题，每一章结尾有综合练习题，书后附有参考答案和提示，在内容上淡化理论证明、强调应用和计算．在方法上关注现实、案例驱动、强化软件应用．

本书可作为应用型本科高等院校理、工、农、医、管各本科专业高等数学课程教学，也可作为科技工作者的参考书．

图书在版编目（CIP）数据

高等数学．下册/张清平，阳彩霞主编．—2版．—北京：北京理工大学出版社，2018.1（2021.12重印）

ISBN 978－7－5682－5233－1

Ⅰ.①高…　Ⅱ.①张…②阳…　Ⅲ.①高等数学－高等学校－教材　Ⅳ.①O13

中国版本图书馆CIP数据核字（2018）第015149号

出版发行／北京理工大学出版社有限责任公司
社　　址／北京市海淀区中关村南大街5号
邮　　编／100081
电　　话／（010）68914775（总编室）
（010）82562903（教材售后服务热线）
（010）68944723（其他图书服务热线）
网　　址／http：//www.bitpress.com.cn
经　　销／全国各地新华书店
印　　刷／涿州市新华印刷有限公司
开　　本／787毫米×1092毫米　1/16
印　　张／17.25
字　　数／327千字
版　　次／2018年1月第2版　2021年12月第3次印刷
定　　价／39.00元

责任编辑／江　立
文案编辑／康继超
责任校对／周瑞红
责任印制／施胜娟

前 言 Preface

高等数学课程是高等院校非数学专业必修的一门重要基础课，它的主要内容是微分学和积分学，而微积分学对微观与宏观两种境地的事与物的发展变化都有准确描述，它是变量数学的主体，它是科学史上最为重大的划时代的创造之一，它能解决只靠经验或初等数学不可解决的众多重要问题，它是数学科学、自然科学、工程技术乃至社会科学最基本的工具之一，它是现代文明的不可或缺的组成部分. 高等数学教学不仅关系到学生在整个大学期间甚至研究生期间的学习质量，而且还关系到学生的思维品质、思辨能力、创造潜能等科学和文化素养，高等数学教学既是科学的基础教育，又是文化的基础教育，是素质教育的一个重要的方面.

开设本课程的目的是不仅使学生系统地获得向量代数与空间解析几何、一元函数微积分、常微分方程、多元函数微积分与无穷级数的基本概念、基本理论、基本运算和分析方法，在数学的抽象性、逻辑性与严密性方面受到必要的训练和熏陶，使他们具有理解和运用逻辑关系、研究和领会抽象事物、认识和利用数形规律的初步能力，为学生学习后继数学课程、其他基础课程和专业课程提供必要的基础知识和思想方法，而且逐步培养学生用极限的方法、矢量的方法、连续与离散的方法与数学建模等方法去思考问题的意识和兴趣，培养学生的抽象思维能力、逻辑推理能力与归纳判断能力、空间想象能力与数值计算能力，并特别培养学生具有综合运用所学知识去分析问题和解决问题的能力，为学生将来进行科学研究奠定良好的基础. 随着大学扩招，中国的高等教育已从过去的精英教育迈入了大众化的轨道，各种以培养应用型人才为目标的民办院校更是异军突起，规模逐年扩大. 以往的传统数学课程，从体系结构与内容、深度与广度等方面已不适用正在成长、变化的应用型高等教育形势. 在此背景下，我们汲取了以往出版的各类应用型高等教育数学教材的优点，结合各校各专业数学教学改革的经验，特为应用型高等院校的本科学生编写了本教材．根据这类学生的特点，本教材删去了传统教材中理论性较强和难而繁的内容，全书用语力求简洁、准确、通俗易懂，意在强调数学知识的应用和培养学生学习数学的信心和兴趣．

本书是《高等数学》教材的下册，共有6章内容，分别为：第六章常微分方程、第七章向量代数和空间解析几何、第八章多元函数微分学、第九章重积分、第十章曲线积分与曲面积分、第十一章无穷级数．参加编写的人员为：宋翌（第六章）、阳彩霞（第七、十一章）、张清平（第八、九、十章）．

虽然各位编者十分努力，但由于水平有限，成书时间又很仓促，本书可能还有不少缺点和错误，敬请广大读者批评指正．

编　者

2018年1月

目　录　Contents

第六章 常微分方程

函数是客观事物的内部联系在数量上的反映．利用函数关系，我们可以对客观事物的规律性进行研究．但实际上很多问题常常无法直接求得所需要的函数关系，而只能定出这些量与它们的导数之间的关系．这样，我们便得到一个含有未知函数及其导数的方程，即所谓微分方程．

微分方程在科学技术中有着十分广泛的应用，它的内容丰富，涉及的面也广．本章主要介绍几种常用的微分方程及其解法．

6.1 微分方程的基本概念

一、引例

下面通过几何、物理学中的几个具体例子来阐明微分方程的基本概念．

例 1 已知一曲线 $y=f(x)$ 上任意一点处的切线斜率为 $3x^2$，且此曲线经过点（1，3）．求此曲线的方程．

解 根据导数的几何意义得以下方程

$$\frac{dy}{dx}=3x^2. \tag{1}$$

此外，未知函数还应满足以下条件 $x=1$ 时 $y=3$. (2)

把（1）式两端积分得 $y=x^3+c.$

此处 c 为任意常数，再用条件（2）代入得 $c=2.$

即所求曲线方程为 $y=x^3+2.$

例 2 一质量为 m 的物体仅受重力的作用而下落，如果其初始位置和初始速度都为 0，试确定物体下落的距离 s 与时间 t 的函数关系．

解 设物体在任一时间 t 下落的距离为 $s=s(t)$，则物体运动的加速度为

$$a=s''=\frac{d^2s}{dt^2}.$$

现物体仅受重力的作用，重力加速度为 g，由牛顿第二定律可知

$$\frac{d^2s}{dt^2}=g. \tag{3}$$

此外，未知函数 $s=s(t)$ 还应满足下列条件：

$$t=0\text{ 时}，s=0，v=\frac{ds}{dt}=0.$$

将其记作
$$s\Big|_{t=0}=0，v\Big|_{t=0}=\frac{ds}{dt}\Big|_{t=0}=0. \tag{4}$$

把（3）式两端积分一次得：

$$v=\frac{ds}{dt}=gt+c_1. \tag{5}$$

再积分一次，得
$$s=\frac{g}{2}t^2+c_1t+c_2, \tag{6}$$

这里 c_1，c_2 都是任意常数.

把条件 $v|_{t=0}=0$ 代入（5）式，得 $c_1=0$.

把条件 $s|_{t=0}=0$ 代入（6）式，得 $c_2=0$.

把 c_1，c_2 的值代入（9）式，得 $s=\frac{1}{2}gt^2$. （7）

这正是我们所熟悉的物理学中的自由落体运动公式.

二、基本概念

上述两例中式（1）和（3）都含有未知函数的导数，它们都是微分方程，一般地，可归纳得以下有关微分方程的概念.

定义 1 凡含有未知函数的导数或微分的方程叫做微分方程，未知函数是一元函数的，叫做常微分方程；未知函数是多元函数的，叫做偏微分方程.

本章只讨论常微分方程，所以以后凡不特殊说明，常微分方程就简称为微分方程或方程.

例如
$$y'=2x+1,$$
$$\frac{d^2y}{dx^2}+x\frac{dy}{dx}-y=x^3,$$
$$y'''+3y''+y=0,$$
$$3x^2dy-2ydx=0,$$
都是常微分方程.

定义 2 在微分方程中所出现的未知函数的导数或微分的最高阶数，叫做微分方程的阶.

例如，方程 $x^3y'''+x^2(y'')^2-4xy'=3x^2$ 是三阶微分方程.

由前面的例子我们看到，在研究某实际问题时，首先要建立微分方程，然后找出满足微分方程的函数（即解微分方程）. 也就是说，要找出这样的函数，把这函数代入微分方程能使该方程成为恒等式，这个函数就叫做该微分方程的解.

例如，函数（6）和（7）都是微分方程（3）的解.

如果微分方程的解中含有相互独立的任意常数（即它们不能合并而使得任意常数的个数减少），且任意常数的个数与微分方程的阶数相同，这样的解称为微分方程的通解.

由于通解中含有任意常数，所以它还是不能完全确定地反映某一客观事物的规律性. 要完全确定地反映客观事物的规律性，必须确定这些常数的值. 为此，要根据问题的实际情况，提出确定这些常数的条件，例如，例 1 中的条件（2），例 2 中的条件（4），上述这种条件叫做初始条件，确定了通解中的任意常数后，就能得到微分方程的特解，例如（7）式是方程（3）的特解.

求微分方程 $F(x, y, y', \cdots, y^{(n)})=0$ 满足初始条件的特解的问题，叫做微分方程的初值问题.

定义 3　一个 n 阶微分方程的解，如果含有 n 个任意常数，称为这方程的通解，根据初值条件，使通解中任意常数都取得定值的解，称为这方程的特解.

例 3　验证 $y=c_1\cos x+c_2\sin x+x$ 是微分方程 $y''+y=x$ 的解，并求满足初始条件 $y|_{x=0}=1$，$y'|_{x=0}=3$ 的特解.

解　由于

$$y'=-c_1\sin x+c_2\cos x+1,$$

$$y''=-c_1\cos x-c_2\sin x,$$

代入方程得

$$\begin{aligned}y''+y&=-c_1\cos x-c_2\sin x+c_1\cos x+c_2\sin x+x\\&=x.\end{aligned}$$

即方程成立.

所以 $y=c_1\cos x+c_2\sin x+x$ 为方程 $y''+y=x$ 的解.

将条件 $y|_{x=0}=1$，$y'|_{x=0}=3$ 代入 y，y' 可得 $c_1=1$，$c_2=2$.

故所求特解为 $y=\cos x+2\sin x+x$.

习题 6.1

1. 简述微分方程的概念及其分类.

2. 指出下列各微分方程的阶数.

（1）$x(y')^2-2yy'+x=0$；　（2）$x^2y''-xy'+y=0$；

（3）$xy'''+2y''+x^2y=0$；　（4）$(7x-6y)\mathrm{d}x+(x+y)\mathrm{d}y=0$；

（5）$\dfrac{\mathrm{d}^2s}{\mathrm{d}t^2}+x\dfrac{\mathrm{d}s}{\mathrm{d}t}+s=0$；　（6）$y^{(4)}-4y'''+5y=\sin x$.

3. 在下列各题中，验证所给的函数是否为微分方程的解，如果是，指明是通解还是特解？

（1）$xy'=2y$，$y=5x^2$；

（2）$y''+y=0$，$y=3\sin x-4\cos x$；

（3）$y''-2y'+y=0$，$y=x^2\mathrm{e}^x$；

（4）$y''-(\lambda_1+\lambda_2)y'+\lambda_1\lambda_2y=0$，$y=c_1\mathrm{e}^{\lambda_1x}+c_2\mathrm{e}^{\lambda_2x}$；

（5）$(x-2y)y'=2x-y$，$x^2-xy+y^2=c$；

（6）$(xy-x)y''+x(y')^2+yy'-2y'=0$，$y=\ln(xy)$.

4. 若 $y=\cos\omega t$ 是微分方程 $\dfrac{\mathrm{d}^2y}{\mathrm{d}t^2}+9y=0$ 的解，求 ω 的值.

6.2 可分离变量的微分方程

本节开始到 6.4 节，我们将讨论一阶微分方程的一些解法．一阶微分方程的一般形式为 $y'=f(x, y)$，有时也写成如下的对称形式 $P(x, y)\mathrm{d}x+Q(x, y)\mathrm{d}y=0$.

本节我们研究一类最简单的一阶微分方程，即可分离变量的微分方程，它的形式如下

$$y'=\frac{f(y)}{g(y)}. \tag{1}$$

也可以把它变为如下形式

$$g(y)\mathrm{d}y=f(x)\mathrm{d}x. \tag{2}$$

就是说，能把微分方程写成一端只含有 y 的函数和 $\mathrm{d}y$，另一端只含 x 的函数和 $\mathrm{d}x$，这也就是这类方程称为可分离变量的原因.

若 $g(y)$ 与 $f(x)$ 都是连续函数，对（2）式两端积分，得到

$$\int g(y)\mathrm{d}y=\int f(x)\mathrm{d}x+c.$$

设 $G(y)$ 与 $F(x)$ 依次是 $g(y)$ 与 $f(x)$ 的原函数，于是有

$$G(y)=F(x)+c. \tag{3}$$

利用隐函数求导法则不难验证，当 $g(y)\neq 0$ 时，由（3）式所确定的隐函数 $y=\phi(x)$ 是微分方程（2）的解；当 $f(x)\neq 0$ 时，由（3）式所确定的隐函数 $x=\phi(y)$ 也可认为是方程（3）的解.

（3）式叫做微分方程（2）的隐式解，又由于关系式（3）中含有任意常数，因此（3）式所确定的隐函数是方程（2）的通解．我们也把（3）式叫做微分方程（2）的隐式通解.

如果一个一阶微分方程能化为（2）的形式，则这个一阶微分方程就称为可分离变量的微分方程．把可分离变量的微分方程化成（2）式的过程称为分离变量，而方程的上述求解方法称为分离变量法.

例 1 求微分方程 $\dfrac{\mathrm{d}y}{\mathrm{d}x}=\mathrm{e}^x y$ 的通解.

解 所给方程是可分离变量的，分离变量后得

$$\frac{\mathrm{d}y}{y}=\mathrm{e}^x\mathrm{d}x.$$

两边积分，得 $\ln|y|=\mathrm{e}^x+c_1$.

从而

$$|y|=\mathrm{e}^{\mathrm{e}^x+c_1}=\mathrm{e}^{c_1}\cdot\mathrm{e}^{\mathrm{e}^x}=c_2\mathrm{e}^{\mathrm{e}^x}.$$

这里 $c_2=\mathrm{e}^{c_1}$ 为任意常数，所以

$$y=(\pm c_2)\mathrm{e}^{\mathrm{e}^x}=c_3\mathrm{e}^{\mathrm{e}^x},$$

其中 c_3 为任意非零常数.

注意到 $y=0$ 也是方程的解，令 c 为任意常数，则所给微分方程的通解为

$$y=c\mathrm{e}^{\mathrm{e}^x}.$$

例 2 求微分方程 $(1+y^2)\mathrm{d}x-x(1+x^2)y\mathrm{d}y=0$ 的通解.

解 用 $x(1+x^2)(1+y^2)$ 除方程两边得

$$\frac{dx}{x(1+x^2)}-\frac{ydy}{1+y^2}=0,$$

即
$$\frac{dx}{x(1+x^2)}=\frac{ydy}{1+y^2},$$

两边积分
$$\int\frac{dx}{x(1+x^2)}=\int\frac{y}{1+y^2}dy.$$

得
$$\ln|x|-\frac{1}{2}\ln(1+x^2)=\frac{1}{2}\ln(1+y^2)+c_1.$$

即
$$\ln\frac{x^2}{(1+x^2)(1+y^2)}=2c_1,\text{ 或}\frac{x^2}{(1+x^2)(1+y^2)}=e^{2c_1}=\frac{1}{c}.$$

则所给方程的通解为
$$(1+x^2)(1+y^2)=cx^2.$$

例 3　一曲线通过点（2，3），它在两坐标轴间的任一切线线段均被切点所平分，求这曲线方程.

解　设曲线方程为 $y=y(x)$，曲线上任一点 (x, y) 的切线方程为

$$\frac{Y-y}{X-x}=y'.$$

由假设，当 $Y=0$ 时，$X=2x$，代入上式，得

$$\frac{dy}{dx}=-\frac{y}{x},$$

且由题意，初始条件为 $y|_{x=2}=3$. 于是得出如下的初值问题

$$\begin{cases}\dfrac{dy}{dx}=-\dfrac{y}{x},\\ y|_{x=2}=3\end{cases}$$

将上述微分方程分离变量后积分得
$$xy=c,$$

又因 $y|_{x=2}=3$，故 $c=6$. 从而所求曲线为
$$xy=6.$$

习题 6.2

1. 求下列方程的通解.

(1) $y'=3x^2(1+y^2)$；　(2) $2(xy+x)y'=y$；

(3) $(y+x^2y)dy=(xy^2-x)dx$；　(4) $yy'=2(xy+x)$；

(5) $ye^{x+y}dy=dx$；　(6) $\dfrac{dy}{dx}=\left(\dfrac{y+1}{x+1}\right)^2$；

(7) $\sec^2x\tan y\,dx+\sec^2y\tan x\,dy=0$；　(8) $\cos x\sin y\,dx+\sin x\cos y\,dy=0$.

2. 求下列方程满足给出的初值条件的特解.

(1) $y'+2y=0$，$y|_{x=0}=100$；　(2) $dy=x(2ydx-xdy)$，$y|_{x=1}=4$；

(3) $y'\sin x=y\ln y$，$y|_{x=\frac{\pi}{2}}=e$；　(4) $y'=e^{2x-y}$，$y|_{x=0}=0$.

3. 经过点（2，1）作一曲线，使该曲线上任意一点 p 处的切线跟原点与 p 点的连线相重合，求该曲线的方程.

6.3 齐次方程

一、齐次方程

如果一个一阶方程具有如下形式：

$$\frac{\mathrm{d}y}{\mathrm{d}x}=f\left(\frac{y}{x}\right), \tag{1}$$

就称为齐次方程.

例如，$\frac{\mathrm{d}y}{\mathrm{d}x}=\frac{xy}{x^2-y^2}$是齐次方程，因为它可化为（1）的形式$\frac{\mathrm{d}y}{\mathrm{d}x}=\frac{\frac{y}{x}}{1-\left(\frac{y}{x}\right)^2}$.

在齐次方程$\frac{\mathrm{d}y}{\mathrm{d}x}=f\left(\frac{y}{x}\right)$中，引进新的未知函数

$$u=\frac{y}{x}, \tag{2}$$

就可将齐次方程化为可分离变量的微分方程. 因为由（2）有 $y=ux$，则

$$\frac{\mathrm{d}y}{\mathrm{d}x}=u+x\frac{\mathrm{d}u}{\mathrm{d}x}.$$

代入方程（1），便得方程 $u+x\frac{\mathrm{d}u}{\mathrm{d}x}=f(u)$.

即
$$x\frac{\mathrm{d}u}{\mathrm{d}x}=f(u)-u.$$

分离变量，得
$$\frac{\mathrm{d}u}{f(u)-u}=\frac{\mathrm{d}x}{x}.$$

两边积分，得
$$\int\frac{\mathrm{d}u}{f(u)-u}=\int\frac{\mathrm{d}x}{x}+c.$$

求出积分后，再以$\frac{y}{x}$代替 u，便得给定齐次方程的通解.

例 1 求解方程：$\frac{\mathrm{d}y}{\mathrm{d}x}=\frac{xy}{x^2-y^2}$.

解 这是齐次方程，令 $y=ux$，得

$$u+x\frac{\mathrm{d}u}{\mathrm{d}x}=\frac{u}{1-u^2}\text{或 }x\mathrm{d}u=\frac{u^3}{1-u^2}\mathrm{d}x.$$

分离变量后，得
$$\frac{(1-u^2)\mathrm{d}u}{u^3}=\frac{\mathrm{d}x}{x}.$$

两边积分后，得
$$-\frac{1}{2u^2}-\ln|u|=\ln|x|+c_1.$$

代回 $u=\frac{y}{x}$，得原方程的通解

$$y-ce^{\frac{-x^2}{2y^2}}=0.$$

例 2　解方程 $y^2+x^2\frac{dy}{dx}=xy\frac{dy}{dx}$.

解　原方程可写成

$$\frac{dy}{dx}=\frac{y^2}{xy-x^2}=\frac{\left(\frac{y}{x}\right)^2}{\frac{y}{x}-1}.$$

因此是齐次方程，令 $\frac{y}{x}=u$，则

$$y=ux,\ \frac{dy}{dx}=u+\frac{du}{dx}.$$

于是原方程变为
$$u+x\frac{du}{dx}=\frac{u^2}{u-1}.$$
即
$$x\frac{du}{dx}=\frac{u}{u-1}.$$
分离变量得
$$\left(1-\frac{1}{u}\right)du=\frac{dx}{x}.$$
两边积分，得
$$u-\ln|u|+c=\ln|x|.$$
即
$$\ln|ux|=u+c.$$

把 $\frac{y}{x}$ 代入上式中的 u，便得所给的通解为

$$\ln|y|=\frac{y}{x}+c.$$

二、可化为齐次方程的微分方程

形如
$$\frac{dy}{dx}=\frac{a_1x+b_1y+c_1}{a_2x+b_2y+c_2} \tag{3}$$
（a_1，a_2，b_1，b_2，c_1，c_2 为常数，其中 c_1，c_2 不全为 0）的方程，经过适当的变换可化为齐次方程.

（1）如果 $\frac{a_1}{a_2}=\frac{b_1}{b_2}=\lambda$，即 $a_1=\lambda a_2$，$b_1=\lambda b_2$，则方程（3）可化为

$$\frac{dy}{dx}=\frac{\lambda(a_2x+b_2y)+c_1}{(a_2x+b_2y)+c_2}. \tag{4}$$

令 $z=a_2x+b_2y$，则 $\frac{dz}{dx}=a_2+b_2\frac{dy}{dx}$.

将上述两式代入方程（4）得

$$\frac{dz}{dx}=a_2+b_2\frac{\lambda z+c_1}{z+c_2}.$$

这是一个可分离变量方程，解出 z 后再用 $z=a_2x+b_2y$ 回代.

（2）如果$\frac{a_1}{a_2}\neq\frac{b_1}{b_2}$，作变换$\begin{cases}x=u+h\\y=v+k\end{cases}$，其中 h，k 是待定的常数.

由$\begin{cases}dx=du\\dy=dv\end{cases}$知$\frac{dy}{dx}=\frac{dv}{du}$，方程（3）化为

$$\frac{dv}{du}=\frac{a_1u+b_1v+a_1h+b_1k+c_1}{a_2u+b_2v+a_2h+b_2k+c_2}. \tag{5}$$

为使方程（5）化成齐次方程，可令

$$\begin{cases}a_1h+b_1k+c_1=0\\a_2h+b_2k+c_2=0\end{cases},$$

由于$\frac{a_1}{a_2}\neq\frac{b_1}{b_2}$，两条直线相交于一点，从中一定能解出唯一的 D，那么方程（5）变为

$$\frac{dv}{du}=\frac{a_1u+b_1v}{a_2u+b_2v},$$

这是一个齐次方程，再按齐次方程的解法求出通解，最后回代 $u=x-h$，$v=y-k$ 可得原方程的通解.

例 3 求解$\frac{dy}{dx}=\frac{x+2y+1}{2x+4y-1}$.

解 令 $x+2y=z$，两边同时对 x 求导得

$$1+2y'=z'.$$

代入方程得
$$y'=\frac{z'-1}{2}=\frac{z+1}{2z-1}.$$

化简得
$$z'=\frac{4z+1}{2z-1}.$$

分离变量得
$$\frac{(2z-1)dz}{4z+1}=dx.$$

两边同时积分得
$$z-\frac{3}{4}\ln|4z+1|=2x+c_1.$$

代回原变量并移项，得
$$\frac{8y}{3}-\frac{4x}{3}=\ln|c(4x+8y+1)|.$$

即通解为
$$c^3(4x+8y+1)^3=e^{4(2y-x)}\quad(c\neq0).$$

例 4 求解$\frac{dy}{dx}=\frac{x+y-1}{x-y+1}$.

解 令
$$\begin{cases}x=u+h\\y=v+k\end{cases},\ \frac{dy}{dx}=\frac{dv}{du}.$$

方程变为
$$\frac{dv}{du}=\frac{(u+v)+(h+k-1)}{(u-v)+(h-k+1)}.$$

由$\begin{cases}h-k+1=0\\h+k-1=0\end{cases}$，解出$\begin{cases}h=0\\k=1\end{cases}$.

再解$\frac{\mathrm{d}v}{\mathrm{d}u}=\frac{u+v}{u-v}$，这是齐次方程，令

$$v=uz,\ v'_u=z+uz'_u.$$

代入方程后为
$$z+uz'_u=\frac{1+z}{1-z}.$$

化简得
$$uz'_u=\frac{1+z^2}{1-z}.$$

分离变量得
$$\frac{(1-z)\mathrm{d}z}{1+z^2}=\frac{\mathrm{d}u}{u}.$$

两边积分得
$$\arctan z-\frac{\ln(1+z^2)}{2}=\ln|cu|.$$

代回原变量得通解为

$$\arctan\frac{y-1}{x}-\frac{\ln\left[1+\frac{(y-1)^2}{x^2}\right]}{2}=\ln|cx|\quad (c\neq 0).$$

有些微分方程从形式上看不是可分离变量的方程，但只要作适当的变量代换，就可以化为可分离变量的方程. 下面我们仅举一例说一下这种方程的解法.

例 5　求方程$\frac{\mathrm{d}y}{\mathrm{d}x}=\frac{1}{x-y}+1$的通解

解　作变换$z=x-y$两边对x求导，得

$$z'_x=1-y'_x.$$

又因$\frac{\mathrm{d}y}{\mathrm{d}x}=\frac{1}{z}+1$，于是

$$\frac{\mathrm{d}z}{\mathrm{d}x}=1-\frac{1}{z}-1.$$

化简得
$$z\mathrm{d}x=-\mathrm{d}x.$$

两边积分得
$$z^2=-2x+c.$$

代回原变量得通解为
$$(x-y)^2=-2x+c.$$

习题 6.3

1. 求下列齐次方程的通解.

(1) $x^2y'+y^2=xyy'$；

(2) $xy'=y\ln\frac{y}{x}$；

(3) $\left(x+y\cos\frac{y}{x}\right)=xy'\cos\frac{y}{x}$；

(4) $(x^2-2y^2)\mathrm{d}x+xy\mathrm{d}y=0$；

(5) $x^2y'=3(x^2+y^2)\arctan\frac{y}{x}+xy$；

(6) $x\sin\frac{y}{x}\cdot\frac{\mathrm{d}y}{\mathrm{d}x}=y\sin\frac{y}{x}+x$.

2. 求下列齐次方程满足所给初始条件的特解.

(1) $(y^2-3x^2)\mathrm{d}y+2xy\mathrm{d}x=0$，$y|_{x=0}=1$；

(2) $y=\dfrac{x}{y}+\dfrac{y}{x}$，$y|_{x=1}=2$；

(3) $(x^2+2xy-y^2)\mathrm{d}x+(y^2+2xy-x^2)\mathrm{d}y=0$，$y|_{x=1}=1$.

3. 化下列方程为齐次方程，并求出通解.

(1) $\dfrac{\mathrm{d}y}{\mathrm{d}x}=\dfrac{x-2y+2}{x-2y+1}$；　　(2) $\dfrac{\mathrm{d}y}{\mathrm{d}x}=\dfrac{3x-y+1}{x+y+1}$；

(3) $(x+y)\mathrm{d}x+(3x+3y-4)\mathrm{d}y=0$；

(4) $(3y-7x+7)\mathrm{d}x+(7y-3x+3)\mathrm{d}y=0$.

6.4 一阶线性微分方程

一、线性方程

在一阶微分方程中，如果其未知函数和未知函数的导数都是一次的，则称为一阶线性微分方程.

一阶线性微分方程的一般形式为

$$\frac{\mathrm{d}y}{\mathrm{d}x}+P(x)y=Q(x), \tag{1}$$

其中 $P(x)$，$Q(x)$ 都是已知连续函数.

若 $Q(x)=0$，则 (1) 式变成

$$\frac{\mathrm{d}y}{\mathrm{d}x}+P(x)y=0, \tag{2}$$

称为一阶线性齐次方程.

当 $Q(x)\neq 0$ 时，方程 (1) 称为一阶线性非齐次方程.

(1) 求一阶线性齐次方程的通解

方程 (2) 是可分离变量的方程，当 $y\neq 0$ 时可改写成

$$\frac{\mathrm{d}y}{y}=-P(x)\mathrm{d}x.$$

两边积分得

$$\ln|y|=-\int P(x)\mathrm{d}x+C_1.$$

故通解为 $y=\pm\mathrm{e}^{-\int P(x)\mathrm{d}x+c_1}=C\mathrm{e}^{-\int P(x)\mathrm{d}x}$，$C$ 为任意常数

(2) 求一阶线性非齐次方程 (1) 的通解

前面已求得一阶线性齐次方程 (2) 的通解为

$$y=C\mathrm{e}^{-\int P(x)\mathrm{d}x}, \tag{3}$$

其中 C 为任意常数，现在设想非齐次方程 (1) 也有这种形式的解，但其中 C 不是任意常数，而是 x 的函数：

$$y = c(x)e^{-\int p(x)dx}, \tag{4}$$

确定出 $c(x)$ 之后，可得非齐次方程的通解.

将（4）及它的导数

$$y' = c'(x)e^{-\int P(x)dx} - c(x)P(x)e^{-\int P(x)dx}$$

代入方程（1）中，得

$$c'(x)e^{-\int P(x)dx} - c(x)P(x)e^{-\int P(x)dx} + c(x)P(x)e^{-\int P(x)dx} = Q(x),$$

即
$$c'(x)e^{-\int P(x)dx} = Q(x),$$

移项得
$$c'(x) = Q(x)e^{\int P(x)dx},$$

两边积分得
$$c(x) = \int Q(x)e^{\int P(x)dx} + C_1,$$

代入（4）式得（1）的通解为

$$y = c(x)e^{-\int P(x)dx} = e^{-\int P(x)dx}\left[\int Q(x)e^{\int P(x)dx}dx + C_1\right]. \tag{5}$$

上述将相应齐次方程通解中任意常数 C 换为函数 $c(x)$ 求非齐次方程通解的方法，称为常数变易法.

在实际求解一阶线性方程时，可以把（5）当作通解的公式来使用，但最好是按照上述方法直接求解.

例 1　求方程 $\frac{dy}{dx}-\frac{2y}{x+1}=(x+1)^{\frac{5}{2}}$.

解　先求对应的齐次方程的通解

$$\frac{dy}{dx}-\frac{2}{x+1}y=0.$$

分离变量
$$\frac{dy}{y}=\frac{2}{x+1}dx.$$

两边积分
$$\ln|y|=2\ln|x+1|+\ln C.$$
$$y=c(x+1)^2.$$

用常数变易法把 C 换成 $C(x)$. 即令

$$y=C(x)(x+1)^2,$$

那么
$$y'=C'(x)(x+1)^2+2C(x)(x+1).$$

代入所给非齐次线性微分方程，得

$$C'(x)=(x+1)^{\frac{1}{2}}.$$

两边积分得
$$C(x)=\frac{2}{3}(x+1)^{\frac{3}{2}}+C.$$

回代得通解为
$$y=(x+1)^2\left[\frac{2}{3}(x+1)^{\frac{3}{2}}+C\right].$$

例 2　求微分方程 $ydx+(x-y^3)dy=0(y>0)$ 的通解.

解　如果将上式改写为

$$y'+\frac{y}{x-y^3}=0,$$

则显然不是线性微分方程.

如果将原方程改写为
$$\frac{dx}{dy}+\frac{x-y^3}{y}=0,$$
即
$$\frac{dx}{dy}+\frac{1}{y}x=y^2.$$

将 x 看作 y 的函数，则它是形如
$$x'+P(y)x=Q(y)$$
的线性微分方程．运用公式（5）可得通解为
$$\begin{aligned} x &= e^{-\int P(y)dy}\left[\int Q(y)e^{\int P(y)dy}dy+C_1\right] \\ &= e^{-\int \frac{1}{y}dy}\left(\int y^2 e^{\int \frac{1}{y}dy}dy+C_1\right) \\ &= \frac{1}{y}\left(\frac{1}{4}y^4+C_1\right) \\ &= \frac{1}{4}y^3+\frac{C_1}{y}, \end{aligned}$$
或
$$4xy=y^4+C(C=4C_1 \text{ 为任意常数}).$$

二、伯努利方程

有一种方程，虽然不是线性的，但在通过变量置换后，可以化成线性的．这种方程有如下形式：
$$\frac{dy}{dx}+P(x)y=Q(x)y^n \quad (n\neq 0, 1), \tag{6}$$
称为伯努利（Bernouli）方程.

当 $n=0$ 或 1 时，(6) 是线性微分方程.

当 $n\neq 0$、1 时，可以用 y^n 除全式得
$$y^{-n}y'+P(x)y^{1-n}=Q(x).$$

如果令 $z=y^{1-n}$，便有
$$\frac{1}{1-n}z'+P(x)z=Q(x),$$
或
$$z'+(1-n)P(x)z=(1-n)Q(x).$$

这是线性方程，求出通解后以 y^{1-n} 代 z 便得到伯努利方程的通解.

例 3 求方程 $\frac{dy}{dx}+\frac{y}{x}=a(\ln x)y^2$ 的通解.

解 以 y^2 除方程两端，得
$$y^{-2}\cdot y'+\frac{1}{x}y^{-1}=a\ln x.$$

令 $z=y^{-1}$，则上述方程化为
$$\frac{dz}{dx}-\frac{1}{x}z=-a\ln x.$$

这是一个线性方程，它的通解为

$$z=x\left[C-\frac{a}{2}(\ln x)^2\right].$$

以 y^{-1} 代 z，得所求方程的通解为

$$yx\left[C-\frac{a}{2}(\ln x)^2\right]=1.$$

从以上几节的几个例题的解题过程可以看出，给定一个微分方程首先要判断它是哪一类方程——是否是一阶？变量是否可分离？是否为齐次方程？或者是否是线性的？如果是线性的，再区分是齐次的还是非齐次的，最后按照不同方程的不同解法求解方程．此过程也适用于下节开始讲的高阶方程的求解．

习题 6.4

1．求下列各线性方程的通解．

(1) $x\frac{dy}{dx}-3y=x^4$；　(2) $(1+x^2)dy+2xydx=\cot x dx$；

(3) $y'+y\tan x=\sec x$；　(4) $y'+\frac{y}{1-x}=x^2-x$；

(5) $y'+y\cos x=e^{-\sin x}$；　(6) $y'+y\tan x=\sin 2x$；

(7) $(x^2-1)y'+2xy-\cos x=0$；　(8) $y^2dx+(3xy-4y^3)dy=0$．

2．求下列各方程满足初值条件的特解．

(1) $\frac{dy}{dx}-y\tan x=\sec x$，$y|_{x=0}=0$；　(2) $\frac{dy}{dx}+\frac{y}{x}=\frac{\sin x}{x}$，$y|_{x=\pi}=1$；

(3) $\frac{dy}{dx}+y\cot x=5e^{\cos x}$，$y|_{x=\frac{\pi}{2}}=-4$；　(4) $\frac{dy}{dx}+3y=8$，$y|_{x=0}=2$；

(5) $\frac{dy}{dx}+\frac{2-3x^2}{x^3}y=1$，$y|_{x=1}=0$．

3．求下列伯努利方程的通解．

(1) $xy'+y=x^4y^3$；　(2) $ydx+(ax^2y^n-2x)dy=0$；

(3) $\frac{dy}{dx}+y=y^2(\cos x-\sin x)$；　(4) $xdy-[y+xy^3(1+\ln x)]dx=0$．

6.5 可降阶的高阶微分方程

前面讨论了几种一阶微分方程的求解问题，本节开始我们将讨论二阶及二阶以上的微分方程，即所谓高阶微分方程．对于有些高阶微分方程，我们可以通过代换将它化成较低阶的方程来解．

下面介绍三种容易降阶的高阶微分方程的求解方法．

一、$y^{(n)}=f(x)$ 型的微分方程

这种微分方程的右端仅含有自变量 x，容易看出，只要把 $y^{(n-1)}$ 作为新的未知函数，两边积分，就得到一个 $n-1$ 阶的微分方程

$$y^{(n-1)}=\int f(x)\mathrm{d}x+C_1.$$

同理可得
$$y^{(n-2)}=\int[f(x)\mathrm{d}x+C_1]\mathrm{d}x+C_2.$$

依此法继续进行，积分 n 次即可求得通解.

例 1 求微分方程 $y'''=\mathrm{e}^{2x}-\cos x$ 的通解.

解 对方程接连积分三次，得

$$y''=\frac{1}{2}\mathrm{e}^{2x}-\sin x+C.$$

$$y'=\frac{1}{4}\mathrm{e}^{2x}+\cos x+Cx+C_2.$$

$$y=\frac{1}{8}\mathrm{e}^{2x}+\sin x+C_1x^2+C_2x+C_3\left(C_1=\frac{C}{2}\right).$$

这就是所求的通解.

例 2 试求 $y''=x$ 的经过 $M(0,1)$ 且在此点与直线 $y=\frac{x}{2}+1$ 相切的积分曲线.

解 由题意，该问题可归结为如下的微分方程的初值问题：

$$y_1(x)\begin{cases}y''=x\\ y|_{x=0}=1\\ y'|_{x=0}=\dfrac{1}{2}\end{cases}.$$

对方程 $y''=x$ 两边积分，得

$$y'=\frac{1}{2}x^2+C_1.$$

由条件 $y'|_{x=0}=\frac{1}{2}$ 得，$C_1=\frac{1}{2}$，从而

$$y'=\frac{1}{2}x^2+\frac{1}{2}.$$

对上式两边再积分一次，得

$$y=\frac{1}{6}x^3+\frac{1}{2}x+C_2.$$

由条件 $y|_{x=0}=1$ 得，$C_2=1$，故所求曲线为 $y=\frac{x^3}{6}+\frac{x}{2}+1$.

二、$y''=f(x,y')$ 型的微分方程

方程 $y''=f(x,y')$ 的右端不显含未知函数 y，如果我们设 $y'=P(x)$ 那么

$$y''=\frac{dp}{dx}=P'.$$

从而方程就成为 $P'=f(x,\ p)$.

这是一个关于变量 x，p 的一阶微分方程. 如果我们求出它的通解为

$$P=\varphi(x,\ C_1),$$

又因 $P=\frac{dy}{dx}$，因此又得到一个一阶微分方程

$$\frac{dp}{dx}=\varphi(x,\ C_1).$$

对它进行积分，便得通解为

$$y=\int\varphi(x,C_1)dx+C_2\ .$$

例 3　求方程 $y''-y'=e^x$ 的通解.

解　令 $y'=p(x)$ 则 $y''=\frac{dp}{dx}$,原方程化为

$$\frac{dp}{dx}-p=e^x.$$

这是一阶线性微分方程，可由一阶微分方程的解法得通解

$$p(x)=e^x(x+C_1).$$

故原方程的通解为

$$y=\int e^x(x+C_1)dx.$$

$$=xe^x-e^x+C_1e^x+C_2.$$

例 4　求微分方程 $(1+x^2)y''=2xy'$满足初始条件 $y|_{x=0}=1$，$y'|_{x=0}=3$ 的特解.

解　设 $y'=p(x)$，代入方程并分离变量后，得

$$\frac{dp}{p}=\frac{2x}{1+x^2}dx.$$

两端积分，得

$$\ln|p|=\ln(1+x^2)+C.$$

即

$$p=y'=C_1(1+x^2),\ (C_1=\pm e^C).$$

由条件 $y'|_{x=0}=3$，得 $C_1=3$. 所以

$$y'=3(1+x^2).$$

两端积分得

$$y=x^3+3x+C_2.$$

又由条件 $y|_{x=0}=1$，得 $C_2=1$，于是所求特解为

$$y=x^3+3x+1.$$

三、$y''=f(y,\ y')$ 型的微分方程

方程 $y''=f(y,\ y')$ 的特点是不明显地含自变量 x，我们令 $y'=P(y)$，利用复合函数的求导法则，把 y''代为对 y 的导数. 即

$$y''=\frac{dp}{dx}=\frac{dp}{dy}\cdot\frac{dy}{dx}=p\cdot\frac{dp}{dy}.$$

这样方程化成
$$p\frac{dp}{dy}=f(y,\ p).$$

这是一个关于 y，P 的一阶微分方程．如果我们求出它的通解为
$$y'=P=\varphi(y,\ c_1),$$
那么分离变量并两端积分，便得原方程的通解为
$$\int\frac{dy}{\varphi(y,C_1)}=x+C_2.$$

例 5 求方程 $yy''-(y')^2=0$ 的通解．

解 令 $y'=P(x)$ 则 $y''=\frac{dp}{dy}\cdot P$，原方程化为
$$yp\frac{dp}{dy}-p^2=0.$$
分离变量得
$$\frac{dp}{p}=\frac{dy}{y}.$$
两边积分得
$$P=C_1y.$$
即
$$\frac{dy}{dx}=C_1y.$$
再分离变量
$$\frac{1}{y}dy=C_1dx.$$
两边积分得方程通解
$$y=C_2e^{C_1x}.$$

例 6 求方程 $y''=3\sqrt{y}$ 满足初始条件 $y|_{x=0}=1$，$y'|_{x=0}=2$ 的特解．

解 令 $y'=P(y)$，则 $y''=p\cdot\frac{dp}{dy}$.

原方程化为
$$P\frac{dp}{dy}=3y^{\frac{1}{2}}.$$
分离变量得
$$Pdp=3y^{\frac{1}{2}}dy.$$
两边积分得
$$\frac{1}{2}P^2=2y^{\frac{3}{2}}+C_1.$$
由 $x=0$ 时，
$$y'=P(y)=2,\ y=1,$$
可得
$$C_1=0.$$
故 $y'=P=\pm2y^{\frac{3}{4}}$，又由于 $y''=3\sqrt{y}>0$，

所以 $y'=2y^{\frac{3}{4}}$．即 $\frac{dy}{dx}=2y^{\frac{3}{4}}$.

分离变量积分得
$$4y^{\frac{1}{2}}=2x+C_2.$$
由 $x=0$ 时，$y=1$，可得 $C_2=4$.

从而特解为
$$y=\left(\frac{1}{2}x+1\right)^4.$$

习题 6.5

1. 求下列微分方程的通解.

(1) $y''=2x+\cos x$;　　(2) $x^3y^{(4)}=1$;

(3) $xy''=y'\ln y'$;　　(4) $y''-\dfrac{y'}{x}=0$;

(5) $\dfrac{1}{(y')^2}y''=\cot y$;　　(6) $y''=y'[1+(y')^2]$;

(7) $xy''+y'=\ln x$;　　(8) $yy''-2(y')^2=0$;

(9) $y''=(y')^3+y'$.

2. 求下列各微分方程满足所给初始条件的特解.

(1) $y^3y''+1=0$, $y|_{x=1}=1$, $y'|_{x=1}=0$;

(2) $y''-a(y')^2=0$, $y|_{x=0}=0$, $y'|_{x=0}=-1$;

(3) $y'''=e^{ax}$, $y|_{x=1}=y'|_{x=1}=y''|_{x=1}=0$;

(4) $y''=e^{2y}$, $y|_{x=0}=y'|_{x=0}=0$;

(5) $y''+(y')^2=1$, $y|_{x=0}=0$, $y'|_{x=0}=0$.

3. 试求 $xy''=y'+x^2$ 经过点 (1, 0) 且在此点的切线与直线 $y=3x-3$ 垂直的积分曲线.

6.6 线性微分方程解的性质与解的结构

一个 n 阶微分方程，如果方程中出现的未知函数及未知函数的各阶导数都是一次的，这个方程称为 n 阶线性微分方程，它的一般形式为

$$y^{(n)}+p_1(x)y^{(n-1)}+\cdots+p_{n-1}(x)y'+p_n(x)y=f(x), \tag{1}$$

其中 $p_1(x)$, …, $p_n(x)$, $f(x)$ 都是 x 的连续函数.

若 $f(x)=0$，则方程 (1) 变为

$$y^{(n)}+p_1(x)y^{(n-1)}+\cdots+p_{n-1}(x)y'+p_n(x)y=0, \tag{2}$$

方程 (2) 称为 n 阶线性齐次方程.

当 $n=2$ 时，方程 (1) 和 (2) 分别写成

$$y''+p_1(x)y'+p_2(x)y=f(x), \tag{3}$$

$$y''+p_1(x)y'+p_2(x)y=0. \tag{4}$$

下面讨论二阶线性微分方程的解具有的一些性质. 事实上，二阶线性微分方程的这些性质，对于 n 阶线性微分方程也成立.

定理 1　设 y_1, y_2 是方程 (4) 的两个解，则 $y=c_1y_1+c_2y_2$ 也是方程 (4) 的解，其中 c_1、c_2 是任意常数.

证　由假设有

$$y''_1+p_1y'_1+p_2y_1=0,$$

$$y''_2+p_1y'_1+p_2y_2=0.$$

将 $y=c_1y_1+c_2y_2$ 带入 (4) 式有

$$(c_1y_1+c_2y_2)''+p_1(c_1y_1+c_2y_2)'+p_2(c_1y_1+c_2y_2)$$

$$=c_1(y''_2+p_1y'_1+p_2y_1)+c_2(y''_2+p_1y'_2+p_2y_2)$$
$$=0.$$

由此看来，如果 $y_1(x)$，$y_2(x)$ 是方程（4）的解，那么 $c_1y_1(x)+c_2y_2(x)$ 就是方程（4）含有两个任意常数的解．那么，它是否为方程（4）的通解呢？为解决这个问题，需要引入两个函数线性无关的概念．

如果 $y_1(x)$，$y_2(x)$ 中任意一个都不是另一个的常数倍，也就是说 $\dfrac{y_1(x)}{y_2(x)}$ 不恒等于非零常数，则称 $y_1(x)$ 与 $y_2(x)$ 线性无关，否则称 $y_1(x)$ 与 $y_2(x)$ 线性相关．

例如，函数 $y_1=e^x$ 与 $y_2=e^{-x}$，它们的比值 $\dfrac{y_1}{y_2}=\dfrac{e^x}{e^{-x}}=e^{2x}\neq$ 常数，所以 y_1 与 y_2 是线性无关的．

在定理 1 中，已知若 y_1，y_2 为方程（4）的解，则 $c_1y_1+c_2y_2$ 也是方程（4）的解，但必须注意，并不是任意两个解的线性组合都是方程（4）的通解．例如，$y_1=e^x$，$y_2=2e^x$ 都是方程 $y''-y=0$ 的解，但 $y=c_1y_1+c_2y_2=c_1e^x+2c_2e^x=(c_1+2c_2)e^x$ 实际上只含有一个任意常数 $c=c_1+2c_2$，y 就不是二阶方程的通解，那么怎样的解才能构成通解？事实上，有下面的定理．

定理 2 设 $y_1(x)$，$y_2(x)$ 是方程（4）的两个线性无关的解，则

$$y=c_1y_1+c_2y_2（c_1，c_2 \text{ 是任意常数}）$$

就是方程（4）的通解

例如函数 $y_1=x$ 与 $y_2=x^2$ 是方程 $x^2y-2xy'+2y=0(x>0)$ 的解，易知 y_1 与 y_2 线性无关，所以方程的通解为 $y=c_1x+c_2x^2$

定理 2 不难推广到 n 阶齐次线性方程．

推论如果 $y_1(x)$，$y_2(x)$，…，$y_n(x)$ 是 n 阶齐次线性方程

$$y^n+a_1(x)y^{n-1}+\cdots+a_{(n-1)}(x)y'+a_n(x)y=0$$

的 n 个线性无关的解，那么此方程的通解为

$$y=c_1y_1(x)+c_2y_2(x)+\cdots+c_ny_n(x),$$

其中 c_1，c_2，…，c_n 为任意常数．

下面讨论二阶非齐次线性方程（3）．我们把方程（4）叫做与非齐次方程（3）对应的齐次方程．

定理 3 设 $y_1(x)$ 是方程（3）的一个特解，$y_2(x)$ 是相应的齐次方程（4）的通解，则 $Y=y_1(x)+y_2(x)$ 是方程（3）的通解．

证明 因为 $y_1(x)$ 是（3）的通解，即

$$y''_1+p_1(x)y'_1+p_2(x)y_1=f(x). \tag{5}$$

又 $y_2(x)$ 是方程（4）的解，即

$$y''_2+p_1(x)y'_2+p_2(x)y_2=0. \tag{6}$$

由（5）+（6）式可得：

$$(y_1+y_2)''+p_1(x)(y_1+y_2)'+p_2(x)(y+y_2)=f(x)$$

因此 y_1+y_2 是方程（3）的解，又因 y_2 是方程（4）的通解，在其中含有两个任意常数，故 y_1+y_2 也含有两个任意常数，所以它们是非齐次方程（3）的通解．

例如，方程 $y''+y=x^2$ 是二阶非齐次线性微分方程，已知 $y_1=c_1\cos x+c_2\sin x$ 是齐次方程 $y''+y=0$的通解；又容易验证 $y^2=x^2-2$ 是所给方程的一个特解，因此 $Y=c_1\cos x+c_2\sin x+x^2-2$ 是所给方程的通解.

非齐次线性方程（3）的特解有时可用下述定理来帮助求出.

定理 4　设 $y_1(x)$，$y_2(x)$ 分别是方程 $y''+p_1(x)y'+p_2(x)y=f_1(x)$ 和 $y''+p_1(x)y'+p_2(x)y=f_2(x)$ 的解，则 $y_1(x)+y_2(x)$ 是方程 $y''+p_1(x)y'+p_2(x)y=f_1(x)+f_2(x)$ 的解.

这个定理请读者自证.

这一定理通常称为线性微分方程的解的叠加原理.

定理 3 和定理 4 也可推广到 n 阶非齐次线性方程，这里不再赘述.

习题 6.6

1. 判定下列各组函数哪些是线性相关的？哪些是线性无关的？

（1）e^{px}，e^{qx} $(p\neq q)$；（2）$e^{\alpha x}\cos\beta x$，$e^{\alpha x}\sin\beta x$；

（3）$(\sin x-\cos x)^2$，$\sin 2x$；（4）x，$x-3$；

（5）$xe^{\alpha x}$，$e^{\alpha x}$；（6）e^x，$\sin 2x$；

（7）$\sin 2x$，$\cos x\sin x$；（8）$\ln x, x\ln x$.

2. 验证下列函数 $y_1(x)$ 和 $y_2(x)$ 是否为所给方程的解？若是，能否由它们组成通解？并写出通解.

（1）$y''+y'-2y=0$，$y_1(x)=e^x$，$y_2(x)=2e^x$；

（2）$y''+y=0$，$y_1(x)=\cos x$，$y_2=\sin x$；

（3）$y''-4y'+4y=0$，$y_1=e^{2x}$，$y_2=xe^{2x}$.

3. 证明：如果函数 $y_1(x)$ 和 $y_2(x)$ 是方程 $y''+p(x)y'+q(x)y=f(x)$ 的两个解，那么 $y_1(x)-y_2(x)$ 是方程 $y''+p(x)y'+q(x)y=0$ 的解.

4. 证明定理 4.

6.7　常系数齐次线性微分方程

在实际中应用较多的一类高阶微分方程是二阶常系数线性微分方程，我们先讨论它的解法，再把二阶方程的解法推广到 n 阶方程.

二阶常系数线性微分方程的一般形式为

$$y''+py'+qy=f(x), \tag{1}$$

其中 p，q 为实数，$f(x)$ 为 x 的已知函数，当 $f(x)\equiv 0$ 时，方程叫做齐次的，当 $f(x)\neq 0$ 时，方程叫做非齐次的，本节我们主要讨论齐次的，即

$$y''+py'+qy=0. \tag{2}$$

由前一节定理 2，要求方程（2）的通解，只需求出它的两个线性关系的特解. 由于方程（2）的左端是关于 y''，y'，y 的线性关系式，且系数都为常数，而当 r 为常数，指数函

数 e^{rx} 和它的各阶导数都只差一个常数因子，因此我们用 $y=e^{rx}$ 来尝试，看能否取到适当的常数 r，使 $y=e^{rx}$ 满足方程（2）.

对 $y=e^{rx}$ 求导，得 $y'=e^{rx}$，$y''=r^2e^{rx}$，把 y，y'，y''代入方程（2）得

$$(r^2+pr+q)e^{rx}=0.$$

由于 $e^{rx}\neq 0$ 所以

$$r^2+pr+q=0, \tag{3}$$

这是一元二次方程，它有两个根

$$r_{1,2}=\frac{-p\pm\sqrt{p^2-4q}}{2}.$$

因此，只需 r_1 和 r_2 分别为方程（3）的根，则 $y_1=e^{r_1x}$，$y_2=e^{r_2x}$就都是方程（2）的特解. 代数方程（3）称为微分方程的特征方程，它的根称为特征根.

下面就特征方程根的三种情况讨论方程（2）的通解

（ⅰ）特征方程有两个不等的实根

当 $p^2-4q>0$ 时，特征方程（3）有两个不相等的实根，这时 $y_1=e^{r_1x}$和 $y_2=e^{r_2x}$就是方程（2）的两个特解，由于$\frac{y_1}{y_2}=\frac{e^{r_1x}}{e^{r_2x}}=e^{(r_1-r_2)x}\neq$常数，所以 y_1，y_2 线性无关，故方程（2）的通解为

$$y=c_1e^{r_1x}+c_2e^{r_2x}$$

（ⅱ）特征方程有两个相等的实根

当 $p^2-4q=0$ 时，则 $r=r_1=r_2=-\frac{p}{2}$，这时仅得方程（2）的一个特解 $y_1=e^{rx}$，要求通解，还需要找一个与 $y_1=e^{rx}$线性无关的特解 y_2.

既然$\frac{y_2}{y_1}\neq$常数，则必有$\frac{y_2}{y_1}=u(x)$，其中 $u(x)$ 为待定函数.

设 $y_2=u(x)e^{rx}$，则

$$y'_2=e^{rx}[ru(x)+u'(x)],\ y''_2=e^{rx}[r^2u(x)+2ru'(x)+u''(x)].$$

代入方程（2）整理后得

$$e^{rx}[u''(x)+(2r+q)u'(x)+(r^2+pr+q)u(x)]=0$$

因 $e^{rx}\neq 0$，且 r 为特征方程（3）的重根，故 $r^2+pr+q=0$ 及 $2r+p=0$，于是上式成为$u''(x)=0$，即若 $u(x)$ 满足 $u''(x)=0$，则 $y_2=u(x)e^{rx}$ 即为方程（2）的另一特解. 由 $u''(x)=0$ 可得 $u(x)=D_1x+D_2$，其中 D_1，D_2 为任意常数. 取最简单的 $u(x)=x$，于是 $y_2=xe^{x}$，故方程（2）的通解为

$$y=c_1e^{rx}+c_2xe^{rx}=e^{rx}(c_1+c_2x).$$

（ⅲ）特征方程有一对共轭复根

当 $p^2-4q<0$ 时，特征方程（3）有两个复根 $r_1=\alpha+i\beta$，$r_2=\alpha-i\beta$.

方程（2）有两个特解 $y_1=e^{(\alpha+i\beta)x}$，$y_2=e^{(\alpha-i\beta)x}$.

它们是线性无关的，故方程（2）的通解为

$$y=c_1e^{(\alpha+i\beta)x}+c_2e^{(\alpha-i\beta)x},$$

这是复合函数形式的解，为了表示成实数函数形式的解，利用欧拉公式

$$e^{(\alpha\pm i\beta)}=e^{\alpha x}(\cos\beta x\pm i\sin\beta x),$$

故有 $$\frac{y_1+y_2}{2}=e^{\alpha x}\cos\beta x,\quad \frac{y_1-y_2}{2}=e^{\alpha x}\sin\beta x.$$

由 6.6 中定理 1 知，$e^{\alpha x}\cos\beta x$，$e^{\alpha x}\sin\beta x$ 也是方程（2）的特解. 显然它们是线性无关的，因此方程（2）的通解为

$$y=e^{\alpha x}(c_1\cos\beta x+c_2\sin\beta x).$$

综上所述，求二阶常系数齐次线性微分方程

$$y''+py'+py=0$$

的通解的步骤如下：

第一步：写出微分方程（2）的特征方程 $r^2+pr+q=0$；

第二步：求出特征方程（3）的两个根；

第三步：根据特征方程（3）的两个根的不同情形，按照下列表格写出微分方程（2）的通解：

特征方程 $r^2+pr+q=0$ 的两个根 $r_1 r_2$	微分方程 $y''+py'+py=0$ 通解
两个不相等的实根 r_1，r_2	$y=c_1e^{r_1x}+c_2e^{r_2x}$
两个相等的实根 r_1，r_2	$y=(c_1+c_2x)\ e^{r_1x}$
一对共轭复根 r_1，$r_2=\alpha\pm i\beta$	$y=e^{\alpha x}\ (c_1\cos\beta x+c_2\sin\beta x)$

例 1　求微分方程 $y''-2y'-8y=0$ 的通解

解　所给微分方程为

$$r^2-2r-8=0,$$

其根 $$r_1=4,\ r_2=-2,$$

因此所求通解为 $$y=c_1e^{4x}+c_2e^{-2x}.$$

例 2　求方程 $\frac{d^2s}{dt^2}+2\frac{ds}{dt}+s=0$ 满足初始条件 $s|_{t=0}=4$，$s'|_{t=0}=-2$ 的特解.

解　所给微分方程的特征方程为

$$r^2+2r+1=0,$$

其根 $$r_1=r_2=-1,$$

因此所求通解为 $$s=(c_1+c_2t)e^{-t}.$$

将条件 $s|_{t=0}=4$ 代入通解，得 $s'=(c_2-4-c_2t)e^{-t}$.

将上式对 t 求导，得 $$s'=(c_2-4-c_2t)e^{-t}.$$

再把条件 $s'|_{t=0}=-2$ 代入上式，得 $c_2=2$，于是所求特解为

$$s=(4+2t)e^{-t}.$$

例 3　求微分方程 $y''+6y'+25y=0$ 的通解.

解　所给方程的特征方程为

$$r^2+6r+25=0,$$

其根 $$r_{1,2}=-3\pm 4i.$$

因此所求微分方程的通解为

$$y=e^{-3x}(c_1\cos4x+c_2\sin4x).$$

上面讨论二阶常系数齐次线性微分方程，所用的方法以及方程的通解的形式，可推广到 n 阶常系数齐次线性微分方程上去，对此我们不再详细讨论，只简单的叙述于下：

n 阶常系数齐次线性微分方程的一般形式是

$$y^{(n)}+p_1r^{(n-1)}+p_2r^{(n-2)}+\cdots+p_{n-1}r+p_n=0, \tag{4}$$

其中 p_1，p_2，$\cdots$，p_{n-1}，p_n 都是常数.

它的特征方程为

$$r^n+p_1r^{n-1}+p_2r^{n-2}+\cdots+p_{n-1}r+p_n=0. \tag{5}$$

根据特征方程的根的情况，可写出对应的解如下：

特征方程的根	微分方程通解中对应项
单实根 r	给出一项：Ce^{rx}
一对单复根 $r_{1,2}=\alpha\pm i\beta$	给出两项：$e^{\alpha x}(c_1\cos\beta x+c_2\sin\beta x)$
k 重实根 r	给出 k 项 $e^{\gamma x}(c_1+c_2x+\cdots+c_kx^{k-1})$
一对 k 重复根 $r_{1,2}=\alpha\pm i\beta$	给出 $2k$ 项：$e^{\alpha x}\begin{bmatrix}(c_1+c_2x+\cdots+c_kx^{k-1})\cos\beta x\\+(D_1+D_2x+\cdots+D_kx^{k-1})\sin\beta x\end{bmatrix}$

从代数学知道，n 次代数方程有 n 个根（重根按重数计算），而特征方程的每一个根都对应着通解中的一项，且每项各含有一个任意常数这样就得到 n 阶常系数齐次线性微分方程的通解

$$y=c_1y_1+c_2y_2+\cdots+c_ny_n$$

例 4 求方程 $y^{(4)}-2y'''+5y''=0$ 的通解

解 特征方程为 $$r^4-2r^3+5r^2=0.$$

即 $$r^2(r^2-2r+5)=0.$$

它的根是 $$r_1=r_2=0 \text{ 和 } r_{3,4}=1\pm 2i.$$

因此所求通解为 $$y=c_1+c_2x+e^x(c_3\cos 2x+c_4\sin 2x).$$

习题 6.7

1. 求下列方程的通解

(1) $y''-5y'+6y=0$；　(2) $2y''+y'-y=0$；

(3) $y''-2y'+y=0$；　(4) $y''+2y'+5y=0$；

(5) $3y''-2y'-8y=0$；　(6) $y''+y=0$；

(7) $\dfrac{d^2s}{dt^2}-4\dfrac{ds}{dt}+4s=0$；　(8) $y''-2\sqrt{3}y'+3y=0$；

(9) $y^{(4)}-y=0$；　(10) $y^{(4)}+2y''+y=0$.

2. 求下列微分方程的解

(1) $y''-4y'+3y=0$，$y|_{x=0}=6$，$y'|_{x=0}=10$；

(2) $y''-3y'-4y=0$，$y|_{x=0}=0$，$y'|_{x=0}=-5$；

(3) $y''+4y'+29y=0$，$y|_{x=0}=0$，$y'|_{x=0}=15$；

(4) $y''+4y'+y=0$，$y|_{x=0}=2$，$y'|_{x=0}=0$；

(5) $2y''+3y=2\sqrt{6}y'$，$y|_{x=0}=0$，$y'|_{x=0}=1$.

3. $y''+9y=0$ 的一条积分曲线过点 $(\pi, 1)$，且在该点和直线 $y+1=x-\pi$ 相切，求此曲线.

6.8 常系数非齐次线性微分方程

本节主要讨论二阶常系数线性非齐次微分方程

$$y''+py'+qy=f(x) \tag{1}$$

的解法，并对 n 阶方程的解法作必要说明.

一、$f(x)=f_n(x)$，其中 $f_n(x)$ 是 x 的一个 n 次多项式

此种情况下，方程 (1) 可写成

$$y''+py'+qy=f_n(x), \tag{2}$$

由于多项式求导还是多项式，只不过次数降低一次.

(ⅰ) 当 $q\neq 0$ 时，方程两边次数相同，可设特解为 $\overline{y}=g_n(x)$，$g_n(x)$ 的系数是待定的常数，只需将其代入方程 (2)，利用多项式相等的条件可确定这些系数.

(ⅱ) 当 $q=0$，$p\neq 0$ 时，可设特解为 $\overline{y}=g_{n+1}(x)$，其系数也可用待定系数法确定.

(ⅲ) 当 $q=0$，$p=0$ 时，可设特解为 $\overline{y}=g_{n+2}(x)$.

例 1 求方程 $y''+y=2x^2-3$ 的一个特解.

解 因为 $q=1\neq 0$，所以方程的特解为

$$\overline{y}=Ax^2+Bx+C,$$

A、B、C 为待定系数，将其代入方程得

$$2A+Ax^2+Bx+C=2x^2-3.$$

化简得

$$Ax^2+Bx+(2A+C)=2x^2-3.$$

比较两端系数得
$$\begin{cases} A=2, \\ B=0, \\ 2A+C=-3, \end{cases}$$

从而得 $A=2$，$B=0$，$C=-7$，于是，方程的一个特解为

$$\overline{y}=2x^2-7.$$

例 2 求方程 $y''-2y'=4x-2$ 的一个通解.

解 此方程对应的齐次方程为 $y''-2y'=0$.

特征方程是 $r^2-2r=0$.

解得特征根为 $r_1=2$，$r_2=0$.

所以对应其次方程通解为

$$Y=c_1e^{2x}+c_2.$$

对于原非齐次方程 $p=-2$，$q=0$，$f(x)=4x-2$. 设特解为

$$\overline{y}=Ax^2+Bx+C.$$

代入原方程后得 $$2A-2(2Ax+B)=4x-2.$$

化简得 $$-4Ax+(2A-2B)=4x-2.$$

比较两端系数得 $$\begin{cases}-4A=4,\\ 2A-2B=-2,\end{cases}$$

从而得 $A=-1$，$B=0$，C 可取定为 0，非齐次方程的一个特解为 $\overline{y}=-x^2$.

原方程通解为 $$y=y+\overline{y}=c_1\mathrm{e}^{2x}+c_2-x^2$$

二、$f(x)=f_n(x)\mathrm{e}^{\lambda x}$，其中 $f_n(x)$ 是一个 n 次多项式，λ 为常数

这时，方程（1）成为

$$y''+py'+qy=f_n(x)\mathrm{e}^{\lambda x}. \tag{3}$$

因为方程（3）的右端是一个 n 次多项式与一个指数函数 $\mathrm{e}^{\lambda x}$ 的乘积，由求导规律，可推测方程（3）的一个特解也是一个多项式 $g(x)$ 与指数函数 $\mathrm{e}^{\lambda x}$ 的乘积，为此设特解为

$$\overline{y}=g(x)\mathrm{e}^{\lambda x}.$$

对特解求导后代入方程（3），得

$$[g''(x)\mathrm{e}^{\lambda x}+2\lambda g'(x)\mathrm{e}^{\lambda x}+\lambda^2g(x)\mathrm{e}^{\lambda x}]+p[g'(x)\mathrm{e}^{\lambda x}+\lambda g(x)\mathrm{e}^{\lambda x}]+qg(x)\mathrm{e}^{\lambda x}=f_n(x)\ \mathrm{e}^{\lambda x}.$$

整理得 $$g''(x)+(2\lambda+p)g'(x)+(\lambda^2+p\lambda+q)g(x)=f_n(x).$$

（ⅰ）当 $\lambda^2+p\lambda+q\neq0$ 时，即 λ 不是方程（3）对应的齐次方程的特征根时，$g(x)$ 应是一个 n 次多项式，可设特解为

$$\overline{y}=g_n(x)\mathrm{e}^{\lambda x}.$$

（ⅱ）当 $\lambda^2+p\lambda+q=0$，而 $2\lambda+p\neq0$ 时，即 λ 是特征方程的根，但不是重根时，$g(x)$ 应是一个 $n+1$ 次多项式，可设特解为

$$\overline{y}=g_{n+1}(x)\mathrm{e}^{\lambda x}\quad 或\quad \overline{y}=xg_n(x)\mathrm{e}^{\lambda x}.$$

（ⅲ）当 $\lambda^2+p\lambda+q=0$ 而且 $2\lambda+p=0$ 时，即 λ 是特征方程的重根时，$g(x)$ 应是一个 $n+2$ 次多项式，可设特解为

$$\overline{y}=g_{n+2}(x)\mathrm{e}^{\lambda x}\quad 或\quad \overline{y}=x^2g_n(x)\mathrm{e}^{\lambda x}.$$

综上所述，方程（3）的特解具有形式

$$y=\begin{cases}g_n(x)\mathrm{e}^{\lambda x}，\lambda\ 不是特征方程的根，\\ xg_n(x)\mathrm{e}^{\lambda x}，\lambda\ 是特征根，但不是重根，\\ x^2g_n(x)\mathrm{e}^{\lambda x}，\lambda\ 为特征方程的重根，\end{cases}$$

其中 $g_n(x)$ 是一个与 $f_n(x)$ 有相同次数，系数待定的多项式.

上述结论可推广到 n 阶常系数非齐次微分方程，但要注意特征方程含根的重复次数，即若 λ 是 k 重根，则特解设为 $\overline{y}=x^kg_n(x)\mathrm{e}^{\lambda x}$.

例 3 求微分方程 $y''-5y'+6y=x\mathrm{e}^{2x}$ 的通解.

解 所给方程对应的齐次方程为

$$y''-5y'+6y=0.$$

特征方程为 $$r^2-5r+6=0.$$

解得特征方程为 $r_1=2，r_2=3$.

于是所给方程对应的齐次方程的通解为

$$Y=c_1e^{2x}+c_2e^{3x}.$$

由于 $\lambda=2$ 是特征方程的单根，所以应设特解 $\bar{y}$ 为

$$\bar{y}=x(Ax+B)e^{2x}.$$

把它代入所给方程，得

$$-2Ax+2A-B=x.$$

比较等式两端的系数，得 $\begin{cases}-2A=1\\2A-B=0\end{cases}$,

解得 $A=-\frac{1}{2}$，$B=-1$. 因此所求特解为 $\bar{y}=x\left(-\frac{1}{2}x-1\right)e^{2x}$，从而所求通解为

$$y=c_1e^{2x}+c_2e^{3x}-\frac{1}{2}(x^2+2x)e^{2x}.$$

三、$f(x)=a\cos\omega x+b\sin\omega x$，其中 a，b，ω 是常数

这时，方程（1）成为

$$y''+py'+qy=a\cos\omega x+b\sin\omega x, \tag{4}$$

由于这种形式的三角函数的导数，仍属于同一类型. 因此，方程（4）的特解也应属于同一类型. 可用讨论上述两种类型的方法，同样讨论得（4）的特解形式为

$$\bar{y}=\begin{cases}A\cos\omega x+B\sin\omega x，& \pm\omega i\text{ 不是特征根}，\\x(A\cos\omega x+B\sin\omega x)，& \pm\omega i\text{ 是特征根}，\end{cases}$$

其中 A，B 是待定系数.

例 4　求方程 $y''+2y'-3y=4\sin x$ 的一个特解.

解　因为 $\omega=1$，而 $\omega i=i$ 不是特征根，可设特解为

$$\bar{y}=A\cos x+B\sin x.$$

对 $\bar{y}$ 求导数，代入原方程得

$$(-4A+2B)\cos x+(-2A-4B)\sin x=4\sin x.$$

比较两端系数得 $\begin{cases}-4A+2B=0\\-2A-4B=4\end{cases}$,

解得 $A=-\frac{2}{5}$，$B=-\frac{4}{5}$，于是，原方程的一个特解为

$$\bar{y}=-\frac{2}{5}\cos x-\frac{4}{5}\sin x.$$

例 5　求方程 $y''+4y=2\cos^2x$ 满足初始条件 $y|_{x=0}=0, y'|_{x=0}=0$的一个特解.

解　原方程对应的齐次方程为

$$y''+4y=0.$$

特征方程为 $r^2+4=0$.

解得特征根为 $r_{1,2}=\pm 2i$.

于是，齐次方程的通解为 $$y=c_1\cos2x+c_2\sin2x.$$

原方程可写成 $$y''+4y=1+\cos2x.$$

只要分别求得方程 $y''+4y=1$ 及 $y''+4y=\cos2x$ 的特解为 $\overline{y}_1$ 和 $\overline{y}_2$，那么 $\overline{y}=\overline{y}_1+\overline{y}_2$ 就是原方程的一个特解.

先求方程 $y''+4y=1$ 的特解 $\overline{y}_1$，设 $\overline{y}_1=A$，代入方程，求得 $A=\frac{1}{4}$，即 $\overline{y}_1=\frac{1}{4}$. 再求方程 $y''+4y=\cos2x$ 的特解 $\overline{y}_2$，因为 2i 是特征根，所以设 $\overline{y}_2=x(B\cos2x+C\sin2x)$.

对 $\overline{y}_2$ 求导代入方程得

$$4C\cos2x-4B\sin2x=\cos2x.$$

比较两端的系数，得 $C=\frac{1}{4}$，$B=0$.

因此 $$\overline{y}_2=\frac{1}{4}x\sin2x.$$

于是，原方程的一个特解为 $$\overline{y}=\frac{1}{4}+\frac{1}{4}x\sin2x.$$

原方程的通解为 $$y=c_1\cos2x+c_2\sin2x+\frac{1}{4}x\sin2x+\frac{1}{4}.$$

对 y 求导数得

$$y'=2c_2\cos2x-2c_1\sin2x+\frac{1}{2}x\cos2x+\frac{1}{4}\sin2x.$$

将初始条件代入，得 $$\begin{cases}c_1+\frac{1}{4}=0,\\ 2c_2=0,\end{cases}$$

解得 $c_1=-\frac{1}{4}$，$c_2=0$. 于是原方程满足初始条件的特解为

$$\begin{aligned}y&=-\frac{1}{4}\cos2x+\frac{1}{4}+\frac{1}{4}x\sin2x\\&=\frac{1}{4}(1+x\sin2x-\cos2x).\end{aligned}$$

习题 6.8

1. 求下列方程的通解.

(1) $2y''+y'-y=2e^x$；

(2) $y''+a^2y=e^x$；

(3) $2y''+5y'=5x^2-2x-1$；

(4) $y''+3y'+2y=3xe^{-x}$；

(5) $y''-6y'+9y=(x+1)e^{3x}$；

(6) $y''+5y'+4y=3-2x$；

(7) $y''+y=e^x+\cos x$；

(8) $y''-y=\sin^2x$.

2. 求下列微分方程满足已给初始条件的特解.

(1) $y''-3y'+2y=5$，$y|_{x=0}=1, y'|_{x=0}=2$；

(2) $y''+y+\sin 2x=0$，$y|_{x=\pi}=1, y'|_{x=\pi}=1$；

(3) $y''-y=4xe^x$，$y|_{x=0}=0, y'|_{x=0}=1$.

3. 设函数 $\varphi(x)$ 连续，且满足

$$\varphi(x)=e^x+\int_0^x (t-x)\varphi(t)dt\text{，求 }\varphi(x).$$

总习题六

1. 填空

(1) $xy'''+2x^2(y')^2+x^3y=x^4+1$ 是________阶微分方程；

(2) 以 $y=c_1e^{2x}+c_2e^{3x}$（c_1，c_2 为任意常数）为通解的微分方程为________；

(3) 一阶线性微分方程 $y'+p(x)y=Q(x)$ 的通解为__________.

2. 识别下列各方程所属的类型.

(1) $x\sqrt{1-y^2}dx+ydy=0$；

(2) $(x^3+3xy^2)y=y^3+3x^2y$；

(3) $\sqrt{1+y^2}\ln x dx+dy+\sqrt{1+y^2}dx=0$；

(4) $y'+\dfrac{x}{1+x^2}y=\dfrac{1}{2x(1+x^2)}$；

(5) $\left(2x\sin\dfrac{y}{x}-y\cos\dfrac{y}{x}\right)dx+x\cos\dfrac{y}{x}dy=0$；

(6) $y'\sec^2x+\tan x+y=0$；

(7) $2xy'-4y-x^2\sqrt{y}=0$.

3. 求下列微分方程的通解.

(1) $xy'+y=2\sqrt{xy}$；

(2) $xy'\ln x+y=ax(\ln x+1)$；

(3) $\dfrac{dy}{dx}=\dfrac{y}{2(\ln y-x)}$；

(4) $y''+(y')^2+1=0$；

(5) $yy''-(y')^2-1=0$；

(6) $y''+2y'+5y=\sin 2x$；

(7) $y'''+y''-2y'=x(e^x+4)$；

(8) $y'+x=\sqrt{x^2+y}$.

4. 求下列微分方程满足所给初始条件的特解.

(1) $y''-a(y')^2=0$，$y|_{x=0}=0$，$y'|_{x=0}=-1$；

(2) $2y''-\sin 2y=0$，$y|_{x=0}=\dfrac{\pi}{2}$，$y'|_{x=0}=1$；

(3) $y''+2y'+y=\cos x$，$y|_{x=0}=0$，$y'|_{x=0}=\dfrac{3}{2}$.

5. 已知某曲线经过点（1，1），它的切线在纵轴上的截距等于切点的横坐标，求它的方程.

6. 设可导函数 $\varphi(x)$ 满足

$$\varphi(x)\cos x+2\int_0^x \varphi(t)\sin t dt=x+1\text{，}$$

求 $\varphi(x)$.

7. 设 $F(x)$ 为 $f(x)$ 的原函数，且当 $x\geqslant 0$ 时，$f(x)\ F(x)=\dfrac{xe^x}{2(1+x)^2}$，已知 $F(0)=1$，$F(x)>0$，试求 $f(x)$.

8. 已知生产某种产品的总成本 C 由可变成本和固定成本构成. 假定可变成本是产量的函数，且 y 关于 x 的变化率等于$\dfrac{x^2+y^2}{2xy}$. 固定成本为 1，当 $x=1$ 时，$y=3$，求总成本函数 $C=C(x)$.

第七章 向量代数与空间解析几何

在平面解析几何中，通过坐标法把平面上的点与一个二元有序数组对应起来，把平面上的图形和方程对应起来，从而可以用代数方法来研究几何问题. 空间解析几何也是按照类似的方法建立起来的.

平面解析几何使一元函数微积分有了直观的几何意义，为学习多元函数微积分，必须先了解空间解析几何的有关知识. 本章先引入向量的概念，根据向量的线性运算建立空间直角坐标系，并利用坐标介绍向量的运算，然后以向量为工具来讨论平面和空间直线，最后介绍空间曲面和曲线的方程.

7.1 向量及其运算

一、向量的概念

在研究力学、物理学以及其他应用科学时，常会遇到这样一类量，它们既有大小，又有方向. 例如力、力矩、位移、速度、加速度等，这一类量叫做向量.

在数学上，可用一条有方向的线段（简称有向线段）来表示向量. 有向线段的长度表示向量的大小，有向线段的方向表示向量的方向. 以 A 为起点、B 为终点的有向线段所表示的向量，记作$\overrightarrow{AB}$. 向量也可用黑体字母或加上箭头的书写体字母表示，例如 $\boldsymbol{r}$、$\boldsymbol{v}$、$\boldsymbol{F}$ 或 $\vec{r}$、$\vec{v}$、$\vec{F}$.

由于一切向量的共性是它们都有大小和方向，所以在数学上我们只研究与起点无关的向量，并称这种向量为自由向量. 因此，如果向量 $\boldsymbol{a}$ 和 $\boldsymbol{b}$ 大小相等，且方向相同，则说向量 $\boldsymbol{a}$ 和 $\boldsymbol{b}$ 是相等的，记为 $\boldsymbol{a}=\boldsymbol{b}$. 相等的向量经过平移后可以完全重合.

向量的大小叫做向量的模. 向量 $\boldsymbol{a}$、$\vec{a}$、$\overrightarrow{AB}$的模分别记为$|\boldsymbol{a}|$、$|\vec{a}|$、$|\overrightarrow{AB}|$. 模等于 1 的向量叫做单位向量. 模等于 0 的向量叫做零向量，记作 $\boldsymbol{0}$ 或 $\vec{0}$. 零向量的起点与终点重合，而方向是任意的.

如果两个非零向量 $\boldsymbol{a}$ 与 $\boldsymbol{b}$ 的方向相同或相反，就称 $\boldsymbol{a}$ 与 $\boldsymbol{b}$ 平行，记作 $\boldsymbol{a}/\!/\boldsymbol{b}$. 零向量与任何向量都平行. 当两个平行向量的起点放在同一点时，它们的终点和公共的起点在一条直线上. 因此，两向量平行又称两向量共线.

类似还有共面的概念. 设有 $k(k\geqslant 3)$ 个向量，当把它们的起点放在同一点时，如果 k 个终点和公共起点在一个平面上，就称这 k 个向量共面.

二、向量的线性运算

向量的加法、减法及数乘称为向量的线性运算.

1. 向量的加减法

设有两个向量 $\boldsymbol{a}$ 与 $\boldsymbol{b}$，平移向量使 $\boldsymbol{b}$ 的起点与 $\boldsymbol{a}$ 的终点重合，如图 7.1 所示，此时从 $\boldsymbol{a}$ 的起点到 $\boldsymbol{b}$ 的终点的向量 $\boldsymbol{c}$ 称为向量 $\boldsymbol{a}$ 与 $\boldsymbol{b}$ 的和，记作 $\boldsymbol{c}=\boldsymbol{a}+\boldsymbol{b}$. 这种作出两向量之和的方法叫做向量加法的三角形法则.

当向量 $\boldsymbol{a}$ 与 $\boldsymbol{b}$ 不平行时，平移向量使 $\boldsymbol{a}$ 与 $\boldsymbol{b}$ 的起点重合，以 $\boldsymbol{a}$、$\boldsymbol{b}$ 为邻边作一平行四边形，如图 7.2 所示，从公共起点到对角顶点的向量 $\boldsymbol{c}$ 就是向量 $\boldsymbol{a}$ 与 $\boldsymbol{b}$ 的和. 这种作出两向量之和的方法叫做向量加法的平行四边形法则.

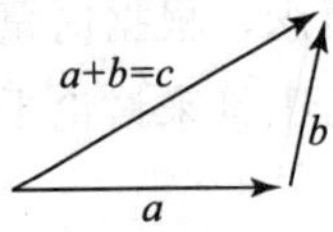

图 7.1

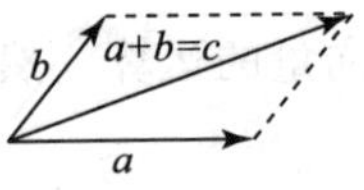

图 7.2

向量的加法满足下列运算规律：

(1) 交换律　$\boldsymbol{a}+\boldsymbol{b}=\boldsymbol{b}+\boldsymbol{a}$；.

(2) 结合律　$(\boldsymbol{a}+\boldsymbol{b})+\boldsymbol{c}=\boldsymbol{a}+(\boldsymbol{b}+\boldsymbol{c})$（如图 7.3 所示）.

由于向量的加法满足交换律与结合律，故 n 个向量 $\boldsymbol{a}_1$，$\boldsymbol{a}_2$，…，$\boldsymbol{a}_n(n\geqslant 3)$ 相加可写成

$$\boldsymbol{a}_1+\boldsymbol{a}_2+\cdots+\boldsymbol{a}_n,$$

并按向量相加的三角形法则，可得 n 个向量相加的法则如下：使前一向量的终点作为次一向量的起点，相继作向量 $\boldsymbol{a}_1$，$\boldsymbol{a}_2$，…，$\boldsymbol{a}_n$，再以第一向量的起点为起点，最后一向量的终点为终点作一向量，这个向量即为所求的和．如图 7.4，有

$$\boldsymbol{s}=\boldsymbol{a}_1+\boldsymbol{a}_2+\boldsymbol{a}_3+\boldsymbol{a}_4+\boldsymbol{a}_5.$$

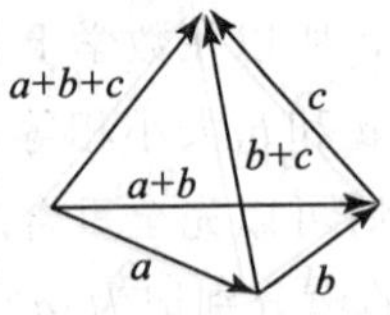

图 7.3

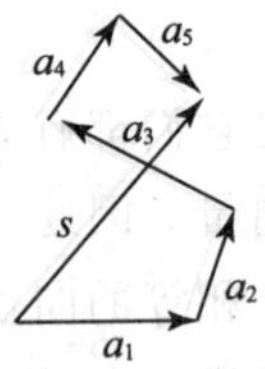

图 7.4

与 $\boldsymbol{a}$ 的大小相等而方向相反的向量叫做 $\boldsymbol{a}$ 的负向量，记为 $-\boldsymbol{a}$. 由此，可规定两个向量 $\boldsymbol{b}$ 与 $\boldsymbol{a}$ 的差

$$\boldsymbol{b}-\boldsymbol{a}=\boldsymbol{b}+(-\boldsymbol{a}),$$

即把向量 $-\boldsymbol{a}$ 加到向量 $\boldsymbol{b}$ 上，便得 $\boldsymbol{b}$ 与 $\boldsymbol{a}$ 的差 $\boldsymbol{b}-\boldsymbol{a}$，见图 7.5.

特别地，当 $\boldsymbol{b}=\boldsymbol{a}$ 时，有 $\boldsymbol{a}-\boldsymbol{a}=\boldsymbol{a}+(-\boldsymbol{a})=\boldsymbol{0}$.

显然，任意给定向量 $\overrightarrow{AB}$ 及点 O，有

$$\overrightarrow{AB}=\overrightarrow{AO}+\overrightarrow{OB}=\overrightarrow{OB}-\overrightarrow{OA}.$$

因此，若把向量 $\boldsymbol{a}$ 与 $\boldsymbol{b}$ 移到同一起点 O，则从 $\boldsymbol{a}$ 的终点 A 向 $\boldsymbol{b}$ 的终点 B 所引向量$\overrightarrow{AB}$便是向量 $\boldsymbol{b}$ 与 $\boldsymbol{a}$ 的差 $\boldsymbol{b}-\boldsymbol{a}$，见图 7.6.

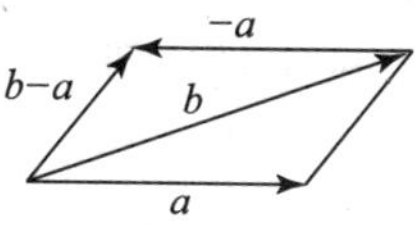

图 7.5

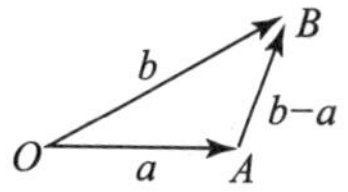

图 7.6

由三角形两边之和大于第三边的原理，有

$$|\boldsymbol{a}+\boldsymbol{b}|\leqslant|\boldsymbol{a}|+|\boldsymbol{b}|,\quad |\boldsymbol{a}-\boldsymbol{b}|\leqslant|\boldsymbol{a}|+|\boldsymbol{b}|,$$

其中等号在 $\boldsymbol{b}$ 与 $\boldsymbol{a}$ 同向或反向时成立.

2. 向量的数乘

向量 $\boldsymbol{a}$ 与实数 λ 的乘积记作 $\lambda\boldsymbol{a}$，规定 $\lambda\boldsymbol{a}$ 是一个向量，它的模

$$|\lambda\boldsymbol{a}|=|\lambda||\boldsymbol{a}|,$$

它的方向当 $\lambda>0$ 时与 $\boldsymbol{a}$ 相同，当 $\lambda<0$ 时与 $\boldsymbol{a}$ 相反.

当 $\lambda=0$ 时，$|\lambda\boldsymbol{a}|=0$，即 $\lambda\boldsymbol{a}$ 为零向量，这时它的方向可以是任意的.

特别地，当 $\lambda=\pm1$ 时，有 $1\boldsymbol{a}=\boldsymbol{a}$，$(-1)\boldsymbol{a}=-\boldsymbol{a}$.

向量的数乘满足下列运算规律：

(1) 结合律 $\lambda(\mu\boldsymbol{a})=\mu(\lambda\boldsymbol{a})=(\lambda\mu)\boldsymbol{a}$；

(2) 分配律 $(\lambda+\mu)\boldsymbol{a}=\lambda\boldsymbol{a}+\mu\boldsymbol{a}$；$\lambda(\boldsymbol{a}+\boldsymbol{b})=\lambda\boldsymbol{a}+\lambda\boldsymbol{b}$.

例 1 在平行四边形 $ABCD$ 中（见图 7.7），设$\overrightarrow{AB}=\boldsymbol{a}$，$\overrightarrow{AD}=\boldsymbol{b}$，试用 $\boldsymbol{a}$ 和 $\boldsymbol{b}$ 表示向量$\overrightarrow{MA}$、$\overrightarrow{MB}$、$\overrightarrow{MC}$、$\overrightarrow{MD}$，其中 M 是平行四边形对角线的交点.

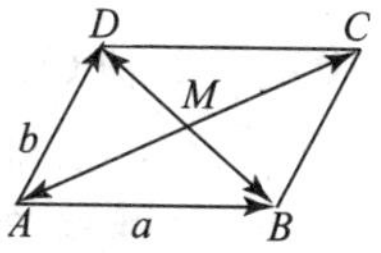

图 7.7

解 由于平行四边形的对角线互相平分，所以

$$\boldsymbol{a}+\boldsymbol{b}=\overrightarrow{AC}=2\overrightarrow{AM},$$

即

$$-(\boldsymbol{a}+\boldsymbol{b})=2\overrightarrow{MA},$$

于是

$$\overrightarrow{MA}=-\frac{1}{2}(\boldsymbol{a}+\boldsymbol{b}).$$

因为$\overrightarrow{MC}=-\overrightarrow{MA}$，所以$\overrightarrow{MC}=\dfrac{1}{2}(\boldsymbol{a}+\boldsymbol{b})$.

又因$-\boldsymbol{a}+\boldsymbol{b}=\overrightarrow{BD}=2\overrightarrow{MD}$，所以$\overrightarrow{MD}=\dfrac{1}{2}(\boldsymbol{b}-\boldsymbol{a})$.

由于$\overrightarrow{MB}=-\overrightarrow{MD}$，所以$\overrightarrow{MB}=\dfrac{1}{2}(\boldsymbol{a}-\boldsymbol{b})$.

设 $\boldsymbol{e}_a$ 表示与非零向量 $\boldsymbol{a}$ 同方向的单位向量，那么按照向量数乘的规定，由于 $|\boldsymbol{a}|>0$，所以 $|\boldsymbol{a}|\boldsymbol{e}_a$ 与 $\boldsymbol{e}_a$ 的方向相同，即 $|\boldsymbol{a}|\boldsymbol{e}_a$ 与 $\boldsymbol{a}$ 的方向相同. 又因

$$|\boldsymbol{a}||\boldsymbol{e}_a|=|\boldsymbol{a}|\cdot 1=|\boldsymbol{a}|,$$

所以 $|\boldsymbol{a}|\boldsymbol{e}_a$ 与 $\boldsymbol{a}$ 的模也相同，故有

$$\boldsymbol{a}=|\boldsymbol{a}|\boldsymbol{e}_a.$$

上式也可写成

$$\frac{\boldsymbol{a}}{|\boldsymbol{a}|}=\boldsymbol{e}_a.$$

这表示一个非零向量除以它的模可得到一个与原向量同方向的单位向量.

由于向量 $\lambda\boldsymbol{a}$ 与 $\boldsymbol{a}$ 平行，因此我们常用向量的数乘来描述两个向量的平行关系.

定理1 设向量 $\boldsymbol{a}\neq 0$，则向量 $\boldsymbol{b}$ 平行于 $\boldsymbol{a}$ 的充要条件是：存在唯一的实数 λ，使得 $\boldsymbol{b}=\lambda\boldsymbol{a}$.

证 条件的充分性是显然的，下面证明条件的必要性.

设 $\boldsymbol{b}/\!/\boldsymbol{a}$，取 $|\lambda|=\frac{|\boldsymbol{b}|}{|\boldsymbol{a}|}$，当 $\boldsymbol{b}$ 与 $\boldsymbol{a}$ 同向时 λ 取正值，当 $\boldsymbol{b}$ 与 $\boldsymbol{a}$ 反向时 λ 取负值，即 $\boldsymbol{b}=\lambda\boldsymbol{a}$.

这是因为此时 $\boldsymbol{b}$ 与 $\lambda\boldsymbol{a}$ 同向，且

$$|\lambda\boldsymbol{a}|=|\lambda||\boldsymbol{a}|=\frac{|\boldsymbol{b}|}{|\boldsymbol{a}|}|\boldsymbol{a}|=|\boldsymbol{b}|.$$

再证明数 λ 的唯一性.

设 $\boldsymbol{b}=\lambda\boldsymbol{a}$，又设 $\boldsymbol{b}=\mu\boldsymbol{a}$，两式相减，便得

$$(\lambda-\mu)\boldsymbol{a}=0,$$

即

$$|\lambda-\mu||\boldsymbol{a}|=0.$$

因 $|\boldsymbol{a}|\neq 0$，故 $|\lambda-\boldsymbol{\mu}|=0$，即 $\lambda=\boldsymbol{\mu}$.

由于一个单位向量既确定了方向，又确定了单位长度，因此，给定一个点及一个单位向量就确定了一条数轴（设点 O 及单位向量 $\boldsymbol{i}$）。确定了数轴 Ox（图7.8），对于轴上任一点 P，对应一个向量 $\overrightarrow{OP}$，由于 $\overrightarrow{OP}/\!/\boldsymbol{i}$，根据定理7.1，必有唯一的实数 $\boldsymbol{x}$，使 $\overrightarrow{OP}=x\boldsymbol{i}$（实数 x 叫做轴上有向线段 $\overrightarrow{OP}$ 的值），并知 $\overrightarrow{OP}$ 与实数 x 一一对应. 于是

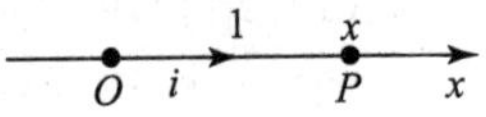

图 7.8

$$\text{点 } P\leftrightarrow\text{向量 }\overrightarrow{OP}=x\boldsymbol{i}\leftrightarrow\text{实数 } x,$$

从而轴上的点 P 与实数 x 有一一对应的关系. 据此，定义实数 x 为轴上点 P 的坐标.

由此可知，轴上点 P 的坐标为 x 的充分必要条件是

$$\overrightarrow{OP}=x\boldsymbol{i}.$$

三、空间直角坐标系

以空间一定点 O 为起点，作三个互相垂直的单位向量 $\boldsymbol{i}$、$\boldsymbol{j}$、$\boldsymbol{k}$，这就确定了三条都以 O 为原点的两两垂直的数轴（图7.9），分别叫做 x 轴（横轴）、y 轴（纵轴）、z 轴（竖轴），统称为**坐标轴**. 通常把 x 轴，y 轴配置在水平面上，而 z 轴则是铅垂线，它们的正方向符合右手法则，即以右手握住 z 轴，当右手的四个指头从 x 轴的正向以 $\frac{\pi}{2}$ 角度转向 y 轴正向时，大拇指的指向就是 z 轴正向，如图7.10. 这样的三条坐标轴就组成了一个**空间直角坐标系**，记为 $Oxyz$ 坐标系，点 O 叫做**坐标原点**.

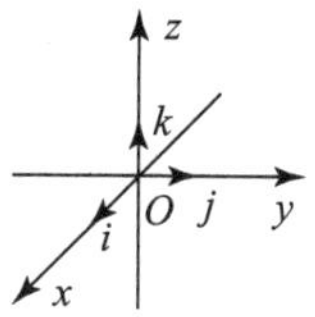

图 7.9

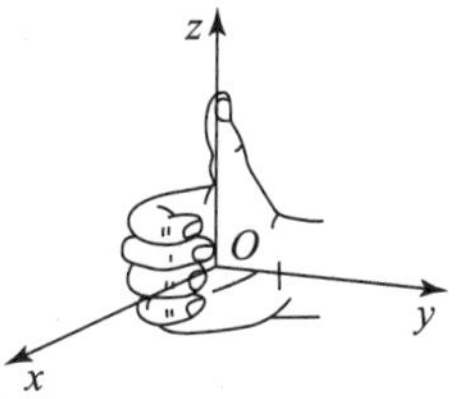

图 7.10

三条坐标轴中的任意两条可以确定一个平面，这样定出的三个平面统称为坐标面. 由 x 轴与 y 轴所决定的坐标面称为 xOy 面，另外还有 yOz 面与 zOx 面. 三个坐标面把空间分成了八个部分，每一部分称为卦限. 由 $x>0$、$y>0$、$z>0$ 组成的那个卦限叫第一卦限，第二、第三、第四卦限均在 xOy 面的上方，按逆时针方向确定，第五至第八卦限在 xOy 面的下方，由第一卦限之下的第五卦限按逆时针方向确定，如图 7.11.

任给向量 $\boldsymbol{r}$，有对应点 M，使得 $\overrightarrow{OM}=\boldsymbol{r}$. 以 OM 为对角线，三条坐标轴为棱作长方体 $RHMK-OPNQ$，如图 7.12，有

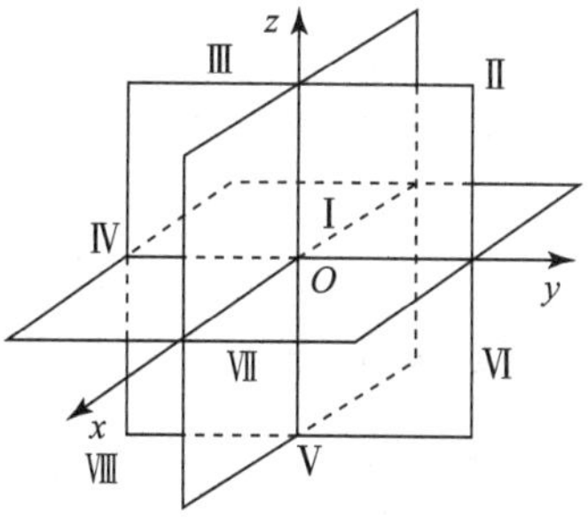

图 7.11

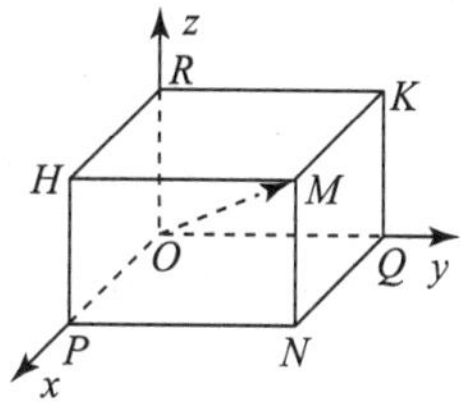

图 7.12

$$\boldsymbol{r}=\overrightarrow{OM}=\overrightarrow{OP}+\overrightarrow{PN}+\overrightarrow{NM}=\overrightarrow{OP}+\overrightarrow{OQ}+\overrightarrow{OR},$$

设 $\overrightarrow{OP}=x\boldsymbol{i}$，$\overrightarrow{OQ}=y\boldsymbol{j}$，$\overrightarrow{OR}=z\boldsymbol{k}$，则

$$\boldsymbol{r}=\overrightarrow{OM}=x\boldsymbol{i}+y\boldsymbol{j}+z\boldsymbol{k},$$

上式称为 $\boldsymbol{r}$ 的坐标分解式，$x\boldsymbol{i}$、$y\boldsymbol{j}$、$z\boldsymbol{k}$ 称为向量 $\boldsymbol{r}$ 沿三个坐标轴方向的分向量.

显然，给定向量 $\boldsymbol{r}$，就确定了点 M 及 $\overrightarrow{OP}$、$\overrightarrow{OQ}$、$\overrightarrow{OR}$ 三个分向量，进而确定了 x、y、z 三个有序数；反之，给定三个有序数 x、y、z，也就确定了向量 $\boldsymbol{r}$ 和点 M. 因此，点 M、向量 $\boldsymbol{r}$ 与三个有序数 x、y、z 之间有一一对应的关系

$$M\leftrightarrow\boldsymbol{r}=\overrightarrow{OM}=x\boldsymbol{i}+y\boldsymbol{j}+z\boldsymbol{k}\leftrightarrow(x,y,z).$$

三元有序数组 (x,y,z) 称为向量 $\boldsymbol{r}$ 在 $Oxyz$ 坐标系中的坐标，记作 $\boldsymbol{r}=(x,y,z)$；(x,y,z) 也称为点 M 在 $Oxyz$ 坐标系中的坐标，记作 $M(x,y,z)$.

向量 $\boldsymbol{r}=\overrightarrow{OM}$ 称为点 M 关于原点 O 的向径. 上述定义表明，一个点与该点的向径有相同的坐标. 记号 (x,y,z) 既表示点 M，又表示向径 $\overrightarrow{OM}$.

在空间直角坐标系下，原点的坐标为 $O(0,0,0)$；x 轴、y 轴、z 轴上点的坐标形式分别为 $(x,0,0)$、$(0,y,0)$、$(0,0,z)$；xOy 面、yOz 面、zOx 面上各点的坐标形式分别为 $(x,y,0)$、$(0,y,z)$、$(x,0,z)$.

四、向量坐标运算

利用向量的坐标，可得向量线性运算的坐标表达式如下：

设 $$\boldsymbol{a}=(a_x, a_y, a_z), \boldsymbol{b}=(b_x, b_y, b_z),$$

即 $$\boldsymbol{a}=a_x\boldsymbol{i}+a_y\boldsymbol{j}+a_z\boldsymbol{k}, \boldsymbol{b}=b_x\boldsymbol{i}+b_y\boldsymbol{j}+b_z\boldsymbol{k},$$

则有

$$\boldsymbol{a}\pm\boldsymbol{b}=(a_x\pm b_x)\boldsymbol{i}+(a_y\pm b_y)\boldsymbol{j}+(a_z\pm b_z)\boldsymbol{k}=(a_x\pm b_x, a_y\pm b_y, a_z\pm b_z),$$

$$\lambda\boldsymbol{a}=(\lambda a_x)\boldsymbol{i}+(\lambda a_y)\boldsymbol{j}+(\lambda a_z)\boldsymbol{k}=(\lambda a_x, \lambda a_y, \lambda a_z).$$

若 $\boldsymbol{a}\neq\boldsymbol{0}$，则向量 $\boldsymbol{b}/\!/\boldsymbol{a}$ 等价于 $\boldsymbol{b}=\lambda\boldsymbol{a}$，即 $(b_x, b_y, b_z)=\lambda(a_x, a_y, a_z)$，于是

$$\frac{b_x}{a_x}=\frac{b_y}{a_y}=\frac{b_z}{a_z}. \tag{7.1}$$

当 a_x、a_y、a_z 有一个为零时，例如 $a_x=0$，(7.1) 式应理解为

$$\begin{cases} b_x=0, \\ \dfrac{b_y}{a_y}=\dfrac{b_z}{a_z}. \end{cases}$$

当 a_x、a_y、a_z 有两个为零时，例如 $a_x=a_y=0$，(7.1) 式应理解为

$$\begin{cases} b_x=0, \\ b_y=0. \end{cases}$$

例 2 求解以向量为未知元的线性方程组 $\begin{cases} 5\boldsymbol{x}-3\boldsymbol{y}=\boldsymbol{a} \\ 3\boldsymbol{x}-2\boldsymbol{y}=\boldsymbol{b} \end{cases}$，其中 $\boldsymbol{a}=(2, 1, 2)$，$\boldsymbol{b}=(-1, 1, -2)$.

解 如同解二元一次线性方程组，可得 $\boldsymbol{x}=2\boldsymbol{a}-3\boldsymbol{b}$，$\boldsymbol{y}=3\boldsymbol{a}-5\boldsymbol{b}$.

以 $\boldsymbol{a}$、$\boldsymbol{b}$ 的坐标表示式代入，即得

$$\boldsymbol{x}=(7, -1, 10), \boldsymbol{y}=(11, -2, 16).$$

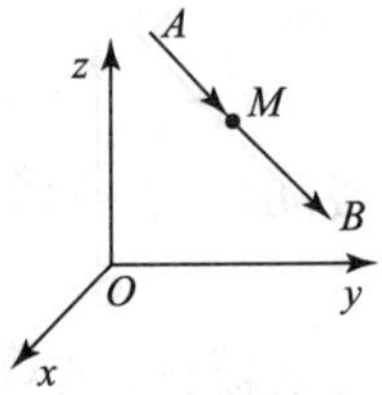

图 7.13

例 3 已知两点 $A(x_1, y_1, z_1)$ 和 $B(x_2, y_2, z_2)$ 以及实数 $\lambda\neq-1$，在直线 AB 上求一点 M，使 $\overrightarrow{AM}=\lambda\overrightarrow{MB}$（见图 7.13）.

解 设所求点 M 的坐标为 (x, y, z)，则

$$\overrightarrow{AM}=(x-x_1, y-y_1, z-z_1), \overrightarrow{MB}=(x_2-x, y_2-y, z_2-z).$$

依题意有 $\overrightarrow{AM}=\lambda\overrightarrow{MB}$，即 $(x-x_1, y-y_1, z-z_1)=\lambda(x_2-x, y_2-y, z_2-z)$，

故 $$(x, y, z)-(x_1, y_1, z_1)=\lambda(x_2, y_2, z_2)-\lambda(x, y, z),$$

因而 $$(x, y, z)=\frac{1}{1+\lambda}(x_1+\lambda x_2, y_1+\lambda y_2, z_1+\lambda z_2),$$

所以 $$x=\frac{x_1+\lambda x_2}{1+\lambda}, y=\frac{y_1+\lambda y_2}{1+\lambda}, z=\frac{z_1+\lambda z_2}{1+\lambda}.$$

点 M 叫做有向线段 $\overrightarrow{AB}$ 的定比分点．当 $\lambda=1$ 时，点 M 为有向线段 $\overrightarrow{AB}$ 的**中点**，其坐标为

$$x=\frac{x_1+x_2}{2}, y=\frac{y_1+y_2}{2}, z=\frac{z_1+z_2}{2}.$$

五、向量的模、方向角及投影

1. 向量的模

设向量 $\boldsymbol{r}=(x, y, z)$，令 $\overrightarrow{OM}=\boldsymbol{r}$，如图 7.12 所示，则由勾股定理可得向量模的坐标表示式

$$|\boldsymbol{r}|=|\overrightarrow{OM}|=\sqrt{|\overrightarrow{OP}|^2+|\overrightarrow{OQ}|^2+|\overrightarrow{OR}|^2}=\sqrt{x^2+y^2+z^2}.$$

设 $M_1(x_1, y_1, z_1)$、$M_2(x_2, y_2, z_2)$ 为空间的两点，则点 M_1 与点 M_2 间的距离 $|M_1M_2|$ 就是向量 $\overrightarrow{M_1M_2}$ 的模. 由 $\overrightarrow{M_1M_2}=(x_2-x_1, y_2-y_1, z_2-z_1)$，即得 M_1 与 M_2 两点间的距离

$$d=|M_1M_2|=\sqrt{(x_2-x_1)^2+(y_2-y_1)^2+(z_2-z_1)^2}.$$

例 4　求证以 $M_1(4, 3, 1)$、$M_2(7, 1, 2)$、$M_3(5, 2, 3)$ 三点为顶点的三角形是一个等腰三角形.

证　因为

$$|M_1M_2|^2=(7-4)^2+(1-3)^2+(2-1)^2=14,$$
$$|M_2M_3|^2=(5-7)^2+(2-1)^2+(3-2)^2=6,$$
$$|M_1M_3|^2=(5-4)^2+(2-3)^2+(3-1)^2=6,$$

所以 $|M_2M_3|=|M_1M_3|$，即 $\triangle M_1M_2M_3$ 为等腰三角形.

例 5　在 z 轴上求与点 $A(-4, 1, 7)$ 和点 $B(3, 5, -2)$ 等距离的点.

解　设所求点为 $M(0, 0, z)$，依题意有 $|MA|^2=|MB|^2$，即

$$(0+4)^2+(0-1)^2+(z-7)^2=(3-0)^2+(5-0)^2+(-2-z)^2,$$

解之得 $z=\frac{14}{9}$，故所求点为 $M\left(0, 0, \frac{14}{9}\right)$.

例 6　已知两点 $A(4, 0, 5)$ 和 $B(7, 1, 3)$，求与 $\overrightarrow{AB}$ 同方向的单位向量 $\boldsymbol{e}$.

解　因为 $\overrightarrow{AB}=(7, 1, 3)-(4, 0, 5)=(3, 1, -2)$，$|\overrightarrow{AB}|=\sqrt{3^2+1^2+(-2)^2}=\sqrt{14}$，所以

$$\boldsymbol{e}=\frac{\overrightarrow{AB}}{|\overrightarrow{AB}|}=\frac{1}{\sqrt{14}}(3, 1, -2).$$

2. 方向角和方向余弦

当把两个非零向量 $\boldsymbol{a}$ 与 $\boldsymbol{b}$ 的起点放到同一点时，如图 7.14 所示，两个向量之间的不超过 π 的夹角称为**向量 $\boldsymbol{a}$ 与 $\boldsymbol{b}$ 的夹角**，记作 $(\widehat{\boldsymbol{a},\boldsymbol{b}})$ 或 $(\widehat{\boldsymbol{b},\boldsymbol{a}})$. 如果向量 a 与 b 中有一个是零向量，规定它们的夹角可以在 0 与 π 之间任意取值.

类似地，可以规定向量与坐标轴的夹角. 非零向量 $\boldsymbol{r}$ 与三条坐标轴正向的夹角 α、β、γ 称为**向量 $\boldsymbol{r}$ 的方向角**（见图 7.15）.

设 $\boldsymbol{r}=(x, y, z)$，则 $x=|\boldsymbol{r}|\cos\alpha$，$y=|\boldsymbol{r}|\cos\beta$，$z=|\boldsymbol{r}|\cos\gamma$，称 $\cos\alpha$、$\cos\beta$、$\cos\gamma$ 为向量 $\boldsymbol{r}$ 的方向余弦，且有

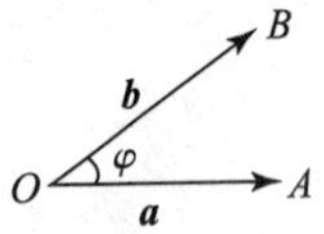

图 7.14

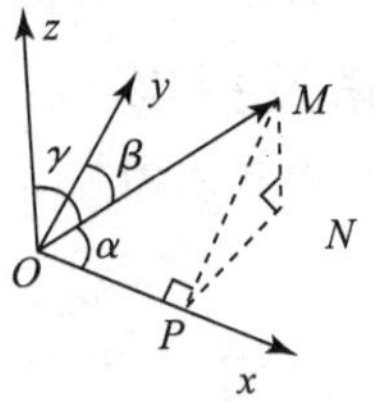

图 7.15

$$(\cos\alpha,\ \cos\beta,\ \cos\gamma)=\left(\frac{x}{|\boldsymbol{r}|},\ \frac{y}{|\boldsymbol{r}|},\ \frac{z}{|\boldsymbol{r}|}\right)=\frac{1}{|\boldsymbol{r}|}\boldsymbol{r}=\boldsymbol{e}_r.$$

上式表明，以向量 $\boldsymbol{r}$ 的方向余弦为坐标的向量就是与 $\boldsymbol{r}$ 同方向的单位向量 $\boldsymbol{e}_r$. 因此

$$\cos^2\alpha+\cos^2\beta+\cos^2\gamma=1.$$

例 7 已知两点 $A(2,\ 2,\ \sqrt{2})$) 和 $B(1,\ 3,\ 0)$，计算向量$\overrightarrow{AB}$的模、方向余弦和方向角.

解 因为$\overrightarrow{AB}=(1-2,\ 3-2,\ 0-\sqrt{2})=(-1,\ 1,\ -\sqrt{2})$，$|\overrightarrow{AB}|=\sqrt{(-1)^2+1^2+(-\sqrt{2})^2}=2$，所以

$$\cos\alpha=-\frac{1}{2},\ \cos\beta=\frac{1}{2},\ \cos\gamma=-\frac{\sqrt{2}}{2},$$

$$\alpha=\frac{2\pi}{3},\ \beta=\frac{\pi}{3},\ \gamma=\frac{3\pi}{4}.$$

3. 向量在轴上的投影

设点 O 及单位向量 $\boldsymbol{e}$ 确定 u 轴．给定向量 $\boldsymbol{r}$，作 $\boldsymbol{r}=\overrightarrow{OM}$，过点 M 作与 u 轴垂直的平面交 u 轴于点 M'（如图 7.16 所示），称点 M' 为点 M 在 u 轴上的投影，称向量$\overrightarrow{OM'}$为向量 $\boldsymbol{r}$ 在 u 轴上的分向量．若$\overrightarrow{OM'}=\lambda\boldsymbol{e}$，则数 λ 称为向量 $\boldsymbol{r}$ 在 u 轴上的投影，记为 $\mathrm{Prj}_u\boldsymbol{r}$ 或 $(\boldsymbol{r})_u$.

由此，向量 $\boldsymbol{r}$ 在直角坐标系中的坐标 x、y、z，就是 $\boldsymbol{r}$ 在三条坐标轴上的投影，即

$$x=\mathrm{Prj}_x\boldsymbol{r},\qquad y=\mathrm{Prj}_y\boldsymbol{r},\qquad z=\mathrm{Prj}_z\boldsymbol{r}.$$

因此，向量的投影具有与坐标相同的性质：

(1) $\mathrm{Prj}_u\boldsymbol{r}=|\boldsymbol{r}|\cos\varphi$，其中 φ 为向量 $\boldsymbol{r}$ 与 u 轴的夹角；

(2) $\mathrm{Prj}_u(\boldsymbol{r}_1+\boldsymbol{r}_2)=\mathrm{Prj}_u\boldsymbol{r}_1+\mathrm{Prj}_u\boldsymbol{r}_2$；

(3) $\mathrm{Prj}_u(\lambda\boldsymbol{r})=\lambda\mathrm{Prj}_u\boldsymbol{r}$.

例 8 设正方体的一条对角线为 OM，一条棱为 OA，且 $|OA|=a$，如图 7.17 所示．求$\overrightarrow{OA}$在$\overrightarrow{OM}$上的投影 $\mathrm{Prj}_{\overrightarrow{OM}}\overrightarrow{OA}$.

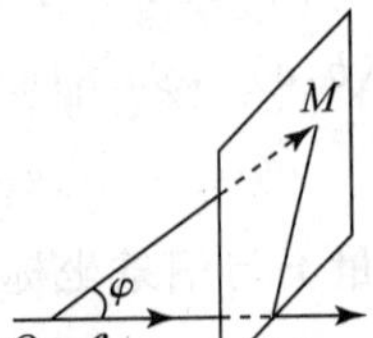

图 7.16

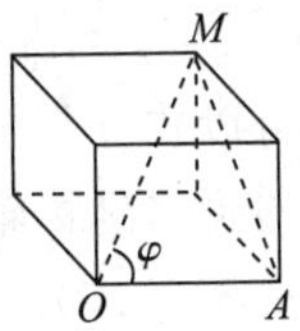

图 7.17

解　设 $\varphi=\angle MOA$，则 $\cos\varphi=\dfrac{|OA|}{|OM|}=\dfrac{1}{\sqrt{3}}$，故 $\mathrm{Prj}_{\overrightarrow{OM}}\overrightarrow{OA}=|\overrightarrow{OA}|\cdot\cos\varphi=\dfrac{a}{\sqrt{3}}$.

习题 7.1

1. 在空间直角坐标系中，指出下列各点所在的卦限：

$A(1,\ -2,\ 3)$；$B(2,\ 3,\ -4)$；$C(2,\ -3,\ -4)$；$D(-2,\ -3,\ 1)$.

2. 求点 $(x,\ y,\ z)$ 关于 xOz 面、y 轴及坐标原点的对称点的坐标.

3. 自点 $(x,\ y,\ z)$ 分别作各坐标面的垂线，写出各垂足的坐标.

4. 求点 $P(4,\ -3,\ 5)$ 到各坐标轴的距离.

5. 在 yOz 面上，求与三个已知点 $A(3,\ 1,\ 2)$、$B(4,\ -2,\ -2)$ 和 $C(0,\ 5,\ 1)$ 等距离的点.

6. 试证明以三点 $A(4,\ 1,\ 9)$、$B(10,\ -1,\ 6)$ 和 $C(2,\ 4,\ 3)$ 为顶点的三角形是等腰直角三角形.

7. 求平行于向量 $\boldsymbol{a}=(6,\ 7,\ -6)$ 的单位向量.

8. 已知两点 $A(2,\ 2,\ \sqrt{2})$ 和 $B(1,\ 3,\ 0)$，求向量 $\overrightarrow{AB}$ 的模和方向角.

9. 一向量的终点在点 $B(2,\ -1,\ 7)$，它在 x 轴、y 轴和 z 轴上的投影分别为 4、-4 和 7，求该向量的起点 A 的坐标.

7.2　数量积、向量积、混合积*

向量除了线性运算外，与其他量一样，也有积的运算. 但是，向量的积的运算方法与其他量的积的运算有完全不同的概念和方法. 本节主要讨论向量的三种积的运算.

一、数量积

定义 1　对于两个向量 $\boldsymbol{a}$ 和 $\boldsymbol{b}$，称它们的模 $|\boldsymbol{a}|$、$|\boldsymbol{b}|$ 与它们的夹角 θ 的余弦的乘积为向量 $\boldsymbol{a}$ 和 $\boldsymbol{b}$ 的数量积，记作 $\boldsymbol{a}\cdot\boldsymbol{b}$，即

$$\boldsymbol{a}\cdot\boldsymbol{b}=|\boldsymbol{a}|\,|\boldsymbol{b}|\cos\theta.$$

注意：两个向量的数量积是一个数量.

由于 $|\boldsymbol{b}|\cos\theta=|\boldsymbol{b}|\cos(\widehat{\boldsymbol{a},\boldsymbol{b}})$，如图 7.18 所示，当 $\boldsymbol{a}\neq\boldsymbol{0}$ 时，$|\boldsymbol{b}|\cos(\widehat{\boldsymbol{a},\boldsymbol{b}})$ 为向量 $\boldsymbol{b}$ 在向量 $\boldsymbol{a}$ 的方向上的投影，于是

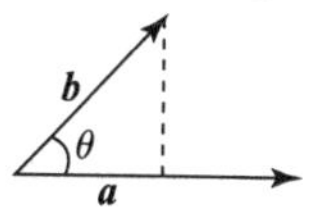

图 7.18

$$\boldsymbol{a}\cdot\boldsymbol{b}=|\boldsymbol{a}|\,\mathrm{Prj}_{\boldsymbol{a}}\boldsymbol{b}.$$

同理，当 $\boldsymbol{b}\neq\boldsymbol{0}$ 时，有

$$\boldsymbol{a}\cdot\boldsymbol{b}=|\boldsymbol{b}|\,\mathrm{Prj}_{\boldsymbol{b}}\boldsymbol{a}.$$

在物理学中，力对物体所做的功可以用数量积来表示. 设一物体在常力 $\boldsymbol{F}$ 作用下沿直线从点 M_1 移动到点 M_2，以 $\boldsymbol{s}$ 表示位移向量 $\overrightarrow{M_1M_2}$，则力 $\boldsymbol{F}$ 所做的功为

$$W=|\boldsymbol{F}|\,|\boldsymbol{s}|\cos\theta=\boldsymbol{F}\cdot\boldsymbol{s},$$

其中 θ 为 $\boldsymbol{F}$ 与 $\boldsymbol{s}$ 的夹角.

由数量积的定义可推得下列一些基本性质：

(1) $\boldsymbol{a}\cdot\boldsymbol{a}=|\boldsymbol{a}|^2$.

这是因为向量 $\boldsymbol{a}$ 与 $\boldsymbol{a}$ 的夹角 $\theta=0$，故 $\boldsymbol{a}\cdot\boldsymbol{a}=|\boldsymbol{a}||\boldsymbol{a}|\cos 0=|\boldsymbol{a}|^2$.

(2) 对于两个非零向量 $\boldsymbol{a}$ 与 $\boldsymbol{b}$，有 $\boldsymbol{a}\cdot\boldsymbol{b}=0\Leftrightarrow\boldsymbol{a}\perp\boldsymbol{b}$.

这是因为若 $\boldsymbol{a}\cdot\boldsymbol{b}=0$，由于 $|\boldsymbol{a}|\neq 0$，$|\boldsymbol{b}|\neq 0$，所以 $\cos\theta=0$，从而 $\theta=\dfrac{\pi}{2}$，即 $\boldsymbol{a}\perp\boldsymbol{b}$；反之，若 $\boldsymbol{a}\perp\boldsymbol{b}$，则 $\theta=\dfrac{\pi}{2}$，$\cos\theta=0$，于是 $\boldsymbol{a}\cdot\boldsymbol{b}=|\boldsymbol{a}||\boldsymbol{b}|\cos\theta=0$.

(3) 交换律 $\boldsymbol{a}\cdot\boldsymbol{b}=\boldsymbol{b}\cdot\boldsymbol{a}$.

因为 $\cos(\widehat{\boldsymbol{a},\boldsymbol{b}})=\cos(\widehat{\boldsymbol{b},\boldsymbol{a}})$，结论显然成立.

(4) 分配律 $(\boldsymbol{a}+\boldsymbol{b})\cdot\boldsymbol{c}=\boldsymbol{a}\cdot\boldsymbol{c}+\boldsymbol{b}\cdot\boldsymbol{c}$.

当 $\boldsymbol{c}=\boldsymbol{0}$ 时，结论显然成立；

当 $\boldsymbol{c}\neq\boldsymbol{0}$ 时，$(\boldsymbol{a}+\boldsymbol{b})\cdot\boldsymbol{c}=|\boldsymbol{c}|\mathrm{Prj}_{\boldsymbol{c}}(\boldsymbol{a}+\boldsymbol{b})=|\boldsymbol{c}|(\mathrm{Prj}_{\boldsymbol{c}}\boldsymbol{a}+\mathrm{Prj}_{\boldsymbol{c}}\boldsymbol{b})=|\boldsymbol{c}|\mathrm{Prj}_{\boldsymbol{c}}\boldsymbol{a}+|\boldsymbol{c}|\mathrm{Prj}_{\boldsymbol{c}}\boldsymbol{b}=\boldsymbol{a}\cdot\boldsymbol{c}+\boldsymbol{b}\cdot\boldsymbol{c}$.

(5) 结合律 $(\lambda\boldsymbol{a})\cdot\boldsymbol{b}=\boldsymbol{a}\cdot(\lambda\boldsymbol{b})=\lambda(\boldsymbol{a}\cdot\boldsymbol{b})$，$(\lambda\boldsymbol{a})\cdot(\mu\boldsymbol{b})=\lambda\mu(\boldsymbol{a}\cdot\boldsymbol{b})$，$\lambda$、$\mu$ 为常数.

当 $\boldsymbol{b}=\boldsymbol{0}$ 时，结论成立；

当 $\boldsymbol{b}\neq\boldsymbol{0}$ 时，$(\lambda\boldsymbol{a})\cdot\boldsymbol{b}=|\boldsymbol{b}|\mathrm{Prj}_{\boldsymbol{b}}(\lambda\boldsymbol{a})=|\boldsymbol{b}|\cdot\lambda\mathrm{Prj}_{\boldsymbol{b}}\boldsymbol{a}=\lambda|\boldsymbol{b}|\mathrm{Prj}_{\boldsymbol{b}}\boldsymbol{a}=\lambda(\boldsymbol{a}\cdot\boldsymbol{b})=\boldsymbol{a}\cdot(\lambda\boldsymbol{b})$，

$$(\lambda\boldsymbol{a})\cdot(\mu\boldsymbol{b})=\lambda[\boldsymbol{a}\cdot(\mu\boldsymbol{b})]=\lambda[\mu(\boldsymbol{a}\cdot\boldsymbol{b})]=\lambda\mu(\boldsymbol{a}\cdot\boldsymbol{b}).$$

例 1 试用向量证明三角形的余弦定理.

证 设在 $\triangle ABC$ 中，$\angle BCA=\theta$（图 7.19），$|CB|=a$，$|CA|=b$，$|AB|=c$，即要证

$$c^2=a^2+b^2-2ab\cos\theta.$$

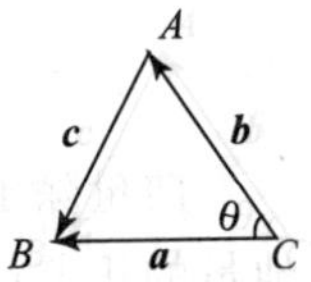

图 7.19

记 $\overrightarrow{CB}=\boldsymbol{a}$，$\overrightarrow{CA}=\boldsymbol{b}$，$\overrightarrow{AB}=\boldsymbol{c}$，则有 $\boldsymbol{c}=\boldsymbol{a}-\boldsymbol{b}$，从而 $|\boldsymbol{c}|^2=\boldsymbol{c}\cdot\boldsymbol{c}=(\boldsymbol{a}-\boldsymbol{b})\cdot(\boldsymbol{a}-\boldsymbol{b})=\boldsymbol{a}\cdot\boldsymbol{a}+\boldsymbol{b}\cdot\boldsymbol{b}-2\boldsymbol{a}\cdot\boldsymbol{b}=|\boldsymbol{a}|^2+|\boldsymbol{b}|^2-2|\boldsymbol{a}||\boldsymbol{b}|\cos(\widehat{\boldsymbol{a},\boldsymbol{b}})$，

即
$$c^2=a^2+b^2-2ab\cos\theta.$$

下面讨论两向量的数量积的坐标表达式.

设 $\boldsymbol{a}=(a_x,a_y,a_z)$，$\boldsymbol{b}=(b_x,b_y,b_z)$，则

$\boldsymbol{a}\cdot\boldsymbol{b}=(a_x\boldsymbol{i}+a_y\boldsymbol{j}+a_z\boldsymbol{k})\cdot(b_x\boldsymbol{i}+b_y\boldsymbol{j}+b_z\boldsymbol{k})$

$=a_xb_x\boldsymbol{i}\cdot\boldsymbol{i}+a_xb_y\boldsymbol{i}\cdot\boldsymbol{j}+a_xb_z\boldsymbol{i}\cdot\boldsymbol{k}+a_yb_x\boldsymbol{j}\cdot\boldsymbol{i}+a_yb_y\boldsymbol{j}\cdot\boldsymbol{j}+a_yb_z\boldsymbol{j}\cdot\boldsymbol{k}+a_zb_x\boldsymbol{k}\cdot\boldsymbol{i}+a_zb_y\boldsymbol{k}\cdot\boldsymbol{j}+a_zb_z\boldsymbol{k}\cdot\boldsymbol{k}$，

由于单位向量 $\boldsymbol{i}$、$\boldsymbol{j}$、$\boldsymbol{k}$ 两两互相垂直，所以 $\boldsymbol{i}\cdot\boldsymbol{j}=\boldsymbol{j}\cdot\boldsymbol{k}=\boldsymbol{k}\cdot\boldsymbol{i}=0$，$\boldsymbol{i}\cdot\boldsymbol{i}=\boldsymbol{j}\cdot\boldsymbol{j}=\boldsymbol{k}\cdot\boldsymbol{k}=1$，故

$$\boldsymbol{a}\cdot\boldsymbol{b}=a_xb_x+a_yb_y+a_zb_z.$$

当 $\boldsymbol{a}\neq\boldsymbol{0}$，$\boldsymbol{b}\neq\boldsymbol{0}$ 时，由于 $\boldsymbol{a}\cdot\boldsymbol{b}=|\boldsymbol{a}||\boldsymbol{b}|\cos\theta$，所以两向量 $\boldsymbol{a}$ 与 $\boldsymbol{b}$ 夹角的余弦为

$$\cos\theta=\frac{\boldsymbol{a}\cdot\boldsymbol{b}}{|\boldsymbol{a}||\boldsymbol{b}|}=\frac{a_xb_x+a_yb_y+a_zb_z}{\sqrt{a_x^2+a_y^2+a_z^2}\sqrt{b_x^2+b_y^2+b_z^2}}.$$

于是向量 $\boldsymbol{a}\perp\boldsymbol{b}\Leftrightarrow a_xb_x+a_yb_y+a_zb_z=0$.

例 2　已知三点 $M(1,1,1)$、$A(2,2,1)$ 和 $B(2,1,2)$，求 $\angle AMB$.

解　记 $\overrightarrow{MA}=\boldsymbol{a}$，$\overrightarrow{MB}=\boldsymbol{b}$，则 $\angle AMB$ 就是向量 $\boldsymbol{a}$ 与 $\boldsymbol{b}$ 的夹角，

易得 $\boldsymbol{a}=(1,1,0)$，$\boldsymbol{b}=(1,0,1)$，故

$$\boldsymbol{a}\cdot\boldsymbol{b}=1\times1+1\times0+0\times1=1,\quad |\boldsymbol{a}|=\sqrt{1^2+1^2+0^2}=\sqrt{2},\quad |\boldsymbol{b}|=\sqrt{1^2+0^2+1^2}=\sqrt{2},$$

所以 $\cos\angle AMB=\dfrac{\boldsymbol{a}\cdot\boldsymbol{b}}{|\boldsymbol{a}||\boldsymbol{b}|}=\dfrac{1}{\sqrt{2}\cdot\sqrt{2}}=\dfrac{1}{2}$，从而 $\angle AMB=\dfrac{\pi}{3}$.

例 3　已知 $\boldsymbol{a}$、$\boldsymbol{b}$、$\boldsymbol{c}$ 两两垂直，且 $|\boldsymbol{a}|=1$，$|\boldsymbol{b}|=2$，$|\boldsymbol{c}|=3$，求 $\boldsymbol{s}=\boldsymbol{a}+\boldsymbol{b}+\boldsymbol{c}$ 的长度及它和 $\boldsymbol{a}$、$\boldsymbol{b}$、$\boldsymbol{c}$ 的夹角.

解　$|\boldsymbol{s}|^2=\boldsymbol{s}\cdot\boldsymbol{s}=(\boldsymbol{a}+\boldsymbol{b}+\boldsymbol{c})\cdot(\boldsymbol{a}+\boldsymbol{b}+\boldsymbol{c})=\boldsymbol{a}\cdot\boldsymbol{a}+\boldsymbol{b}\cdot\boldsymbol{b}+\boldsymbol{c}\cdot\boldsymbol{c}+2\boldsymbol{a}\cdot\boldsymbol{b}+2\boldsymbol{b}\cdot\boldsymbol{c}+2\boldsymbol{a}\cdot\boldsymbol{c}$，由于 $\boldsymbol{a}\cdot\boldsymbol{a}=|\boldsymbol{a}|^2=1$，$\boldsymbol{b}\cdot\boldsymbol{b}=|\boldsymbol{b}|^2=4$，$\boldsymbol{c}\cdot\boldsymbol{c}=|\boldsymbol{c}|^2=9$，$\boldsymbol{a}\cdot\boldsymbol{b}=\boldsymbol{b}\cdot\boldsymbol{c}=\boldsymbol{a}\cdot\boldsymbol{c}=0$，故

$$|\boldsymbol{s}|^2=14,$$

即

$$|\boldsymbol{s}|=\sqrt{14}.$$

因为

$$\cos(\widehat{\boldsymbol{s},\boldsymbol{a}})=\frac{\boldsymbol{s}\cdot\boldsymbol{a}}{|\boldsymbol{s}||\boldsymbol{a}|}=\frac{(\boldsymbol{a}+\boldsymbol{b}+\boldsymbol{c})\cdot\boldsymbol{a}}{\sqrt{14}}=\frac{\boldsymbol{a}\cdot\boldsymbol{a}}{\sqrt{14}}=\frac{1}{\sqrt{14}},$$

所以 $(\widehat{\boldsymbol{s},\boldsymbol{a}})=\arccos\dfrac{1}{\sqrt{14}}$，同理可得 $(\widehat{\boldsymbol{s},\boldsymbol{b}})=\arccos\dfrac{2}{\sqrt{14}}$，$(\widehat{\boldsymbol{s},\boldsymbol{c}})=\arccos\dfrac{3}{\sqrt{14}}$.

二、向量积

定义 2　设向量 $\boldsymbol{c}$ 是由两个向量 $\boldsymbol{a}$ 与 $\boldsymbol{b}$ 按下列方式定出：

（1）$\boldsymbol{c}$ 的模 $|\boldsymbol{c}|=|\boldsymbol{a}||\boldsymbol{b}|\sin\theta$，其中 θ 为 $\boldsymbol{a}$ 与 $\boldsymbol{b}$ 的夹角；

（2）$\boldsymbol{c}$ 的方向垂直于 $\boldsymbol{a}$ 与 $\boldsymbol{b}$ 所确定的平面（即 $\boldsymbol{c}\perp\boldsymbol{a}$，$\boldsymbol{c}\perp\boldsymbol{b}$），$\boldsymbol{c}$ 的指向按右手法则从 $\boldsymbol{a}$ 转向 $\boldsymbol{b}$ 来确定，如图 7.20 所示，则向量 $\boldsymbol{c}$ 叫做向量 $\boldsymbol{a}$ 与 $\boldsymbol{b}$ 的向量积，记作 $\boldsymbol{c}=\boldsymbol{a}\times\boldsymbol{b}$.

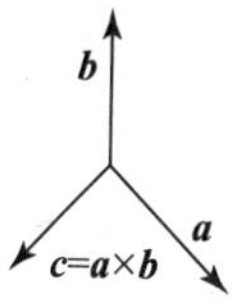

图 7.20

注意：两个向量的向量积是一个向量，并且 $\boldsymbol{a}\times\boldsymbol{b}$ 的模 $|\boldsymbol{a}\times\boldsymbol{b}|=|\boldsymbol{a}||\boldsymbol{b}|\sin\theta$，在几何上表示以 $\boldsymbol{a}$，$\boldsymbol{b}$ 为邻边的平行四边形的面积，$\boldsymbol{a}\times\boldsymbol{b}$ 的方向垂直于这个平行四边形所在的平面.

向量积在物理学中应用广泛，比如可用力与力臂的向量积表示力矩，再如角速度与臂展向量的向量积是线速度.

由向量积的定义可得下列一些性质：

（1）$\boldsymbol{a}\times\boldsymbol{a}=\boldsymbol{0}$.

这是因为向量 $\boldsymbol{a}$ 与 $\boldsymbol{a}$ 的夹角 $\theta=0$，故 $|\boldsymbol{a}\times\boldsymbol{a}|=|\boldsymbol{a}|^2\sin\theta=0$.

（2）对于两个非零向量 $\boldsymbol{a}$、$\boldsymbol{b}$，有 $\boldsymbol{a}\times\boldsymbol{b}=\boldsymbol{0}\Leftrightarrow\boldsymbol{a}/\!/\boldsymbol{b}$.

这是因为若 $\boldsymbol{a}\times\boldsymbol{b}=\boldsymbol{0}$，由于 $|\boldsymbol{a}|\neq0$，$|\boldsymbol{b}|\neq0$，所以 $\sin\theta=0$，从而 $\theta=0$ 或 π，即 $\boldsymbol{a}/\!/\boldsymbol{b}$；反之，若 $\boldsymbol{a}/\!/\boldsymbol{b}$，则 $\theta=0$ 或 π，$\sin\theta=0$，于是 $|\boldsymbol{a}\times\boldsymbol{b}|=0$.

（3）反交换律　$\boldsymbol{a}\times\boldsymbol{b}=-\boldsymbol{b}\times\boldsymbol{a}$.

由向量积的定义知，$\boldsymbol{a}\times\boldsymbol{b}$ 与 $\boldsymbol{b}\times\boldsymbol{a}$ 的模相等而方向相反，故上式成立.

（4）分配律　$(\boldsymbol{a}+\boldsymbol{b})\times\boldsymbol{c}=\boldsymbol{a}\times\boldsymbol{c}+\boldsymbol{b}\times\boldsymbol{c}$.

(5) 结合律 $(\lambda\boldsymbol{a})\times\boldsymbol{b}=\boldsymbol{a}\times(\lambda\boldsymbol{b})=\lambda(\boldsymbol{a}\times\boldsymbol{b})$，$\lambda$ 为常数.

下面讨论两向量的向量积的坐标表达式.

设 $\boldsymbol{a}=(a_x, a_y, a_z)$，$\boldsymbol{b}=(b_x, b_y, b_z)$，则有

$$\begin{aligned}\boldsymbol{a}\times\boldsymbol{b}&=(a_x\boldsymbol{i}+a_y\boldsymbol{j}+a_z\boldsymbol{k})\times(b_x\boldsymbol{i}+b_y\boldsymbol{j}+b_z\boldsymbol{k})\\&=a_xb_x\boldsymbol{i}\times\boldsymbol{i}+a_xb_y\boldsymbol{i}\times\boldsymbol{j}+a_xb_z\boldsymbol{i}\times\boldsymbol{k}+a_yb_x\boldsymbol{j}\times\boldsymbol{i}+a_yb_y\boldsymbol{j}\times\boldsymbol{j}+a_yb_z\boldsymbol{j}\times\boldsymbol{k}+\\&\quad a_zb_x\boldsymbol{k}\times\boldsymbol{i}+a_zb_y\boldsymbol{k}\times\boldsymbol{j}+a_zb_z\boldsymbol{k}\times\boldsymbol{k},\end{aligned}$$

因为

$$\boldsymbol{i}\times\boldsymbol{i}=\boldsymbol{j}\times\boldsymbol{j}=\boldsymbol{k}\times\boldsymbol{k}=0,\ \boldsymbol{i}\times\boldsymbol{j}=\boldsymbol{k},\ \boldsymbol{j}\times\boldsymbol{i}=-\boldsymbol{k},\ \boldsymbol{j}\times\boldsymbol{k}=\boldsymbol{i},\ \boldsymbol{k}\times\boldsymbol{j}=-\boldsymbol{i},\ \boldsymbol{k}\times\boldsymbol{i}=\boldsymbol{j},\ \boldsymbol{i}\times\boldsymbol{k}=-\boldsymbol{j},$$

所以

$$\boldsymbol{a}\times\boldsymbol{b}=(a_yb_z-a_zb_y)\boldsymbol{i}+(a_zb_x-a_xb_z)\boldsymbol{j}+(a_xb_y-a_yb_x)\boldsymbol{k}.$$

为了帮助记忆，利用三阶行列式符号，上式可写成

$$\begin{aligned}\boldsymbol{a}\times\boldsymbol{b}&=\begin{vmatrix}\boldsymbol{i}&\boldsymbol{j}&\boldsymbol{k}\\a_x&a_y&a_z\\b_x&b_y&b_z\end{vmatrix}=\begin{vmatrix}a_y&a_z\\b_y&b_z\end{vmatrix}\boldsymbol{i}-\begin{vmatrix}a_x&a_z\\b_x&b_z\end{vmatrix}\boldsymbol{j}+\begin{vmatrix}a_x&a_y\\b_x&b_y\end{vmatrix}\boldsymbol{k}\\&=(a_yb_z-a_zb_y)\boldsymbol{i}+(a_zb_x-a_xb_z)\boldsymbol{j}+(a_xb_y-a_yb_x)\boldsymbol{k}.\end{aligned}$$

从这个式子可以看出，两向量 $\boldsymbol{a}$ 与 $\boldsymbol{b}$ 互相平行的充要条件为

$$a_yb_z-a_zb_y=0,\ a_zb_x-a_xb_z=0,\ a_xb_y-a_yb_x=0.$$

或者

$$\frac{a_x}{b_x}=\frac{a_y}{b_y}=\frac{a_z}{b_z}.$$

例 4 设 $\boldsymbol{a}=(2, 1, -1)$，$\boldsymbol{b}=(1, -1, 2)$，计算 $\boldsymbol{a}\times\boldsymbol{b}$.

解 $\boldsymbol{a}\times\boldsymbol{b}=\begin{vmatrix}\boldsymbol{i}&\boldsymbol{j}&\boldsymbol{k}\\2&1&-1\\1&-1&2\end{vmatrix}=2\boldsymbol{i}-\boldsymbol{j}-2\boldsymbol{k}-\boldsymbol{k}-4\boldsymbol{j}-\boldsymbol{i}=\boldsymbol{i}-5\boldsymbol{j}-3\boldsymbol{k}.$

例 5 已知 ΔABC 的顶点分别是 $A(1, 2, 3)$、$B(3, 4, 5)$、$C(2, 4, 7)$，求 ΔABC 的面积.

解 根据向量积的几何意义，可知 ΔABC 的面积为

$$S_{\Delta ABC}=\frac{1}{2}|\overrightarrow{AB}||\overrightarrow{AC}|\sin\angle A=\frac{1}{2}|\overrightarrow{AB}\times\overrightarrow{AC}|.$$

由于 $\overrightarrow{AB}=(2, 2, 2)$，$\overrightarrow{AC}=(1, 2, 4)$，因此 $\overrightarrow{AB}\times\overrightarrow{AC}=\begin{vmatrix}\boldsymbol{i}&\boldsymbol{j}&\boldsymbol{k}\\2&2&2\\1&2&4\end{vmatrix}=4\boldsymbol{i}-6\boldsymbol{j}+2\boldsymbol{k}$，

于是 $S_{\Delta ABC}=\frac{1}{2}|4\boldsymbol{i}-6\boldsymbol{j}+2\boldsymbol{k}|=\frac{1}{2}\sqrt{4^2+(-6)^2+2^2}=\sqrt{14}.$

三、混合积

定义 3 $(\boldsymbol{a}\times\boldsymbol{b})\cdot\boldsymbol{c}$ 称为三向量 $\boldsymbol{a}$、$\boldsymbol{b}$、$\boldsymbol{c}$ 的混合积，记为 $[\boldsymbol{a}\ \boldsymbol{b}\ \boldsymbol{c}]$.

下面来推导混合积的坐标表达式.

设 $\boldsymbol{a}=(a_x, a_y, a_z)$，$\boldsymbol{b}=(b_x, b_y, b_z)$，$\boldsymbol{c}=(c_x, c_y, c_z)$，

因为 $\boldsymbol{a}\times\boldsymbol{b}=\begin{vmatrix}\boldsymbol{i} & \boldsymbol{j} & \boldsymbol{k}\\ a_x & a_y & a_z\\ b_x & b_y & b_z\end{vmatrix}=\begin{vmatrix}a_y & a_z\\ b_y & b_z\end{vmatrix}\boldsymbol{i}-\begin{vmatrix}a_x & a_z\\ b_x & b_z\end{vmatrix}\boldsymbol{j}+\begin{vmatrix}a_x & a_y\\ b_x & b_y\end{vmatrix}\boldsymbol{k}$，再按两向量的数量积的坐标表达式，便得

$$[\boldsymbol{a}\ \boldsymbol{b}\ \boldsymbol{c}]=(\boldsymbol{a}\times\boldsymbol{b})\cdot\boldsymbol{c}=\begin{vmatrix}a_y & a_z\\ b_y & b_z\end{vmatrix}c_x-\begin{vmatrix}a_x & a_z\\ b_x & b_z\end{vmatrix}c_y+\begin{vmatrix}a_x & a_y\\ b_x & b_y\end{vmatrix}c_z$$
$$=\begin{vmatrix}a_x & a_y & a_z\\ b_x & b_y & b_z\\ c_x & c_y & c_z\end{vmatrix}.$$

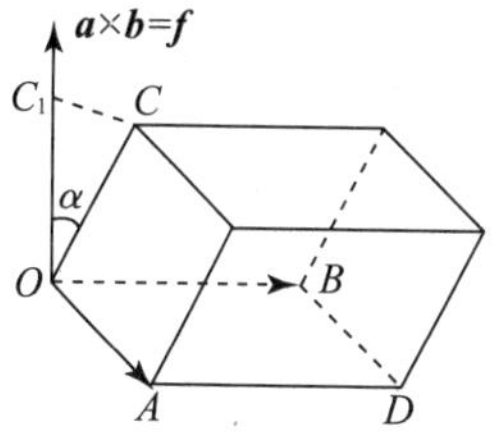

图 7.21

由行列式的性质易知，混合积具有轮换性质，即

$$[\boldsymbol{a}\ \boldsymbol{b}\ \boldsymbol{c}]=[\boldsymbol{b}\ \boldsymbol{c}\ \boldsymbol{a}]=[\boldsymbol{c}\ \boldsymbol{a}\ \boldsymbol{b}].$$

向量的混合积有下述几何意义：

以 $\boldsymbol{a}$、$\boldsymbol{b}$、$\boldsymbol{c}$ 为相邻的三条棱作平行六面体（图 7.21），令 $\boldsymbol{f}=\boldsymbol{a}\times\boldsymbol{b}$，则

$$(\boldsymbol{a}\times\boldsymbol{b})\cdot\boldsymbol{c}=\boldsymbol{f}\cdot\boldsymbol{c}=|\boldsymbol{f}||\boldsymbol{c}|\cos(\widehat{\boldsymbol{f},\boldsymbol{c}}).$$

而 $|\boldsymbol{f}|=|\boldsymbol{a}\times\boldsymbol{b}|$ 是以 $\boldsymbol{a}$，$\boldsymbol{b}$ 为邻边的平行四边形的面积，$|\boldsymbol{c}|\cos(\widehat{\boldsymbol{f},\boldsymbol{c}})$ 是向量 $\boldsymbol{c}$ 在向量 $\boldsymbol{f}$ 上的投影，其绝对值恰好是该六面体的高．所以，混合积 $[\boldsymbol{a}\ \boldsymbol{b}\ \boldsymbol{c}]$ 的绝对值在几何上表示以 $\boldsymbol{a}$、$\boldsymbol{b}$、$\boldsymbol{c}$ 为棱的平行六面体的体积．若 $\boldsymbol{a}$、$\boldsymbol{b}$、$\boldsymbol{c}$ 组成右手系（即 $\boldsymbol{c}$ 的指向按右手法则从 $\boldsymbol{a}$ 转向 $\boldsymbol{b}$ 来确定），则 $[\boldsymbol{a}\ \boldsymbol{b}\ \boldsymbol{c}]$ 的值为正；若 $\boldsymbol{a}$、$\boldsymbol{b}$、$\boldsymbol{c}$ 组成左手系（即 $\boldsymbol{c}$ 的指向按左手法则从 $\boldsymbol{a}$ 转向 $\boldsymbol{b}$ 来确定），则 $[\boldsymbol{a}\ \boldsymbol{b}\ \boldsymbol{c}]$ 的值为负．

由此可知，若 $[\boldsymbol{a}\ \boldsymbol{b}\ \boldsymbol{c}]\neq 0$，则能以 $\boldsymbol{a}$、$\boldsymbol{b}$、$\boldsymbol{c}$ 三向量为棱构成平行六面体，从而 $\boldsymbol{a}$、$\boldsymbol{b}$、$\boldsymbol{c}$ 三向量不共面；反之，若 $\boldsymbol{a}$、$\boldsymbol{b}$、$\boldsymbol{c}$ 三向量不共面，则必能以 $\boldsymbol{a}$、$\boldsymbol{b}$、$\boldsymbol{c}$ 三向量为棱构成平行六面体，从而 $[\boldsymbol{a}\ \boldsymbol{b}\ \boldsymbol{c}]\neq 0$．于是有下列结论：

三向量 $\boldsymbol{a}$、$\boldsymbol{b}$、$\boldsymbol{c}$ 共面的充要条件是它们的混合积 $[\boldsymbol{a}\ \boldsymbol{b}\ \boldsymbol{c}]=0$，即

$$\begin{vmatrix}a_x & a_y & a_z\\ b_x & b_y & b_z\\ c_x & c_y & c_z\end{vmatrix}=0.$$

例 6　已知不在一平面上的四点 $A(x_1, y_1, z_1)$、$B(x_2, y_2, z_2)$、$C(x_3, y_3, z_3)$、$D(x_4, y_4, z_4)$，求四面体 $ABCD$ 的体积．

解　由立体几何知识可知，四面体的体积 V 等于以向量 $\overrightarrow{AB}$、$\overrightarrow{AC}$ 和 $\overrightarrow{AD}$ 为棱的平行六面体的体积的六分之一，因为

$$\overrightarrow{AB}=(x_2-x_1, y_2-y_1, z_2-z_1),$$
$$\overrightarrow{AC}=(x_3-x_1, y_3-y_1, z_3-z_1),$$
$$\overrightarrow{AD}=(x_4-x_1, y_4-y_1, z_4-z_1),$$

所以

$$V=\frac{1}{6}|[\overrightarrow{AB}\ \overrightarrow{AC}\ \overrightarrow{AD}]|=\frac{1}{6}\begin{vmatrix}x_2-x_1 & y_2-y_1 & z_2-z_1\\ x_3-x_1 & y_3-y_1 & z_3-z_1\\ x_4-x_1 & y_4-y_1 & z_4-z_1\end{vmatrix}.$$

习题 7.2

1. 设 $\boldsymbol{a}=(3, 2, 1)$，$\boldsymbol{b}=\left(2, \frac{4}{3}, k\right)$，若 $\boldsymbol{a}\perp\boldsymbol{b}$，则 k 为多少？若 $\boldsymbol{a}/\!/\boldsymbol{b}$，则 k 又为多少？

2. 已知 $\boldsymbol{a}=2\boldsymbol{i}-\boldsymbol{j}-2\boldsymbol{k}$，$\boldsymbol{b}=\boldsymbol{i}+\boldsymbol{j}-4\boldsymbol{k}$，求：

（1）$\boldsymbol{a}\cdot\boldsymbol{b}$；　（2）$(\widehat{\boldsymbol{a},\boldsymbol{b}})$；　（3）$\mathrm{Prj}_{\boldsymbol{a}}\boldsymbol{b}$；　（4）$\boldsymbol{a}\times\boldsymbol{b}$.

3. 设 $\boldsymbol{a}$、$\boldsymbol{b}$、$\boldsymbol{c}$ 为单位向量，且满足 $\boldsymbol{a}+\boldsymbol{b}+\boldsymbol{c}=\boldsymbol{0}$，求 $\boldsymbol{a}\cdot\boldsymbol{b}+\boldsymbol{b}\cdot\boldsymbol{c}+\boldsymbol{a}\cdot\boldsymbol{c}$.

4. 已知 $M_1(1, -1, 2)$、$M_2(3, 3, 1)$ 和 $M_3(3, 1, 3)$，求与 $\overrightarrow{M_1M_2}$、$\overrightarrow{M_2M_3}$ 都垂直的单位向量.

5. 已知 $\overrightarrow{OA}=\boldsymbol{i}+3\boldsymbol{k}$，$\overrightarrow{OB}=\boldsymbol{j}+3\boldsymbol{k}$，求 $\triangle OAB$ 的面积.

6. 若向量 $\boldsymbol{a}+3\boldsymbol{b}$ 垂直于 $7\boldsymbol{a}-5\boldsymbol{b}$，向量 $\boldsymbol{a}-4\boldsymbol{b}$ 垂直于 $7\boldsymbol{a}-2\boldsymbol{b}$，求 $\boldsymbol{a}$ 与 $\boldsymbol{b}$ 的夹角.

7. 一平行四边形以 $\boldsymbol{a}=(2, 1, -1)$ 和 $\boldsymbol{b}=(1, -2, 1)$ 为边，求其两对角线夹角的正弦.

8. 试求 $[(\boldsymbol{j}+\boldsymbol{k})(\boldsymbol{k}+\boldsymbol{i})(\boldsymbol{i}+\boldsymbol{j})]$.

9. 已知三个向量 $\boldsymbol{a}$、$\boldsymbol{b}$、$\boldsymbol{c}$，其中 $\boldsymbol{c}$ 同时垂直于 $\boldsymbol{a}$ 和 $\boldsymbol{b}$，$(\widehat{\boldsymbol{a},\boldsymbol{b}})=\frac{\pi}{6}$，且 $|\boldsymbol{a}|=6$，$|\boldsymbol{b}|=|\boldsymbol{c}|=3$，求 $[\boldsymbol{a}\,\boldsymbol{b}\,\boldsymbol{c}]$.

10. 证明向量 $\boldsymbol{a}=(-1, 3, 2)$，$\boldsymbol{b}=(2, -3, -4)$，$\boldsymbol{c}=(-3, 12, 6)$ 在同一平面上.

7.3 平面与空间直线

本节将用向量及坐标的知识来讨论空间平面及空间直线的有关特性，然后确定空间二平面及空间二直线的位置关系.

一、平面及其方程

1. 平面的点法式方程

垂直于已知平面的非零向量称为该平面的法向量．容易知道，平面上的任一向量均与该平面的法向量垂直.

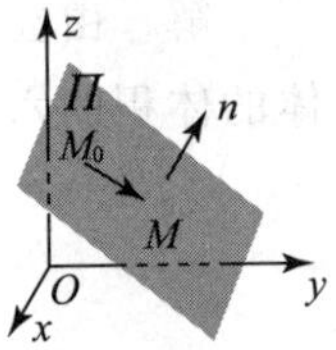

图 7.22

因为过空间一点可以作且只能作一平面垂直于一已知直线，所以当平面 Π 上一点 $M_0(x_0, y_0, z_0)$ 和它的一个法向量 $\boldsymbol{n}=(A, B, C)$ 为已知时，平面 Π 的位置就完全确定了．下面我们来建立平面 Π 的方程.

设 $M(x, y, z)$ 是平面 Π 上的任一点（图 7.22），那么向量 $\overrightarrow{M_0M}$ 必与平面 Π 的法向量 $\boldsymbol{n}$ 垂直，故它们的数量积等于零，即 $\boldsymbol{n}\cdot\overrightarrow{M_0M}=0$.

由于　$\boldsymbol{n}=(A, B, C)$，$\overrightarrow{M_0M}=(x-x_0, y-y_0, z-z_0)$，

所以
$$A(x-x_0)+B(y-y_0)+C(z-z_0)=0. \tag{7.2}$$

这就是平面 Π 上任一点 M 的坐标 x，y，z 所满足的方程．反过来，如果 $M(x, y, z)$ 不在平面 Π 上，那么向量 $\overrightarrow{M_0M}$ 与法向量 $\boldsymbol{n}$ 不垂直，从而 $\boldsymbol{n}\cdot\overrightarrow{M_0M}\neq 0$，即不在平面 Π 上的点 M 的坐标 x，y，z 不满足此方程．由此可知，方程（7.2）就是平面 Π 的方程，而平面 Π 就是方程（7.2）的图形．由于方程（7.2）是由平面 Π 上的一点 $M_0(x_0, y_0, z_0)$ 及它的一个法向量 $\boldsymbol{n}=(A, B, C)$ 确定的，所以此方程叫做平面的点法式方程.

例 1　求过点（2，−3，0）且以 $\boldsymbol{n}=(1, -2, 3)$ 为法向量的平面的方程.

解　由平面的点法式方程，得所求平面的方程为

$$(x-2)-2(y+3)+3z=0,$$

即

$$x-2y+3z-8=0.$$

例 2　求过三点 $M_1(2, -1, 4)$、$M_2(-1, 3, -2)$ 和 $M_3(0, 2, 3)$ 的平面的方程.

解　设平面的法向量为 $\boldsymbol{n}$，显然 $\boldsymbol{n}$ 与向量 $\overrightarrow{M_1M_2}$、$\overrightarrow{M_1M_3}$ 都垂直，故取 $\overrightarrow{M_1M_2}\times\overrightarrow{M_1M_3}$ 为 $\boldsymbol{n}$.

因为 $\overrightarrow{M_1M_2}=(-3, 4, -6)$，$\overrightarrow{M_1M_3}=(-2, 3, -1)$，

所以

$$\boldsymbol{n}=\overrightarrow{M_1M_2}\times\overrightarrow{M_1M_3}=\begin{vmatrix}\boldsymbol{i} & \boldsymbol{j} & \boldsymbol{k}\\ -3 & 4 & -6\\ -2 & 3 & -1\end{vmatrix}=14\boldsymbol{i}+9\boldsymbol{j}-\boldsymbol{k}.$$

由平面的点法式方程，得所求平面的方程为

$$14(x-2)+9(y+1)-(z-4)=0,$$

即

$$14x+9y-z-15=0.$$

2. 平面的一般方程

平面的点法式方程 $A(x-x_0)+B(y-y_0)+C(z-z_0)=0$ 可整理为

$$Ax+By+Cz-(Ax_0+By_0+Cz_0)=0.$$

令 $-(Ax_0+By_0+Cz_0)=D$，得

$$Ax+By+Cz+D=0. \tag{7.3}$$

（7.3）式称为**平面的一般方程**.

由此可见，任一平面可用三元一次方程（7.3）表示；反之，可证任一三元一次方程（7.3）（其中 A，B，C 不全为零）的图形总是一个平面，而 x，y，z 的系数就是该平面的一个法向量 $\boldsymbol{n}$ 的坐标，即 $\boldsymbol{n}=(A, B, C)$.

下面讨论一些特殊的三元一次方程所表示平面的位置特征.

（1）当 $D=0$ 时，平面方程为 $Ax+By+Cz=0$，显然原点 $O(0, 0, 0)$ 的坐标满足此方程，故该方程表示一个通过原点的平面.

（2）当 $A=0$ 时，平面方程为 $By+Cz+D=0$，其法向量 $\boldsymbol{n}=(0, B, C)$ 与 x 轴垂直，故该方程表示一个平行于 x 轴的平面．同样，当 $B=0$ 或 $C=0$ 时，方程 $Ax+Cz+D=0$ 与 $Ax+By+D=0$ 分别表示平行于 y 轴和平行于 z 轴的平面.

（3）当 $A=B=0$ 时，平面方程为 $Cz+D=0$，其法向量 $\boldsymbol{n}=(0, 0, C)$ 同时垂直于 x 轴和 y 轴，故该方程表示一个平行于 xOy 面的平面．同样，当 $A=C=0$ 时，平面 $By+D=0$ 平行于 zOx 面；当 $B=C=0$ 时，平面 $Ax+D=0$ 平行于 yOz 面.

（4）当 $A=B=D=0$，平面为 $z=0$，即 xOy 坐标面．同样，$x=0$ 和 $y=0$ 分别表示 yOz 坐标面和 zOx 坐标面.

例 3 求通过 x 轴和点（4，－3，－1）的平面的方程.

解 平面通过 x 轴，则其法向量垂直于 x 轴，即 $A=0$；

显然平面过原点，即 $D=0$.

因此，可设该平面的方程为 $By+Cz=0$.

又因该平面通过点（4，－3，－1），所以有 $-3B-C=0$，即 $C=-3B$.

将其代入所设方程并除以 $B(B\neq 0)$，便得所求的平面方程为

$$y-3z=0.$$

例 4 设一平面与 x、y、z 轴的交点依次为 $P(a,0,0)$、$Q(0,b,0)$、$R(0,0,c)$ 三点（图 7.23），求该平面的方程（其中 $a\neq 0$，$b\neq 0$，$c\neq 0$）.

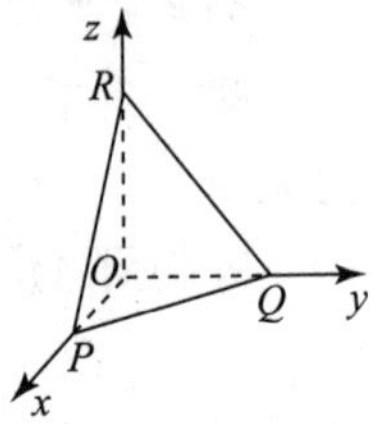

图 7.23

解 设所求平面的方程为 $Ax+By+Cz+D=0$，因为点 $P(a,0,0)$、$Q(0,b,0)$、$R(0,0,c)$ 都在这平面上，所以点 P、Q、R 的坐标都满足所设方程，即

$$\begin{cases} aA+D=0 \\ bB+D=0, \\ cC+D=0 \end{cases}$$

由此得

$$A=-\frac{D}{a},\ B=-\frac{D}{b},\ C=-\frac{D}{c},$$

将其代入所设方程，得

$$-\frac{D}{a}x-\frac{D}{b}y-\frac{D}{c}z+D=0,$$

即

$$\frac{x}{a}+\frac{y}{b}+\frac{z}{c}=1.$$

该方程叫做平面的截距式方程，而 a、b、c 依次叫做平面在 x、y、z 轴上的截距.

3. 平面的三点式方程

已知平面上不在一条直线上的三点 $M_1(x_1,y_1,z_1)$、$M_2(x_2,y_2,z_2)$、$M_3(x_3,y_3,z_3)$，设 $M(x,y,z)$ 为该平面上任一点，显然 M、M_1、M_2、M_3 四点共面，即 $\overrightarrow{MM_1}$、$\overrightarrow{M_2M_1}$、$\overrightarrow{M_3M_1}$ 三向量共面，由上一节内容知，有

$$\begin{vmatrix} x-x_1 & y-y_1 & z-z_1 \\ x_2-x_1 & y_2-y_1 & z_2-z_1 \\ x_3-x_1 & y_3-y_1 & z_3-z_1 \end{vmatrix}=0. \tag{7.4}$$

方程（7.4）称为平面的三点式方程.

如例 2 中所求平面为 $\begin{vmatrix} x-2 & y+1 & z-4 \\ -3 & 4 & -6 \\ -2 & 3 & -1 \end{vmatrix}=14x+9y-z-15=0$；例 4 中所求平面为

$$\begin{vmatrix} x-a & y & z \\ -a & b & 0 \\ -a & 0 & c \end{vmatrix}=bcx+acy+abz-abc=0，即\frac{x}{a}+\frac{y}{b}+\frac{z}{c}=1.$$

4. 两平面的夹角

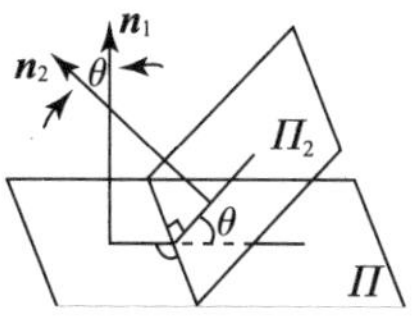

图 7.24

两平面的法向量的夹角（通常指锐角）称为**两平面的夹角**.

设平面 Π_1 和 Π_2 的法向量分别为 $\boldsymbol{n}_1=(A_1, B_1, C_1)$ 和 $n_2=(A_2, B_2, C_2)$，则平面 Π_1 和 Π_2 的夹角 θ 应是 $(\widehat{\boldsymbol{n}_1,\boldsymbol{n}_2})$ 和 $\pi-(\widehat{\boldsymbol{n}_1,\boldsymbol{n}_2})$ 两者中的锐角，如图 7.24 所示，因此 $\cos\theta=|\cos(\widehat{\boldsymbol{n}_1,\boldsymbol{n}_2})|$. 按两向量夹角余弦的坐标表示式，平面 Π_1 和 Π_2 的夹角 θ 的余弦为

$$\cos\theta=|\cos(\widehat{\boldsymbol{n}_1,\boldsymbol{n}_2})|=\frac{|A_1A_2+B_1B_2+C_1C_2|}{\sqrt{A_1^2+B_1^2+C_1^2}\cdot\sqrt{A_2^2+B_2^2+C_2^2}}.$$

由两向量垂直、平行的充要条件立即推得下列结论：

(1) 平面 $\Pi_1\perp\Pi_2\Leftrightarrow A_1A_2+B_1B_2+C_1C_2=0$；

(2) 平面 $\Pi_1/\!/\Pi_2$ 或 Π_1 与 Π_2 重合 $\Leftrightarrow\dfrac{A_1}{A_2}=\dfrac{B_1}{B_2}=\dfrac{C_1}{C_2}$.

例 5　求两平面 $x-y+2z-6=0$ 和 $2x+y+z-5=0$ 的夹角.

解　$\boldsymbol{n}_1=(1, -1, 2)$，$\boldsymbol{n}_2=(2, 1, 1)$，

$$\cos\theta=\frac{|A_1A_2+B_1B_2+C_1C_2|}{\sqrt{A_1^2+B_1^2+C_1^2}\cdot\sqrt{A_2^2+B_2^2+C_2^2}}=\frac{|1\times2+(-1)\times1+2\times1|}{\sqrt{1^2+(-1)^2+2^2}\cdot\sqrt{2^2+1^2+1^2}}=\frac{1}{2},$$

所以，所求夹角为 $\theta=\dfrac{\pi}{3}$.

例 6　一平面通过两点 $M_1(1, 1, 1)$ 和 $M_2(0, 1, -1)$ 且垂直于平面 $x+y+z=0$，求它的方程.

解　设所求平面的法向量为　$\boldsymbol{n}=(A, B, C)$，

因为点 $M_1(1, 1, 1)$ 和 $M_2(0, 1, -1)$ 在所求平面上，所以 $\boldsymbol{n}\perp\overrightarrow{M_1M_2}=(-1, 0, -2)$，即

$$-A-2C=0,$$

又因为所求平面垂直于平面 $x+y+z=0$，所以 $\boldsymbol{n}\perp(1, 1, 1)$，即 $A+B+C=0$.

故 $A=-2C$，$B=C$，将其代入点法式方程 $A(x-1)+B(y-1)+C(z-1)=0$ 消去 C，得所求平面为

$$2x-y-z=0.$$

5. 点到平面的距离

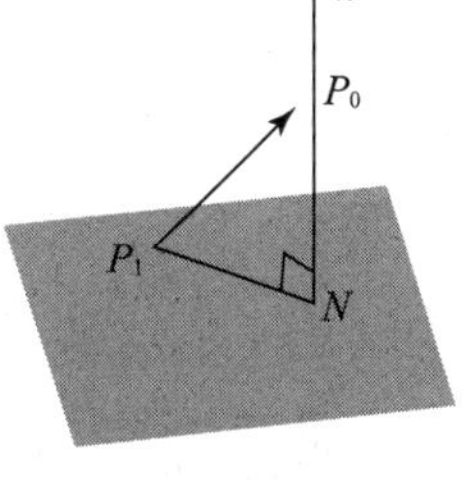

图 7.25

设 $P_0(x_0, y_0, z_0)$ 是平面 $Ax+By+Cz+D=0$ 外一点，如图 7.25 所示，下面我们来求点 P_0 到该平面的距离.

在平面上任取一点 $P_1(x_1, y_1, z_1)$，并过 P_0 作平面的一法向量 $\boldsymbol{n}=(A, B, C)$，则所求距离 $d=|\mathrm{Prj}_n\overrightarrow{P_1P_0}|$.

设 e_n 为与 n 同方向的单位向量，则有 $\mathrm{Prj}_n \overrightarrow{P_1P_0}=\overrightarrow{P_1P_0}\cdot e_n$，

而
$$e_n=\left(\frac{A}{\sqrt{A^2+B^2+C^2}},\ \frac{B}{\sqrt{A^2+B^2+C^2}},\ \frac{C}{\sqrt{A^2+B^2+C^2}}\right),$$
$$\overrightarrow{P_1P_0}=(x_0-x_1,\ y_0-y_1,\ z_0-z_1),$$

所以
$$\mathrm{Prj}_n \overrightarrow{P_1P_0}=\frac{A(x_0-x_1)+B(y_0-y_1)+C(z_0-z_1)}{\sqrt{A^2+B^2+C^2}}$$
$$=\frac{Ax_0+By_0+Cz_0-(Ax_1+By_1+Cz_1)}{\sqrt{A^2+B^2+C^2}},$$

由于
$$Ax_1+By_1+Cz_1+D=0,$$

所以
$$\mathrm{Prj}_n \overrightarrow{P_1P_0}=\frac{Ax_0+By_0+Cz_0+D}{\sqrt{A^2+B^2+C^2}},$$

即
$$d=\frac{|Ax_0+By_0+Cz_0+D|}{\sqrt{A^2+B^2+C^2}}.$$

例 7 求点（2，1，1）到平面 $x+y-z+1=0$ 的距离.

解 $d=\dfrac{|Ax_0+By_0+Cz_0+D|}{\sqrt{A^2+B^2+C^2}}=\dfrac{|1\times2+1\times1-(-1)\times1+1|}{\sqrt{1^2+1^2+(-1)^2}}=\dfrac{3}{\sqrt{3}}=\sqrt{3}.$

二、空间直线及其方程

1. 空间直线的点向式方程

平行于某已知直线的非零向量称为该直线的方向向量．容易知道，直线上任一向量都平行于该直线的方向向量.

因为过空间一点可作且只能作一条直线平行于一已知直线，所以当直线 L 上一点 $M_0(x_0,\ y_0,\ z_0)$ 和它的一方向向量 $s=(m,\ n,\ p)$ 为已知时，直线 L 的位置就完全确定了．下面我们来建立这直线的方程.

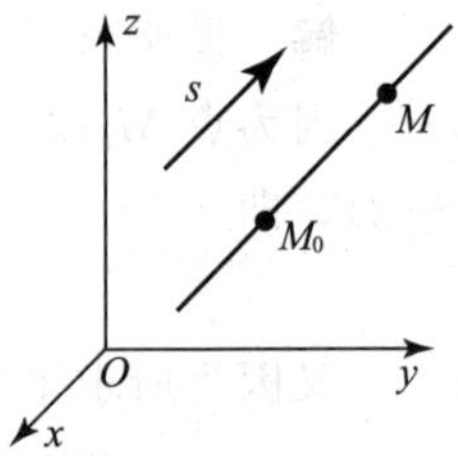

图 7.26

设 $M(x,\ y,\ z)$ 是直线 L 上的任一点，则 $\overrightarrow{M_0M}/\!/ s$（图 7.26），由于
$$\overrightarrow{M_0M}=(x-x_0,\ y-y_0,\ z-z_0),$$

从而有
$$\frac{x-x_0}{m}=\frac{y-y_0}{n}=\frac{z-z_0}{p}. \tag{7.5}$$

方程（7.5）叫做空间直线的点向式方程或对称式方程.

当 $m,\ n,\ p$ 中有一个为零，例如 $m=0$，而 $n,\ p\neq0$ 时，该方程应理解为 $\begin{cases}x=x_0\\ \dfrac{y-y_0}{n}=\dfrac{z-z_0}{p}\end{cases}$；

当 m，n，p 中有两个为零，例如 $m=n=0$，而 $p\neq0$ 时，该方程应理解为 $\begin{cases}x-x_0=0\\y-y_0=0\end{cases}$.

直线的任一方向向量 $\boldsymbol{s}$ 的坐标 m、n、p 叫做该直线的一组**方向数**，而向量 $\boldsymbol{s}$ 的方向余弦叫做该**直线的方向余弦**.

例 8　求过点（1，−2，4）且与平面 $2x-3y+z-4=0$ 垂直的直线的方程.

解　平面的法向量（2，−3，1）可以作为所求直线的方向向量.

由直线的点向式方程知，所求直线的方程为

$$\frac{x-1}{2}=\frac{y+2}{-3}=\frac{z-4}{1}.$$

2. 空间直线的参数方程

由直线的点向式方程容易导出直线的参数方程.

设 $\frac{x-x_0}{m}=\frac{y-y_0}{n}=\frac{z-z_0}{p}=t$，得方程组

$$\begin{cases}x=x_0+mt\\y=y_0+nt\\z=z_0+pt\end{cases}. \tag{7.6}$$

方程组（7.6）就是**空间直线的参数方程**.

3. 空间直线的两点式方程

设一直线过点 $M_1(x_1，y_1，z_1)$ 和 $M_2(x_2，y_2，z_2)$，取 $\overrightarrow{M_1M_2}$ 为该直线的方向向量，则

$$\boldsymbol{s}=\overrightarrow{M_1M_2}=(x_2-x_1，y_2-y_1，z_2-z_1)，$$

由直线的点向式方程，有

$$\frac{x-x_1}{x_2-x_1}=\frac{y-y_1}{y_2-y_1}=\frac{z-z_1}{z_2-z_1}. \tag{7.7}$$

方程（7.7）称为**空间直线的两点式方程**.

4. 空间直线的一般方程

空间直线 L 可以看作是两个相交平面 Π_1 和 Π_2 的交线（图 7.27）. 如果这两个平面 Π_1 和 Π_2 的方程分别为 $A_1x+B_1y+C_1z+D_1=0$ 和 $A_2x+B_2y+C_2z+D_2=0$，那么直线 L 上的任一点 M 的坐标应同时满足这两个平面的方程，即应满足方程组

$$\begin{cases}A_1x+B_1y+C_1z+D_1=0\\A_2x+B_2y+C_2z+D_2=0\end{cases}. \tag{7.8}$$

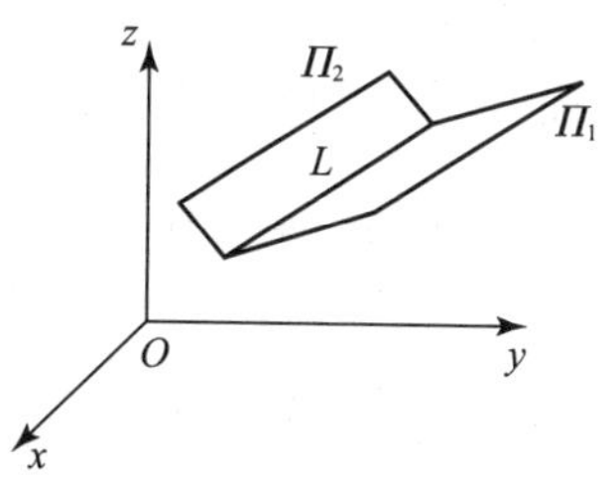

图 7.27

反过来，如果点 M 不在直线 L 上，那么它不可能同时在平面 Π_1 和 Π_2 上，所以它的坐标不满足方程组（7.8）. 因此，直线 L 可以用方程组（7.8）来表示. 方程组（7.8）叫做**空间直线的一般方程或面交式方程.**

通过空间一直线 L 的平面有无限多个，只要在这无限多个平面中任意选取两个，把它们的方程联立起来，所得的方程组就表示空间直线 L.

例 9 用点向式方程及参数式方程表示直线$\begin{cases}x+y+z=1\\2x-y+3z=4\end{cases}$.

解 先求直线上的一点.

取 $x=1$，有$\begin{cases}y+z=-2\\-y+3z=2\end{cases}$.

解此方程组，得 $y=-2$，$z=0$，即（1，−2，0）就是直线上的一点.

再求直线的方向向量 $\boldsymbol{s}$.

以平面 $x+y+z=1$ 和 $2x-y+3z=4$ 的法向量的向量积作为该直线的方向向量 $\boldsymbol{s}$：

$$\boldsymbol{s}=\begin{vmatrix}\boldsymbol{i}&\boldsymbol{j}&\boldsymbol{k}\\1&1&1\\2&-1&3\end{vmatrix}=4\boldsymbol{i}-\boldsymbol{j}-3\boldsymbol{k}.$$

因此，所给直线的点法式方程为$\dfrac{x-1}{4}=\dfrac{y+2}{-1}=\dfrac{z}{-3}$.

令$\dfrac{x-1}{4}=\dfrac{y+2}{-1}=\dfrac{z}{-3}=t$，得其参数方程为$\begin{cases}x=1+4t\\y=-2-t\\z=-3t\end{cases}$.

5. 平面束

通过定直线的所有平面的全体称为**平面束**.

设直线 L 的方程为

$$\begin{cases}A_1x+B_1y+C_1z+D_1=0 & (7.9)\\A_2x+B_2y+C_2z+D_2=0 & (7.10)\end{cases},$$

其中系数 A_1、B_1、C_1 与 A_2、B_2、C_2 不成比例. 我们建立三元一次方程

$$(A_1x+B_1y+C_1z+D_1)+\lambda(A_2x+B_2y+C_2z+D_2)=0,\tag{7.11}$$

其中 λ 为任意常数. 因为 A_1、B_1、C_1 与 A_2、B_2、C_2 不成比例，所以对于任何一个 λ 值，方程（7.11）中 x、y、z 的系数 $A_1+\lambda A_2$、$B_1+\lambda B_2$、$C_1+\lambda C_2$ 不全为零，故方程（7.11）表示一个平面. 由于直线 L 上任一点的坐标必同时满足方程（7.9）和方程（7.10），因而也满足方程（7.11），故方程（7.11）表示通过直线 L 的平面. 反之，通过直线 L 的平面（除方程（7.10）所表示的平面外）都包含在方程（7.11）所表示的一簇平面内. 因此，方程（7.11）就是通过直线 L 的平面束方程.

例 10 求直线$\begin{cases}x+y-z-1=0\\x-y+z+1=0\end{cases}$在平面 $x+y+z=0$ 上的投影直线方程.

解 经过直线$\begin{cases}x+y-z-1=0\\x-y+z+1=0\end{cases}$的平面束方程为

$$(x+y-z-1)+\lambda(x-y+z+1)=0,$$

即

$$(1+\lambda)x+(1-\lambda)y+(-1+\lambda)z+(-1+\lambda)=0.$$

由于投影平面与已知平面 $x+y+z=0$ 垂直，所以

$$(1+\lambda)\cdot1+(1-\lambda)\cdot1+(-1+\lambda)\cdot1=0,$$

即有 $\lambda=-1$，代入平面束方程，得投影平面的方程为

$$y-z-1=0,$$

从而得投影直线的方程为

$$\begin{cases}y-z-1=0\\x+y+z=0\end{cases}.$$

6. 空间两直线的夹角

两直线的方向向量的夹角（通常指锐角）叫做**两直线的夹角**.

设直线 L_1 和 L_2 的方向向量分别为 $s_1=(m_1,\ n_1,\ p_1)$ 和 $s_2=(m_2,\ n_2,\ p_2)$，则 L_1 和 L_2 的夹角 φ 应是 $(\widehat{s_1,s_2})$ 和 $\pi-(\widehat{s_1,s_2})$ 两者中的锐角，因此 $\cos\varphi=|\cos(\widehat{s_1,s_2})|$. 根据两向量夹角的余弦公式，直线 L_1 和 L_2 的夹角余弦为

$$\cos\varphi=|\cos(\widehat{s_1,s_2})|=\frac{|m_1m_2+n_1n_2+p_1p_2|}{\sqrt{m_1^2+n_1^2+p_1^2}\cdot\sqrt{m_2^2+n_2^2+p_2^2}}.$$

从两向量垂直、平行的充要条件立即推得下列结论：

(1) $L_1\perp L_2\Leftrightarrow m_1m_2+n_1n_2+p_1p_2=0$；

(2) $L_1/\!/L_2$ 或者 L_1 与 L_2 重合 $\Leftrightarrow\dfrac{m_1}{m_2}=\dfrac{n_1}{n_2}=\dfrac{p_1}{p_2}$.

例 11　求直线 L_1：$\dfrac{x-1}{1}=\dfrac{y}{-4}=\dfrac{z+3}{1}$ 和 L_2：$\dfrac{x}{2}=\dfrac{y+2}{-2}=\dfrac{z}{-1}$ 的夹角.

解　两直线的方向向量分别为 $\boldsymbol{s}_1=(1,\ -4,\ 1)$ 和 $\boldsymbol{s}_2=(2,\ -2,\ -1)$.

设两直线的夹角为 φ，则

$$\cos\varphi=\frac{|1\times2+(-4)\times(-2)+1\times(-1)|}{\sqrt{1^2+(-4)^2+1^2}\cdot\sqrt{2^2+(-2)^2+(-1)^2}}=\frac{1}{\sqrt{2}}=\frac{\sqrt{2}}{2},$$

所以

$$\varphi=\frac{\pi}{4}.$$

7. 直线与平面的夹角

当直线与平面不垂直时，直线和它在平面上的投影直线的夹角 $\varphi\left(0\leqslant\varphi<\dfrac{\pi}{2}\right)$ 称为**直线与平面的夹角**. 当直线与平面垂直时，规定直线与平面的夹角为 $\dfrac{\pi}{2}$.

设直线 L 的方向向量为 $\boldsymbol{s}=(m,\ n,\ p)$，平面 Π 的法线向量为 $n=(A,\ B,\ C)$，直线 L 与平面 Π 的夹角为 φ（图 7.28），那么 $\varphi=\left|\dfrac{\pi}{2}-(\widehat{\boldsymbol{s},\boldsymbol{n}})\right|$，因此 $\sin\varphi=|\cos(\widehat{\boldsymbol{s},\boldsymbol{n}})|$. 按两向量夹角余弦的坐标表示式，有

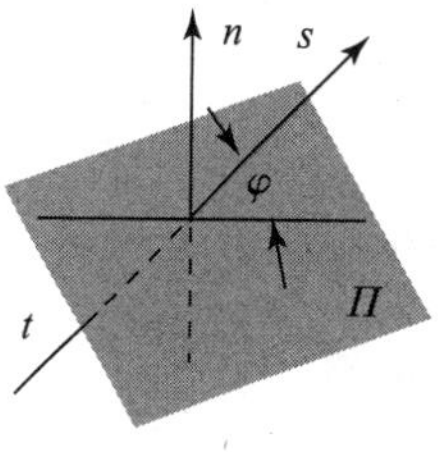

图 7.28

$$\sin\varphi=\frac{|Am+Bn+Cp|}{\sqrt{A^2+B^2+C^2}\cdot\sqrt{m^2+n^2+p^2}}.$$

从两向量垂直、平行的充要条件立即推得下列结论：

(1) $L \perp \Pi \Leftrightarrow \boldsymbol{s} /\!/ \boldsymbol{n} \Leftrightarrow \frac{A}{m}=\frac{B}{n}=\frac{C}{p}$；

(2) $L /\!/ \Pi$ 或直线 L 在平面 Π 上 $\Leftrightarrow \boldsymbol{s} \perp \boldsymbol{n} \Leftrightarrow Am+Bn+Cp=0$.

例 12 求过点 (1，2，3) 且平行于向量 $\boldsymbol{v}=(1,-4,1)$ 的直线与平面 $x+y+z=1$ 的交点和夹角 φ.

解 直线的方程为

$$\frac{x-1}{1}=\frac{y-2}{-4}=\frac{z-3}{1},$$

写成参数式

$$x=1+t，y=2-4t，z=3+t,$$

代入平面方程，得

$$(1+t)+(2-4t)+(3+t)=1,$$

解得 $t=\frac{5}{2}$，代入直线的参数式方程，得

$$x=\frac{7}{2}，y=-8，z=\frac{11}{2},$$

故所求交点为 $\left(\frac{7}{2},-8,\frac{11}{2}\right)$.

由于
$$\sin\varphi=\frac{|1\times1+1\times(-4)+1\times1|}{\sqrt{1^2+1^2+1^2}\cdot\sqrt{1^2+(-4)^2+1^2}}=\frac{\sqrt{6}}{9},$$

故
$$\varphi=\arcsin\frac{\sqrt{6}}{9}.$$

例 13 求过点 (2，1，3) 且与直线 $\frac{x+1}{3}=\frac{y-1}{2}=\frac{z}{-1}$ 垂直相交的直线方程.

解法一 过点 (2，1，3) 作垂直于已知直线的平面，则此平面的方程为

$$3(x-2)+2(y-1)-(z-3)=0,$$

再求已知直线与该平面的交点，将直线的参数方程

$$x=-1+3t，y=1+2t，z=-t,$$

代入平面方程，得 $t=\frac{3}{7}$，从而求得交点为 $\left(\frac{2}{7},\frac{13}{7},-\frac{3}{7}\right)$.

以点 (2，1，3) 为起点，点 $\left(\frac{2}{7},\frac{13}{7},-\frac{3}{7}\right)$ 为终点的向量

$$\left(\frac{2}{7}-2,\frac{13}{7}-1,-\frac{3}{7}-3\right)=-\frac{6}{7}(2,-1,4)$$

就是所求直线的一个方向向量，故所求直线的方程为

$$\frac{x-2}{2}=\frac{y-1}{-1}=\frac{z-3}{4}.$$

解法二 设所求直线的参数方程为

$$x=mt+2，y=nt+1，z=pt+3,$$

由于所求直线与已知直线垂直，从而有 $(m,n,p)\perp(3,2,-1)$，即

$$3m+2n-p=0,$$

又由于所求直线与已知直线相交，故由两直线的参数方程有

$$x=3t-1=mt+2,\ y=2t+1=nt+1,\ z=-t=pt+3,$$

即

$$(m-3)t=-3,(n-2)t=0,(p+1)t=-3,$$

显然 $t\neq 0$，从而解得

$$m=-4,\ n=2,\ p=-8,\ t=\frac{3}{7},$$

故有所求直线的参数方程为

$$x=-4t+2,\ y=2t+1,\ z=-8t+3.$$

习题 7.3

1. 求满足下列条件的平面方程.

(1) 过点 (1, −2, 3) 且与平面 $7x-3y+z-6=0$ 平行；

(2) 过三点 A (1, −1, 0)、B (2, 3, −1)、C (−1, 0, 2)；

(3) 过 z 轴和点 (−3, 1, −2)；

(4) 平行于 x 轴且过点 (4, 0, −2) 和 (5, 1, 7).

2. 求平面 $2x-2y+z+5=0$ 与各坐标面的夹角的余弦.

3. 求点 (1, 2, 1) 到平面 $x+2y+2z-10=0$ 的距离.

4. 求满足下列条件的直线方程.

(1) 过点 (4, −1, 3) 且与平面 $2x-2y+3z+4=0$ 垂直；

(2) 过 A (3, −2, 1) 和 B (−1, 0, 2) 两点；

(3) 过点 (0, 2, 4) 且与两平面 $x+2z-1=0$ 和 $y-3z-2=0$ 平行.

5. 用点向式和参数式方程表示直线$\begin{cases}x-2z+5=0\\y-6z-7=0\end{cases}$.

6. 求点 $P(3,-1,2)$ 到直线$\begin{cases}x+y-z+1=0\\2x-y+z-4=0\end{cases}$的距离.

7. 求直线$\begin{cases}x+2y-z-6=0\\2x-y+z-1=0\end{cases}$与平面 $x+y+2z+1=0$ 的交点和夹角.

8. 求两直线 L_1：$\frac{x-1}{0}=\frac{y}{1}=\frac{z}{1}$和 L_2：$\frac{x}{2}=\frac{y}{-1}=\frac{z+2}{0}$的公垂线 L 的方程.

9. 求与已知直线 L_1：$\frac{x+3}{2}=\frac{y-5}{3}=\frac{z-1}{1}$及 L_2：$\frac{x-10}{5}=\frac{y+7}{4}=\frac{z}{1}$相交且和直线 L_3：$\frac{x+2}{8}=\frac{y-1}{7}=\frac{z-3}{1}$平行的直线 L.

10. 试确定 k 的值，使直线$\frac{x-1}{k}=\frac{y+4}{5}=\frac{z-3}{-3}$与$\frac{x+3}{3}=\frac{y-9}{-4}=\frac{z+14}{7}$相交，并求交点和这两直线所确定的平面的方程.

7.4 曲面及其方程

一、曲面方程的概念

和在平面解析几何中把平面曲线当作动点的轨迹一样，在空间解析几何中，任何曲面都可以看作点的几何轨迹．在这样的意义下，如果曲面 S 与三元方程

$$F(x, y, z)=0 \tag{7.12}$$

有下述关系：

(1) 曲面 S 上任一点的坐标都满足方程（7.12）；

(2) 不在曲面 S 上的点的坐标都不满足方程（7.12），

那么，方程（7.12）就叫做**曲面 S 的方程**，而曲面 S 就叫做**方程（7.12）的图形**（图 7.29）．

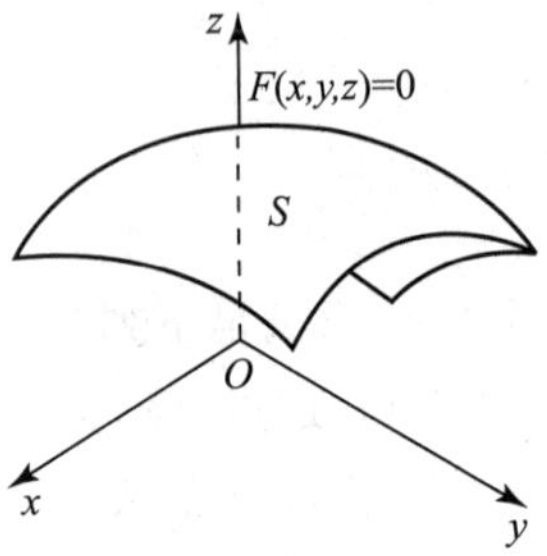

图 7.29

例 1 设有点 A（1，2，3）和 B（2，−1，4），求线段 AB 的垂直平分面的方程．

解 设 M（x，y，z）为所求平面上的任一点，则有 $|AM|=|BM|$，即

$$\sqrt{(x-1)^2+(y-2)^2+(z-3)^2}=\sqrt{(x-2)^2+(y+1)^2+(z-4)^2},$$

等式两边平方，然后化简得

$$2x-6y+2z-7=0.$$

这就是所求平面上的点的坐标所满足的方程，而不在此平面上的点的坐标都不满足这个方程，所以方程 $2x-6y+2z-7=0$ 就是所求平面的方程．

例 2 建立球心在点 M_0（x_0，y_0，z_0）、半径为 R 的球面的方程．

解 设 M（x，y，z）是球面上的任一点，那么 $|M_0M|=R$，

即
$$\sqrt{(x-x_0)^2+(y-y_0)^2+(z-z_0)^2}=R,$$

或
$$(x-x_0)^2+(y-y_0)^2+(z-z_0)^2=R^2.$$

这就是球面上点的坐标所满足的方程，而不在球面上的点的坐标都不满足这个方程．

所以

$$(x-x_0)^2+(y-y_0)^2+(z-z_0)^2=R^2$$

就是球心在点 M_0（x_0，y_0，z_0）、半径为 R 的球面的方程．

特别地，球心在原点 O（0，0，0）、半径为 R 的球面的方程为 $x^2+y^2+z^2=R^2$．

例 3 程 $x^2+y^2+z^2-2x+4y=0$ 表示怎样的曲面？

解 通过配方，原方程可以改写成

$$(x-1)^2+(y+2)^2+z^2=5,$$

这是一个球面方程，球心在点（1，−2，0）、半径为 $R=\sqrt{5}$．

一般地，设有三元二次方程 $x^2+y^2+z^2+Ax+By+Cz+D=0$，这个方程的特点是缺

xy、yz、zx 各项，而且平方项 x^2、y^2、z^2 的系数相同，只要将方程经过配方就可以化成方程 $(x-x_0)^2+(y-y_0)^2+(z-z_0)^2=R^2$ 的形式，它的图形就是一个球面.

由此可知，空间解析几何中关于曲面的讨论，有下列两个基本问题：

(1) 已知一曲面作为点的几何轨迹时，建立这曲面的方程，如例 1、例 2；

(2) 已知坐标 x，y，z 间的一个方程时，研究这方程所表示的曲面的形状，如例 3.

二、柱面

先看一个实例：方程 $x^2+y^2=R^2$ 表示怎样的曲面？

方程 $x^2+y^2=R^2$ 在 xOy 面上表示圆心在原点 O、半径为 R 的圆．在空间直角坐标系中，这个方程不含竖坐标 z，即不论空间点的竖坐标 z 怎样，只要它的横坐标 x 和纵坐标 y 能满足方程 $x^2+y^2=R^2$，则这些点就在方程 $x^2+y^2=R^2$ 所表示的曲面上. 这就是说，凡是通过 xOy 面内的圆 $x^2+y^2=R^2$ 上一点 $M(x, y, 0)$，且平行于 z 轴的直线 l 都在这曲面上. 因此，这曲面可看做是由平行于 z 轴的直线 l 沿 xOy 面上圆 $x^2+y^2=R^2$ 移动而形成的，叫做**圆柱面**.

一般地，直线 L 沿定曲线 C 平行移动形成的轨迹叫做**柱面**，定曲线 C 叫做**柱面的准线**，动直线 L 叫做**柱面的母线**.

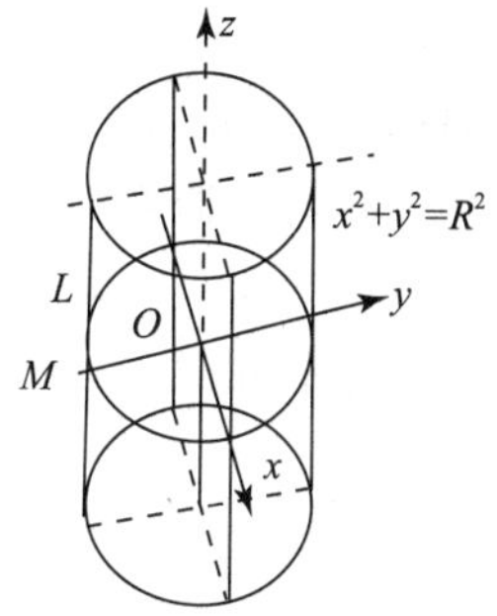

图 7.30

例如，不含 z 的方程 $x^2+y^2=R^2$ 在空间直角坐标系中表示圆柱面，它的母线平行于 z 轴，它的准线是 xOy 面上的圆 $x^2+y^2=R^2$，它的图形如图 7.30 所示.

再如，方程 $y^2=2x$ 表示母线平行于 z 轴的柱面，其准线是 xOy 面上的抛物线 $y^2=2x$，该柱面叫做**抛物柱面**，它的图形如图 7.31 所示.

一般地，只含 x、y 而缺 z 的方程 $F(x, y)=0$，在空间直角坐标系中表示母线平行于 z 轴的柱面，其准线是 xOy 面上的曲线：$F(x, y)=0$（图 7.32）.

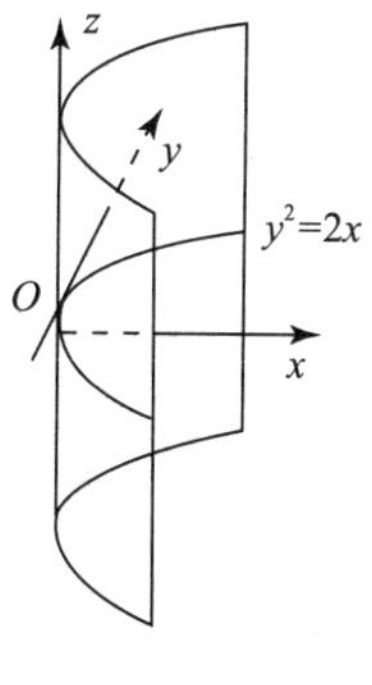

图 7.31

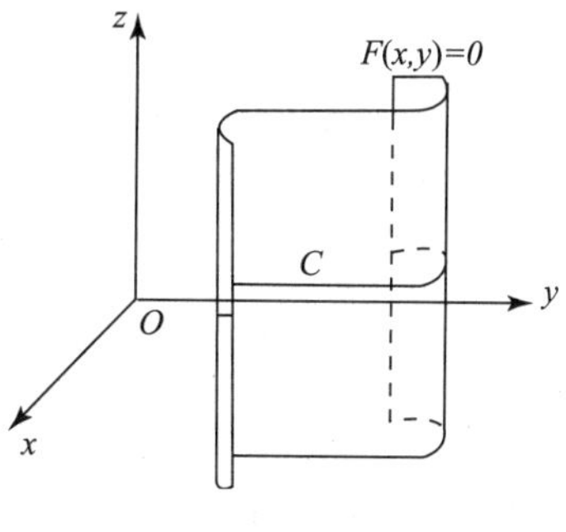

图 7.32

类似地，只含 x、z 而缺 y 的方程 $G(x, z)=0$ 表示母线平行于 y 轴的柱面，其准线是 zOx 面上的曲线：$G(x, z)=0$；只含 y、z 而缺 x 的方程 $H(y, z)=0$ 表示母线平行于 x 轴的柱面，其准线是 yOz 面上的曲线：$H(y, z)=0$.

例如，方程 $x-z=0$ 表示母线平行于 y 轴的柱面，其准线是 zOx 面上的直线 $x-z=0$，所以它是过 y 轴的平面，如图 7.33 所示.

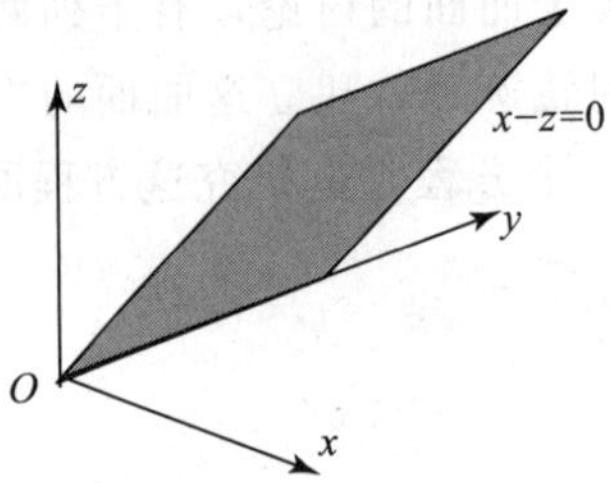

图 7.33

三、旋转曲面

一条平面曲线 C 绕同一平面上的定直线 L 旋转一周所成的曲面叫做**旋转曲面**. 旋转曲线 C 叫做旋转曲面的**母线**，定直线 L 叫做旋转曲面的**旋转轴**.

设在 yOz 面上有一已知曲线 C，它的方程为 $f(y,z)=0$，将其绕 z 轴旋转一周，得到一旋转曲面（图 7.34）. 下面我们来求这个旋转曲面的方程.

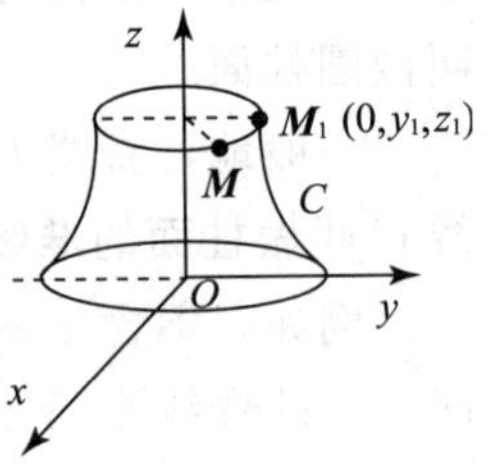

图 7.34

在旋转曲面上任取一点 $M(x,y,z)$，设这点是由母线 C 上的点 $M_1(0,y_1,z_1)$ 绕 z 轴旋转而得到的圆曲线上的一点，则点 M 与 M_1 的竖坐标相同，且它们到 z 轴的距离相等，即

$$\begin{cases} z=z_1 \\ \sqrt{x^2+y^2}=|y_1| \end{cases}.$$

又因为点 M_1 在曲线 C 上，所以

$$f(y_1,z_1)=0,$$

将上述 y_1，z_1 的关系式代入这个方程中，得

$$f(\pm\sqrt{x^2+y^2},z)=0. \tag{7.13}$$

因此，旋转曲面上任一点 M 的坐标 x，y，z 都满足方程（7.13），不在旋转曲面上的点的坐标就不会满足方程（7.13），所以方程（7.13）就是所求旋转曲面的方程.

同理，曲线 C 绕 y 轴旋转一周所得旋转曲面方程为

$$f(y,\pm\sqrt{x^2+z^2})=0.$$

类似地，曲线 C：$f(x,y)=0$ 绕 x 轴旋转一周所得旋转曲面方程为 $f(x,\pm\sqrt{y^2+z^2})=0$，绕 y 轴旋转一周所得旋转曲面方程为 $f(\pm\sqrt{x^2+z^2},y)=0$；曲线 C：$f(x,z)=0$ 绕 x 轴旋转一周所得旋转曲面方程为 $f(x,\pm\sqrt{y^2+z^2})=0$，绕 z 轴旋转一周所得旋转曲面方程为 $f(\pm\sqrt{x^2+y^2},z)=0$.

直线 L 绕与其相交的另一定直线旋转一周，所得旋转曲面叫做**圆锥面**. 两直线的交点叫做**圆锥面的顶点**，两直线的夹角 $\alpha\left(0<\alpha<\dfrac{\pi}{2}\right)$ 叫做**圆锥面的半顶角**.

例 4　试建立顶点在坐标原点 O，旋转轴为 z 轴，半顶角为 α 的圆锥面（图 7.35）的方程.

解　在 yOz 平面上，直线 L 的方程为

$$z = y\cot\alpha.$$

由于旋转轴为 z 轴，故圆锥面的方程为

$$z = \pm\sqrt{x^2+y^2}\cot\alpha.$$

或者

$$z^2 = a^2(x^2+y^2).$$

其中，$a=\cot\alpha$.

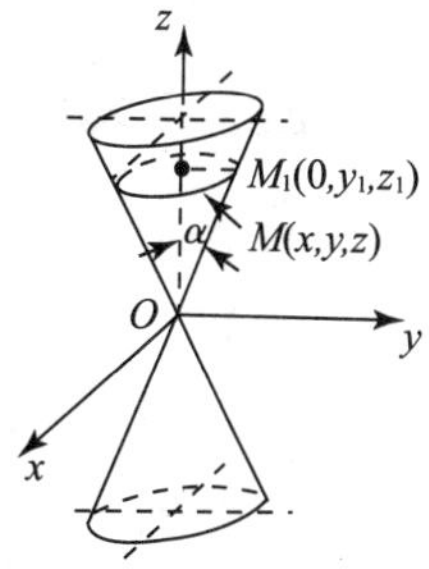

图 7.35

例 5　将 xOy 面上的椭圆 $\dfrac{x^2}{a^2}+\dfrac{y^2}{b^2}=1$ $(a>b)$ 分别绕 x 轴和 y 轴旋转一周，求所生成的旋转曲面的方程.

解　绕 x 轴旋转所生成的旋转曲面叫**长形旋转椭球面**，其方程为

$$\frac{x^2}{a^2}+\frac{y^2+z^2}{b^2}=1.$$

绕 y 轴旋转所生成的旋转曲面叫**扁形旋转椭球面**（图 7.40），其方程为

$$\frac{x^2+z^2}{a^2}+\frac{y^2}{b^2}=1.$$

例 6　将 zOx 坐标面上的双曲线 $\dfrac{x^2}{a^2}-\dfrac{z^2}{c^2}=1$ 分别绕 x 轴和 z 轴旋转一周，求所生成的旋转曲面的方程.

解　绕 x 轴旋转所生成的旋转曲面叫**旋转双叶双曲面**（图 7.36），其方程为

$$\frac{x^2}{a^2}-\frac{y^2+z^2}{c^2}=1.$$

绕 z 轴旋转所生成的旋转曲面叫**旋转单叶双曲面**（图 7.37），其方程为

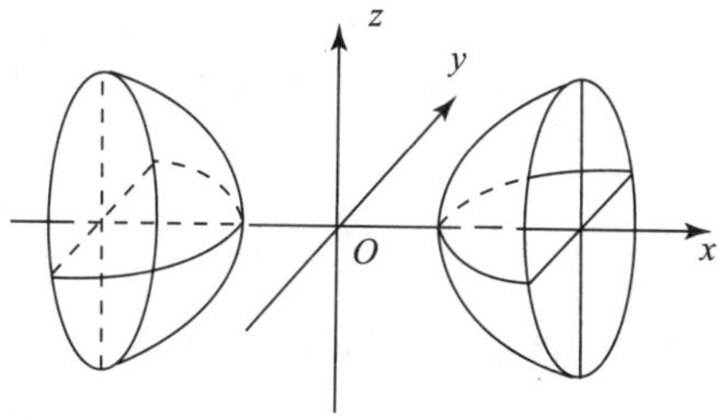

图 7.36

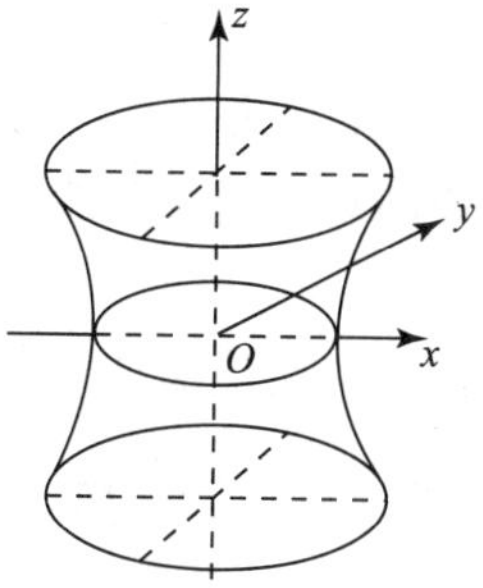

图 7.37

$$\frac{x^2+y^2}{a^2}-\frac{z^2}{c^2}=1.$$

例 7　将 yOz 坐标面上的抛物线 $y^2=2pz$ 绕其对称轴 z 轴旋转一周，求所生成的旋转曲面的方程.

解　绕 z 轴旋转所生成的旋转曲面叫**旋转抛物面**（图 7.38），其方程为

$$x^2+y^2=2pz.$$

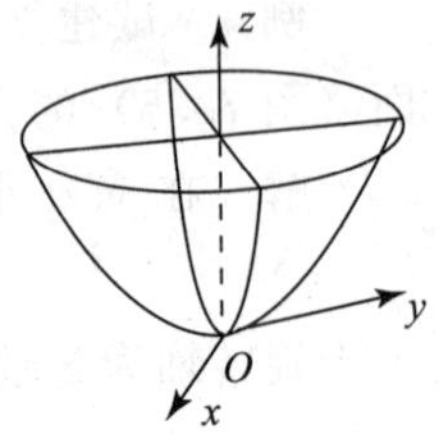

图 7.38

四、二次曲面

与平面解析几何中规定的二次曲线相类似，我们把三元二次方程

$$Ax^2+By^2+Cz^2+Dxy+Eyz+Fzx+Gx+Hy+Iz+J=0,$$

（其中A、B、C、D、E、F不全为零）所表示的曲面叫做**二次曲面**．把三元一次方程 $Ax+By+Cz+D=0$ 所表示的曲面叫做**一次曲面**（即平面）.

怎样了解三元方程 $F(x, y, z)=0$ 所表示的曲面的形状呢?

方法之一是用坐标面和平行于坐标面的平面与曲面相截，考察其交线的形状，然后加以综合，从而了解曲面的立体形状．这种方法叫做**截痕法**.

研究曲面的另一种方法是**伸缩变形法**.

设 S 是一个曲面，其方程为 $F(x, y, z)=0$，S' 是将曲面 S 沿 x 轴方向伸缩 λ 倍所得的曲面（显然，若 $(x, y, z)\in S$，则 $(\lambda x, y, z)\in S'$；若 $(x, y, z)\in S'$，则 $\left(\frac{1}{\lambda}x, y, z\right)\in S$. 因此，对于任意的 $(x, y, z)\in S'$，有 $F\left(\frac{1}{\lambda}x, y, z\right)=0$，即 $F\left(\frac{1}{\lambda}x, y, z\right)=0$ 是曲面 S' 的方程.

二次曲面有九种类型，适当选取空间直角坐标系，可得到它们的标准方程.

1. 椭圆锥面 $\frac{x^2}{a^2}+\frac{y^2}{b^2}=z^2$

以垂直于 z 轴的平面 $z=t$ 截此曲面，当 $t=0$ 时得一点 $(0, 0, 0)$；当 $t\neq 0$ 时，得平面 $z=t$ 上的椭圆

$$\frac{x^2}{(at)^2}+\frac{y^2}{(bt)^2}=1.$$

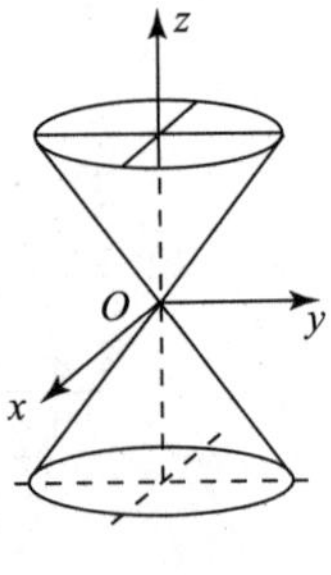

图 7.39

当 t 变化时，上式表示一族长短轴比例不变的椭圆，当 $|t|$ 从大到小并变为 0 时，这族椭圆从大到小并缩为一点．综合上述讨论，可得椭圆锥面的形状如图 7.39.

我们还可以用伸缩变形法来分析椭圆锥面的形状．把 yOz 平面上的直线 $z=\frac{1}{a}y$ 绕 z 轴旋转一周，得圆锥面 $x^2+y^2=a^2z^2$，再把圆锥面沿 y 轴方向伸缩 $\frac{b}{a}$ 倍，即得椭圆曲面，方程为 $x^2+\left(\frac{a}{b}y\right)^2=a^2z^2$，即 $\frac{x^2}{a^2}+\frac{y^2}{b^2}=z^2$.

2. 椭球面 $\frac{x^2}{a^2}+\frac{y^2}{b^2}+\frac{z^2}{c^2}=1$

把球面 $x^2+y^2+z^2=a^2$ 沿 z 轴方向伸缩 $\frac{c}{a}$ 倍，得旋转椭球面 $\frac{x^2+y^2}{a^2}+\frac{z^2}{c^2}=1$；再沿 y 轴

方向伸缩$\frac{b}{a}$倍，即得椭球面$\frac{x^2}{a^2}+\frac{y^2}{b^2}+\frac{z^2}{c^2}=1$（图 7.40）.

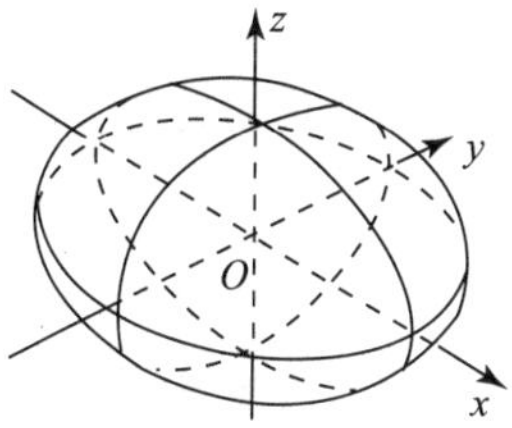

图 7.40

3. 单叶双曲面$\frac{x^2}{a^2}+\frac{y^2}{b^2}-\frac{z^2}{c^2}=1$

将 zOx 平面上的双曲线$\frac{x^2}{a^2}-\frac{z^2}{c^2}=1$绕 z 轴旋转得旋转单叶双曲面$\frac{x^2+y^2}{a^2}-\frac{z^2}{c^2}=1$，再将旋转单叶双曲面沿 y 轴方向伸缩$\frac{b}{a}$倍，即得单叶双曲面$\frac{x^2}{a^2}+\frac{y^2}{b^2}-\frac{z^2}{c^2}=1$.

4. 双叶双曲面$\frac{x^2}{a^2}-\frac{y^2}{b^2}-\frac{z^2}{c^2}=1$

将 zOx 平面上的双曲线$\frac{x^2}{a^2}-\frac{z^2}{c^2}=1$绕 x 轴旋转得旋转双叶双曲面$\frac{x^2}{a^2}-\frac{y^2+z^2}{c^2}=1$，再将旋转双叶双曲面沿 y 轴方向伸缩$\frac{b}{c}$倍，即得双叶双曲面$\frac{x^2}{a^2}-\frac{y^2}{b^2}-\frac{z^2}{c^2}=1$.

5. 椭圆抛物面$\frac{x^2}{a^2}+\frac{y^2}{b^2}=z$

将 zOx 平面上的抛物线$\frac{x^2}{a^2}=z$绕 z 轴旋转得旋转抛物面$\frac{x^2+y^2}{a^2}=1$，再将旋转抛物面沿 y 轴方向伸缩$\frac{b}{a}$倍，即得椭圆抛物面$\frac{x^2}{a^2}+\frac{y^2}{b^2}=z$.

6. 双曲抛物面（马鞍面）$\frac{x^2}{a^2}-\frac{y^2}{b^2}=z$

用截痕法分析：用平面 $x=t$ 截曲面，截痕 l 为平面 $x=t$ 上的抛物线$-\frac{y^2}{b^2}=z-\frac{t^2}{a^2}$，此抛物线开口朝下，顶点坐标为$\left(t,\ 0,\ \frac{t^2}{a^2}\right)$，当 t 变化时，l 的形状不变，位置平移，而顶点的轨迹为平面 $y=0$ 上的抛物线 L：$z=\frac{t^2}{a^2}$. 因此，双曲抛物面为以 l 为母线，以 L 为准线，母线的顶点在准线 L 上作平行移动得到的曲面（图 7.41）.

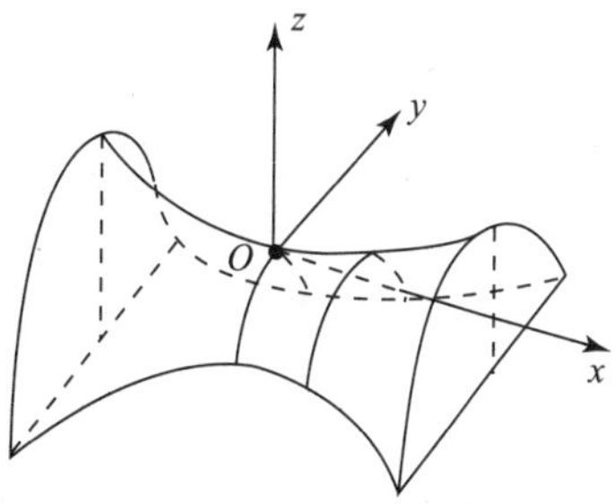

图 7.41

7. 椭圆柱面$\frac{x^2}{a^2}+\frac{y^2}{b^2}=1$（图 7.42）

8. 双曲柱面 $\frac{x^2}{a^2}-\frac{y^2}{b^2}=1$（图 7.43）

9. 抛物柱面 $x^2=ay$（图 7.44）

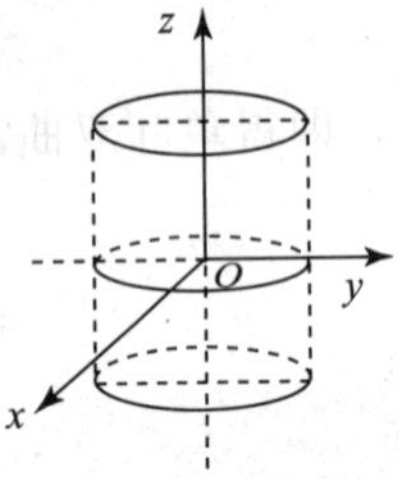

图 7.42

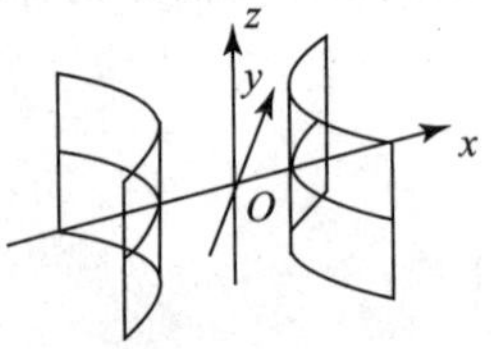

图 7.43

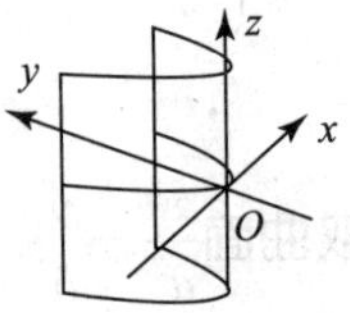

图 7.44

习题 7.4

1. 求以点（1，3，−2）为球心，且通过坐标原点 O 的球面方程.

2. 求与坐标原点 O 及点（2，3，4）的距离之比为 1∶2 的点的轨迹方程，它表示怎样的曲面.

3. 一动点到点（1，0，0）的距离为其到平面 $x+4=0$ 的距离的 $\frac{\sqrt{2}}{2}$，求其轨迹方程，并指出它是什么曲面?

4. 将 zOx 坐标面上的抛物线 $z^2=5x$ 绕 x 轴旋转一周，求所生成的旋转曲面的方程.

5. 将 xOy 坐标面上的双曲线 $4x^2-9y^2=36$ 分别绕 x 轴和 y 轴旋转一周，求所生成的旋转曲面的方程.

6. 画出下列各方程所表示的曲面.

（1）$\left(x-\frac{a}{2}\right)^2+y^2=\left(\frac{a}{2}\right)^2$；（2）$-\frac{x^2}{4}+\frac{y^2}{9}=1$；

（3）$\frac{x^2}{9}+\frac{z^2}{4}=1$；（4）$y^2-z=0$；

（5）$4x^2+y^2-z^2=4$；（6）$x^2-y^2-4z^2=4$.

7. 指出下列旋转曲面是怎样形成的.

（1）$\frac{x^2}{4}+\frac{y^2}{9}+\frac{z^2}{9}=1$；（2）$x^2-\frac{y^2}{4}+z^2=1$；

（3）$x^2-y^2-z^2=1$；（4）$(z-a)^2=x^2+y^2$.

8. 指出下列方程在平面和空间解析几何中分别表示什么图形.

（1）$x=2$；（2）$y=x+1$；

（3）$x^2+y^2=4$；（4）$x^2-y^2=1$.

7.5 空间曲线及其方程

一、空间曲线的方程

1. 空间曲线的一般方程

空间直线可以看做两个平面的交线，类似地，空间曲线也可看做两个曲面的交线. 设

$$F(x, y, z)=0 \text{ 和 } G(x, y, z)=0$$

是两个曲面的方程，它们的交线为 C（图 7.45）. 因为曲线 C 上任何点的坐标应同时满足这两个方程，所以应满足方程组

$$\begin{cases} F(x, y, z)=0 \\ G(x, y, z)=0 \end{cases} \tag{7.14}$$

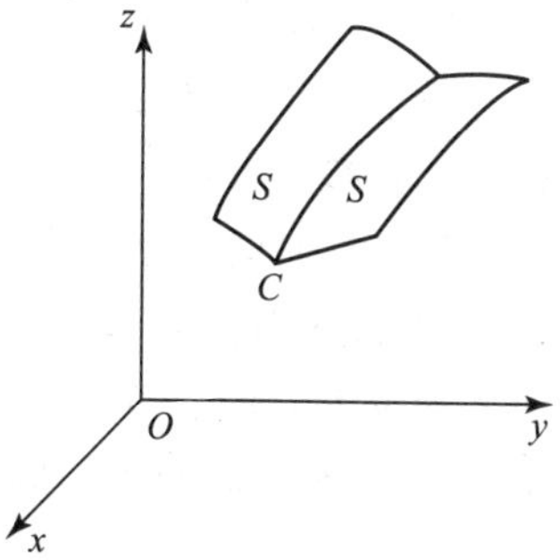

图 7.45

反过来，如果点 M 不在曲线 C 上，则它不可能同时在两个曲面上，所以它的坐标不满足方程组. 因此，曲线 C 可以用方程组（7.14）来表示，方程组（7.14）叫做**空间曲线 C 的一般方程**.

例 1　讨论方程组 $\begin{cases} x^2+y^2=1 \\ 2x+3z=6 \end{cases}$ 表示的曲线.

解　方程组中第一个方程表示母线平行于 z 轴的圆柱面，其准线是 xOy 面上的圆，圆心在原点 O，半径为 1. 方程组中第二个方程表示一个平行于 y 轴的平面. 方程组就表示上述平面与圆柱面的交线，如图 7.46 所示.

例 2　讨论方程组 $\begin{cases} z=\sqrt{a^2-x^2-y^2} \\ \left(x-\dfrac{a}{2}\right)^2+y^2=\left(\dfrac{a}{2}\right)^2 \end{cases}$ 表示的曲线.

解　方程组中第一个方程表示球心在坐标原点 O，半径为 a 的上半球面. 第二个方程表示母线平行于 z 轴的圆柱面，它的准线是 xOy 面上的圆，圆心在点 $\left(\dfrac{a}{2}, 0\right)$，半径为 $\dfrac{a}{2}$. 方程组就表示上述半球面与圆柱面的交线，如图 7.47 所示.

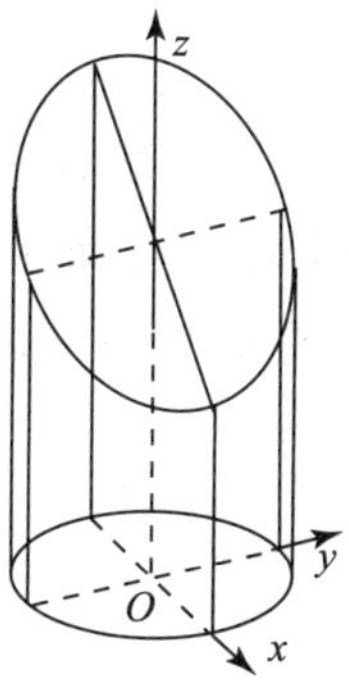

图 7.46

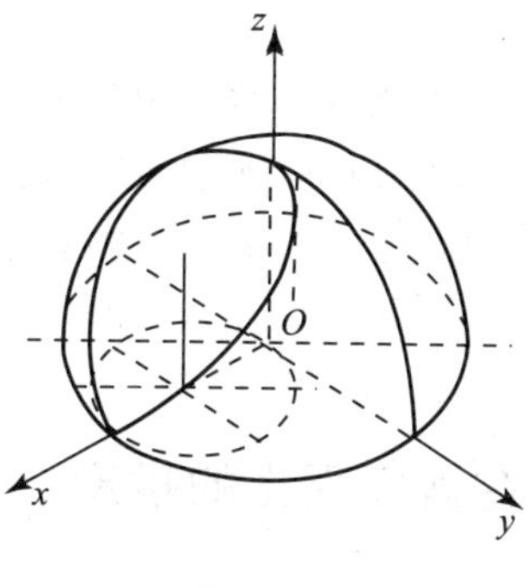

图 7.47

2. 空间曲线的参数方程

空间曲线 C 的方程除了一般方程之外，也可以用参数形式表示，只要将 C 上动点的坐标 x、y、z 表示为参数 t 的函数

$$\begin{cases}x=x(t)\\ y=y(t).\\ z=z(t)\end{cases}\tag{7.15}$$

当给定 $t=t_1$ 时，就得到 C 上的一个点 (x_1, y_1, z_1)；随着 t 的变动便得曲线 C 上的全部点．方程组（7.15）叫做**空间曲线的参数方程**．

例 3 如果空间一点 M 在圆柱面 $x^2+y^2=a^2$ 上以角速度 ω 绕 z 轴旋转，同时又以线速度 v 沿平行于 z 轴的正方向上升（其中 ω、v 都是常数），那么点 M 构成的图形叫做**螺旋线**．试建立其参数方程．

解 取时间 t 为参数．设当 $t=0$ 时，动点位于 x 轴上的一点 $A(a, 0, 0)$．经过时间 t，动点运动到 $M(x, y, z,)$（图 7.48），记 M 在 xOy 面上的投影为 M'，M'的坐标为 $(x, y, 0)$．由于动点 M 在圆柱面上以角速度 ω 绕 z 轴旋转，所以 $\angle AOM'=\omega t$. 从而

$$x=|OM'|\cos\angle AOM'=a\cos\omega t,$$
$$y=|OM'|\sin\angle AOM'=a\sin\omega t,$$

又由于动点以线速度 v 沿平行于 z 轴的正方向上升，所以

$$z=M'M=vt.$$

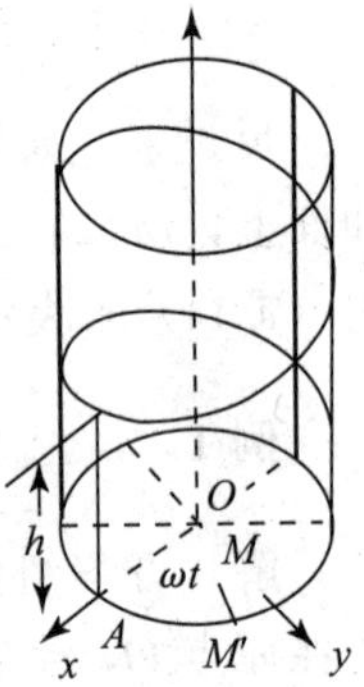

图 7.48

故所求螺旋线的参数方程为

$$\begin{cases}x=a\cos\omega t\\ y=a\sin\omega t.\\ z=vt\end{cases}$$

若令 $\theta=\omega t$，以 θ 为参数，则螺旋线的参数方程可写为

$$\begin{cases}x=a\cos\theta\\ y=a\sin\theta,\\ z=b\theta\end{cases}$$

其中 $b=\dfrac{v}{\omega}$.

螺旋线是实践中常用的曲线．螺丝钉的螺纹就是这种曲线，螺旋线有一个重要性质：当 θ 从 θ_0 变到 $\theta_0+\alpha$ 时，z 由 $b\theta_0$ 变到 $b\theta_0+b\alpha$，即当 OM'转过角 α 时，点 M 上升了高度 $b\alpha$．特别是当 OM'转过一周时，点 M 上升固定高度 $h=2\pi b$．此高度 $h=2\pi b$ 在工程技术上叫做**螺距**.

二、空间曲线在坐标面上的投影

以曲线 C 为准线、母线平行于 z 轴的柱面叫做**曲线 C 关于 xOy 面的投影柱面**，投影柱

面与 xOy 面的交线叫做**空间曲线 C 在 xOy 面上的投影曲线**，或简称**投影**. 类似地可以定义曲线 C 在其他坐标面上的投影 .

设空间曲线 C 的一般方程为

$$\begin{cases}F(x, y, z)=0\\G(x, y, z)=0\end{cases}.$$

方程组消去变量 z 后所得的方程为

$$H(x, y)=0,$$

这就是曲线 C 关于 xOy 面的投影柱面.

这是因为：一方面方程 $H(x, y)=0$ 表示一个母线平行于 z 轴的柱面，另一方面方程 $H(x, y)=0$ 是由方程组消去变量 z 后所得的方程，因此当 x、y、z 满足方程组时，前两个数 x、y 必定满足方程 $H(x, y)=0$，这就说明曲线 C 上的所有点都在方程 $H(x, y)=0$ 所表示的曲面上，即曲线 C 在方程 $H(x, y)=0$ 表示的柱面上，所以方程 $H(x, y)=0$ 表示的柱面就是曲线 C 关于 xOy 面的投影柱面，而曲线 C 在 xOy 面上的投影曲线的方程为

$$\begin{cases}H(x, y)=0\\z=0\end{cases}.$$

同理，消去方程组中的变量 x 或变量 y，再分别与 $x=0$ 或 $y=0$ 联立，就可得空间曲线 C 在 yOz 面与 zOx 面上的投影曲线方程

$$\begin{cases}R(y, z)=0\\x=0\end{cases}\text{或}\begin{cases}T(x, z)=0\\y=0\end{cases}.$$

例 4　已知两球面的方程为 $x^2+y^2+z^2=1$ 和 $x^2+(y-1)^2+(z-1)^2=1$，求它们的交线 C 在 xOy 面上的投影方程.

解　消去 z 后，得投影柱面方程 $x^2+2y^2-2y=0$，

于是两球面的交线在 xOy 面上的投影方程为

$$\begin{cases}x^2+2y^2-2y=0\\z=0\end{cases}.$$

例 5　设立体由上半球面 $z=\sqrt{4-x^2-y^2}$ 和锥面 $z=\sqrt{3(x^2+y^2)}$ 所围成（图 7.49），求它在 xOy 面上的投影.

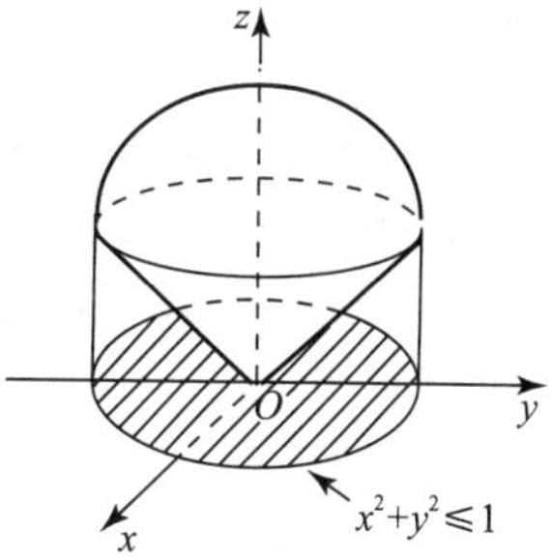

图 7.49

解　上半球面和锥面的交线 C 为

$$\begin{cases}z=\sqrt{4-x^2-y^2}\\z=\sqrt{3(x^2+y^2)}\end{cases},$$

消去 z 后，得投影曲线的方程为

$$\begin{cases}x^2+y^2=1\\z=0\end{cases},$$

这是 xOy 面上的一个圆，于是所求立体在 xOy 面上的投影，就是该圆圆内部分：

$$x^2+y^2\leqslant 1.$$

习题 7.5

1. 画出下列曲线在第一卦限内的图形.

(1) $\begin{cases} x=1 \\ y=2 \end{cases}$;

(2) $\begin{cases} z=\sqrt{4-x^2-y^2} \\ x-y=0 \end{cases}$.

2. 指出下列方程组在平面解析几何中和空间解析几何中分别表示什么图形：

(1) $\begin{cases} y=5x+1 \\ y=2x-3 \end{cases}$;

(2) $\begin{cases} \dfrac{x^2}{4}+\dfrac{y^2}{9}=1 \\ y=3 \end{cases}$.

3. 分别求母线平行于 x 轴及 y 轴，且通过曲线$\begin{cases} 2x^2+y^2+z^2=16 \\ x^2-y^2+z^2=0 \end{cases}$的柱面方程.

4. 求球面 $x^2+y^2+z^2=9$ 与平面 $x+z=1$ 的交线在 xOy 面上的投影的方程.

5. 将下列曲线的一般方程化为参数方程.

(1) $\begin{cases} x^2+y^2+z^2=9 \\ y=x \end{cases}$;

(2) $\begin{cases} (x-1)^2+y^2+(z+1)^2=4 \\ z=0 \end{cases}$.

6. 求螺旋线$\begin{cases} x=a\cos\theta \\ y=a\sin\theta \\ z=b\theta \end{cases}$在三个坐标面上的投影曲线的直角坐标方程.

7. 求上半球面 $z=\sqrt{a^2-x^2-y^2}$、柱面 $x^2+y^2=ax(a>0)$ 及平面 $z=0$ 所围成的立体在 xOy 面和 zOx 面上的投影.

8. 求旋转抛物面 $z=x^2+y^2(0\leqslant z\leqslant 4)$ 在三个坐标面上的投影.

本章小结

一、本章知识结构图

- 向量代数与空间解析几何
  - 向量
    - 相关概念
      - 向量的定义
      - 向量的模
      - 向量的坐标
      - 方向角及方向余弦
      - 投影
    - 向量的线性运算
      - 加减法
      - 数乘
    - 向量间的乘积
      - 数量积
      - 向量积
  - 平面与直线
    - 平面
      - 点法式
      - 一般式
      - 截距式
      - 三点式
    - 直线
      - 点向式
      - 一般式
      - 参数式
      - 两点式
    - 距离
      - 点到点的距离
      - 点到线的距离
      - 点到面的距离
      - 线到线的距离
        - 平行直线间的距离
        - 异面直线间的距离
      - 面到面的距离
    - 夹角
      - 线与线的夹角
      - 线与面的夹角
      - 面与面的夹角
    - 空间曲面
      - 球面
      - 柱面
      - 旋转曲面

二、学习目的与要求

1. 掌握空间点的直角坐标表示，及空间两点间的距离公式；
2. 掌握向量的几何及坐标表示，会求向量的模与方向角，会进行向量的线性运算；
3. 掌握向量的数量积与向量积的求法，并会利用它们判别向量平行与垂直；

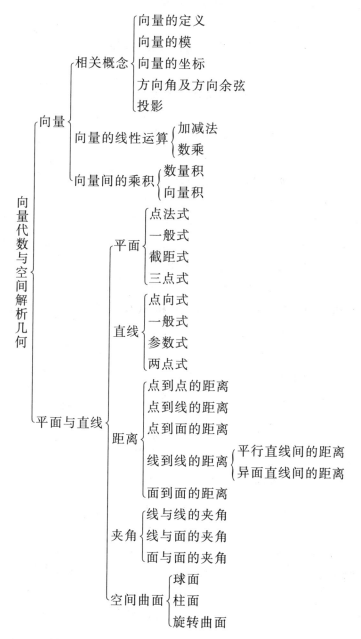

4. 掌握平面及直线的方程，会判定空间二平面及二直线的位置关系；

5. 理解曲面方程的概念，了解球面、柱面的方程.

三、本章重难点

重点：向量的运算及性质，尤其是向量的数量积的意义及其性质；平面方程及直线方程的各种形式；空间曲面方程的特点.

难点：向量的向量积的意义、性质及应用；旋转曲面的方程.

总习题七

一、选择题

1. 向量 $\boldsymbol{a}=(1, 1, 1)$，$\boldsymbol{b}=(1, 2, 1)$，$\boldsymbol{c}=(1, 1, 2)$ 的关系正确的是（　　）.

A. 共面　　B. 异面　　C. 平行　　D. 重合

2. 已知 $\boldsymbol{a}$、$\boldsymbol{b}$ 是非零向量，且 $|\boldsymbol{a}-\boldsymbol{b}|=|\boldsymbol{a}+\boldsymbol{b}|$，则有（　　）.

A. $\boldsymbol{a}\cdot\boldsymbol{b}=0$　　B. $\boldsymbol{a}\times\boldsymbol{b}=0$　　C. $\boldsymbol{a}+\boldsymbol{b}=0$　　D. $\boldsymbol{a}-\boldsymbol{b}=0$

3. 设 $\boldsymbol{a}=\boldsymbol{i}-\boldsymbol{k}$，$\boldsymbol{b}=2\boldsymbol{i}+3\boldsymbol{j}+\boldsymbol{k}$，则 $\boldsymbol{a}\times\boldsymbol{b}$ 等于（　　）.

A. $-\boldsymbol{i}-2\boldsymbol{j}+5\boldsymbol{k}$　　B. $-\boldsymbol{i}-\boldsymbol{j}+3\boldsymbol{k}$　　C. $-\boldsymbol{i}-\boldsymbol{j}+5\boldsymbol{k}$　　D. $3\boldsymbol{i}-3\boldsymbol{j}+3\boldsymbol{k}$

4. 已知空间三点 $M(1, 1, 1)$、$A(2, 2, 1)$ 和 $B(2, 1, 2)$，则 $\angle AMB$ 等于（　　）.

A. $\frac{\pi}{2}$　　B. $\frac{\pi}{4}$　　C. $\frac{\pi}{3}$　　D. π

5. 设 ΔABC 顶点为 $A(3, 0, 2)$、$B(5, 3, 1)$、$C(0, -1, 3)$，则其面积为（　　）.

A. $\frac{2\sqrt{6}}{3}$　　B. $\frac{4\sqrt{6}}{3}$　　C. $\frac{2}{3}$　　D. 3

6. 点 $M(2, -1, 10)$ 到直线 $\frac{x}{3}=\frac{y-1}{2}=\frac{z+2}{1}$ 的距离为（　　）.

A. $\sqrt{138}$　　B. $\sqrt{118}$　　C. $\sqrt{158}$　　D. 1

7. 平面 $x+2y-z-3=0$ 与 $2x+y+z+5=0$ 的夹角是（　　）.

A. $\frac{\pi}{2}$　　B. $\frac{\pi}{4}$　　C. $\frac{\pi}{3}$　　D. π

8. 平行于 z 轴，且过点 $(1, 0, 1)$ 和 $(2, -1, 1)$ 的平面方程是（　　）.

A. $2x+3y+5=0$　　B. $x-y+1=0$　　C. $x+y+1=0$　　D. $x+y-1=0$

9. 设向量 $\boldsymbol{a}$ 与三坐标面的夹角分别为 α、β、γ，则 $\cos^2\alpha+\cos^2\beta+\cos^2\gamma=$（　　）.

A. 0　　B. 1　　C. 2　　D. 3

10. 曲线 $\begin{cases} y=z^2+2x^2 \\ y=2-z^2 \end{cases}$ 在 xOy 面投影的方程为（　　）.

A. $\begin{cases} z=x^2+2y^2 \\ x=0 \end{cases}$　　B. $x=1+y^2$　　C. $\begin{cases} x=1+y^2 \\ y=0 \end{cases}$　　D. $\begin{cases} y=1+x^2 \\ z=0 \end{cases}$

二、解答题

1. 求在 xOy 面上与向量 $\boldsymbol{a}=-4\boldsymbol{i}+3\boldsymbol{j}+7\boldsymbol{k}$ 垂直的单位向量.

2. 设 $\boldsymbol{a}=2\boldsymbol{i}-3\boldsymbol{j}+\boldsymbol{k}$，$\boldsymbol{b}=\boldsymbol{i}-2\boldsymbol{j}+5\boldsymbol{k}$，$\boldsymbol{c}\perp\boldsymbol{a}$，$\boldsymbol{c}\perp\boldsymbol{b}$ 且 $\boldsymbol{c}\cdot(1,2,-7)=10$，求 $\boldsymbol{c}$.

3. 设 $|\boldsymbol{a}|=3$，$|\boldsymbol{b}|=4$，且 $\boldsymbol{a}\perp\boldsymbol{b}$，则 $(\boldsymbol{a}+\boldsymbol{b})\times(\boldsymbol{a}-\boldsymbol{b})$ 的模为多少？

4. 设某平面过点 $(5,-7,4)$，它在三坐标轴上的截距相等且不为 0，求此平面方程.

5. 求过点 $(1,1,1)$ 且同时垂直于面 $x-y+z-7=0$ 和 $3x+2y-12z+5=0$ 的平面方程.

6. 求过直线 $\dfrac{x-1}{1}=\dfrac{y+1}{-1}=\dfrac{z-1}{2}$ 与平面 $x+y-3z+15=0$ 的交点，且垂直于该平面的直线方程.

7. 一直线通过点 $A(1,2,1)$，且垂直于直线 L_1：$\dfrac{x-1}{3}=\dfrac{y}{2}=\dfrac{z+1}{1}$ 又和 L_2：$\dfrac{x}{2}=\dfrac{y}{1}=\dfrac{z}{-1}$ 直线相交，求该直线方程

8. 已知点 $A(1,0,0)$ 和 $B(0,2,1)$，试在 z 轴上找一点，使 $\triangle ABC$ 得面积最小.

9. 已知平面到坐标原点 O 的距离 $p>0$，且知原点 O 到平面的垂线的方向角为 α、β、γ，求证此平面的方程为 $x\cos\alpha+y\cos\beta+z\cos\gamma=p$.

10. 求中心在直线 $\begin{cases}2x+4y-z-7=0\\4x+5y+z-14=0\end{cases}$ 上且过点 $A(0,3,3)$ 和点 $B(-1,3,4)$ 的球面方程.

11. 已知直线 $\begin{cases}2y+3z-5=0\\x-2y-z+7=0\end{cases}$，求它在 xOy 面和 yOz 面上的投影方程.

第八章

多元函数微分学

前面各章我们所讨论的函数都是只有一个自变量的函数，称为一元函数．但在许多实际问题中，经常会遇到含有两个或多个自变量的函数，即多元函数．例如圆柱体的体积 V 是关于底面半径 r 和高 h 的函数（$V=\pi r^2 h$）．本章在一元函数微分学的基础上重点讨论二元函数的有关概念及微分法，然后再把讨论的结果推广到一般的多元函数．

8.1　多元函数的极限与连续

一、平面点集与 n 维空间

一元函数的定义域是数轴上的点集．但对二元函数，由于多了一个自变量，它的定义域很自然地要扩充为平面上的点集．

1. 平面点集

平面点集是指平面上满足某个条件 p 的一切点构成的集合，记作

$$E=\{(x, y)\mid(x, y)\text{满足条件 } p\}.$$

如：平面上以原点 O 为圆心，r 为半径的圆内所有点的集合是

$$E=\{(x, y)\mid x^2+y^2<r^2\},$$

若以点 P 表示（x，y），$|OP|$表示点 P 到原点 O 的距离，则集合 E 也可表示为

$$E=\{P\mid |OP|<r\}.$$

2. 邻域

设 $P_0(x_0, y_0)$ 为 xOy 平面上一点，$\delta>0$，与点 P_0 距离小于 δ 的点 $P(x, y)$ 的全体称为点 P_0 的 δ 邻域，记作 $U(P_0, \delta)$，即

$$U(P_0, \delta)=\{P\mid |P_0P|<\delta\}=\{(x, y)\mid \sqrt{(x-x_0)^2+(y-y_0)^2}<\delta\},$$

其中，P_0 称为邻域的中心，δ 称为邻域的半径．在几何上，$U(P_0, \delta)$ 就是 xOy 平面上以点 $P_0(x_0, y_0)$ 为中心、δ 为半径的圆内所有点 $P(x, y)$ 的全体．

点 P_0 的去心 δ 邻域，记作

$$\mathring{U}(P_0, \delta)=\{(x, y)\mid 0<\sqrt{(x-x_0)^2+(y-y_0)^2}<\delta\}.$$

如果不需要强调邻域的半径 δ，点 P_0 的 δ 邻域也可记作 $U(P_0)$，点 P_0 的去心 δ 邻域也

可记作$\mathring{U}(P_0)$.

3. 点与点集之间的关系

平面上任意一点 P 与任意一点集 E 之间必有以下三种关系之一:

(1) **内点**——若存在点 P 的某一个邻域,使得该邻域内的点都属于 E,则称点 P 是点集 E 的内点(如图 8.1 中,P_1 是点集 E 的内点);

(2) **外点**——若存在点 P 的某一个邻域,使得该邻域内的点都不属于 E,则称点 P 是点集 E 的外点(如图 8.1 中,P_2 是点集 E 的外点);

(3) **界点**——若点 P 的任一邻域内既有属于 E 的点又有不属于 E 的点,则称点 P 是点集 E 的界点(如图 8.1 中,P_3 是点集 E 的界点).

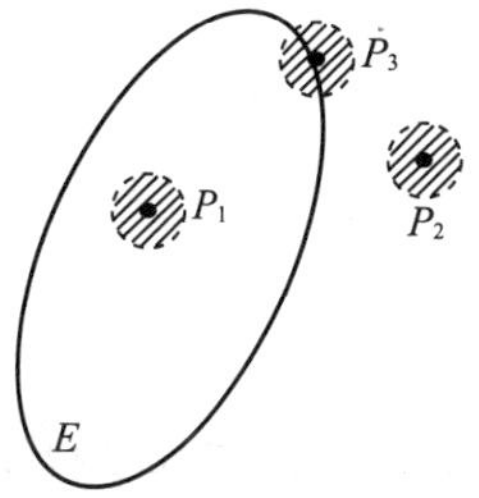

图 8.1

点集 E 的界点的全体,称为点集 E 的**边界**,记为∂E.

显然,E 的内点必属于 E;E 的外点必不属于 E;E 的界点可能属于 E,也可能不属于 E.

若点 P 的任一去心邻域$\mathring{U}(P, \delta)$ 内至少有一个点属于 E,则称点 P 是点集 E 的**聚点**. 由定义知,内点、界点是聚点,外点不是聚点.

例如,设有平面点集 $E=\{(x, y) \mid 1<x^2+y^2\leqslant 4\}$. 满足 $1<x^2+y^2<4$ 的一切点都是 E 的内点;满足 $x^2+y^2=1$ 的一切点都是 E 的界点,但它们都不属于 E;满足 $x^2+y^2=4$ 的一切点都是 E 的界点,它们都属于 E;满足 $1\leqslant x^2+y^2\leqslant 4$ 的一切点都是 E 的聚点.

4. 一些重要的平面点集

(1) **开集**:若点集 E 的点都是内点,则称 E 为开集;

(2) **闭集**:若点集 E 的余集 E^C 是开集,则称 E 为闭集;

(3) **连通集**:若点集 E 内任意两点 P_1 和 P_2,都可用包含在 E 内的折线连接起来,则称 E 为连通集,如图 8.2 所示;

(4) **开区域**(或**区域**):连通的开集称为开区域或区域;

(5) **闭区域**:开区域加上它的边界,称为闭区域;

(6) **有界区域/无界区域**:如果区域 E 可以包含在以原点为中心的某一个圆内,则称 E 为一个有界区域,否则称为无界区域.

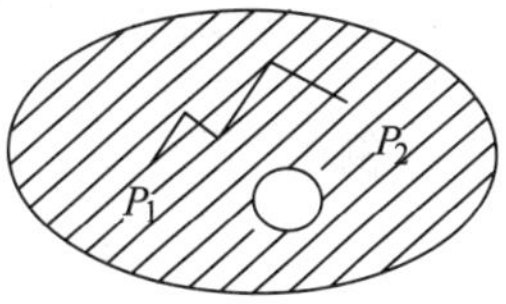

图 8.2

例如,$D_1=\{(x, y) \mid x^2+y^2\leqslant 4\}$ 是有界闭区域;$D_2=\{(x, y) \mid x+y<1\}$ 是无界开区域.

5. n 维空间

所有 n 元有序数组 $(x_1, x_2, \cdots, x_n)$ 的集合称为 n 维空间,记为 $\mathbf{R}^n$,即

$$\mathbf{R}^n=\mathbf{R}\times\mathbf{R}\times\cdots\times\mathbf{R}=\{(x_1, x_2, \cdots, x_n) \mid x_k\in\mathbf{R}, k=1, 2, \cdots, n\}.$$

n 维空间的每一个元素 $(x_1, x_2, \cdots, x_n)$ 称为空间中的一个点. 当 $n=1$ 时,$\mathbf{R}^1$ 是一维空

间，即数轴上所有点的集合；当 $n=2$ 时，$\mathbf{R}^2$ 是二维空间，即平面上所有点的集合；当 $n=3$ 时，$\mathbf{R}^3$ 是三维空间，即空间中所有点的集合.

设 $x=(x_1, x_2, \cdots, x_n)$，$y=(y_1, y_2, \cdots, y_n)$ 为 $\mathbf{R}^n$ 中任意两点，$\lambda\in\mathbf{R}$，规定 $\mathbf{R}^n$ 中的线性运算为：

$$x+y=(x_1+y_1, x_2+y_2, \cdots, x_n+y_n),$$

$$\lambda x=(\lambda x_1, \lambda x_2, \cdots, \lambda x_n).$$

点 $x=(x_1, x_2, \cdots, x_n)$ 与点 $y=(y_1, y_2, \cdots, y_n)$ 之间的距离记为 $\rho(x, y)$，则

$$\rho(x, y)=\sqrt{(x_1-y_1)^2+(x_2-y_2)^2+\cdots+(x_n-y_n)^2}.$$

二、多元函数的概念

1. 二元函数的定义

定义 1 设 D 是 $\mathbf{R}^2$ 的一个非空点集，若有一映射 f，使 D 内任意一点 $P(x, y)$，总有唯一确定的实数 z 与之对应，则称映射 f 为定义在 D 上的二元函数，通常记作

$$z=f(x, y), (x, y)\in D,$$

其中，x、y 称为**自变量**，z 称为**因变量**，点集 D 称为函数的**定义域**，函数值的全体称为函数的**值域**，记为 $f(D)$，即

$$f(D)=\{z \mid z=f(x, y), (x, y)\in D\}.$$

类似地，可以给出 n 元函数的定义.

设 D 是 $\mathbf{R}^n$ 的一个非空点集，若有一映射 f，使 D 内任意一点 $P(x_1, x_2, \cdots, x_n)$，总有唯一确定的实数 u 与之对应，则称映射 f 为定义在 D 上的 n 元函数，通常记作

$$u=f(x_1, x_2, \cdots, x_n), (x_1, x_2, \cdots, x_n)\in D.$$

当 $n=1$ 时，n 元函数就是一元函数；当 $n\geqslant 2$ 时，n 元函数统称为**多元函数**.

和一元函数相类似，多元函数的定义域一般是指使函数有意义的一切点的集合.

例 1 设 $f(x, y)=\dfrac{x^2+y^2}{2x^2y}$，求 $f(1, 1)$ 和 $f\left(\dfrac{1}{x}, \dfrac{1}{y}\right)$.

解

$$f(1, 1)=\frac{1+1}{2\times1\times1}=1,$$

$$f\left(\frac{1}{x}, \frac{1}{y}\right)=\frac{\left(\frac{1}{x}\right)^2+\left(\frac{1}{y}\right)^2}{2\left(\frac{1}{x}\right)^2\frac{1}{y}}=\frac{y^2+x^2}{2y}.$$

例 2 求下列函数的定义域.

(1) $z=\sqrt{1-x^2-y^2}$；　　(2) $z=\dfrac{1}{\sqrt{x+y}}$.

解 (1) 函数的定义域为 $D=\{(x,y) \mid x^2+y^2\leqslant 1\}$，如图 8.3 (a) 所示；

(2) 函数的定义域 $D=\{(x,y) \mid x+y>0\}$，如图 8.3 (b) 所示.

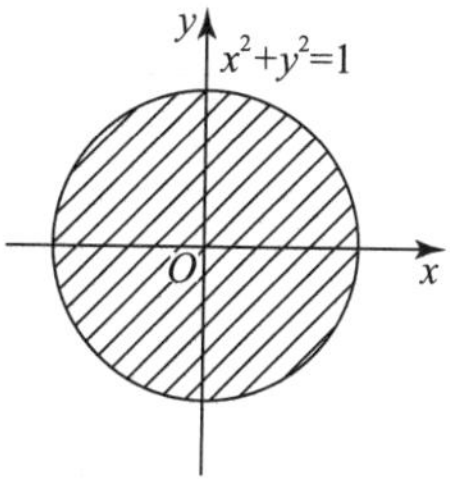

图 8.3 (a)

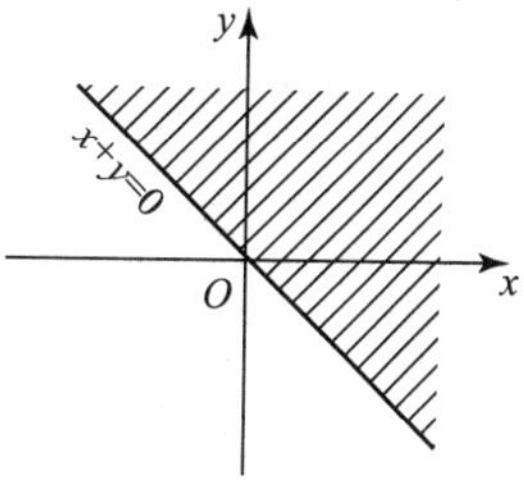

图 8.3 (b)

2. 二元函数的几何意义

一元函数 $y=f(x)$ 通常表示 xOy 平面上的一条曲线.

设二元函数 $z=f(x,y)$ 的定义域为 D. 对于 D 上任意一点 $P(x,y)$，必有唯一的实数 z 与其对应. 这样，以 x 为横坐标、y 为纵坐标、$z=f(x,y)$ 为竖坐标在空间就确定一点 $M(x,y,z)$. 当 (x,y) 遍取 D 上的所有点时，得到一个空间点集 $\{(x,y,z)\,|\,z=f(x,y),(x,y)\in D\}$，称该空间点集为二元函数 $z=f(x,y)$的图形（图 8.4）. 它通常是一个曲面，如二元函数 $z=x^2+y^2$ 的图形是旋转抛物面，线性函数 $z=ax+by+c$ 的图形是平面.

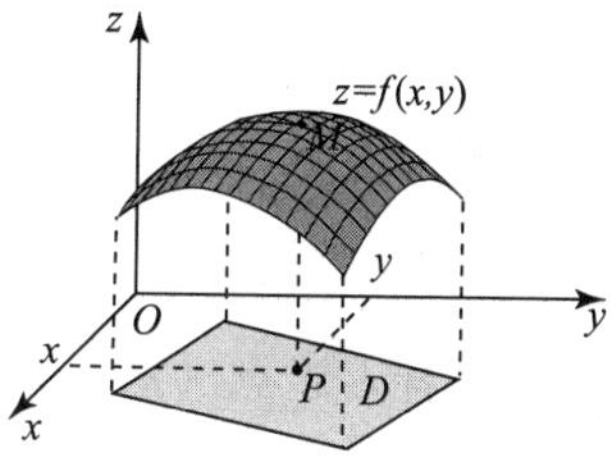

图 8.4

而定义域 D 恰是该曲面在 xOy 平面上的投影.

三、多元函数的极限

类似于一元函数的极限，我们也可以研究二元函数 $z=f(x,y)$ 的极限问题.

定义 2　设函数 $z=f(x,y)$ 在点 $P_0(x_0,y_0)$ 的某个去心邻域$\mathring{U}(P_0)$ 内有定义，点 $P(x,y)$ 是$\mathring{U}(P_0)$ 内异于 P_0 的任一点，当 $P(x,y)$ 沿着任意路径无限趋近于 $P_0(x_0,y_0)$ 时，函数 $f(x,y)$ 总是无限趋近于一个确定的常数 A，则称 A 是**函数** $f(x,y)$ 当 $x\to x_0$，$y\to y_0$ **时的极限**，记作

$$\lim_{\substack{x\to x_0\\ y\to y_0}} f(x,y)=A \text{ 或 } \lim_{(x,y)\to(x_0,y_0)} f(x,y)=A.$$

为了区别于一元函数的极限，二元函数的极限也称为**二重极限**.

注意：(1) 不能因为点 $P(x,y)$ 沿着某一条（或几条）特殊路径趋近于 $P_0(x_0,y_0)$ 时，$f(x,y)$ 趋近于某一常数而断定它有极限. 但是，当点 $P(x,y)$ 沿着不同路径趋近于 $P_0(x_0,y_0)$ 时，$f(x,y)$ 趋近于不同的数，则可断定 $f(x,y)$ 在 $P_0(x_0,y_0)$ 处没有极限.

(2) 关于一元函数极限的运算法则和定理都可以推广到二元函数.

例 3　求下列函数的极限：

(1) $\displaystyle\lim_{(x,y)\to(0,0)}\frac{x^2+y^2}{\sqrt{1+x^2+y^2}-1}$；　　(2) $\displaystyle\lim_{(x,y)\to(0,3)}\frac{\sin(xy)}{x}$.

解　(1) 原极限$=\lim\limits_{(x,y)\to(0,0)}\dfrac{(x^2+y^2)(\sqrt{1+x^2+y^2}+1)}{(\sqrt{1+x^2+y^2}-1)(\sqrt{1+x^2+y^2}+1)}$

$=\lim\limits_{(x,y)\to(0,0)}(\sqrt{1+x^2+y^2}+1)$

$=2$；

(2) 原极限$=\lim\limits_{(x,y)\to(0,3)}\left[\dfrac{\sin(xy)}{xy}\cdot y\right]$

$$=\lim_{(x,y)\to(0,3)}\frac{\sin(xy)}{xy}\cdot\lim_{(x,y)\to(0,3)}y=1\times3=3.$$

例 4　讨论函数 $f(x,y)=\begin{cases}\dfrac{xy}{x^2+y^2}, & x^2+y^2\neq0\\ 0, & x^2+y^2=0\end{cases}$，当 $(x,y)\to(0,0)$ 时是否存在极限.

解　显然，当点 (x,y) 沿 x 轴趋近于点 $(0,0)$ 时，有

$$\lim_{\substack{(x,y)\to(0,0)\\ y=0}}f(x,y)=\lim_{x\to0}f(x,0)=\lim_{x\to0}0=0;$$

同样，当点 (x,y) 沿 y 轴趋近于点 $(0,0)$ 时，有

$$\lim_{\substack{(x,y)\to(0,0)\\ x=0}}f(x,y)=\lim_{y\to0}f(0,y)=\lim_{y\to0}0=0;$$

然而，当点 (x,y) 沿直线 $y=kx$ 趋近于 $(0,0)$ 时，

$$\lim_{\substack{(x,y)\to(0,0)\\ y=kx}}f(x,y)=\lim_{x\to0}\frac{kx^2}{x^2+k^2x^2}=\frac{k}{1+k^2},$$

显然它是随着 k 的值的不同而变化的，因此 $f(x,y)$ 在 $(0,0)$ 处不存在极限.

四、多元函数的连续性

1. 二元函数连续的定义

与一元函数一样，可利用二元函数的极限给出二元函数连续的概念.

定义 3　设函数 $z=f(x,y)$ 在点 $P_0(x_0,y_0)$ 的某邻域内有定义. 若

$$\lim_{(x,y)\to(x_0,y_0)}f(x,y)=f(x_0,y_0),$$

则称函数 $f(x_0,y_0)$ **在点** $P_0(x_0,y_0)$ **处连续**，称点 P_0 为函数 $f(x,y)$ 的**连续点.**

若令 $x=x_0+\Delta x$，$y=y_0+\Delta y$，则当 $(x,y)\to(x_0,y_0)$，有 $\Delta x\to0$，$\Delta y\to0$. 记 $\Delta z=f(x_0+\Delta x,y_0+\Delta y)-f(x_0,y_0)$ 为函数 $f(x,y)$ 当自变量 x、y 分别有增量 Δx、Δy 时的全增量，点 (x,y) 到点 (x_0,y_0) 的距离

$$\rho=\sqrt{(x-x_0)^2+(y-y_0)^2}=\sqrt{(\Delta x)^2+(\Delta y)^2}\to0\ (\Delta x\to0,\ \Delta y\to0),$$

则连续的另一定义为

$$\lim_{\substack{\Delta x\to0\\ \Delta y\to0}}\Delta z=\lim_{\rho\to0}\Delta z=0.$$

若函数 $z=f(x,y)$ 在区域 D 内每一点都连续，则称 $z=f(x,y)$ **在区域 D 内连续**，或称 $f(x,y)$ 是 D 上的**连续函数.**

若函数 $z=f(x,y)$ 在点 $P_0(x_0,y_0)$ 处不连续，则称 $P_0(x_0,y_0)$ 为 $z=f(x,y)$ 的**间断点**.

二元函数的间断点可以是一条曲线，如 $z=\sin\dfrac{1}{x^2+y^2-1}$ 的间断点是曲线 $x^2+y^2=1$.

所以，二元连续函数的图形是一张没有任何孔隙和裂缝的曲面.

2. 多元连续函数的性质

根据多元函数的极限运算法则，可以证明：

(1) 多元连续函数的和、差、积仍为连续函数；

(2) 多元连续函数的商在分母不为零处仍连续；

(3) 多元连续函数的复合函数也是连续函数.

由多元多项式及一元初等函数经过有限次的四则运算和复合而且可用一个表达式表示的函数称为**多元初等函数**. 例如，$\sin(x^2+y^2)$、$\ln\dfrac{1}{x-y+z}$ 等都是多元初等函数.

一切多元初等函数在其定义区域内都是连续的.

例 5　求 $\lim\limits_{(x,y)\to(0,1)}\dfrac{2-xy}{x^2+y^2}$.

解　函数 $f(x,y)=\dfrac{2-xy}{x^2+y^2}$ 的定义域为

$$D=\{(x,y)\mid x\neq 0,\ y\neq 0\},$$

而 $(0,1)$ 是定义域 D 的内点，故 $\dfrac{2-xy}{x^2+y^2}$ 在点 $(0,1)$ 连续，

所以

$$\lim_{(x,y)\to(0,1)}\frac{2-xy}{x^2+y^2}=f(0,1)=2.$$

3. 有界闭区域上连续函数的性质

与闭区间上一元连续函数的性质相类似，在有界闭区域上的多元连续函数具有如下性质.

性质 1（有界性与最大值最小值定理）　在有界闭区域 D 上连续的多元函数，必定在 D 上有界，且能取得它的最大值和最小值.

也就是说，若 $f(P)$ 在有界闭区域 D 上连续，则必存在常数 $M>0$，使得对一切 $P\in D$，有 $|f(P)|\leqslant M$；且存在 P_1，$P_2\in D$，使得 $f(P_1)=\max\{f(P)\mid P\in D\}$，$f(P_2)=\min\{f(P)\mid P\in D\}$.

性质 2（介值定理）　在有界闭区域 D 上连续的多元函数，必能取得介于最大值和最小值之间的任何值.

也就是说，若 $f(P_1)=\max\{f(P)\mid P\in D\}$，$f(P_2)=\min\{f(P)\mid P\in D\}$，当 $f(P_2)<m<f(P_1)$ 时，则至少在 D 上存在一点 P，使得 $f(P)=m$ 成立.

性质 3（零点存在定理）　若函数 $f(P)$ 在有界闭区域 D 上连续，且它在 D 上取得的两个不同函数值中，一个大于零，一个小于零，则至少在 D 上存在一点 P_0，使得 $f(P_0)=0$.

习题 8.1

1. 求下列函数的定义域.

(1) $z=\ln(x^2+y^2-1)+\dfrac{1}{\sqrt{4-x^2-y^2}}$；

(2) $z=\ln(y-x^2)+\sqrt{1-y-x^2}$；

(3) $z=\arcsin(x+y)$；

(4) $z=\ln(x+y)$.

2. 设 $f(u,v)=u^v$，求 $f(x,x^2)$，$f\left(\dfrac{1}{y},x-y\right)$.

3. 求下列函数的极限.

(1) $\lim\limits_{(x,y)\to(0,0)}\dfrac{2-\sqrt{xy+4}}{xy}$；

(2) $\lim\limits_{(x,y)\to(0,0)}\dfrac{\sin 2(x^2+y^2)}{x^2+y^2}$；

(3) $\lim\limits_{(x,y)\to(1,2)}\dfrac{xy+2x^2y^2}{x+y}$；

(4) $\lim\limits_{(x,y)\to(1,0)}\dfrac{\ln(x+e^y)}{x^2+y^2}$；

(5) $\lim\limits_{(x,y)\to(0,0)}\dfrac{1-\cos(x^2+y^2)}{(x^2+y^2)x^2y^2}$；

(6) $\lim\limits_{\substack{x\to\infty\\ y\to a}}\left(1+\dfrac{1}{x}\right)^{\frac{x^2}{x+y}}$.

4. 指出函数 $z=\dfrac{e^{xy}}{x^2+y^2-4}$ 的间断点或间断线.

8.2 偏导数

一、偏导数的定义及其计算

1. 偏导数的定义

在一元函数微分学中，我们曾经研究过函数 $y=f(x)$ 的导数，即函数 y 对于自变量 x 的变化率问题. 对于多元函数，也常常遇到需要研究它对某个自变量的变化率的问题，这就产生了偏导数的概念.

定义 1 设函数 $z=f(x,y)$ 在点 $P_0(x_0,y_0)$ 的某一邻域内有定义，当 y 固定在 y_0，而 x 在 x_0 处有增量 Δx 时，函数 $z=f(x,y)$ 相应地有增量（称为关于 x **的偏增量**）

$$\Delta_x z=f(x_0+\Delta x,y_0)-f(x_0,y_0).$$

若 $\lim\limits_{\Delta x\to 0}\dfrac{\Delta_x z}{\Delta x}$ 存在，则称此极限值为**函数 $z=f(x,y)$ 在 (x_0,y_0) 处对 x 的偏导数**，记作

$$\left.\frac{\partial z}{\partial x}\right|_{\substack{x=x_0\\ y=y_0}},\ \left.\frac{\partial f}{\partial x}\right|_{\substack{x=x_0\\ y=y_0}},\ \left.z'_x\right|_{\substack{x=x_0\\ y=y_0}}\text{或 } f'_x(x_0,y_0).$$

即

$$f'_x(x_0,y_0)=\lim_{\Delta x\to 0}\frac{\Delta_x z}{\Delta x}=\lim_{\Delta x\to 0}\frac{f(x_0+\Delta x,y_0)-f(x_0,y_0)}{\Delta x}.$$

类似地，函数 $z=f(x,y)$ 在点 (x_0,y_0) 处对 y 的偏导数定义为

$$\lim_{\Delta y\to 0}\frac{\Delta_y z}{\Delta y}=\lim_{\Delta y\to 0}\frac{f(x_0,\ y_0+\Delta y)-f(x_0,\ y_0)}{\Delta y},$$

记作

$$\left.\frac{\partial z}{\partial y}\right|_{\substack{x=x_0\\ y=y_0}},\ \left.\frac{\partial f}{\partial y}\right|_{\substack{x=x_0\\ y=y_0}},\ \left.z'_x\right|_{\substack{x=x_0\\ y=y_0}}\text{或 } f'_y\ (x_0,\ y_0).$$

若函数 $z=f(x,\ y)$ 在区域 D 内每一点 $(x,\ y)$ 处对 x 的偏导数都存在，则这个偏导数是关于 x、y 的函数，称它为**函数** $z=f(x,\ y)$ **对** x **的偏导函数**，记为

$$\frac{\partial z}{\partial x},\ \frac{\partial f}{\partial x},\ z'_x\text{或 } f'_x\ (x,\ y).$$

类似地，可定义**函数** $z=f(x,\ y)$ **对** y **的偏导函数**，记为

$$\frac{\partial z}{\partial y},\ \frac{\partial f}{\partial y},\ z'_y\text{或 } f'_y\ (x,\ y).$$

显然，$f(x,\ y)$ 在 $(x_0,\ y_0)$ 处对 x 的偏导数 $f'_x\ (x_0,\ y_0)$ 就是偏导函数 $f'_x\ (x,\ y)$ 在 $(x_0,\ y_0)$ 处的函数值；$f'_y\ (x_0,\ y_0)$ 就是偏导函数 $f'_y\ (x,\ y)$ 在 $(x_0,\ y_0)$ 处的函数值.

在不致混淆的情况下，偏导函数也称偏导数.

二元函数偏导数的定义可以类推到三元及三元以上的函数. 例如三元函数 $u=f(x,\ y,\ z)$ 对 x 的偏导数为

$$\frac{\partial u}{\partial x}=\lim_{\Delta x\to 0}\frac{f(x+\Delta x,\ y,\ z)-f(x,\ y,\ z)}{\Delta x}.$$

2. 偏导数的计算

由偏导数的定义可知，求多元函数对某一自变量的偏导数，就是将其他自变量看成常数，而只对该自变量求导即可.

例 1　求函数 $z=x^2\sin 2y$ 在点 $\left(1,\ \frac{\pi}{8}\right)$ 处的两个偏导数.

解　把 y 看作常量，对 x 求导得

$$\frac{\partial z}{\partial x}=2x\sin 2y,\ \left.\frac{\partial z}{\partial x}\right|_{\left(1,\frac{\pi}{8}\right)}=2\sin\frac{\pi}{4}=\sqrt{2}.$$

把 x 看作常量，对 y 求导得

$$\frac{\partial z}{\partial y}=2x^2\cos 2y,\ \left.\frac{\partial z}{\partial y}\right|_{\left(1,\frac{\pi}{8}\right)}=2\cos\frac{\pi}{4}=\sqrt{2}.$$

例 2　求函数 $z=\mathrm{e}^{xy}\sin\ (2x+y)$ 的偏导数.

解

$$\frac{\partial z}{\partial x}=y\mathrm{e}^{xy}\sin(2x+y)+2\mathrm{e}^{xy}\cos(2x+y),$$

$$\frac{\partial z}{\partial y}=x\mathrm{e}^{xy}\sin(2x+y)+\mathrm{e}^{xy}\cos(2x+y).$$

例 3　设 $z=x^y(x>0,\ x\neq 1)$，证明：$\frac{x}{y}\frac{\partial z}{\partial x}+\frac{1}{\ln x}\frac{\partial z}{\partial y}=2z$.

证

$$\frac{\partial z}{\partial x}=y\cdot x^{y-1},\ \frac{\partial z}{\partial y}=x^y\cdot\ln x,$$

$$\frac{x}{y}\frac{\partial z}{\partial x}+\frac{1}{\ln x}\frac{\partial z}{\partial y}=\frac{x}{y}yx^{y-1}+\frac{1}{\ln x}x^y\ln x=x^y+x^y=2z.$$

例 4 设 $u=\sqrt{x^2+y^2+z^2}$，证明：$\left(\frac{\partial u}{\partial x}\right)^2+\left(\frac{\partial u}{\partial y}\right)^2+\left(\frac{\partial u}{\partial z}\right)^2=1.$

解 $\frac{\partial u}{\partial x}=\frac{2x}{2\sqrt{x^2+y^2+z^2}}=\frac{x}{u}$，同理有

$$\frac{\partial u}{\partial y}=\frac{y}{u},\quad \frac{\partial u}{\partial z}=\frac{z}{u},$$

故
$$\left(\frac{\partial u}{\partial x}\right)^2+\left(\frac{\partial u}{\partial y}\right)^2+\left(\frac{\partial u}{\partial z}\right)^2=\frac{x^2}{u^2}+\frac{y^2}{u^2}+\frac{z^2}{u^2}=1.$$

例 5 已知理想气体的状态方程 $PV=RT$（R 为常数），求 $\frac{\partial P}{\partial V}\cdot\frac{\partial V}{\partial T}\cdot\frac{\partial T}{\partial P}$.

解 因为 $P=\frac{RT}{V}$，所以 $\frac{\partial P}{\partial V}=-\frac{RT}{V^2}$；

因为 $V=\frac{RT}{P}$，所以 $\frac{\partial V}{\partial T}=\frac{R}{P}$；

因为 $T=\frac{PV}{R}$，所以 $\frac{\partial T}{\partial P}=\frac{V}{R}$，

故
$$\frac{\partial P}{\partial V}\cdot\frac{\partial V}{\partial T}\cdot\frac{\partial T}{\partial P}=-\frac{RT}{V^2}\cdot\frac{R}{P}\cdot\frac{V}{R}=-1.$$

注意：多元函数的偏导数符号 $\frac{\partial z}{\partial x}$、$\frac{\partial z}{\partial y}$ 是一个整体符号，不能分开，即单独的 ∂z，∂y，∂x 无意义．而一元函数的导数 $\frac{\mathrm{d}y}{\mathrm{d}x}$ 可看成函数微分 $\mathrm{d}y$ 与自变量微分 $\mathrm{d}x$ 的商，因此也称微商．

3. 偏导数的几何意义

由二元函数偏导数的定义知，$z=f(x,y)$ 在点 (x_0,y_0) 对 x 的偏导数 $f'_x(x_0,y_0)$，就是一元函数 $z=f(x,y_0)$ 在 x_0 处的导数，由导数的几何意义可知，$\frac{d}{dx}f'(x,y_0)\Big|_{x=x_0}$ 即 $f'_x(x_0,y_0)$ 是曲线 $\begin{cases}z=f(x,y)\\ y=y_0\end{cases}$ 在点 $M_0(x_0,y_0,z_0)$ 处的切线 M_0T_x 对 x 轴的斜率（见图 8.5）．同理，$f'_y(x_0,y_0)$ 是曲线 $\begin{cases}z=f(x,y)\\ x=x_0\end{cases}$ 在点 $M_0(x_0,y_0,z_0)$ 的切线 M_0T_y 对 y 轴的斜率．

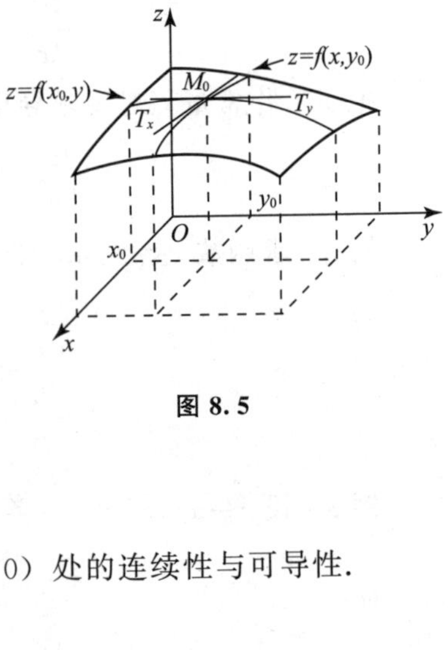

图 8.5

4. 偏导数存在与函数连续之间的关系

例 6 讨论 $z=f(x,y)=\begin{cases}\frac{xy}{x^2+y^2}, & x^2+y^2=0\\ 0, & x^2+y^2\neq 0\end{cases}$ 在 $(0,0)$ 处的连续性与可导性．

解　由于$\lim\limits_{\substack{x\to 0\\y\to 0}}\dfrac{xy}{x^2+y^2}$不存在，所以函数 $f(x,y)$ 在 $(0,0)$ 处不连续；

但$\left.\dfrac{\partial z}{\partial x}\right|_{\substack{x=0\\y=0}}=\lim\limits_{\Delta x\to 0}\dfrac{f(0+\Delta x,0)-f(0,0)}{\Delta x}=0$，从而 $f'_x(0,0)=0$.

同理 $f'_y(0,0)=0$，所以函数在 $(0,0)$ 处的两个偏导数存在.

例 7　讨论函数 $z=\sqrt{x^2+y^2}$ 在 $(0,0)$ 处的连续性与可导性.

解　由于$\lim\limits_{\substack{x\to 0\\y\to 0}}\sqrt{x^2+y^2}=0=f(0,0)$，所以函数在 $(0,0)$ 处连续；

但$\left.\dfrac{\partial z}{\partial x}\right|_{\substack{x=0\\y=0}}=\lim\limits_{\Delta x\to 0}\dfrac{f(0+\Delta x,0)-f(0,0)}{\Delta x}=\lim\limits_{\Delta x\to 0}\dfrac{|\Delta x|}{\Delta x}$不存在，因此 $f'_x(0,0)$ 不存在.

同理 $f'_y(0,0)$ 不存在，从而函数在 $(0,0)$ 处的两个偏导数不存在.

由例 6、例 7 可知：函数在某点的偏导数存在与函数连续没有必然联系. 这是因为对多元函数而言，可导是 $x\to x_0$ 的一种单方向趋近，连续是 $P\to P_0$ 的一种多方式趋近.

二、高阶偏导数

一般地，二元函数 $z=f(x,y)$ 的偏导数 $f'_x(x,y)$，$f'_y(x,y)$ 仍然是自变量 x、y 的函数，若它们对 x、y 的偏导数也存在，则称它们为函数 $z=f(x,y)$ 的**二阶偏导数**. 二元函数的二阶偏导数有以下四种类型：

$$\left(\frac{\partial z}{\partial x}\right)'_x=\frac{\partial}{\partial x}\left(\frac{\partial z}{\partial x}\right)=\frac{\partial^2 z}{\partial x^2}=f''_{xx}(x,y),\quad \left(\frac{\partial z}{\partial x}\right)'_y=\frac{\partial}{\partial y}\left(\frac{\partial z}{\partial x}\right)=\frac{\partial^2 z}{\partial x\,\partial y}=f''_{xy}(x,y),$$

$$\left(\frac{\partial z}{\partial y}\right)'_x=\frac{\partial}{\partial x}\left(\frac{\partial z}{\partial y}\right)=\frac{\partial^2 z}{\partial y\,\partial x}=f''_{yx}(x,y),\quad \left(\frac{\partial z}{\partial y}\right)'_y=\frac{\partial}{\partial y}\left(\frac{\partial z}{\partial y}\right)=\frac{\partial^2 z}{\partial y^2}=f''_{yy}(x,y),$$

其中，$f''_{xy}(x,y)$，$f''_{yx}(x,y)$ 称为二阶混合偏导数，$\dfrac{\partial}{\partial y}\left(\dfrac{\partial z}{\partial x}\right)=\dfrac{\partial^2 z}{\partial x\,\partial y}$表示先对 x 后对 y 的求导次序；$\dfrac{\partial}{\partial x}\left(\dfrac{\partial z}{\partial y}\right)=\dfrac{\partial^2 z}{\partial y\,\partial x}$表示先对 y 后对 x 的求导次序.

类似地，可给出三阶及三阶以上的偏导数，二及二阶以上的偏导数统称为高阶偏导数.

例 8　求 $z=x^3y+2xy^2-3y^3$ 的二阶偏导数.

解
$$\frac{\partial z}{\partial x}=3x^2y+2y^2,\quad \frac{\partial z}{\partial y}=x^3+4xy-9y^2,$$

故
$$\frac{\partial^2 z}{\partial x^2}=6xy,\quad \frac{\partial^2 z}{\partial x\,\partial y}=3x^2+4y,\quad \frac{\partial^2 z}{\partial y\,\partial x}=3x^2+4y,\quad \frac{\partial^2 z}{\partial y^2}=4x-18y.$$

由上面例题可以看出$\dfrac{\partial^2 z}{\partial x\,\partial y}=\dfrac{\partial^2 z}{\partial y\,\partial x}$. 这不是偶然的. 事实上，我们有下述定理.

定理 1　若函数 $z=f(x,y)$ 的两个二阶混合偏导数$\dfrac{\partial^2 z}{\partial x\,\partial y}$和$\dfrac{\partial^2 z}{\partial y\,\partial x}$在区域 D 内连续，则在该区域内有$\dfrac{\partial^2 z}{\partial x\,\partial y}=\dfrac{\partial^2 z}{\partial y\,\partial x}$.

也就是说，二阶混合偏导数在连续的条件下与求导次序无关.

该定理证明从略.

例 9 设 $z=\ln(e^x+e^y)$，试证 $\frac{\partial^2 z}{\partial x^2}\cdot\frac{\partial^2 z}{\partial y^2}-\left(\frac{\partial^2 z}{\partial x\partial y}\right)^2=0$.

解

$$\frac{\partial z}{\partial x}=\frac{e^x}{e^x+e^y},\quad \frac{\partial z}{\partial y}=\frac{e^y}{e^x+e^y},$$

$$\frac{\partial^2 z}{\partial x^2}=\frac{e^x(e^x+e^y)-e^x\cdot e^x}{(e^x+e^y)^2}=\frac{e^x\cdot e^y}{(e^x+e^y)^2},$$

$$\frac{\partial^2 z}{\partial x\partial y}=-\frac{e^x\cdot e^y}{(e^x+e^y)^2},$$

$$\frac{\partial^2 z}{\partial y^2}=\frac{e^y\ (e^x+e^y)-e^y\cdot e^y}{(e^x+e^y)^2}=\frac{e^x\cdot e^y}{(e^x+e^y)^2},$$

所以

$$\frac{\partial^2 z}{\partial x^2}\cdot\frac{\partial^2 z}{\partial y^2}-\left(\frac{\partial^2 z}{\partial x\partial y}\right)^2=\left(\frac{e^x\cdot e^y}{(e^x+e^y)^2}\right)^2-\left(-\frac{e^x\cdot e^y}{(e^x+e^y)^2}\right)^2=0.$$

习题 8.2

1. 求函数 $z=\frac{xy}{x+y}$ 在点（1，1）处的偏导数.

2. 求下列函数的偏导数：

(1) $z=\frac{xe^y}{y^2}$；　　(2) $z=x\sin y+ye^{xy}$；

(3) $z=\sqrt{\ln(xy)}$；　　(4) $z=\sin(xy)+\cos^2(xy)$；

(5) $z=\ln\tan\frac{x}{y}$；　　(6) $u=x^{\frac{y}{z}}$.

3. 设 $z=\ln(x^{\frac{1}{3}}+y^{\frac{1}{3}})$，证明 $x\frac{\partial z}{\partial x}+y\frac{\partial z}{\partial y}=\frac{1}{3}$.

4. 求曲线 $\begin{cases} z=\frac{x^2+y^2}{4} \\ y=4 \end{cases}$ 在点（2，4，5）处的切线与横轴正向所成角.

5. 求下列函数的二阶偏导数.

(1) $z=\arctan\frac{y}{x}$；　　(2) $z=y\ln(x+y)$.

6. 设 $z=\sqrt{x^2+y^2}$，证明 $\frac{\partial^2 z}{\partial x^2}+\frac{\partial^2 z}{\partial y^2}=\frac{1}{z}$.

8.3 全 微 分

一、全微分的概念

1. 全微分的定义

由上节内容知，二元函数对某个自变量的偏导数表示当另一自变量固定时，因变量相对

于该自变量的变化率. 根据一元函数微分学中增量与微分的关系，可得

$$\Delta_x z=f(x+\Delta x,\ y)-f(x,\ y)\approx f_x'(x,\ y)\ \Delta x,$$

$$\Delta_y z=f(x,\ y+\Delta y)-f(x,\ y)\approx f_y'(x,\ y)\ \Delta y.$$

上式的左端是**二元函数 $z=f(x,\ y)$ 对 x 和对 y 的偏增量**，而右端分别叫做**二元函数 $z=f(x,\ y)$ 对 x 和对 y 的偏微分**.

在实际问题中，有时需要研究多元函数中各个自变量都取得增量时因变量所获得的增量，即全增量问题. 一般说来，计算全增量比较复杂. 与一元函数的情形一样，我们希望用自变量的增量的线性函数来近似代替全增量，从而对二元函数引入如下定义.

定义 1　若函数 $z=f(x,\ y)$ 在点 $(x,\ y)$ 处的全增量

$$\Delta z=f(x+\Delta x,\ y+\Delta y)-f(x,\ y)$$

可以表示为

$$\Delta z=A\Delta x+B\Delta y+o\ (\rho),$$

其中，A、B 与 Δx、Δy 无关，而仅与 x、y 有关，$\rho=\sqrt{(\Delta x)^2+(\Delta y)^2}$，则称**函数 $z=f(x,\ y)$ 在 $(x,\ y)$ 处可微**，而 $A\Delta x+B\Delta y$ 称为**函数 $z=f(x,\ y)$ 在 $(x,\ y)$ 处的全微分**，记作 $\mathrm{d}z$，即

$$\mathrm{d}z=A\Delta x+B\Delta y.$$

若函数 $z=f(x,\ y)$ 在区域 D 内处处可微，则称函数 $z=f(x,\ y)$ 在区域 D 内可微.

2. 二元函数可微与连续、可导的关系

定理 1　若函数 $z=f(x,\ y)$ 在 $(x_0,\ y_0)$ 处可微，则函数 $z=f(x,\ y)$ 在 $(x_0,\ y_0)$ 处连续.

证　由函数 $z=f(x,\ y)$ 在 $(x_0,\ y_0)$ 处可微，可得

$$\Delta z=A\Delta x+B\Delta y+o\left(\sqrt{(\Delta x)^2+(\Delta y)^2}\right).$$

$$\lim_{\substack{\Delta x\to 0\\ \Delta y\to 0}}\Delta z=\lim_{\substack{\Delta x\to 0\\ \Delta y\to 0}}\ (A\Delta x+B\Delta y)+\lim_{\substack{\Delta x\to 0\\ \Delta y\to 0}}o\left(\sqrt{(\Delta x)^2+(\Delta y)^2}\right)=0,$$

即函数 $z=f(x,\ y)$ 在 $(x_0,\ y_0)$ 处连续.

该定理也告诉我们，若函数 $z=f(x,\ y)$ 在 $(x_0,\ y_0)$ 处不连续，则函数 $z=f(x,\ y)$ 在 $(x_0,\ y_0)$ 处不可微.

定理 2（可微的必要条件）　若函数 $z=f(x,\ y)$ 在点 $(x,\ y)$ 处可微，则函数 $z=f(x,\ y)$ 在点 $(x,\ y)$ 处的两个偏导数存在，且函数 $z=f(x,\ y)$ 在点 $(x,\ y)$ 处的全微分为

$$\mathrm{d}z=\frac{\partial z}{\partial x}\Delta x+\frac{\partial z}{\partial y}\Delta y.$$

证　由函数 $z=f(x,\ y)$ 在 $(x,\ y)$ 处可微，可得

$$\Delta z=A\Delta x+B\Delta y+o(\rho).$$

上式对任意 Δx、Δy 都成立，则当 $\Delta y=0$ 时也成立，这时全增量转化为偏增量

$$\Delta_x z=\Delta z=A\Delta x+o(|\Delta x|).$$

故

$$\lim_{\Delta x\to 0}\frac{\Delta_x z}{\Delta x}=\lim_{\Delta x\to 0}\left(A+\frac{o(|\Delta x|)}{\Delta x}\right)=A,$$

即
$$A=\frac{\partial z}{\partial x}.$$

同理可证
$$B=\frac{\partial z}{\partial y}.$$

那么，定理1与定理2的逆命题是否成立呢？先看下面的例题.

例1 讨论函数 $z=f(x,y)=\sqrt{|xy|}$ 在（0，0）处的连续性、可导性及可微性.

解 因为 $\lim\limits_{\substack{x\to 0\\y\to 0}}f(x,y)=\lim\limits_{\substack{x\to 0\\y\to 0}}\sqrt{|xy|}=0=f(0,0)$，所以函数 $z=f(x,y)$ 在（0，0）处连续；

因为 $\lim\limits_{\Delta x\to 0}\dfrac{f(0+\Delta x,0)-f(0,0)}{\Delta x}=0$，所以 $f'_x(0,0)=0$，同理可得 $f'_y(0,0)=0$，即函数 $z=f(x,y)$ 在（0，0）处两个偏导数都存在；

记函数的全增量与两个偏微分的差为

$\Delta w=\Delta z-[f'_x(0,0)\Delta x+f'_y(0,0)\Delta y]=\Delta z=f(\Delta x,\Delta y)-f(0,0)=\sqrt{|(\Delta x)(\Delta y)|}$，

而 $\lim\limits_{\rho\to 0}\dfrac{\Delta w}{\rho}=\lim\limits_{\rho\to 0}\dfrac{\sqrt{|(\Delta x)(\Delta y)|}}{\rho}=\lim\limits_{\substack{\Delta x\to 0\\\Delta y\to 0}}\sqrt{\dfrac{|(\Delta x)(\Delta y)|}{(\Delta x)^2+(\Delta y)^2}}$ 不存在，所以函数 $z=f(x,y)$ 在（0，0）处不可微.

由例1知，函数 $z=f(x,y)$ 在某点连续或者可导，得不到函数在该点可微的结论. 与一元函数不同的是，二元函数的各偏导数存在只是它可微的必要条件，而非充分条件. 这是因为：当函数的各偏导数都存在时，虽然能形式地写出 $\dfrac{\partial z}{\partial x}\Delta x+\dfrac{\partial z}{\partial y}\Delta y$，但它与 Δz 的差并不一定是较 ρ 高阶的无穷小，因此它不一定是函数的全微分. 但若再假设函数的各个偏导数连续，则可证明函数是可微分的，即有下面的定理.

定理3（可微的充分条件） 若函数 $z=f(x,y)$ 在点 (x,y) 处的两个偏导数 $\dfrac{\partial z}{\partial x}$、$\dfrac{\partial z}{\partial y}$ 连续，则 $z=f(x,y)$ 在点 (x,y) 可微.

证 （偏导数在某一点连续，表明偏导数在该点的某一邻域内存在）

设点 $(x+\Delta x,y+\Delta y)$ 为点 (x,y) 的邻域内的任意一点，则

$$\begin{aligned}\Delta z&=f(x+\Delta x,y+\Delta y)-f(x,y)\\&=[f(x+\Delta x,y+\Delta y)-f(x,y+\Delta y)]+[f(x,y+\Delta y)-f(x,y)].\end{aligned}$$

第一个方括号内的表达式可看作 x 的一元函数 $f(x,y+\Delta y)$ 当 x 变化了 Δx 时的增量，由拉格朗日中值定理可得

$$f(x+\Delta x,y+\Delta y)-f(x,y+\Delta y)=f'_x(x+\theta_1\Delta x,y+\Delta y)\cdot\Delta x\ (0<\theta_1<1),$$

又因 $f'_x(x,y)$ 在点 (x,y) 连续，故

$$f'_x(x+\theta_1\Delta x,y+\Delta y)\cdot\Delta x=f'_x(x,y)\cdot\Delta x+\varepsilon_1\cdot\Delta x,$$

其中，ε_1 为 Δx、Δy 的函数，且当 $\Delta x\to 0$，$\Delta y\to 0$ 时，$\varepsilon_1\to 0$.

同理，第二个方括号内的表达式可写为

$$f(x, y+\Delta y)-f(x, y)=f'_y(x, y)\cdot\Delta y+\varepsilon_2\cdot\Delta y,$$

其中，ε_2 为 Δy 的函数，且当 $\Delta y\to 0$ 时，$\varepsilon_2\to 0$. 所以

$$\Delta z=f'_x(x, y)\cdot\Delta x+f'_y(x, y)\cdot\Delta y+\varepsilon_1\cdot\Delta x+\varepsilon_2\cdot\Delta y,$$

而 $\left|\dfrac{\varepsilon_1\cdot\Delta x+\varepsilon_2\cdot\Delta y}{\rho}\right|\leqslant|\varepsilon_1|+|\varepsilon_2|\to 0$（$\Delta x\to 0$，$\Delta y\to 0$，即 $\rho=\sqrt{(\Delta x)^2+(\Delta y)^2}\to 0$），故 $z=f(x, y)$ 在点 (x, y) 可微.

以上关于二元函数全微分的定义及可微的必要条件和充分条件，可以完全类似地推广到三元和三元以上的多元函数.

3. 全微分的计算

通常将自变量的增量 Δx、Δy 分别记作 $\mathrm{d}x$、$\mathrm{d}y$，并分别称为自变量 x、y 的微分. 这样，函数 $z=f(x, y)$ 的全微可写为

$$\mathrm{d}z=\frac{\partial z}{\partial x}\mathrm{d}x+\frac{\partial z}{\partial y}\mathrm{d}y.$$

这表明函数的全微分等于它的两个偏微分之和，这一性质称为二元函数微分的**叠加原理**.

叠加原理也适用于二元以上的函数的情形. 例如，如果三元函数 $u=f(x, y, z)$ 可微，则它的就等于它的三个偏微分之和，即

$$\mathrm{d}u=\frac{\partial u}{\partial x}\mathrm{d}x+\frac{\partial u}{\partial y}\mathrm{d}y+\frac{\partial u}{\partial z}\mathrm{d}z.$$

例 2 求函数 $z=2x^3y+xy^2$ 在点 (1, 2) 处的全微分.

解 因为 $\dfrac{\partial z}{\partial x}=6x^2y+y^2$，$\dfrac{\partial z}{\partial y}=2x^3+2xy$，

而

$$\mathrm{d}z=(6x^2y+y^2)\mathrm{d}x+(2x^3+2xy)\mathrm{d}y,$$

故

$$\mathrm{d}z\Big|_{(1,2)}=(6\times 2+4)\mathrm{d}x+(2+2\times 2)\mathrm{d}y=16\mathrm{d}x+6\mathrm{d}y.$$

例 3 求函数 $z=\sin x+\dfrac{x}{y}$ 的全微分.

解 $\dfrac{\partial z}{\partial x}=\cos x+\dfrac{1}{y}$，$\dfrac{\partial z}{\partial y}=-\dfrac{x}{y^2}$，故

$$\mathrm{d}z=\left(\cos x+\frac{1}{y}\right)\mathrm{d}x-\frac{x}{y^2}\mathrm{d}y.$$

例 4 求函数 $u=\tan(xyz)$ 的全微分.

解 $u'_x=yz\sec^2(xyz)$，$u'_y=xz\sec^2(xyz)$，$u'_z=xy\sec^2(xyz)$，

故

$$\mathrm{d}u=\sec^2(xyz)(yz\mathrm{d}x+xz\mathrm{d}y+xy\mathrm{d}z).$$

二、全微分在近似计算中的应用

与一元函数的情形相类似，多元函数的全微分也可用来作近似计算. 若函数 $z=f(x, y)$ 在点 (x_0, y_0) 可微，根据全微分的定义，当 $|\Delta x|$ 和 $|\Delta y|$ 都很小时，有近似计算公式：

$$\Delta z \approx dz = f'_x(x_0, y_0)\Delta x + f'_y(x_0, y_0)\Delta y \tag{8.1}$$

与

$$f(x_0+\Delta x, y_0+\Delta y) \approx f(x_0, y_0) + f'_x(x_0, y_0)\Delta x + f'_y(x_0, y_0)\Delta y. \tag{8.2}$$

公式（8.1）可用来计算函数的增量，公式（8.2）可用来计算函数的近似值.

例 5 利用全微分计算 $(0.98)^{2.03}$ 的近似值.

解 （1）所要计算的值可看做是数 $f(x, y)=x^y$ 在 $(0.98, 2.03)$ 处的函数值.

（2）取 $x_0=1$，$\Delta x=-0.02$，$y_0=2$，$\Delta y=0.03$.

（3）计算全微分 dz.

因为 $$f'_x(x, y)=yx^{y-1},\ f'_y(x, y)=x^y\ln x,$$

所以 $$f'_x(1, 2)=2,\ f'_y(1, 2)=0,\ dz=2\times(-0.02)+0\times 0.03=-0.04.$$

（4）$(0.98)^{2.03}\approx f(1, 2)+dz=1-0.04=0.96$.

例 6 有一底面半径为 50cm，高为 80cm 的圆柱体，受压后变形，底面半径增加 0.03cm，高度减少 0.5cm，求此圆柱体体积变化的近似值.

解 设该圆柱体的体积为 v，底面半径为 r，高为 h，则 $v=\pi r^2 h$.

于是 $v'_r=2\pi rh$，$v'_h=\pi r^2$，根据题意得

$$r=50,\ h=80,\ \Delta r=0.03,\ \Delta h=-0.5,$$

则

$$\begin{aligned}\Delta v &\approx dv = v'_r\Delta r + v'_h\Delta h\\ &= 2\pi\times 50\times 80\times 0.03 + \pi\times 50^2\times(-0.5)\\ &= -1\,010\pi\ (\text{cm}^3),\end{aligned}$$

可见，此圆柱体受压后体积减小了约 $1\,010\pi\text{cm}^3$.

习题 8.3

1. 求函数 $z=\ln\dfrac{x}{y}$ 在点(1，1）处的全微分.

2. 求函数 $z=x^2y^3$ 当 $x=2$，$y=-1$，$\Delta x=0.02$，$\Delta y=-0.01$ 时的全微分及全增量.

3. 求下列函数的全微分.

（1）$z=\arctan(x^2y)$；（2）$z=e^x\arcsin y$；

（3）$z=\ln(x-2y)$；（4）$u=xe^{xy+2z}$.

4. 计算 $(1.97)^{1.05}$ 的近似值（$\ln 2\approx 0.693$）.

5. 用水泥建造一个无盖的圆柱形水池，其内径为 2m，内高为 4m，侧壁底的厚度为 0.1m，问需要多少水泥？

8.4 多元复合函数的微分法

一、链式求导法则

现在将一元函数微分学中复合函数的求导法则推广到多元复合函数的情形. 多元复合函

数的求导法则（也称**链式求导法则**）在多元函数微分学中也起着重要作用.

下面按照多元复合函数的不同复合结构，分三种情形讨论.

1. 中间变量均为一元函数的情形

定理 1　若函数 $u=u(t)$、$v=v(t)$ 都在点 t 可导，函数 $z=f(u, v)$ 在对应点 (u, v) 具有连续偏导数，则复合函数 $z=f[u(t), v(t)]$ 在点 t 可导，且有

$$\frac{\mathrm{d}z}{\mathrm{d}t}=\frac{\partial z}{\partial u}\cdot\frac{\mathrm{d}u}{\mathrm{d}t}+\frac{\partial z}{\partial v}\cdot\frac{\mathrm{d}v}{\mathrm{d}t}. \tag{8.3}$$

证　设 t 获得增量 Δt，则 $u=u(t)$、$v=v(t)$ 的对应增量为 Δu、Δv，$z=f(u, v)$ 也相应地有增量 Δz.

因为 $z=f(u, v)$ 在点 (u, v) 具有连续偏导数，所以 $z=f(u, v)$ 在点 (u, v) 可微，故

$$\Delta z=\frac{\partial z}{\partial u}\cdot\Delta u+\frac{\partial z}{\partial v}\cdot\Delta v+o(\rho)\text{，其中 }\rho=\sqrt{(\Delta u)^2+(\Delta v)^2},$$

所以
$$\frac{\Delta z}{\Delta t}=\frac{\partial z}{\partial u}\cdot\frac{\Delta u}{\Delta t}+\frac{\partial z}{\partial v}\cdot\frac{\Delta v}{\Delta t}+\frac{o(\rho)}{\Delta t},$$

所以
$$\lim_{\Delta t\to 0}\frac{\Delta z}{\Delta t}=\frac{\partial z}{\partial u}\cdot\lim_{\Delta t\to 0}\frac{\Delta u}{\Delta t}+\frac{\partial z}{\partial v}\cdot\lim_{\Delta t\to 0}\frac{\Delta v}{\Delta t}+\lim_{\Delta t\to 0}\frac{o(\rho)}{\Delta t}$$

又因为 $u=u(t)$、$v=v(t)$ 都在点 t 可导，所以

$$\lim_{\Delta t\to 0}\frac{\Delta u}{\Delta t}=\frac{\mathrm{d}u}{\mathrm{d}t},\quad \lim_{\Delta t\to 0}\frac{\Delta v}{\Delta t}=\frac{\mathrm{d}v}{\mathrm{d}t},$$

当 $\Delta t\to 0$ 时，有 $\Delta u\to 0$，$\Delta v\to 0$，$\rho\to 0$，所以

$$\lim_{\Delta t\to 0}\frac{o(\rho)}{\Delta t}=\lim_{\rho\to 0}\frac{o(\rho)}{\rho}\lim_{\Delta t\to 0}\frac{\rho}{\Delta t}=0\cdot\left[\pm\lim_{\Delta t\to 0}\sqrt{\left(\frac{\Delta u}{\Delta t}\right)^2+\left(\frac{\Delta v}{\Delta t}\right)^2}\right]=0,$$

故
$$\frac{\mathrm{d}z}{\mathrm{d}t}=\lim_{\Delta t\to 0}\frac{\Delta z}{\Delta t}=\frac{\partial z}{\partial u}\cdot\frac{\mathrm{d}u}{\mathrm{d}t}+\frac{\partial z}{\partial v}\cdot\frac{\mathrm{d}v}{\mathrm{d}t}.$$

为了掌握链式求导法则，我们可以画一个“变量关系图”来帮助分析理解函数的复合结构和求导途径. 对照 (8.3) 式可以这样理解（见图 8.6)：从 z 引出的两个箭头指向 u、v，表示 z 是关于 u 和 v 的函数，其中每个箭头表示一个导数或偏导数，如“$z\to u$”表示$\frac{\partial z}{\partial u}$；从 z 出发到达 t 的所有路径相加，就是 z 对 t 的导数，如 z 到 t 有两条路径“$z\to u\to t$”和“$z\to v\to t$”，表示 z 对 t 的导数是两项的和；每条路径有两个箭头，表示每项由两个导数相乘而得，如“$z\to u\to t$”就表示$\frac{\partial z}{\partial u}\cdot\frac{\mathrm{d}u}{\mathrm{d}t}$.

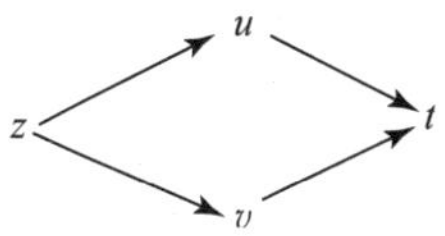

图 8.6

定理 1　可推广到复合函数的中间变量多于两个的情形. 例如，由 $z=f(u, v, w)$，$u=u(t)$，$v=v(t)$，$w=w(t)$ 复合而成的复合函数 $z=f[u(t), v(t), w(t)]$ 在类似条件下可导，由图 8.7 可得求导公式为

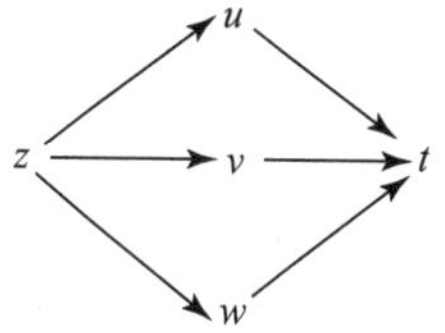

图 8.7

$$\frac{\mathrm{d}z}{\mathrm{d}t}=\frac{\partial z}{\partial u}\cdot\frac{\mathrm{d}u}{\mathrm{d}t}+\frac{\partial z}{\partial v}\cdot\frac{\mathrm{d}v}{\mathrm{d}t}+\frac{\partial z}{\partial w}\cdot\frac{\mathrm{d}w}{\mathrm{d}t}. \tag{8.4}$$

例 1 设 $z=u^v$，且 $u=\sin t$，$v=\cos t$，求$\frac{\mathrm{d}z}{\mathrm{d}t}$.

解 函数变量关系如图 8.6 所示，故

$$\begin{aligned}\frac{\mathrm{d}z}{\mathrm{d}t}&=\frac{\partial z}{\partial u}\cdot\frac{\mathrm{d}u}{\mathrm{d}t}+\frac{\partial z}{\partial v}\cdot\frac{\mathrm{d}v}{\mathrm{d}t}\\&=vu^{v-1}\cos t+u^v\ln u(-\sin t)\\&=\cos^2 t\ (\sin t)^{\cos t-1}-(\sin t)^{\cos t+1}\ln(\sin t).\end{aligned}$$

2. 中间变量均为二元函数的情形

定理 2 若函数 $u=u(x,\ y)$、$v=v(x,\ y)$ 在点 $(x,\ y)$ 处的偏导数都存在，函数 $z=f(u,\ v)$ 在对应点 $(u,\ v)$ 具有连续的偏导数，则复合函数 $z=f[u(x,\ y),\ v(x,\ y)]$ 在点 $(x,\ y)$ 处的两个偏导数存在，由图 8.8 可得

$$\begin{aligned}\frac{\partial z}{\partial x}&=\frac{\partial z}{\partial u}\cdot\frac{\partial u}{\partial x}+\frac{\partial z}{\partial v}\cdot\frac{\partial v}{\partial x},\\\frac{\partial z}{\partial y}&=\frac{\partial z}{\partial u}\cdot\frac{\partial u}{\partial y}+\frac{\partial z}{\partial v}\cdot\frac{\partial v}{\partial y}.\end{aligned} \tag{8.5}$$

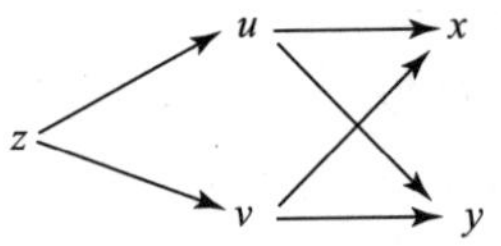

图 8.8

类似地，设 $u=u(x,\ y)$、$v=v(x,\ y)$、$w=w(x,\ y)$ 在点 $(x,\ y)$ 处的偏导数都存在，函数 $z=f(u,\ v,\ w)$ 在对应点 $(u,\ v,\ w)$ 具有连续的偏导数，则复合函数 $z=f[u(x,\ y),\ v(x,\ y),\ w(x,\ y)]$ 在点 $(x,\ y)$ 处的两个偏导数存在，由图 8.9 可得

$$\begin{aligned}\frac{\partial z}{\partial x}&=\frac{\partial z}{\partial u}\cdot\frac{\partial u}{\partial x}+\frac{\partial z}{\partial v}\cdot\frac{\partial v}{\partial x}+\frac{\partial z}{\partial w}\cdot\frac{\partial w}{\partial x},\\\frac{\partial z}{\partial y}&=\frac{\partial z}{\partial u}\cdot\frac{\partial u}{\partial y}+\frac{\partial z}{\partial v}\cdot\frac{\partial v}{\partial y}+\frac{\partial z}{\partial w}\cdot\frac{\partial w}{\partial y}.\end{aligned} \tag{8.6}$$

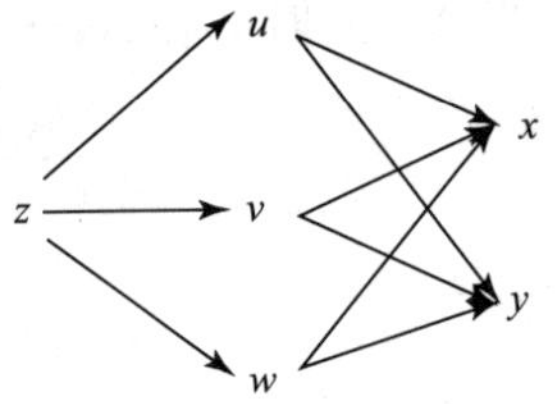

图 8.9

例 2 设 $z=u^2\ln v, u=\frac{x}{y}$，$v=3x-2y$，求$\frac{\partial z}{\partial x}$，$\frac{\partial z}{\partial y}$.

解 函数变量关系图如图 8.8 所示，故

$$\begin{aligned}\frac{\partial z}{\partial x}&=\frac{\partial z}{\partial u}\cdot\frac{\partial u}{\partial x}+\frac{\partial z}{\partial v}\cdot\frac{\partial v}{\partial x}=2u\ln v\cdot\frac{1}{y}+\frac{u^2}{v}\cdot 3\\&=\frac{2x}{y^2}\ln(3x-2y)+\frac{3x^2}{y^2(3x-2y)},\end{aligned}$$

$$\begin{aligned}\frac{\partial z}{\partial y}&=\frac{\partial z}{\partial u}\cdot\frac{\partial u}{\partial y}+\frac{\partial z}{\partial v}\cdot\frac{\partial v}{\partial y}=2u\ln v\cdot\left(\frac{-x}{y^2}\right)+\frac{u^2}{v}\cdot(-2)\\&=-\frac{2x^2}{y^3}\ln(3x-2y)-\frac{2x^2}{y^2(3x-2y)}.\end{aligned}$$

3. 中间变量既有一元函数，又有多元函数的情形

定理 3 若函数 $u=u(x,\ y)$ 在点 $(x,\ y)$ 处的两个偏导数存在，函数 $v=v(y)$ 在点 y

可导，函数 $z=f(u,v)$ 在对应点 (u,v) 具有连续的偏导数，则复合函数 $z=f[u(x,y),v(y)]$ 在点 (x,y) 处的两个偏导数存在，由图 8.10 可得

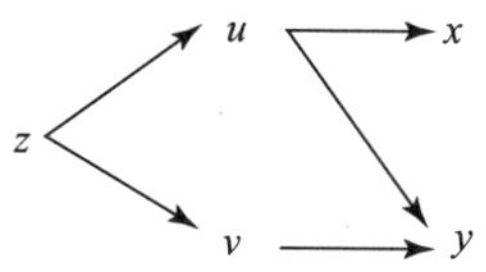

图 8.10

$$\frac{\partial z}{\partial x}=\frac{\partial z}{\partial u}\cdot\frac{\partial u}{\partial x},$$

$$\frac{\partial z}{\partial y}=\frac{\partial z}{\partial u}\cdot\frac{\partial u}{\partial y}+\frac{\partial z}{\partial v}\cdot\frac{\mathrm{d}v}{\mathrm{d}y}. \tag{8.7}$$

情形 3 实际上是情形 2 的一种特例. 在情形 2 中，v 与 x 无关，则 $\frac{\partial v}{\partial x}=0$；又因为 v 是 y 的一元函数，故 $\frac{\partial v}{\partial y}$ 应换成 $\frac{\mathrm{d}v}{\mathrm{d}y}$，这时，(8.5) 式就变成了 (8.7) 式.

在情形 3 中，还会遇到这样的情形：复合函数的某些中间变量本身又是复合函数的自变量. 例如，设 $z=f(u,x,y)$ 具有连续偏导数，而 $u=u(x,y)$ 具有偏导数，则复合函数 $z=f[u(x,y),x,y]$ 可看作 (8.6) 式中当 $v=x$，$w=y$ 的特殊情形，见图 8.11，故有

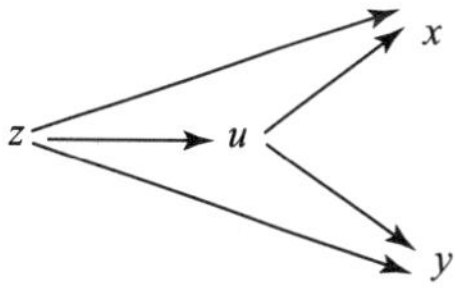

图 8.11

$$\frac{\partial z}{\partial x}=\frac{\partial f}{\partial u}\cdot\frac{\partial u}{\partial x}+\frac{\partial f}{\partial x},$$

$$\frac{\partial z}{\partial y}=\frac{\partial f}{\partial u}\cdot\frac{\partial u}{\partial y}+\frac{\partial f}{\partial y}. \tag{8.8}$$

注意：(8.8) 式中的 $\frac{\partial z}{\partial x}$ 与 $\frac{\partial f}{\partial x}$ 是不同的，$\frac{\partial z}{\partial x}$ 是把复合函数 $z=f[u(x,y),x,y]$ 中的 y 看作常数而对 x 求偏导数，$\frac{\partial f}{\partial x}$ 是把 $z=f(u,x,y)$ 中的 u 和 y 都看作常数而对 x 求偏导数. $\frac{\partial z}{\partial y}$ 与 $\frac{\partial f}{\partial y}$ 也有类似的区别.

例 3　设 $z=\mathrm{e}^{u^2+v^2}$，$u=x^2$，$v=xy$，求 $\frac{\partial z}{\partial x}$，$\frac{\partial z}{\partial y}$.

解　函数变量关系图如图 8.12 所示，故

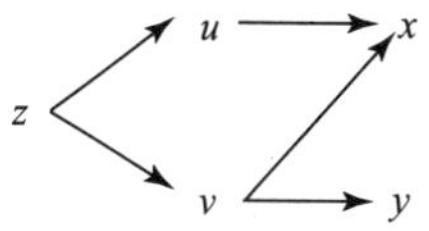

图 8.12

$$\begin{aligned}\frac{\partial z}{\partial x}&=\frac{\partial z}{\partial u}\cdot\frac{\mathrm{d}u}{\mathrm{d}x}+\frac{\partial z}{\partial v}\cdot\frac{\partial v}{\partial x}\\&=2u\mathrm{e}^{u^2+v^2}\cdot 2x+2v\mathrm{e}^{u^2+v^2}\cdot y=(4x^3+2xy^2)\mathrm{e}^{x^4+x^2y^2},\end{aligned}$$

$$\frac{\partial z}{\partial y}=\frac{\partial z}{\partial v}\cdot\frac{\partial v}{\partial y}=2v\mathrm{e}^{u^2+v^2}\cdot x=2x^2y\mathrm{e}^{x^4+x^2y^2}.$$

例 1、例 2 及例 3 也可将中间变量的关系式代入函数关系式，然后用直接求导法. 但用链式法则求导具有思路清晰，计算简便，不易出错等优点，并且抽象函数的求导只能用链式法则求导，如下例.

例 4　设 $z=f(x,u)$ 的偏导数连续，且 $u=3x^2+y^4$，求 $\frac{\partial z}{\partial x}$，$\frac{\partial z}{\partial y}$.

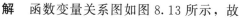

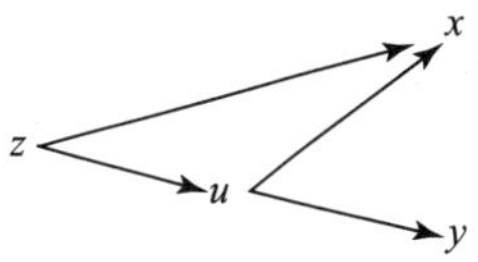

图 8.13

解　函数变量关系图如图 8.13 所示，故

$$\frac{\partial z}{\partial x}=\frac{\partial f}{\partial x}+\frac{\partial f}{\partial u}\cdot\frac{\partial u}{\partial x}=f'_x(x, u)+f'_u(x, u)\cdot 6x,$$

$$\frac{\partial z}{\partial y}=\frac{\partial f}{\partial u}\cdot\frac{\partial u}{\partial y}=4y^3 f'_u(x, u).$$

例 5 设 $z=f(x+y, xy)$ 满足可微条件，求$\dfrac{\partial^2 z}{\partial x\partial y}$.

解 令 $u=x+y$，$v=xy$，则 $z=f(u, v)$.

$$\frac{\partial z}{\partial x}=\frac{\partial z}{\partial u}\cdot\frac{\partial u}{\partial x}+\frac{\partial z}{\partial v}\cdot\frac{\partial v}{\partial x}=\frac{\partial z}{\partial u}\cdot 1+\frac{\partial z}{\partial v}\cdot y=\frac{\partial z}{\partial u}+y\frac{\partial z}{\partial v},$$

$$\begin{aligned}\frac{\partial^2 z}{\partial x\partial y}&=\frac{\partial}{\partial y}\left(\frac{\partial z}{\partial u}+y\frac{\partial z}{\partial v}\right)=\frac{\partial}{\partial y}\left(\frac{\partial z}{\partial u}\right)+\frac{\partial}{\partial y}\left(y\frac{\partial z}{\partial v}\right)\\&=\left[\frac{\partial}{\partial u}\left(\frac{\partial z}{\partial u}\right)\cdot\frac{\partial u}{\partial y}+\frac{\partial}{\partial v}\left(\frac{\partial z}{\partial u}\right)\cdot\frac{\partial v}{\partial y}\right]+\left[1\cdot\frac{\partial z}{\partial v}+y\cdot\frac{\partial}{\partial y}\left(\frac{\partial z}{\partial v}\right)\right]\\&=\left[\frac{\partial^2 z}{\partial u^2}\cdot\frac{\partial u}{\partial y}+\frac{\partial^2 z}{\partial u\partial v}\cdot\frac{\partial v}{\partial y}\right]+\left[\frac{\partial z}{\partial v}+y\cdot\left(\frac{\partial^2 z}{\partial v\partial u}\cdot\frac{\partial u}{\partial y}+\frac{\partial^2 z}{\partial v^2}\cdot\frac{\partial v}{\partial y}\right)\right]\\&=\frac{\partial^2 z}{\partial u^2}+x\frac{\partial^2 z}{\partial u\partial v}+\frac{\partial z}{\partial v}+y\frac{\partial^2 z}{\partial v\partial u}+xy\frac{\partial^2 z}{\partial v^2}.\end{aligned}$$

注意：一般来说，$\dfrac{\partial z}{\partial u}$和$\dfrac{\partial z}{\partial v}$仍是 u、v 的函数，继而是 x、y 的复合函数，其复合结构与 z 相同.

通过上面的例题可以看到，在利用链式法则对复合函数求导时，关键是要搞清楚各变量之间的关系.

二、多元复合函数的全微分

设 $z=f(u, v)$ 具有连续偏导数，则有全微分

$$\mathrm{d}z=\frac{\partial z}{\partial u}\mathrm{d}u+\frac{\partial z}{\partial v}\mathrm{d}v.$$

若 $u=u(x, y)$，$v=v(x, y)$，且 u、v 也具有连续偏导数，则复合函数 $z=f[u(x, y), v(x, y)]$ 的全微分为

$$\mathrm{d}z=\frac{\partial z}{\partial x}\mathrm{d}x+\frac{\partial z}{\partial y}\mathrm{d}y,$$

其中$\dfrac{\partial z}{\partial x}=\dfrac{\partial z}{\partial u}\cdot\dfrac{\partial u}{\partial x}+\dfrac{\partial z}{\partial v}\cdot\dfrac{\partial v}{\partial x}$，$\dfrac{\partial z}{\partial y}=\dfrac{\partial z}{\partial u}\cdot\dfrac{\partial u}{\partial y}+\dfrac{\partial z}{\partial v}\cdot\dfrac{\partial v}{\partial y}$，将它们代入上式，可得

$$\begin{aligned}\mathrm{d}z&=\left(\frac{\partial z}{\partial u}\cdot\frac{\partial u}{\partial x}+\frac{\partial z}{\partial v}\cdot\frac{\partial v}{\partial x}\right)\mathrm{d}x+\left(\frac{\partial z}{\partial u}\cdot\frac{\partial u}{\partial y}+\frac{\partial z}{\partial v}\cdot\frac{\partial v}{\partial y}\right)\mathrm{d}y\\&=\frac{\partial z}{\partial u}\left(\frac{\partial u}{\partial x}\mathrm{d}x+\frac{\partial u}{\partial y}\mathrm{d}y\right)+\frac{\partial z}{\partial v}\left(\frac{\partial v}{\partial x}\mathrm{d}x+\frac{\partial v}{\partial y}\mathrm{d}y\right)\\&=\frac{\partial z}{\partial u}\mathrm{d}u+\frac{\partial z}{\partial v}\mathrm{d}v.\end{aligned}$$

由此可见，无论 u，v 是 z 的自变量还是中间变量，z 的全微分形式是一样的，此性质称为**全微分形式不变性**.

全微分形式不变性也可用来求多元复合函数的偏导数.

例 6　设 $z=e^u\sin v$，$u=xy$，$v=x+y$，求 $\frac{\partial z}{\partial x}$，$\frac{\partial z}{\partial y}$.

解

$$dz=d(e^u\sin v)=e^u\sin v\mathrm{d}u+e^u\cos v\mathrm{d}v,$$

$$\mathrm{d}u=d(xy)=y\mathrm{d}x+x\mathrm{d}y,\ \mathrm{d}v=d(x+y)=\mathrm{d}x+\mathrm{d}y,$$

故

$$\begin{aligned}\mathrm{d}z&=e^u\sin v(y\mathrm{d}x+x\mathrm{d}y)+e^u\cos v(\mathrm{d}x+\mathrm{d}y)\\&=[e^u\sin v\cdot y+e^u\cos v]\mathrm{d}x+[e^u\sin v\cdot x+e^{eu}\cos v]\mathrm{d}y\\&=[e^{xy}\sin(x+y)\cdot y+e^{xy}\cos(x+y)]\mathrm{d}x+\\&\quad[e^{xy}\sin(x+y)\cdot x+e^{xy}\cos(x+y)]\mathrm{d}y,\end{aligned}$$

所以

$$\frac{\partial z}{\partial x}=e^{xy}\sin(x+y)\cdot y+e^{xy}\cos(x+y),$$

$$\frac{\partial z}{\partial y}=e^{xy}\sin\ (x+y)\cdot x+e^{xy}\cos(x+y).$$

习题 8.4

1. 设 $z=x^2+xy+y^2$，$x=t^2$，$y=t$，求 $\frac{\mathrm{d}z}{\mathrm{d}t}$.

2. 设 $z=\tan(3t+2x^2-y)$，$x=\frac{1}{t}$，$y=\sqrt{t}$，求 $\frac{\mathrm{d}z}{\mathrm{d}t}$.

3. 设 $z=\ln(u^2+v)$，且 $u=xy$，$v=2x+3y$，求 $\frac{\partial z}{\partial x}$，$\frac{\partial z}{\partial y}$.

4. 设 $z=\arcsin u$，$u=x^2+y^2$，求 $\frac{\partial z}{\partial x}$，$\frac{\partial z}{\partial y}$.

5. 设 $z=\sin(u+x^2+y^2)$，$u=\ln(xy)$，求 $\frac{\partial z}{\partial x}$，$\frac{\partial z}{\partial y}$.

6. 设 $z=f(\sin x,\ x^2-y^2)$，其中可微，求 $\frac{\partial z}{\partial x}$，$\frac{\partial z}{\partial y}$.

7. 设 $z=xyf(x^2y^3)$，具有一阶连续偏导数，求 $\frac{\partial z}{\partial x}$，$\frac{\partial z}{\partial y}$.

8.5　隐函数的求导公式

一、一个方程的情形

1. 一元隐函数的求导公式

在一元函数中，我们曾学过隐函数的求导方法，但没有给出一般的求导公式. 现根据多元复合函数的求导方法，就可给出一元隐函数的求导公式.

设方程 $F(x, y)=0$ 确定了函数 $y=y(x)$，将其代入方程得恒等式

$$F(x, y(x))\equiv 0.$$

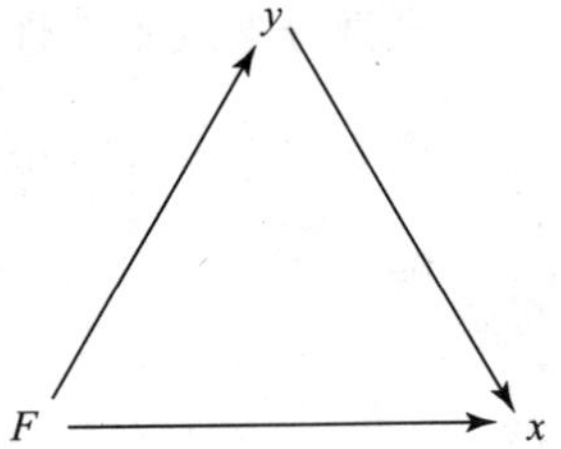

图 8.14

其左端是 x 的复合函数，两端对 x 求导，由图 8.14 可得

$$F'_x+F'_y\cdot\frac{\mathrm{d}y}{\mathrm{d}x}=0.$$

若 $F'_y\neq 0$，则

$$\frac{\mathrm{d}y}{\mathrm{d}x}=-\frac{F'_x}{F'_y}.$$

这是一元隐函数的求导公式.

例 1 求由方程 $\sin y+\mathrm{e}^x-xy^2=0$ 所确定的隐函数的导数$\frac{\mathrm{d}y}{\mathrm{d}x}$.

解 设 $F(x, y)=\sin y+\mathrm{e}^x-xy^2$，则有

$$F'_x=\mathrm{e}^x-y^2,\quad F'_y=\cos y-2xy,$$

故

$$\frac{\mathrm{d}y}{\mathrm{d}x}=-\frac{F'_x}{F'_y}=-\frac{\mathrm{e}^x-y^2}{\cos y-2xy}=\frac{y^2-\mathrm{e}^x}{\cos y-2xy}.$$

2. 二元隐函数的求导公式

设方程 $F(x, y, z)=0$ 确定了隐函数 $z=z(x, y)$，若 F'_x，F'_y，F'_z 连续，且 $F'_z\neq 0$，将 $z=z(x, y)$ 代入方程 $F(x, y, z)=0$ 中，得恒等式

$$F(x, y, z(x, y))\equiv 0.$$

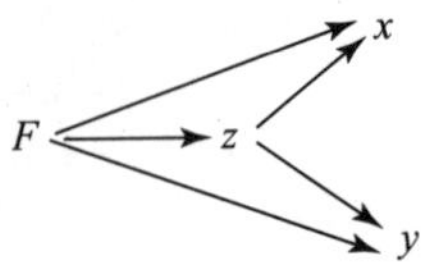

图 8.15

两端分别对 x，y 求偏导，由图 8.15 可得

$$F'_x+F'_z\frac{\partial z}{\partial x}=0,\quad F'_y+F'_z\cdot\frac{\partial z}{\partial y}=0.$$

因为 $F'_z\neq 0$，故

$$\frac{\partial z}{\partial x}=-\frac{F'_x}{F'_z},\quad \frac{\partial z}{\partial y}=-\frac{F'_y}{F'_z}.$$

这是二元隐函数求偏导数的公式.

这个公式的理论基础是隐函数存在定理.

定理 1（隐函数存在定理） 设函数 $F(x, y, z)$ 在点 (x_0, y_0, z_0) 的某一邻域内具有连续的偏导数，且 $F(x_0, y_0, z_0)=0$，$F'_z(x_0, y_0, z_0)\neq 0$，则方程 $F(x, y, z)=0$ 在点 (x_0, y_0, z_0) 的某一邻域内恒能唯一确定一个单值连续且具有连续偏导数的函数 $z=f(x, y)$，它满足条件 $z_0=f(x_0, y_0)$，并有

$$\frac{\partial z}{\partial x}=-\frac{F'_x}{F'_z},\quad \frac{\partial z}{\partial y}=-\frac{F'_y}{F'_z}.$$

证明略.

例 2 设方程 $\mathrm{e}^z=xyz$ 确定了隐函数 $z=z(x, y)$，求$\frac{\partial z}{\partial x}$，$\frac{\partial z}{\partial y}$.

解 令 $F(x, y, z)=\mathrm{e}^z-xyz$，则

$$F'_x=-yz,\ F'_y=-xz,\ F'_z=e^z-xy,$$

故
$$\frac{\partial z}{\partial x}=-\frac{F'_x}{F'_z}=\frac{yz}{e^x-xy},\ \frac{\partial z}{\partial y}=-\frac{F'_y}{F'_z}=\frac{xz}{e^z-xy}.$$

例 3　设 $x^2+y^2+z^2-4z=0$，求$\dfrac{\partial^2 z}{\partial x^2}$.

解　令 $F(x, y, z)=x^2+y^2+z^2-4z$，则 $F'_x=2x$，$F'_z=2z-4$，

故
$$\frac{\partial z}{\partial x}=-\frac{F'_x}{F'_z}=\frac{x}{2-z},$$

$$\frac{\partial^2 z}{\partial x^2}=\frac{\partial}{\partial x}\left(\frac{x}{2-z}\right)=\frac{(2-z)+x\dfrac{\partial z}{\partial x}}{(2-z)^2}=\frac{(2-z)+x\left(\dfrac{x}{2-z}\right)}{(2-z)^2}=\frac{(2-z)^2+x^2}{(2-z)^3}.$$

例 4　设函数 $z=z(x, y)$ 由 $x^2+y^2+z^2=xf\left(\dfrac{y}{x}\right)$确定，且 f 可微，求$\dfrac{\partial z}{\partial x}$，$\dfrac{\partial z}{\partial y}$.

解　令 $F(x, y, z)=x^2+y^2+z^2-xf\left(\dfrac{y}{x}\right)$，则

$$F'_x=2x-f\left(\frac{y}{x}\right)+\frac{y}{x}f'\left(\frac{y}{x}\right),\ F'_y=2y-f'\left(\frac{y}{x}\right),\ F'_z=2z,$$

故
$$\frac{\partial z}{\partial x}=-\frac{F'_x}{F'_z}=\frac{f\left(\dfrac{y}{x}\right)-\dfrac{y}{x}f'\left(\dfrac{y}{x}\right)-2z}{2z},\ \frac{\partial z}{\partial y}=-\frac{F'_y}{F'_z}=\frac{f'\left(\dfrac{y}{x}\right)-2y}{2z}.$$

二、方程组的情形

1. 一元隐函数组的求导公式

设方程组$\begin{cases}F(x, y, z)=0\\G(x, y, z)=0\end{cases}$能确定两个一元函数$\begin{cases}y=y(x)\\z=z(x)\end{cases}$，若函数 $F(x, y, z)$，$G(x, y, z)$ 具有对各个变量的连续偏导数，且 $J=\begin{vmatrix}F'_y & F'_z\\G'_y & G'_z\end{vmatrix}\neq 0$，将 $y=y(x)$，$z=z(x)$ 代人方程组中，得恒等式

$$\begin{cases}F(x, y(x), z(x))\equiv 0\\G(x, y(x), z(x))\equiv 0\end{cases},$$

将恒等式两端对 x 求偏导，由复合函数求导法则可得

$$\begin{cases}F'_x+F'_y\dfrac{dy}{dx}+F'_z\dfrac{dz}{dx}=0\\[2ex]G'_x+G'_y\dfrac{dy}{dx}+G'_z\dfrac{dz}{dx}=0\end{cases}.$$

这是关于$\dfrac{dy}{dx}$，$\dfrac{dz}{dx}$的线性方程组．因为系数行列式 $J=\begin{vmatrix}F'_y & F'_z\\G'_y & G'_z\end{vmatrix}\neq 0$，故

$$\frac{\mathrm{d}y}{\mathrm{d}x}=-\frac{\begin{vmatrix}F'_x & F'_z\\ G'_x & G'_z\end{vmatrix}}{\begin{vmatrix}F'_y & F'_z\\ G'_y & G'_z\end{vmatrix}},\quad \frac{\mathrm{d}z}{\mathrm{d}x}=-\frac{\begin{vmatrix}F'_y & F'_x\\ G'_y & G'_x\end{vmatrix}}{\begin{vmatrix}F'_y & F'_z\\ G'_y & G'_z\end{vmatrix}}.$$

例 5 设$\begin{cases}z=x^2+y^2\\ x^2+2y^2+3z^2=20\end{cases}$，求$\dfrac{\mathrm{d}y}{\mathrm{d}x}$，$\dfrac{\mathrm{d}z}{\mathrm{d}x}$.

解 方程组两边对 x 求导，得

$$\begin{cases}\dfrac{\mathrm{d}z}{\mathrm{d}x}=2x+2y\dfrac{\mathrm{d}y}{\mathrm{d}x}\\ 2x+4y\dfrac{\mathrm{d}y}{\mathrm{d}x}+6z\dfrac{\mathrm{d}z}{\mathrm{d}x}=0\end{cases},$$

整理得

$$\begin{cases}-2y\dfrac{\mathrm{d}y}{\mathrm{d}x}+\dfrac{\mathrm{d}z}{\mathrm{d}x}=2x\\ 2y\dfrac{\mathrm{d}y}{\mathrm{d}x}+3z\dfrac{\mathrm{d}z}{\mathrm{d}x}=-x\end{cases},$$

因为 $J=\begin{vmatrix}-2y & 1\\ 2y & 3z\end{vmatrix}=-6yz-2y\neq 0$，故

$$\frac{\mathrm{d}y}{\mathrm{d}x}=\frac{\begin{vmatrix}2x & 1\\ -x & 3z\end{vmatrix}}{\begin{vmatrix}-2y & 1\\ 2y & 3z\end{vmatrix}}=-\frac{x(6z+1)}{2y(3z+1)},\quad \frac{\mathrm{d}z}{\mathrm{d}x}=\frac{\begin{vmatrix}-2y & 2x\\ 2y & -x\end{vmatrix}}{\begin{vmatrix}-2y & 1\\ 2y & 3z\end{vmatrix}}=\frac{x}{3z+1}.$$

2. 二元隐函数组的求导公式

设方程组$\begin{cases}F(x,y,u,v)=0\\ G(x,y,u,v)=0\end{cases}$能确定两个二元函数$\begin{cases}u=u(x,y)\\ v=v(x,y)\end{cases}$，若函数 $F(x,y,u,v)$，$G(x,y,u,v)$ 具有对各个变量的连续偏导数，且 $J=\begin{vmatrix}F'_u & F'_v\\ G'_u & G'_v\end{vmatrix}\neq 0$，将 $u=u(x,y)$，$v=v(x,y)$ 代入方程组中，得恒等式

$$\begin{cases}F(x,y,u(x,y),v(x,y))\equiv 0\\ G(x,y,u(x,y),v(x,y))\equiv 0\end{cases},$$

将恒等式两端对 x 求偏导，由复合函数求导法则可得

$$\begin{cases}F'_x+F'_u\dfrac{\partial u}{\partial x}+F'_v\dfrac{\partial v}{\partial x}=0\\ G'_x+G'_u\dfrac{\partial u}{\partial x}+G'_v\dfrac{\partial v}{\partial x}=0\end{cases}.$$

这是关于$\dfrac{\partial u}{\partial x}$，$\dfrac{\partial v}{\partial x}$的线性方程组. 因为系数行列式 $J=\begin{vmatrix}F'_u & F'_v\\ G'_u & G'_v\end{vmatrix}\neq 0$，故

$$\frac{\partial u}{\partial x}=-\frac{\begin{vmatrix}F'_x & F'_v\\ G'_x & G'_v\end{vmatrix}}{\begin{vmatrix}F'_u & F'_v\\ G'_u & G'_v\end{vmatrix}},\quad \frac{\partial v}{\partial x}=-\frac{\begin{vmatrix}F'_u & F'_x\\ G'_u & G'_x\end{vmatrix}}{\begin{vmatrix}F'_u & F'_v\\ G'_u & G'_v\end{vmatrix}}.$$

若将恒等式两端对 y 求偏导，同理可得

$$\frac{\partial u}{\partial y}=-\frac{\begin{vmatrix}F'_y & F'_v\\ G'_y & G'_v\end{vmatrix}}{\begin{vmatrix}F'_u & F'_v\\ G'_u & G'_v\end{vmatrix}},\quad \frac{\partial v}{\partial y}=-\frac{\begin{vmatrix}F'_y & F'_v\\ G'_y & G'_v\end{vmatrix}}{\begin{vmatrix}F'_u & F'_v\\ G'_u & G'_v\end{vmatrix}}.$$

例 6　设$\begin{cases}xu-yv=0\\ yu+xv=1\end{cases}$，求$\frac{\partial u}{\partial x}$，$\frac{\partial u}{\partial y}$，$\frac{\partial v}{\partial x}$，$\frac{\partial v}{\partial y}$.

解　将所给方程组两边对 x 求导，可得

$$\begin{cases}x\dfrac{\partial u}{\partial x}-y\dfrac{\partial v}{\partial x}=-u\\[2mm] y\dfrac{\partial u}{\partial x}+x\dfrac{\partial v}{\partial x}=-v\end{cases}.$$

因为 $J=\begin{vmatrix}x & -y\\ y & x\end{vmatrix}=x^2+y^2\neq 0$，故

$$\frac{\partial u}{\partial x}=\frac{\begin{vmatrix}-u & -y\\ -v & x\end{vmatrix}}{\begin{vmatrix}x & -y\\ y & x\end{vmatrix}}=-\frac{xu+yv}{x^2+y^2},\quad \frac{\partial v}{\partial x}=\frac{\begin{vmatrix}x & -u\\ y & -v\end{vmatrix}}{\begin{vmatrix}x & -y\\ y & x\end{vmatrix}}=\frac{yu-xv}{x^2+y^2}.$$

同理将方程组两边对 y 求导，可得

$$\frac{\partial u}{\partial y}=\frac{xv-yu}{x^2+y^2},\quad \frac{\partial v}{\partial y}=-\frac{xu+yv}{x^2+y^2}.$$

习题 8.5

1. 设 $\sin y+e^x-xy^2=0$，求$\frac{dy}{dx}$.

2. 设 $xy+\ln x+\ln y=0$，求$\frac{dy}{dx}$，$\frac{d^2y}{dx^2}$.

3. 设 $z=yz^3+5x^2-2$，求$\frac{\partial z}{\partial x}$，$\frac{\partial z}{\partial y}$.

4. 设 $x+y+z=e^{-(x+y+z)}$，求$\frac{\partial^2 z}{\partial x^2}$，$\frac{\partial^2 z}{\partial x\partial y}$，$\frac{\partial^2 z}{\partial y^2}$.

5. 设$\begin{cases}x+y+z=0\\ x^2+y^2+z^2=1\end{cases}$，求$\frac{dx}{dz}$，$\frac{dy}{dz}$.

6. 设$\begin{cases}x=e^u+u\sin v\\ y=e^u-u\cos v\end{cases}$，求$\frac{\partial u}{\partial x}$，$\frac{\partial u}{\partial y}$，$\frac{\partial v}{\partial x}$，$\frac{\partial v}{\partial y}$.

8.6 偏导数的几何应用

一、空间曲线的切线与法平面

1. 空间曲线的参数式情形

设空间曲线 Γ 的参数方程为

$$x=\varphi(t),\ y=\psi(t),\ z=\omega(t)(\alpha\leqslant t\leqslant\beta),$$

假设上述三个函数都在 $[\alpha, \beta]$ 上可导.

在曲线 Γ 上取对应于 $t=t_0$ 的一点 $M(x_0, y_0, z_0)$ 及对应于 $t=t_0+\Delta t$ 的邻近一点 $M'(x_0+\Delta x, y_0+\Delta y, z_0+\Delta z)$，则割线 MM' 的两点式方程为

$$\frac{x-x_0}{\Delta x}=\frac{y-y_0}{\Delta y}=\frac{z-z_0}{\Delta z}.$$

当 M' 沿着曲线 Γ 趋近于 M 时，割线 MM' 的极限位置 MT 就是曲线 Γ 在点 M 处的切线（见图 8.16）. 用 Δt 除上式的各分母，得

$$\frac{x-x_0}{\frac{\Delta x}{\Delta t}}=\frac{y-y_0}{\frac{\Delta y}{\Delta t}}=\frac{z-z_0}{\frac{\Delta z}{\Delta t}},$$

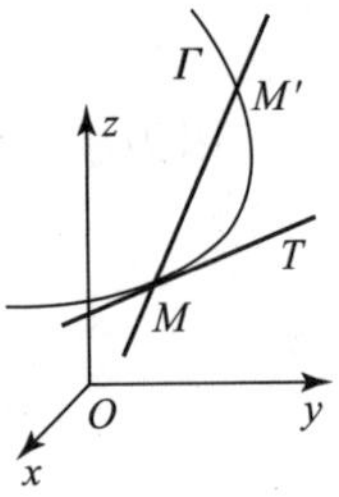

图 8.16

令 $\Delta t\to 0$，即 $M'\to M$，对上式取极限，得曲线 Γ 在点 M 处的切线方程为

$$\frac{x-x_0}{\varphi'(t_0)}=\frac{y-y_0}{\psi'(t_0)}=\frac{z-z_0}{\omega'(t_0)}.$$

这里，$\varphi'(t_0)$、$\psi'(t_0)$ 及 $\omega'(t_0)$ 不能同时为零.

切线的方向向量称为**曲线的切向量**. 向量

$$\boldsymbol{T}=(\varphi'(t_0),\psi'(t_0),\omega'(t_0))$$

就是曲线 Γ 在点 M 处的一个切向量.

过点 M 且与该点的切线垂直的平面称为曲线 Γ 在点 M 处的法平面，其方程为

$$\varphi'(t_0)(x-x_0)+\psi'(t_0)(y-y_0)+\omega'(t_0)(z-z_0)=0.$$

例 1 求螺旋线 $x=a\cos t$，$y=a\sin t$，$z=bt$ 在任意点 t_0 处的切线及法平面方程，并证明曲线上任一点处的切线与 z 轴相交成定角.

解 由于 $x'(t)=-a\sin t,\ y'(t)=a\cos t,\ z'(t)=b,$

故曲线在点 $t=t_0$ 处的切线方程为

$$\frac{x-a\cos t_0}{-a\sin t_0}=\frac{y-a\sin t_0}{a\cos t_0}=\frac{z-bt_0}{b},$$

点 $t=t_0$ 处的法平面方程为

$$-a\sin t_0(x-a\cos t_0)+a\cos t_0(y-a\sin t_0)+b(z-bt_0)=0,$$

即

$$(a\sin t_0)x-(a\cos t_0)y-bt+b^2t_0=0.$$

由于切线的方向向量为 $\boldsymbol{T}=(-a\sin t_0, a\cos t_0, b)$，$z$ 轴的方向向量为 $\boldsymbol{R}=(0, 0, 1)$，

故其夹角 φ 的余弦为

$$\cos\varphi=\frac{0\cdot(-a\sin t_0)+0\cdot(a\cos t_0)+1\cdot b}{\sqrt{(-a\sin t_0)^2+(a\cos t_0)^2+b^2}}=\frac{b}{\sqrt{a^2+b^2}},$$

该值与点 t_0 无关，故切线与 z 轴相交成定角.

2. 空间曲线的面交式情形

（1）若空间曲线 Γ 的方程为

$$\begin{cases}y=\varphi(x)\\z=\psi(x)\end{cases},$$

可取 x 为参数，得其参数式方程

$$\begin{cases}x=x\\y=\varphi(x).\\z=\psi(x)\end{cases}$$

若 $\varphi(x)$、$\psi(x)$ 都在 $x=x_0$ 处可导，则曲线在点 $M(x_0,\ y_0,\ z_0)$ 处的一个切向量为

$$\boldsymbol{T}=(1,\ \varphi'(x_0),\psi'(x_0)),$$

因此，曲线 Γ 在点 $M(x_0,\ y_0,\ z_0)$ 的切线方程为

$$\frac{x-x_0}{1}=\frac{y-y_0}{\varphi'(t_0)}=\frac{z-z_0}{\psi'(t_0)},$$

在点 $M(x_0,\ y_0,\ z_0)$ 的法平面方程为

$$(x-x_0)+\varphi'(x_0)(y-y_0)+\psi'(x_0)(z-z_0)=0.$$

（2）若空间曲线 Γ 的方程为

$$\begin{cases}F(x,\ y,\ z)=0\\G(x,\ y,\ z)=0\end{cases},$$

$M(x_0,\ y_0,\ z_0)$ 是曲线 Γ 上的一点，F、G 有对各个变量的连续偏导数，且

$$\begin{vmatrix}F'_y & F'_z\\G'_y & G'_z\end{vmatrix}_0\neq0.$$

下标 0 表示行列式在点 $M(x_0,\ y_0,\ z_0)$ 的值.

由隐函数存在定理可知，方程组在点 $M(x_0,\ y_0,\ z_0)$ 的某一邻域内确定了一组函数 $y=\varphi(x)$，$z=\psi(x)$. 由上一节内容可知

$$\frac{\mathrm{d}y}{\mathrm{d}x}=\varphi'(x)=\frac{\begin{vmatrix}F'_z & F'_x\\G'_z & G'_x\end{vmatrix}}{\begin{vmatrix}F'_y & F'_z\\G'_y & G'_z\end{vmatrix}};\frac{\mathrm{d}z}{\mathrm{d}x}=\psi'(x)=\frac{\begin{vmatrix}F'_x & F'_y\\G'_x & G'_y\end{vmatrix}}{\begin{vmatrix}F'_y & F'_z\\G'_y & G'_z\end{vmatrix}}.$$

从而有

$$\varphi'(x_0)=\frac{\begin{vmatrix}F'_z & F'_x\\G'_z & G'_x\end{vmatrix}_0}{\begin{vmatrix}F'_y & F'_z\\G'_y & G'_z\end{vmatrix}_0},\ \psi'(x_0)=\frac{\begin{vmatrix}F'_x & F'_y\\G'_x & G'_y\end{vmatrix}_0}{\begin{vmatrix}F'_y & F'_z\\G'_y & G'_z\end{vmatrix}_0}.$$

于是曲线 Γ 在点 $M(x_0,\ y_0,\ z_0)$ 的切向量为

$$\boldsymbol{T}=\left(1,\ \frac{\begin{vmatrix} F'_z & F'_x \\ G'_z & G'_x \end{vmatrix}_0}{\begin{vmatrix} F'_y & F'_z \\ G'_y & G'_z \end{vmatrix}_0},\ \frac{\begin{vmatrix} F'_x & F'_y \\ G'_x & G'_y \end{vmatrix}_0}{\begin{vmatrix} F'_y & F'_z \\ G'_y & G'_z \end{vmatrix}_0}\right),$$

把向量 $\boldsymbol{T}$ 乘以 $\begin{vmatrix} F'_y & F'_z \\ G'_y & G'_z \end{vmatrix}_0$，从而得曲线 Γ 在点 $M(x_0,\ y_0,\ z_0)$ 处的另一切向量

$$\boldsymbol{T}_1=\left\{\begin{vmatrix} F'_y & F'_z \\ G'_y & G'_z \end{vmatrix}_0,\ \begin{vmatrix} F'_z & F'_x \\ G'_z & G'_x \end{vmatrix}_0,\ \begin{vmatrix} F'_x & F'_y \\ G'_x & G'_y \end{vmatrix}_0\right\}.$$

于是曲线 Γ 在点 $M(x_0,\ y_0,\ z_0)$ 的切线方程为

$$\frac{x-x_0}{\begin{vmatrix} F'_y & F'_z \\ G'_y & G'_z \end{vmatrix}_0}=\frac{y-y_0}{\begin{vmatrix} F'_z & F'_x \\ G'_z & G'_x \end{vmatrix}_0}=\frac{z-z_0}{\begin{vmatrix} F'_x & F'_y \\ G'_x & G'_y \end{vmatrix}_0},$$

曲线 Γ 在点 $M(x_0,\ y_0,\ z_0)$ 的法平面方程为

$$\begin{vmatrix} F'_y & F'_z \\ G'_y & G'_z \end{vmatrix}_0(x-x_0)+\begin{vmatrix} F'_z & F'_x \\ G'_z & G'_x \end{vmatrix}_0(y-y_0)+\begin{vmatrix} F'_x & F'_y \\ G'_x & G'_y \end{vmatrix}_0(z-z_0)=0,$$

这里 $\begin{vmatrix} F'_y & F'_z \\ G'_y & G'_z \end{vmatrix}_0$，$\begin{vmatrix} F'_z & F'_x \\ G'_z & G'_x \end{vmatrix}_0$，$\begin{vmatrix} F'_x & F'_y \\ G'_x & G'_y \end{vmatrix}_0$ 至少有一个不为零.

例 2 求空间曲线 $\begin{cases} 2x^2+y^2+z^2=45 \\ x^2+2y^2=z \end{cases}$ 在点 $P_0(-2,\ 1,\ 6)$ 处的切线与法平面方程.

解 令 $\begin{cases} F(x,\ y,\ z)=2x^2+y^2+z^2-45 \\ G(x,\ y,\ z)=x^2+2y^2-z \end{cases}$，则在点 $P_0(-2,\ 1,\ 6)$ 处有

$$\begin{aligned}\boldsymbol{T}&=\left\{\begin{vmatrix} F'_y & F'_z \\ G'_y & G'_z \end{vmatrix}_0,\ \begin{vmatrix} F'_z & F'_x \\ G'_z & G'_x \end{vmatrix}_0,\ \begin{vmatrix} F'_x & F'_y \\ G'_x & G'_y \end{vmatrix}_0\right\}\\ &=\left(\begin{vmatrix} 2y & 2z \\ 4y & -1 \end{vmatrix}_0,\ \begin{vmatrix} 2z & 4x \\ -1 & 2x \end{vmatrix}_0,\ \begin{vmatrix} 4x & 2y \\ 2x & 4y \end{vmatrix}_0\right)\\ &=(-50,\ -56,\ -24),\end{aligned}$$

即曲线在点 $P_0(-2,\ 1,\ 6)$ 处的切向量为 $\boldsymbol{T}_1=(25,\ 28,\ 12)$，
于是，所求切线方程为

$$\frac{x+2}{25}=\frac{y-1}{28}=\frac{z-6}{12},$$

所求法平面方程为

$$25(x+2)+28(y-1)+12(z-6)=0.$$

二、空间曲面的法线与切平面

1. 曲面的隐式方程

设曲面 Σ 的方程为 $F(x,\ y,\ z)=0$，$M(x_0,\ y_0,\ z_0)$ 为曲面 Σ 上的一点，并设 $F(x,$

y, z）在点 M 具有连续偏导数且偏导数不全为零. 在曲面 Σ 上，过点 M 任意引一条曲线 Γ（见图 8.17），并设曲线 Γ 的参数方程为

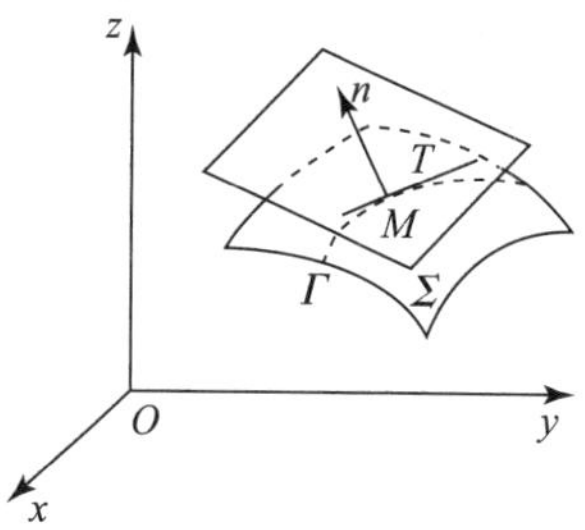

图 8.17

$$x=\varphi(t),\ y=\psi(t),\ z=\omega(t)(\alpha\leqslant t\leqslant\beta),$$

$t=t_0$ 对应点 $M(x_0, y_0, z_0)$，且 $\varphi'(t_0)$、$\psi'(t_0)$、$\omega'(t_0)$ 不全为零，则曲线 Γ 在点 $M(x_0, y_0, z_0)$ 的切线方程为

$$\frac{x-x_0}{\varphi'(t_0)}=\frac{y-y_0}{\psi'(t_0)}=\frac{z-z_0}{\omega'(t_0)}.$$

由于曲线 Γ 在曲面 Σ 上，故有恒等式

$$F[\varphi(t),\ \psi(t),\ \omega(t)]\equiv 0.$$

又因为 $F(x, y, z)$ 在点 $M(x_0, y_0, z_0)$ 具有连续偏导数，且 $\varphi'(t_0)$、$\psi'(t_0)$、$\omega'(t_0)$ 存在，所以恒等式在 $t=t_0$ 处有

$$\frac{\mathrm{d}}{\mathrm{d}t}F[\varphi(t),\ \psi(t),\ \omega(t)]\Big|_{t=t_0}=0,$$

即有

$$F'_x(x_0, y_0, z_0)\varphi'(t_0)+F'_y(x_0, y_0, z_0)\psi'(t_0)+F'_z(x_0, y_0, z_0)\omega'(t_0)=0. \quad (8.9)$$

引入向量

$$\boldsymbol{n}=(F'_x(x_0, y_0, z_0),\ F'_y(x_0, y_0, z_0),\ F'_z(x_0, y_0, z_0)),$$

则（8.9）式表示曲线 Γ 在点 M 处的切向量

$$\boldsymbol{T}=(\varphi'(t_0),\ \psi'(t_0),\ \omega'(t_0))$$

与向量 $\boldsymbol{n}$ 垂直. 因为曲线 Γ 是曲面 Σ 上通过点 M 的任意一条曲线，它们在点 M 处的切线都与同一个向量 $\boldsymbol{n}$ 垂直，所以曲面 Σ 上通过点 M 的一切曲线在点 M 的切线都在同一平面上（见图 8.17）. 该平面称为**曲面 Σ 在点 M 处的切平面**，其法向量就是向量 $\boldsymbol{n}$，故切平面的方程为

$$F'_x(x_0, y_0, z_0)(x-x_0)+F'_y(x_0, y_0, z_0)(y-y_0)+F'_z(x_0, y_0, z_0)(z-z_0)=0.$$

切平面的法向量称为**曲面的法向量**. 向量

$$\boldsymbol{n}=(F'_x(x_0, y_0, z_0),\ F'_y(x_0, y_0, z_0),\ F'_z(x_0, y_0, z_0))$$

就是曲面 Σ 在点 M 处的一个法向量.

过点 $M(x_0, y_0, z_0)$ 且垂直于该点处的切平面的直线称为**曲面 Σ 在点 M 的法线**. 法线方程为

$$\frac{x-x_0}{F'_x(x_0, y_0, z_0)}=\frac{y-y_0}{F'_y(x_0, y_0, z_0)}=\frac{z-z_0}{F'_z(x_0, y_0, z_0)}.$$

例 3　求球面 $x^2+y^2+z^2=14$ 在点（1, 2, 3）处的切平面与法线方程.

解　令

$$F(x, y, z)=x^2+y^2+z^2-14,$$

$$\boldsymbol{n}=(F'_x,\ F'_y,\ F'_z)\Big|_{(1,2,3)}=(2x,\ 2y,\ 2z)\Big|_{(1,2,3)}=(2,\ 4,\ 6)=2(1,\ 2,\ 3),$$

故切平面方程为

$$(x-1)+2(y-2)+3(z-3)=0,$$

即

$$x+2y+3z=14.$$

法线方程为

$$\frac{x-1}{1}=\frac{y-2}{2}=\frac{z-3}{3},$$

即

$$\frac{x}{1}=\frac{y}{2}=\frac{z}{3}.$$

例 4 试证：曲面$\sqrt{x}+\sqrt{y}+\sqrt{z}=\sqrt{a}$（$a>0$）上任何点处的切平面在各坐标轴上的截距之和为常数.

证 令$F(x,y,z)=\sqrt{x}+\sqrt{y}+\sqrt{z}-\sqrt{a}$，则有

$$\boldsymbol{n}=(F'_x,F'_y,F'_z)=\left(\frac{1}{2\sqrt{x}},\frac{1}{2\sqrt{y}},\frac{1}{2\sqrt{z}}\right)=\frac{1}{2}\left(\frac{1}{\sqrt{x}},\frac{1}{\sqrt{y}},\frac{1}{\sqrt{z}}\right),$$

设$M(x_0,y_0,z_0)$是曲面上的任意一点，则$\sqrt{x_0}+\sqrt{y_0}+\sqrt{z_0}=\sqrt{a}$，而曲面在点$M$的切平面为

$$\frac{x-x_0}{\sqrt{x_0}}+\frac{y-y_0}{\sqrt{y_0}}+\frac{z-z_0}{\sqrt{z_0}}=0,$$

即

$$\frac{x}{\sqrt{x_0}}+\frac{y}{\sqrt{y_0}}+\frac{z}{\sqrt{z_0}}=\sqrt{x_0}+\sqrt{y_0}+\sqrt{z_0}=\sqrt{a},$$

从而，切平面在各坐标轴上的截距分别为

$$\sqrt{ax_0}、\sqrt{ay_0}、\sqrt{az_0},$$

故有截距之和为

$$\sqrt{ax_0}+\sqrt{ay_0}+\sqrt{az_0}=\sqrt{a}\left(\sqrt{x_0}+\sqrt{y_0}+\sqrt{z_0}\right)=\sqrt{a}\cdot\sqrt{a}=a.$$

2. 曲面的显式方程

设曲面Σ的方程为$z=f(x,y)$，$f(x,y)$的两个偏导数在点(x_0,y_0)连续. 令

$$F(x,y,z)=f(x,y)-z,$$

则有$F'_x(x,y,z)=f'_x(x,y)$，$F'_y(x,y,z)=f'_y(x,y)$，$F'_z(x,y,z)=-1$.

所以，曲面Σ在$M(x_0,y_0,z_0)$处的法向量为

$$\boldsymbol{n}=(f'_x(x_0,y_0),f'_y(x_0,y_0),-1),$$

故切平面方程为

$$f'_x(x_0,y_0)(x-x_0)+f'_y(x_0,y_0)(y-y_0)-(z-z_0)=0,$$

或

$$z-z_0=f'_x(x_0,y_0)(x-x_0)+f'_y(x_0,y_0)(y-y_0), \tag{8.10}$$

而法线方程为

$$\frac{x-x_0}{f'_x(x_0,y_0)}=\frac{y-y_0}{f'_y(x_0,y_0)}=\frac{z-z_0}{-1}.$$

注意：(8.10) 式的右端恰是函数$f(x,y)$在点(x_0,y_0)的全微分，而左端是切平面上点的竖坐标的增量. 因此，函数$f(x,y)$在点(x_0,y_0)的全微分，在几何上表示曲面$z=f(x,y)$在点(x_0,y_0,z_0)处的切平面上点的竖坐标的增量.

3. 法向量的方向余弦

若以α，β，γ表示曲面的法向量的方向角，并规定法向量的方向是向上的（即它与z轴

正向所成夹角为锐角)，则法向量的方向余弦为

(1) 显式方程下

$$\cos\alpha=\frac{-f'_x}{\sqrt{1+f'^2_x+f'^2_y}},\ \cos\beta=\frac{-f'_y}{\sqrt{1+f'^2_x+f'^2_y}},\ \cos\gamma=\frac{1}{\sqrt{1+f'^2_x+f'^2_y}}.$$

(2) 隐式方程下

$$\cos\alpha=\frac{F'_x}{\pm\sqrt{1+F'^2_x+F'^2_y}},\ \cos\beta=\frac{F'_y}{\pm\sqrt{1+F'^2_x+F'^2_y}},\ \cos\gamma=\frac{F'_z}{\pm\sqrt{1+F'^2_x+F'^2_y}}.$$

注意：隐式方程下各方向余弦的符号选择需使得 $\cos\gamma$ 是正的.

例 5　在曲面 $z=xy$ 上求一点，使该点处的法线垂直于平面 $x+3y+z+9=0$，并写出这法线方程.

解　设 $M(x_0, y_0, z_0)$ 为曲面上所求点，则有 $z_0=x_0y_0$，且

$$\boldsymbol{n}=(f'_x(x_0, y_0), f'_y(x_0, y_0), -1)=(y_0, x_0, -1),$$

由法线垂直于平面 $x+3y+z+9=0$，则有 $\boldsymbol{n}\,/\!/\,(1, 3, 1)$，

即

$$(y_0, x_0, -1)=\lambda(1, 3, 1),$$

于是有 $\lambda=-1$，$y_0=-1$，$x_0=-3$，$z_0=3$.

所以，所求点为

$$(-3, -1, 3),$$

所求法线方程为

$$\frac{x+3}{1}=\frac{y+1}{3}=\frac{z-3}{1}.$$

习题 8.6

1. 求曲线 $y^2=2mx$，$z^2=m-x$ 在点 (x_0, y_0, z_0) 处的切线及法平面方程.

2. 求曲线 $x=t$，$y=t^2$，$z=t^3$ 上的一点，使曲线在该点的切线平行于平面 $x+2y+z=4$.

3. 求曲线 $\begin{cases}x^2+y^2+z^2-3x=0\\2x-3y+5z=4\end{cases}$ 在 $(1, 1, 1)$ 处的切线及法平面方程.

4. 求曲面 $e^z-z+xy=3$ 在点 $(2, 1, 0)$ 处的切平面及法线方程.

5. 求椭球面 $x^2+2y^2+z^2=1$ 上平行于平面 $x-y+2z=0$ 的切平面方程.

6. 求旋转椭球面 $3x^2+y^2+z^2=16$ 上点 $(-1, -2, 3)$ 处的切平面与 xOy 面夹角的余弦.

8.7　方向导数与梯度

一、方向导数

偏导数反映了多元函数沿坐标轴方向的变化率，但在许多实际问题中，仅考虑沿坐标轴方向的变化率是不够的，例如要研究寒流从北向南流动的规律，必须确定大气温度、气压沿

各个方向的变化情况. 因此我们有必要讨论函数沿任意方向的变化率问题.

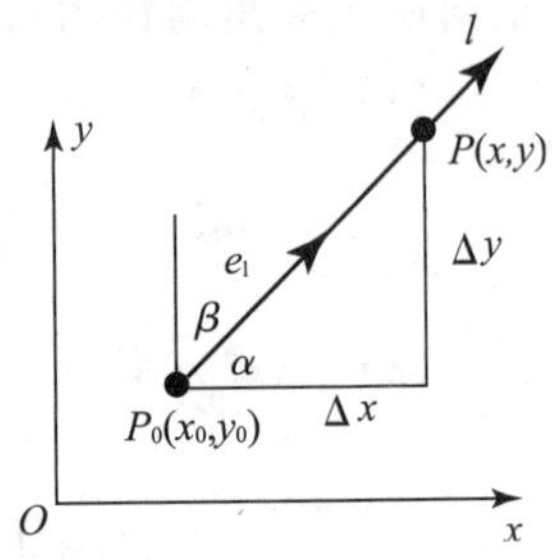

图 8.18

1. 方向导数的定义

定义 1 设 $z=f(x, y)$ 在点 $P_0(x_0, y_0)$ 的某一邻域 $U(P_0)$ 内有定义，自点 P_0 引射线 l，$e_l=(\cos\alpha, \cos\beta)$ 是与 l 同方向的单位向量，见图 8.18，则 l 的参数方程为 $\begin{cases} x=x_0+t\cos\alpha \\ y=y_0+t\cos\beta \end{cases}$ $(t\geqslant 0)$.

设 $P(x_0+t\cos\alpha, y_0+t\cos\beta)\in U(P_0)$ 为射线 l 上的另一点，则 $|P_0P|=t(\geqslant 0)$. 如果 $\dfrac{f(P)-f(P_0)}{|PP_0|}$ 即 $\dfrac{f(x_0+t\cos\alpha, y_0+t\cos\beta)-f(x_0, y_0)}{t}$ 当 P 沿着 l 趋近于 P_0（即 $t\to 0^+$）时的极限存在，则称此极限为函数 $z=f(x, y)$ 在点 P_0 处沿方向 l 的方向导数，记为 $\left.\dfrac{\partial f}{\partial l}\right|_{(x_0, y_0)}$，即

$$\left.\frac{\partial f}{\partial l}\right|_{(x_0, y_0)}=\lim_{P\to P_0}\frac{f(P)-f(P_0)}{|PP_0|}=\lim_{t\to 0^+}\frac{f(x_0+t\cos\alpha, y_0+t\cos\beta)-f(x_0, y_0)}{t}.$$

由方向导数的定义知，方向导数 $\left.\dfrac{\partial f}{\partial l}\right|_{(x_0, y_0)}$ 就是函数 $z=f(x, y)$ 在点 $P_0(x_0, y_0)$ 沿方向 l 的变化率.

2. 方向导数与偏导数的关系

若函数 $z=f(x, y)$ 在点 $P_0(x_0, y_0)$ 处的偏导数 $f'_x(x_0, y_0)$，$f'_y(x_0, y_0)$ 存在，则函数 $z=f(x, y)$ 在点 $P_0(x_0, y_0)$ 处沿 x 轴正向 $e_1=\boldsymbol{i}=(1, 0)$ 的方向导数为

$$\left.\frac{\partial f}{\partial l}\right|_{(x_0, y_0)}=\lim_{t\to 0^+}\frac{f(x_0+t, y_0)-f(x_0, y_0)}{t}=f'_x(x_0, y_0);$$

沿 x 轴负向 $\boldsymbol{e}_2=-\boldsymbol{i}=(-1, 0)$ 的方向导数为

$$\left.\frac{\partial f}{\partial l}\right|_{(x_0, y_0)}=\lim_{t\to 0^+}\frac{f(x_0-t, y_0)-f(x_0, y_0)}{t}=-f'_x(x_0, y_0);$$

同理，函数 $z=f(x, y)$ 在点 $P_0(x_0, y_0)$ 处沿 y 轴正向 $\boldsymbol{e}'_1=\boldsymbol{j}=(0, 1)$ 的方向导数为 $f'_y(x_0, y_0)$；沿 y 轴负向 $\boldsymbol{e}'_2=-\boldsymbol{j}=(0, -1)$ 的方向导数为 $-f'_y(x_0, y_0)$.

由此可见，$f'_x(x_0, y_0)$ 存在则 $z=f(x, y)$ 在点 $P_0(x_0, y_0)$ 处沿 $\boldsymbol{i}$，$-\boldsymbol{i}$ 方向的方向导数存在；$f'_y(x_0, y_0)$ 存在则 $z=f(x, y)$ 在点 $P_0(x_0, y_0)$ 处沿 $\boldsymbol{j}$，$-\boldsymbol{j}$ 方向的方向导数存在. 但若 $z=f(x, y)$ 在点 $P_0(x_0, y_0)$ 处沿 $\boldsymbol{i}$ 或 $-\boldsymbol{i}$ 方向的方向导数存在，则 $f'_x(x_0, y_0)$ 未必存在. 例如，$z=\sqrt{x^2+y^2}$ 在点 $(0, 0)$ 处沿 $\boldsymbol{i}$ 与 $-\boldsymbol{i}$ 方向的方向导数均为 1，而偏导数 $f'_x(x_0, y_0)$ 不存在. 只有 $z=f(x, y)$ 在点 $P_0(x_0, y_0)$ 处沿 $\boldsymbol{i}$ 与 $-\boldsymbol{i}$ 方向的方向导数都存在且互为相反数时，$f'_x(x_0, y_0)$ 才存在.

3. 方向导数的存在定理与计算方法

定理 1 若函数 $z=f(x, y)$ 在点 $P_0(x_0, y_0)$ 处可微，则函数在该点沿任一方向 l 的

方向导数存在，并有

$$\left.\frac{\partial f}{\partial l}\right|_{(x_0,y_0)}=f'_x(x_0,\ y_0)\ \cos\alpha+f'_y(x_0,\ y_0)\ \cos\beta,$$

其中，$\cos\alpha$，$\cos\beta$ 是方向 l 的方向余弦.

证 因为 $z=f(x,\ y)$ 在点 $P_0(x_0,\ y_0)$ 处可微，所以有

$f(x_0+\Delta x,\ y_0+\Delta y)-f(x_0,\ y_0)=f'_x(x_0,\ y_0)\Delta x+f'_y(x_0,\ y_0)\Delta y+o(\sqrt{(\Delta x)^2+(\Delta y)^2})$，但 $\Delta x=t\cos\alpha$，$\Delta y=t\cos\beta$，$\sqrt{(\Delta x)^2+(\Delta y)^2}=t$，故

$$\begin{aligned}\left.\frac{\partial f}{\partial l}\right|_{(x_0,y_0)}&=\lim_{t\to0^+}\frac{f(x_0+t\cos\alpha,\ y_0+t\cos\beta)-f(x_0,\ y_0)}{t}\\&=\lim_{t\to0^+}\left[f'_x(x_0,\ y_0)\cdot\frac{\Delta x}{t}+f'_y(x_0,\ y_0)\cdot\frac{\Delta y}{t}+\frac{o(t)}{t}\right]\\&=f'_x(x_0,\ y_0)\cos\alpha+f'_y(x_0,\ y_0)\cos\beta.\end{aligned}$$

例 1 求函数 $z=xe^{2y}$ 在点 $P(1,\ 0)$ 处沿从点 $P(1,\ 0)$ 到点 $Q(2,\ -1)$ 的方向的方向导数.

解 方向 l 即为向量 $\overrightarrow{PQ}=(1,\ -1)$ 的方向，因此，$\boldsymbol{e}_l=\left(\frac{\sqrt{2}}{2},\ -\frac{\sqrt{2}}{2}\right)$，

又因 $$\left.\frac{\partial z}{\partial x}\right|_{(1,\,0)}=\left.e^{2y}\right|_{(1,\,0)}=1;\ \left.\frac{\partial z}{\partial y}\right|_{(1,\,0)}=\left.2xe^{2y}\right|_{(1,\,0)}=2,$$

故所求方向导数为 $$\left.\frac{\partial f}{\partial l}\right|_{(1,0)}=1\cdot\frac{\sqrt{2}}{2}+2\cdot\left(-\frac{\sqrt{2}}{2}\right)=-\frac{\sqrt{2}}{2}.$$

类似地，三元函数 $u=f(x,\ y,\ z)$ 在空间一点 $P_0(x_0,\ y_0,\ z_0)$ 沿方向 $e_l=(\cos\alpha,\ \cos\beta,\ \cos\gamma)$ 的方向导数，可定义为

$$\left.\frac{\partial f}{\partial l}\right|_{(x_0,y_0,z_0)}=\lim_{t\to0^+}\frac{f(x_0+t\cos\alpha,\ y_0+t\cos\beta,\ z_0+t\cos\gamma)-f(x_0,\ y_0,\ z_0)}{t}.$$

同样可以证明：若函数 $u=f(x,\ y,\ z)$ 在点 $P_0(x_0,\ y_0,\ z_0)$ 处可微，则 $u=f(x,\ y,\ z)$ 在该点沿方向 $\boldsymbol{e}_l=(\cos\alpha,\ \cos\beta,\ \cos\gamma)$ 的方向导数存在，并有

$$\left.\frac{\partial f}{\partial l}\right|_{(x_0,y_0,z_0)}=f'_x(x_0,\ y_0,\ z_0)\cos\alpha+f'_y(x_0,\ y_0,\ z_0)\cos\beta+f'_z(x_0,\ y_0,\ z_0)\cos\gamma.$$

例 2 求 $u=x+y+z$ 在 $M(0,\ 0,\ 1)$ 处沿球面 $x^2+y^2+z^2=1$ 的外法线方向的方向导数.

解 因为 $\boldsymbol{n}=(2x,\ 2y,\ 2z)\Big|_{(0,0,1)}=2(0,\ 0,\ 1)$，所以 $\cos\alpha=0$，$\cos\beta=0$，$\cos\gamma=1$，

又因 $$\left.\boldsymbol{u}'_x\right|_{(0,0,1)}=1,\ \left.\boldsymbol{u}'_y\right|_{(0,0,1)}=1,\ \left.\boldsymbol{u}'_z\right|_{(0,0,1)}=1,$$

所以 $$\left.\frac{\partial u}{\partial \boldsymbol{n}}\right|_{(0,0,1)}=0\cdot1+0\cdot1+1\cdot1=1.$$

二、梯度

1. 梯度的定义

定义 2 设二元函数 $z=f(x,\ y)$ 在平面区域 D 内具有一阶连续偏导数，则对于每一点

$P(x, y)\in D$，都可定出一个向量

$$f'_x(x, y)\boldsymbol{i}+f'_y(x, y)\boldsymbol{j},$$

该向量称为函数 $z=f(x, y)$ 在点 $P(x, y)$ 的梯度，记为 $\mathbf{grad}f(x, y)$，即

$$\mathbf{grad}f(x, y)=f'_x(x, y)\boldsymbol{i}+f'_y(x, y)\boldsymbol{j}.$$

2. 梯度与方向导数的关系

设函数 $z=f(x, y)$ 在点 $P(x, y)$ 可微，$\boldsymbol{e}_l=(\cos\alpha, \cos\beta)$ 是与方向 l 同方向的单位向量，则

$$\begin{aligned}\frac{\partial f}{\partial l}&=f'_x\cos\alpha+f'_y\cos\beta=(f'_x, f'_y)\cdot(\cos\alpha, \cos\beta)\\&=\mathbf{grad}f(x, y)\cdot e_l=|\mathbf{grad}f(x, y)|\cos\theta,\end{aligned}$$

这里，θ 是向量 $\mathbf{grad}f(x, y)$ 与 e_l 的夹角．可见方向导数 $\frac{\partial f}{\partial l}$ 是梯度 $\mathbf{grad}f(x, y)$ 在射线 l 上的投影．当 l 与梯度方向一致时，$\cos\theta=1$，此时方向导数 $\frac{\partial f}{\partial l}$ 取得最大值；当 l 与梯度方向相反时，$\cos\theta=-1$，此时方向导数 $\frac{\partial f}{\partial l}$ 取得最小值；当 l 与梯度方向垂直时，$\cos\theta=0$，此时 $\frac{\partial f}{\partial l}=0$．

因此，梯度的方向是函数 $z=f(x, y)$ 增长最快的方向．

函数在某点的梯度是这样一个向量，它的方向与取得最大方向导数的方向一致，它的模 $|\mathbf{grad}f(x, y)|=\sqrt{f'^2_x+f'^2_y}$ 为方向导数的最大值．

3. 梯度的几何意义

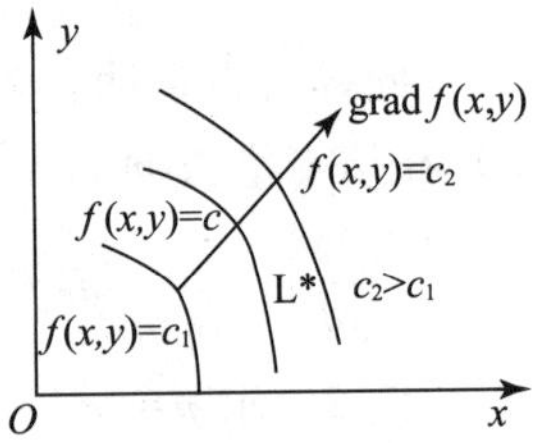

图 8.19

设曲面 $z=f(x, y)$ 被平面 $z=c$ 截得曲线 L：$\begin{cases}z=f(x, y)\\z=c\end{cases}$，它在 xOy 平面上的投影为平面曲线 L^*：$f(x, y)=c$，见图 8.19，称曲线 L^* 为函数 $z=f(x, y)$ **的等高线．**

当 f'_x，f'_y 不同时为零时，等高线 $f(x, y)=c$ 上任一点 $P(x, y)$ 处的切线斜率为 $\frac{\mathrm{d}y}{\mathrm{d}x}=-\frac{f'_x}{f'_y}$，故法线的斜率为

$$-\frac{1}{\frac{\mathrm{d}y}{\mathrm{d}x}}=\frac{f'_y}{f'_x}.$$

所以，梯度 $\mathbf{grad}f(x, y)=f'_xi+f'_yj$ 的方向与等高线上点 P 处的一个法线方向相同，而沿着这个方向的方向导数 $\frac{\partial f}{\partial l}$ 就等于 $|\mathbf{grad}f(x, y)|$，于是

$$\mathbf{grad}f(x, y)=\frac{\partial f}{\partial l}n,$$

其中，$\boldsymbol{n}=\frac{1}{\sqrt{f_x'^2+f_y'^2}}(f_x', f_y')$，它的指向为从数值较低的等高线指向数值较高的等高线.

例 3　求 $\mathbf{grad}\,\frac{1}{x^2+y^2}$.

解　设 $f(x, y)=\frac{1}{x^2+y^2}$，则

$$f_x'=-\frac{2x}{(x^2+y^2)^2},\quad f_y'=-\frac{2y}{(x^2+y^2)^2},$$

所以 $\mathbf{grad}\,\frac{1}{x^2+y^2}=-\frac{2x}{(x^2+y^2)^2}\boldsymbol{i}-\frac{2y}{(x^2+y^2)^2}\boldsymbol{j}$.

上面讨论的梯度概念可推广到三元函数的情形.

若三元函数 $u=f(x, y, z)$ 在空间区域 G 内具有连续的偏导数，则对每一点 $P(x, y, z)\in G$，定义向量 $f_x'\boldsymbol{i}+f_y'\boldsymbol{j}+f_z'\boldsymbol{k}$ 为三元函数 $u=f(x, y, z)$ 在点 $P(x, y, z)$ 的梯度，记为 $\mathbf{grad}f(x, y, z)$，即

$$\mathbf{grad}f(x, y, z)=f_x'\boldsymbol{i}+f_y'\boldsymbol{j}+f_z'\boldsymbol{k}.$$

同样地，三元函数的梯度也是这样一个向量，它的方向是函数 $u=f(x, y, z)$ 在这点增长最快的方向，与在该点处取得最大方向导数的方向一致，它的模为方向导数的最大值，即

$$|\mathbf{grad}f(x, y, z)|=\sqrt{f_x'^2+f_y'^2+f_z'^2}.$$

如果我们引进曲面 $f(x, y, z)=c$ 为函数 $u=f(x, y, z)$ 的等量面的概念，则可得函数 $u=f(x, y, z)$ 在点 P 的梯度的方向与过点 P 的等量面 $f(x, y, z)=c$ 在这点的一个法线方向相同，且从数值较低的等量面指向数值较高的等量面，而梯度的模等于函数在这个法线方向的方向导数.

例 4　设 $f(x, y, z)=x^2+y^2+z^2$，求 $\mathbf{grad}f(1, -1, 2)$.

解　因为

$$\mathbf{grad}f(x, y, z)=(f_x', f_y', f_z')=2(x, y, z),$$

所以

$$\mathbf{grad}f(1, -1, 2)=(2, -2, 4).$$

三、* 数量场与向量场

如果对于空间区域 G 内的任一点 M，都有一个确定的数量 $f(M)$，则称在空间区域 G 内确定了一个**数量场**（如温度场、密度场等）. 一个数量场可用一个数量函数 $f(M)$ 来表示. 如果对于空间区域 G 内的任一点 M，都有一个确定的向量 $\boldsymbol{F}(M)$，则称在空间区域 G 内确定了一个**向量场**（如力场、速度场等）. 向量场可以用一个向量函数 $\boldsymbol{F}(M)=P(M)\boldsymbol{i}+Q(M)\boldsymbol{j}+R(M)\boldsymbol{k}$ 来表示，其中 $P(M)$，$Q(M)$，$R(M)$ 是点 M 的数量函数.

数量函数 $f(M)$ 的梯度 $\mathbf{grad}f(M)$ 确定了一个向量场，该向量场称为梯度场，它由数量场 $f(M)$ 产生. 通常称函数 $f(M)$ 为此向量场的势，而这个向量场又称为势场.

注意：任意一个向量场不一定是势场，因为它不一定是某个数量函数的梯度场.

例 5　求数量场 $\frac{m}{r}$ 所产生的梯度场，其中 $m>0$，$r=\sqrt{x^2+y^2+z^2}$ 为原点与点 $M(x, y,$

z）间的距离.

解 因为
$$\frac{\partial}{\partial x}\left(\frac{m}{r}\right)=-\frac{m}{r^2}\frac{\partial r}{\partial x}=-\frac{mx}{r^3},$$

同理，
$$\frac{\partial}{\partial y}\left(\frac{m}{r}\right)=-\frac{my}{r^3};\ \frac{\partial}{\partial z}\left(\frac{m}{r}\right)=-\frac{mz}{r^3},$$

所以
$$\mathbf{grad}\,\frac{m}{r}=-\frac{m}{r^2}\left(\frac{x}{r}\boldsymbol{i}+\frac{y}{r}\boldsymbol{j}+\frac{z}{r}\boldsymbol{k}\right).$$

如果用 $\boldsymbol{e}_r$ 表示与$\overrightarrow{OM}$同方向的单位向量，则 $\boldsymbol{e}_r=\left(\frac{x}{r}\boldsymbol{i}+\frac{y}{r}\boldsymbol{j}+\frac{z}{r}\boldsymbol{k}\right)$，

从而有
$$\mathbf{grad}\,\frac{m}{r}=-\frac{m}{r^2}e_r.$$

习题 8.7

1. 求函数 $z=3x^4+xy+y^3$ 在点 $M(1,2)$ 处与 x 轴正向成 $135°$ 角方向的方向导数.

2. 求函数 $z=\ln(x+y)$ 在抛物线 $y^2=4x$ 上点（1，2）处，沿着这抛物线在该点处偏向 x 轴正向的切线方向的方向导数.

3. 求函数 $u=xyz$ 在点 $A(5,1,2)$ 沿 A 到 $B(9,4,14)$ 方向上的方向导数.

4. 设 $f(x,y,z)=x^2+2y^2+3z^2+xy+3x-2y-6z$，求 $\mathbf{grad}f(0,0,0)$ 和 $\mathbf{grad}f(1,1,1)$.

5. 问函数 $u=xy^2z$ 在点 $P(1,-1,2)$ 处沿什么方向的方向导数最大？并求此方向导数的最大值.

8.8 多元函数的极值

在上册已经学习过利用一元函数的导数来求函数的极值，进而解决一些有关最大值、最小值的应用问题. 但在许多实际问题中，通常会遇到多元函数的最值问题. 本节以二元函数为例，来讨论多元函数的极值问题.

一、元函数的极值

1. 极值的定义

定义 1 设函数 $z=f(x,y)$ 在点 $P_0(x_0,y_0)$ 的某个邻域内有定义，若对于该邻域内任一异于 P_0 的点 $P(x,y)$，都有 $f(x,y)<f(x_0,y_0)$ 或 $f(x,y)>f(x_0,y_0)$，则称点 P_0 为函数 $z=f(x,y)$ 的**极大值点**或**极小值点**，称函数值 $f(x_0,y_0)$ 为函数 $z=f(x,y)$ 的**极大值**或**极小值**. 极大值和极小值统称为**极值**.

例 1 函数 $z=\sqrt{x^2+y^2}$ 在点（0，0）处有极小值 0，因为对于点（0，0）的任一邻域内异于（0，0）的点，其函数值都为正，而点（0，0）处的函数值为零. 从几何上看这是显

然的，因为点 $(0,0,0)$ 是位于 xOy 平面上方的圆锥面 $z=\sqrt{x^2+y^2}$ 的顶点.

例 2　函数 $z=\sqrt{1-x^2-y^2}$ 在点 $(0,0)$ 处有极大值 1，因为点 $(0,0)$ 处的函数值为 1，而对于点 $(0,0)$ 的任一邻域内异于 $(0,0)$ 的点，其函数值都小于 1. 点 $(0,0,1)$ 是位于 xOy 平面上方的球面 $z=\sqrt{1-x^2-y^2}$ 的顶点.

例 3　函数 $z=x+y$ 在点 $(0,0)$ 处没有极值，因为点 $(0,0)$ 处的函数值为零，而在点 $(0,0)$ 的任一邻域内，总有正的和负的函数值.

类似地，可给出 n 元函数极值的概念. 设 n 元函数 $u=f(P)$ 在点 P_0 的某个邻域内有定义，若对于该邻域内任一异于 P_0 的点 P，都有 $f(P)<f(P_0)$ 或 $f(P)>f(P_0)$，则称 $f(P_0)$ 为函数 $u=f(P)$ 的极大值或极小值.

2. 极值存在的条件

一元函数的极值问题与导数有关，而二元函数的极值问题与偏导数有关.

定理 1（极值存在的必要条件）　设函数 $z=f(x,y)$ 在点 (x_0,y_0) 取得极值，且在点 (x_0,y_0) 处的两个偏导数都存在，则必有

$$f'_x(x_0,y_0)=0,\ f'_y(x_0,y_0)=0.$$

证　不妨设函数 $z=f(x,y)$ 在点 (x_0,y_0) 处有极大值，则对于该点的某邻域内异于 (x_0,y_0) 的任一点 (x,y)，都有 $f(x,y)<f(x_0,y_0)$.

特别地，在该邻域内取 $y=y_0$ 而 $x\neq x_0$ 的点，也有 $f(x,y_0)<f(x_0,y_0)$.

这表明一元函数 $f(x,y_0)$ 在点 $x=x_0$ 处取得极大值，由一元函数极值存在的必要条件知 $f'_x(x_0,y_0)=0$.

同理，有 $f'_y(x_0,y_0)=0$.

从几何上看，若此时曲面 $z=f(x,y)$ 在点 (x_0,y_0,z_0) 处有切平面，则切平面方程为 $z-z_0=f'_x(x_0,y_0)(x-x_0)+f'_y(x_0,y_0)(y-y_0)=0$，与 xOy 平面平行. 也就是说，极值点处的切平面是水平面.

类似地，若三元函数 $u=f(x,y,z)$ 在点 (x_0,y_0,z_0) 处具有偏导数，则它在点 (x_0,y_0,z_0) 取得极值的必要条件为

$$f'_x(x_0,y_0,z_0)=0,\ f'_y(x_0,y_0,z_0)=0,\ f'_z(x_0,y_0,z_0)=0.$$

同时满足 $f'_x(x,y)=0$，$f'_y(x,y)=0$ 的点 (x_0,y_0) 称为函数 $z=f(x,y)$ 的驻点. 由定理 1 知，具有偏导数的函数的极值点一定是驻点. 但驻点不一定是极值点，例如，点 $(0,0)$ 是函数 $z=xy$ 的驻点，但却不是它的极值点. 那么，在什么条件下，驻点会是极值点呢？下面的定理回答了这个问题.

定理 2（极值存在的充分条件）　设点 (x_0,y_0) 是函数 $z=f(x,y)$ 的驻点，且函数 $z=f(x,y)$ 在点 (x_0,y_0) 的某邻域内具有连续的二阶偏导数，记 $A=f''_{xx}(x_0,y_0)$，$B=f''_{xy}(x_0,y_0)$，$C=f''_{yy}(x_0,y_0)$，$\Delta=B^2-AC$，则有

（1）当 $\Delta<0$ 时，(x_0,y_0) 是函数 $z=f(x,y)$ 的极值点，且当 $A>0$ 时，是极小值点，当 $A<0$ 时，是极大值点；

（2）当 $\Delta>0$ 时，(x_0,y_0) 不是函数 $z=f(x,y)$ 的极值点；

（3）当 $\Delta=0$ 时，不能确定 (x_0,y_0) 是否是函数 $z=f(x,y)$ 的极值点.

综上所述，求解具有二阶连续偏导数的函数 $z=f(x, y)$ 的极值的一般步骤为：

（1）解方程组 $\begin{cases} f'_x(x, y)=0 \\ f'_y(x, y)=0 \end{cases}$，求出一切驻点 (x_0, y_0)；

（2）对每个驻点 (x_0, y_0)，求出二阶偏导数的值 A、B 和 C；

（3）定出 $\Delta=B^2-AC$ 的符号，按定理 2 给出结论.

例 4 求函数 $z=3xy-x^3-y^3$ 的极值点.

解 解方程组 $\begin{cases} f'_x(x, y)=3y-3x^2=0 \\ f'_y(x, y)=3x-3y^2=0 \end{cases}$ 得两驻点 $(0, 0)$ 与 $(1, 1)$.

由 $A=f''_{xx}(x, y)=-6x$，$B=f''_{xy}(x, y)=3$，$C=f''_{yy}(x, y)=-6y$ 得

$$\Delta=B^2-AC=9-36xy.$$

在点 $(0, 0)$ 处，$\Delta=9>0$，故函数在点 $(0, 0)$ 无极值；

在点 $(1, 1)$ 处，$\Delta=-27<0$，且 $A=-6<0$，故函数在点 $(1, 1)$ 处有极大值 $f(1, 1)=1$.

注意： 二元可微函数的极值点一定是驻点，但对不可微函数，极值点不一定是驻点，还可能是偏导数至少有一个不存在的点. 例如，函数 $z=\sqrt{x^2+y^2}$ 在 $(0, 0)$ 处有极小值，但函数在该点不可导.

因此，在讨论函数的极值问题时，除了考虑函数的驻点外，还应考虑偏导数不存在的点.

二、多元函数的最值

与一元函数最值的求法类似，可利用多元函数的极值来求它的最值. 在本章第一节中已经指出，若 $z=f(x, y)$ 在有界闭区域 D 上连续，则 $f(x, y)$ 在 D 上必能取得最大值和最小值. 要求函数的最大值，可考察函数 $f(x, y)$ 的所有驻点、一阶偏导数不存在的点以及边界上的点的函数值，比较这些值，其中最大者就是函数在 D 上的最大值，最小者就是函数在 D 上的最小值. 但要求出函数 $f(x, y)$ 在 D 的边界上的最大值和最小值往往很复杂. 在实际问题中，常可根据问题的性质知道函数的最值一定在 D 的内部取得，而函数在 D 内只有唯一的驻点，则可断定该驻点就是极值点，也一定是所求的最值点.

例 5 有一宽为 24 cm 的长方形铁板，把它的两边折起来做成一个断面为等腰梯形的水槽. 问怎样折法才能使断面的面积最大？

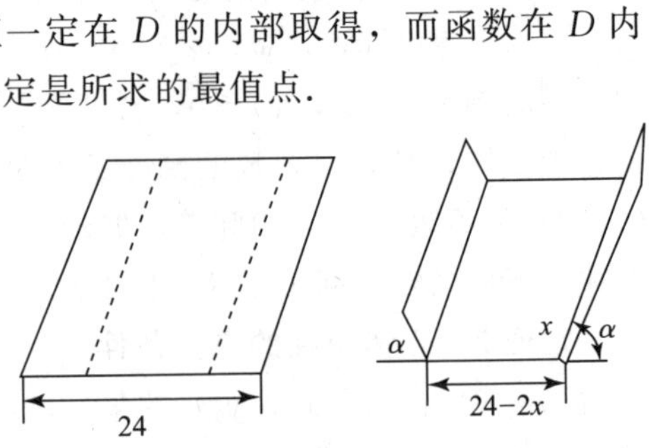

图 8.20

解 设折起来的边长为 x cm，倾角为 α，见图 8.20，则断面的下底边长为 $(24-2x)$cm，上底边长为 $(24-2x+2x\cos\alpha)$cm，高为 $x\sin\alpha$cm，所以断面面积为 $S=(24-2x+2x\cos\alpha+24-2x)\cdot x\sin\alpha$，即

$$S=24x\sin\alpha-2x^2\sin\alpha+x^2\sin\alpha\cos\alpha\left(0<x<12, 0<\alpha\leqslant\frac{\pi}{2}\right).$$

令 $$\begin{cases} S'_x=24\sin\alpha-4x\sin\alpha+2x\sin\alpha\cos\alpha=0 \\ S'_\alpha=24x\cos\alpha-2x^2\cos\alpha+x^2(\cos^2\alpha-\sin^2\alpha)=0 \end{cases},$$

由于 $\sin\alpha\neq0$，$x\neq0$，解得 $\alpha=\dfrac{\pi}{3}$，$x=8$.

根据题意可知断面面积的最大值一定存在，而面积函数只有一个驻点，则可断定当 $\alpha=\dfrac{\pi}{3}$，$x=8\text{cm}$ 时，断面面积有最大值 $48\sqrt{3}\,\text{cm}^2$.

三、条件极值

在前面讨论的极值问题中，对函数的自变量，除了限制在函数的定义域内以外，并无其他限制条件，这类问题的极值称为**无条件极值**. 但在实际问题中，有时会遇到对函数的自变量还有附加条件的极值问题，如求容积为 a 而使表面积最小的长方体问题. 设长方体的长、宽、高分别为 x、y、z，固定的容积 $xyz=a$ 就是对自变量的附加约束条件. 像这种对自变量有附加约束条件的极值称为**条件极值**.

对有些实际问题，可将条件极值转化为无条件极值，如上述问题中，将高 z 表示为长和宽的函数 $\dfrac{a}{xy}$，再代入面积函数 $S=2(xy+yz+xz)$ 中，于是问题就化为求 $S=2\left(xy+\dfrac{a}{x}+\dfrac{a}{y}\right)$的无条件极值.

但一般的条件极值却不容易转化为无条件极值. 下面介绍拉格朗日乘数法，它是求解条件极值问题的一种有效方法.

设函数 $z=f(x, y)$ 和 $\varphi(x, y)=0$ 在所考虑的区域内有连续的一阶偏导数，且 $\varphi'_x(x, y)$，$\varphi'_y(x, y)$ 不同时为零，求函数 $z=f(x, y)$ 在约束条件 $\varphi(x, y)=0$ 下的极值，可用下面步骤来求解：

（1）构造辅助函数 $L(x, y)=f(x, y)+\lambda\varphi(x, y)$；

（2）解方程组 $\begin{cases} L'_x(x, y)=0 \\ L'_y(x, y)=0 \\ \varphi(x, y)=0 \end{cases}$，即 $\begin{cases} f'_x(x, y)+\lambda\varphi'_x(x, y)=0 \\ f'_y(x, y)+\lambda\varphi'_y(x, y)=0 \\ \varphi(x, y)=0 \end{cases}$，得可能的极值点，在实际问题中，它往往就是所求的极值点.

此方法称为**拉格朗日数乘法**，其中辅助函数称为**拉格朗日函数**，称为**拉格朗日乘数**，可将此方法推广到两个以上自变量或多个约束条件的情况.

例如，求函数 $u=f(x, y, z, t)$ 在条件 $\varphi(x, y, z, t)=0$，$\psi(x, y, z, t)=0$ 下的极值，则构造辅助函数

$$L(x, y, z, t)=f(x, y, z, t)+\lambda_1\varphi(x, y, z, t)+\lambda_2\psi(x, y, z, t),$$

解方程组

$$\begin{cases} f'_x(x,\ y,\ z,\ t)+\lambda_1\varphi'_x(x,\ y,\ z,\ t)+\lambda_2\psi'_x(x,\ y,\ z,\ t)=0 \\ f'_y(x,\ y,\ z,\ t)+\lambda_1\varphi'_y(x,\ y,\ z,\ t)+\lambda_2\psi'_y(x,\ y,\ z,\ t)=0 \\ f'_z(x,\ y,\ z,\ t)+\lambda_1\varphi'_z(x,\ y,\ z,\ t)+\lambda_2\psi'_z(x,\ y,\ z,\ t)=0 \\ f'_t(x,\ y,\ z,\ t)+\lambda_1\psi'_t(x,\ y,\ z,\ t)+\lambda_2\psi'_t(x,\ y,\ z,\ t)=0 \\ \varphi(x,\ y,\ z,\ t)=0 \\ \psi(x,\ y,\ z,\ t)=0 \end{cases},$$

得 $(x,\ y,\ z,\ t)$ 即为所求极值点.

例 6 求表面积为 a^2 而体积为最大的长方体的体积.

解 设长方体的三边长分别为 x、y、z，则问题就是要求函数 $V=xyz$ 在条件 $\varphi(x,\ y,\ z)=2xy+2yz+2xz-a^2=0$ 下的最大值.

作拉格朗日函数 $L(x,\ y,\ z)=xyz+\lambda(2xy+2yz+2xz-a^2)$，

解方程组 $\begin{cases} L'_x=yz+2\lambda(y+z)=0 \\ L'_y=xz+2\lambda(x+z)=0 \\ L'_z=xy+2\lambda(x+y)=0 \\ 2xy+2yz+2xz-a^2=0 \end{cases}$，得 $x=y=z=\dfrac{\sqrt{6}}{6}a$.

由实际问题知，最大体积的长方体必定存在，而所求问题只有唯一驻点，故当长方体的长、宽、高均为$\dfrac{\sqrt{6}}{6}a$时，有最大体积$\dfrac{\sqrt{6}}{36}a^3$.

例 7 求平面$\dfrac{x}{3}+\dfrac{y}{4}+\dfrac{z}{5}=1$与柱面 $x^2+y^2=1$ 的交线上的一点，使它到 xOy 平面的距离最短.

解 设所求点为 $(x,\ y,\ z)$，它到 xOy 平面的距离为 z，构造拉格朗日函数

$$L(x,\ y,\ z)=z+\lambda_1\left(\frac{x}{3}+\frac{y}{4}+\frac{z}{5}-1\right)+\lambda_2(x^2+y^2-1),$$

解方程组 $\begin{cases} L'_x=\dfrac{\lambda_1}{3}+2\lambda_2 x=0 \\ L'_y=\dfrac{\lambda_1}{4}+2\lambda_2 y=0 \\ L'_z=1+\dfrac{\lambda_1}{5}=0 \\ \dfrac{x}{3}+\dfrac{y}{4}+\dfrac{z}{5}=1 \\ x^2+y^2=1 \end{cases}$，得两驻点$\left(\dfrac{4}{5},\ \dfrac{3}{5},\ \dfrac{35}{12}\right)$与$\left(-\dfrac{4}{5},\ -\dfrac{3}{5},\ \dfrac{85}{12}\right)$.

由题意知最小值必定存在，故比较两点处的函数值$\dfrac{35}{12}$与$\dfrac{85}{12}$，即得所求点为$\left(\dfrac{4}{5},\ \dfrac{3}{5},\ \dfrac{35}{12}\right)$.

习题 8.8

1. 求下列函数的极值

(1) $z=4(x-y)-x^2-y^2$；　(2) $z=e^{2x}(x+y^2+2y)$；

(3) $z=x^3+y^3-3xy$；　(4) $z=(6x-x^2)(4y-y^2)$.

2. 设有三个正数之和是 18，问这三个数为何值时其乘积最大？

3. 在平面 $3x-2z=0$ 上求一点，使它与点 $A(1,1,1)$ 和 $B(2,3,4)$ 的距离的平方和最小.

4. 将周长为 $2p$ 的矩形绕它的一边旋转而形成一个圆柱体，问矩形的边长各为多少时，该圆柱体的体积最大？

5. 求内接于半径为 a 的球且有最大体积的长方体.

6. 抛物面 $z=x^2+y^2$ 被平面 $x+y+z=1$ 截成一椭圆，求原点到该椭圆的最长和最短距离.

8.9* 二元函数的泰勒公式

在上册，我们已经知道：若函数 $f(x)$ 在含有 x_0 的某开区间 (a,b) 内具有直到 $(n+1)$ 阶的导数，则当 $x\in(a,b)$ 时，有下面的 n 阶泰勒公式

$$f(x)=f(x_0)+f'(x_0)(x-x_0)+\frac{f''(x_0)}{2!}(x-x_0)^2+\cdots+\frac{f^{(n)}(x_0)}{n!}(x-x_0)^n$$
$$+\frac{f^{(n+1)}(x_0+\theta x)}{(n+1)!}(x-x_0)^{n+1}\ (0<\theta<1).$$

利用一元函数的泰勒公式，可用 n 次多项式来近似表示函数 $f(x)$，且可估计误差. 对于多元函数来说，也有必要考虑用多个变量的多项式来近似表示一个给定的多元函数，并能具体地估计误差的大小. 下面把一元函数的泰勒中值定理推广到二元函数的情形.

定理 1　设函数 $z=f(x,y)$ 在点 (x_0,y_0) 的某一邻域内连续且有直到 $n+1$ 阶的连续偏导数，(x_0+h,y_0+k) 为此邻域内的一点，则有

$$\begin{aligned}f(x_0+h,y_0+k)=&f(x_0,y_0)+\left(h\frac{\partial}{\partial x}+k\frac{\partial}{\partial y}\right)f(x_0,y_0)+\\&\frac{1}{2!}\left(h\frac{\partial}{\partial x}+k\frac{\partial}{\partial y}\right)^2f(x_0,y_0)+\cdots+\\&\frac{1}{n!}\left(h\frac{\partial}{\partial x}+k\frac{\partial}{\partial y}\right)^nf(x_0,y_0)+R_n,\end{aligned}\tag{8.11}$$

其中，$R_n=\dfrac{1}{(n+1)!}\left(h\dfrac{\partial}{\partial x}+k\dfrac{\partial}{\partial y}\right)^{n+1}f(x_0+\theta h,y_0+\theta k)$，称为**拉格朗日型余项**，记号 $\left(h\dfrac{\partial}{\partial x}+k\dfrac{\partial}{\partial y}\right)f(x_0,y_0)$ 表示 $hf'_x(x_0,y_0)+k,f'_y(x_0,y_0)$，$\left(h\dfrac{\partial}{\partial x}+k\dfrac{\partial}{\partial y}\right)^2f(x_0,y_0)$ 表示 $h^2f''_{xx}(x_0,y_0)+2hk,f''_{xy}(x_0,y_0)+k^2f''_{yy}(x_0,y_0)$.

一般地，记号$\left(h\dfrac{\partial}{\partial x}+k\dfrac{\partial}{\partial y}\right)^m f(x_0, y_0)$表示$\sum\limits_{p=0}^{m}C_m^p h^p k^{m-p}\dfrac{\partial^m f}{\partial x^p\partial y^{m-p}}\Big|_{(x_0, y_0)}$.

该定理的证明略.

(8.11)式称为二元函数$z=f(x, y)$在点(x_0, y_0)的n**阶泰勒公式**.

当$n=0$时，(8.11)式成为

$$f(x_0+h, y_0+k)-f(x_0, y_0)=hf'_x(x_0+\theta h, y_0+\theta k)+kf'_y(x_0+\theta h, y_0+\theta k). \tag{8.12}$$

(8.12)式称为二元函数的**拉格朗日中值公式**. 由(8.12)式可推得下述结论：

若函数$z=f(x, y)$的两个一阶偏导数在区域D内恒为零，则$z=f(x, y)$在该区域内为常数.

例1 求函数$f(x, y)=\ln(1+x+y)$在点(0, 0)处的三阶泰勒公式.

解

$$f'_x(x, y)=f'_y(x, y)=\frac{1}{1+x+y},$$

$$f''_{xx}(x, y)=f''_{xy}(x, y)=f''_{yy}(x, y)=\frac{-1}{(1+x+y)^2},$$

$$\frac{\partial^3 f}{\partial x^p\partial y^{3-p}}=\frac{2!}{(1+x+y)^3}, \quad (p=0, 1, 2, 3),$$

$$\frac{\partial^4 f}{\partial x^p\partial y^{4-p}}=\frac{-3!}{(1+x+y)^4}, \quad (p=0, 1, 2, 3, 4),$$

因此，

$$\left(h\frac{\partial}{\partial x}+k\frac{\partial}{\partial y}\right)f(0, 0)=hf'_x(0, 0)+kf'_y(0, 0)=h+k,$$

$$\left(h\frac{\partial}{\partial x}+k\frac{\partial}{\partial y}\right)^2 f(0, 0)=h^2f''_{xx}(0, 0)+2hkf''_{xy}(0, 0)+k^2f''_{yy}(0, 0)$$
$$=-(h+k)^2,$$

$$\left(h\frac{\partial}{\partial x}+k\frac{\partial}{\partial y}\right)^3 f(0, 0)=\sum_{p=0}^{3}C_3^p h^p k^{3-p}\frac{\partial^3 f}{\partial x^p\partial y^{3-p}}\Big|_{(0, 0)}=2(h+k)^3,$$

又$f(0, 0)=0$，并将$h=x$，$k=y$代入三阶泰勒公式，得

$$\ln(1+x+y)=x+y-\frac{1}{2}(x+y)^2+\frac{1}{3}(x+y)^3+R_3,$$

其中，$R_3=\dfrac{1}{4!}\left(h\dfrac{\partial}{\partial x}+k\dfrac{\partial}{\partial y}\right)^4 f(\theta h, \theta k)\Big|_{\substack{h=x\\k=y}}=-\dfrac{1}{4}\cdot\dfrac{(x+y)^4}{(1+\theta x+\theta y)^4}(0<\theta<1)$.

习题 8.9

1. 求函数$f(x, y)=2x^2-xy-y^2-6x-3y+5$在点(1, −2)的泰勒公式.
2. 求函数$f(x, y)=e^x\ln(1+y)$在点(0, 0)的三阶泰勒公式.
3. 求函数$f(x, y)=x^y$在点(1, 1)的三阶泰勒公式，并利用结果计算$1.1^{1.02}$的近似值.

4. 求函数 $f(x, y)=e^{x+y}$ 在点（0，0）的 n 阶泰勒公式.

8.10* 最小二乘法

在许多工程问题中，常常需要根据两个变量的几组实验数据，来找出这两个变量的函数关系的近似表达式. 通常把这样得到的函数的近似表达式叫做经验公式. 建立经验公式的一个常用方法就是最小二乘法. 下面用两个变量有线性关系的情形来说明.

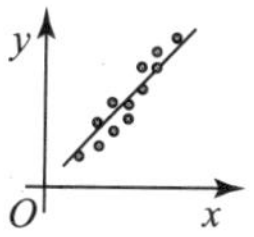

图 8.21

设已知某一对变量 x 与 y 的一列实验数据 $(x_k, y_k)(k=0, 1, \cdots, n)$，若它们几乎分布在一条直线上（见图 8.21），则认为 x 与 y 之间存在着线性关系，设直线方程为

$$y=ax+b,$$

其中，a 与 b 为待定参数.

实测值 y_k 与理论值 $y_k'=ax_k+b$ 之间的偏差为 $d_k=|y_k-ax_k-b|$. 现在要求 a 与 b，使偏差的平方和

$$S=\sum_{k=0}^{n}(y_k-ax_k-b)^2$$

最小. 这种通过偏差平方和最小来求直线方程的方法叫做最小二乘法.

下面用求二元函数极值的方法来求 a 与 b 的值.

因为 S 是 a、b 的二元函数，所以有

$$S_a'=-2\sum_{k=0}^{n}(y_k-ax_k-b)x_k=0, S_b'=-2\sum_{k=0}^{n}(y_k-ax_k-b)=0,$$

整理得

$$\begin{cases}\left(\sum_{k=0}^{n}x_k^2\right)a+\left(\sum_{k=0}^{n}x_k\right)b=\sum_{k=0}^{n}x_ky_k \\ \left(\sum_{k=0}^{n}x_k\right)a+(n+1)b=\sum_{k=0}^{n}y_k\end{cases}, \tag{8.13}$$

解此线性方程组即可得 a 与 b.

例 1 为了测定刀具的磨损速度，每隔 1 小时测一次刀具的厚度，得实验数据如下：

i	0	1	2	3	4	5	6	7
t_i/h	0	1	2	3	4	5	6	7
y_i/mm	27.0	26.8	26.5	26.3	26.1	25.7	25.3	24.8

解 通过在坐标纸上描点可看出它们大致在一条直线上，见图 8.22，故可设经验公式为

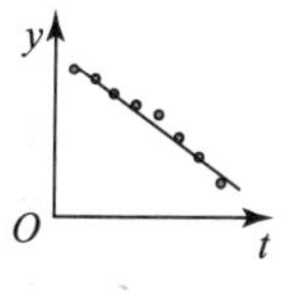

图 8.22

$$y=at+b,$$

列表计算：

	t_i	t_i^2	y_i	$y_i t_i$
	0	0	27.0	0
	1	1	26.8	26.8
	2	4	26.5	53.0
	3	9	26.3	78.9
	4	16	26.1	104.4
	5	25	25.7	128.5
	6	36	25.3	151.8
	7	49	24.8	173.6
$\sum$	28	140	208.5	717.0

代入（8.13）式，得

$$\begin{cases}140a+28b=717\\28a+8b=208.5\end{cases},$$

解此方程组，得 $a=-0.3036$，$b=27.125$.

故所求经验公式为 $y=f(t)=-0.3036t+27.125$.

习题 8.10

1. 某种合金的含铅量百分比为 p，其熔解温度为 θ，由实验测得 p 与 θ 的数据如下表：

p/%	36.9	46.7	63.7	77.8	84.0	87.5
θ/℃	181	197	235	270	283	292

试用最小二乘法建立 θ 与 p 之间的经验公式 $\theta=ap+b$.

本章小结

一、教学内容

二、教学重难点

（1）偏导数的计算，偏导数的几何意义；
（2）多元复合函数偏导数求法（链式法则）；
（3）多元隐函数的偏导数；
（4）多元函数的全微分；
（5）多元函数的最值与极值.

总习题八

一、选择题

1. 二元函数 $f(x,y)=\begin{cases}\dfrac{\sin(xy)}{y(1+x^2)}, & y\neq 0\\ 0, & y=0\end{cases}$ 在点 $(0,0)$ 处（　　）.

A. 连续　　B. 间断　　C. 第一类间断点　　D. 第二类间断点

2. 过点 $P(1,0,1)$ 且与两直线 L_1：$\dfrac{x}{1}=\dfrac{y+1}{1}=\dfrac{z+1}{0}$ 和 L_2：$\dfrac{x-1}{1}=\dfrac{y-2}{0}=\dfrac{z-3}{1}$ 都相交的直线的方向向量可取为（　　）.

A. $(-1,1,2)$　　B. $(-1,1,-2)$

C. $(1,1,-2)$　　D. $(1,1,2)$

3. 空间曲线 $\begin{cases}x^2+y^2+z^2=6\\ x+y+z=0\end{cases}$ 在点 $(1,-2,1)$ 处的切线必平行于（　　）.

A. xOy 平面　　B. yOz 平面　　C. zOx 平面　　D. $x+y-z=0$

4. 函数 $z=x^2-y^2$ 在点 $P(1,1)$ 沿与 x 轴的正方向成 $60°$ 的方向导数为（　　）.

A. $1-\sqrt{3}$　　B. 1　　C. $-\sqrt{3}$　　D. $\sqrt{3}-1$

5. 函数 $u=2x^3y-3y^2z$ 在点 $P(1,2,-1)$ 处的梯度的模为（　　）.

A. 22　　B. 12　　C. 2　　D. 24

二、解答题

1. 求下列函数的极限.

(1) $\lim\limits_{(x,y)\to(0,2)}\left[\dfrac{\sin(xy)}{x}+(x+y)^2\right]$；　　(2) $\lim\limits_{(x,y)\to(0,0)}(x+y)\sin\dfrac{1}{x^2+y^2}$.

2. 已知 $f(x+y,x-y)=x^2-y^2+\varphi(x+y)$，且 $f(x,0)=x$，求 $f(x,y)$.

3. 求下列函数的一阶偏导数.

(1) $z=x\ln(xy)$；　　(2) $z=(1+xy)^y$.

4. 求 $z=\sin^2(x+y)$ 的二阶偏导数.

5. 求函数 $z=\ln\sqrt{1+x^2+y^2}$ 在点 $(1,2)$ 处的全微分.

6. 求由下列方程所确定的隐函数的导数.

(1) 设 $\ln\sqrt{x^2+y^2}=\arctan\dfrac{y}{x}$，求 $\dfrac{dy}{dx}$；

(2) 设 $\dfrac{x}{z}=\ln\dfrac{z}{y}$，求 $\dfrac{\partial z}{\partial x}$，$\dfrac{\partial z}{\partial y}$.

7. 设 $z=xy+xf(u)$，而 $u=\dfrac{y}{x}$，$f(u)$ 为可导函数，证明 $x\dfrac{\partial z}{\partial x}+y\dfrac{\partial z}{\partial y}=z+xy$.

8. 设 $z=xf\left(\dfrac{y^2}{x}\right)$，其中 f 二阶连续可微，求 $\dfrac{\partial^2 z}{\partial x\partial y}$.

9. 设 $u=f(x,y,z)$ 具有连续的一阶偏导数，函数 $y=y(x)$ 及 $z=z(x)$ 分别由以下两式确定：$e^{xy}-xy=2$，$e^{x}=\int_{0}^{x-z}\frac{\sin t}{t}\mathrm{d}t$，求 $\frac{\mathrm{d}u}{\mathrm{d}x}$.

10. 在曲面 $z=xy$ 上求一点，使这点处的法线垂直于平面 $x+3y+z+9=0$，并写出法线的方程.

11. 求旋转抛物面 $z=x^2+y^2$ 与平面 $x+y-2z=2$ 之间的最短距离.

12. 求曲线 $y=\ln x$ 与直线 $x-y+1=0$ 之间的最短距离.

13. 在第一卦限内作椭球面 $\frac{x^2}{a^2}+\frac{y^2}{b^2}+\frac{z^2}{c^2}=1$ 的切平面，使该切平面与三坐标面所围成的四面体的体积最小. 求该切平面的切点，并求此最小体积.

第九章 重积分

在一元函数积分学中我们知道，定积分是某种确定形式的和的极限．若把积分概念从积分范围为数轴上的一个区间的情形推广到积分范围为平面或空间内的一个闭区域的情形，便得到二重积分和三重积分的概念．本章将介绍重积分（包括二重积分和三重积分）的概念、计算方法及它们的一些应用．

9.1 二重积分的概念与性质

一、二重积分的概念

在定积分中，我们曾用“分割、近似求和、取极限”的方法来求曲边梯形的面积和变速直线运动的路程，以此引出定积分的概念．现在用同样的思想方法，引出二重积分的概念．

1. 两个引例

（1）曲顶柱体的体积

设有一空间立体 Ω，它的底是 xOy 面上的有界区域 D，它的侧面是以 D 的边界曲线为准线而母线平行于 z 轴的柱面，它的顶是曲面 $z=f(x, y)$，其中 $f(x, y)$ 在 D 上连续且 $f(x, y)\geqslant 0$（图 9.1）．以后称这种立体为**曲顶柱体**．

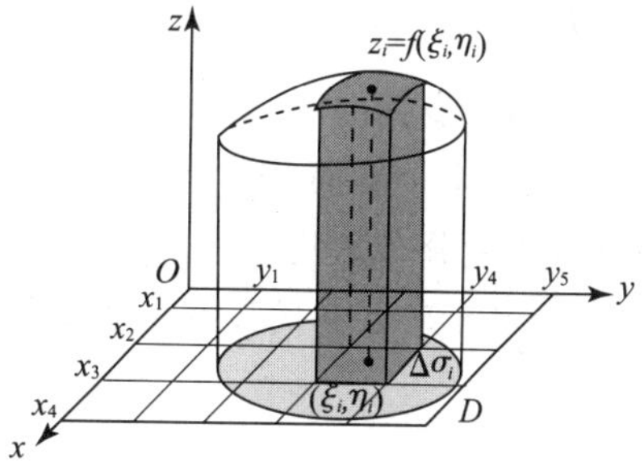

图 9.1

下面我们来讨论如何计算这个曲顶柱体的体积 V．

如果曲顶柱体的顶是个平面，则称曲顶柱体为**平顶柱体**．显然，平顶柱体的高是不变的，它的体积可用公式

$$\text{体积}=\text{高}\times\text{底面积}$$

来定义和计算．而曲顶柱体的高 $f(x, y)$ 是个变量，它的体积不能用通常的体积公式来定义和计算，但如果回忆起求曲边梯形面积的问题，就不难想到，那里所采用的解决办法，原则上可以用来解决现在的问题．

第一步：用一族曲线网将区域 D 任意分割成 n 个小区域 $\Delta\sigma_1$，$\Delta\sigma_2$，$\cdots$，$\Delta\sigma_n$，仍然用 $\Delta\sigma_i$ 表示第 i 个小区域的面积．

第二步：分别以这些小区域的边界为准线，作母线平行于 z 轴的柱面，这些柱面将原来的曲顶柱体分为 n 个小的曲顶柱体，其体积记为 ΔV_i $(i=1, 2, \cdots, n)$. 当这些小闭区域的直径（指区域上任意两点间距离的最大者）很小时，由于 $f(x, y)$ 连续，同一个小闭区域上的高 $f(x, y)$ 变化很小，此时每一个小曲顶柱体都可近似看做平顶柱体. 我们在每个 $\Delta\sigma_i$ 内任取一点 (ξ_i, η_i)，用高为 $f(\xi_i, \eta_i)$、底为 $\Delta\sigma_i$ 的平顶柱体的体积 $f(\xi_i, \eta_i)\cdot\Delta\sigma_i$ 来近似代替 ΔV_i，即

$$\Delta V_i \approx f(\xi_i, \eta_i)\cdot\Delta\sigma_i (i=1, 2, \cdots, n),$$

从而

$$V=\sum_{i=1}^{n}\Delta V_i \approx \sum_{i=1}^{n} f(\xi_i, \eta_i)\cdot\Delta\sigma_i.$$

第三步：将这 n 个小闭区域直径中的最大值记为 λ，则 $\lambda\to 0$ 表示对区域 D 无限细分，以至于每个小区域缩成一个点，这时，上述和式的极限就表示曲顶柱体的体积，即

$$V=\lim_{\lambda\to 0}\sum_{i=1}^{n} f(\xi_i, \eta_i)\cdot\Delta\sigma_i.$$

（2）平面薄板的质量

设有一平面薄板占有 xOy 面上的闭区域 D，假设薄板的质量分布不均匀，记点 (x, y) 处的面密度为 $\rho(x, y)$，其中 $\rho(x, y)\geqslant 0$ 且在 D 上连续. 现在要计算该薄板的质量 M.

如果薄板是均匀的，即面密度是常数，则薄板的质量可用公式

质量＝面密度×面积

来计算. 而现在面密度 $\rho(x, y)$ 是变量，薄板的质量就不能直接用上式来计算. 但是上面用来处理曲顶柱体体积问题的方法完全适用于本问题.

第一步：将平面薄板所占的区域任意分割成 n 个小区域 $\Delta\sigma_1, \Delta\sigma_2, \cdots, \Delta\sigma_n$，仍用 $\Delta\sigma_i$ 表示第 i 个小区域的面积，由此大的平面薄板被划分为 n 个小平面薄板（图 9.2），其质量记为 $\Delta M_i (i=1, 2, \cdots, n)$，则 $M=\sum\limits_{i=1}^{n}\Delta M_i$.

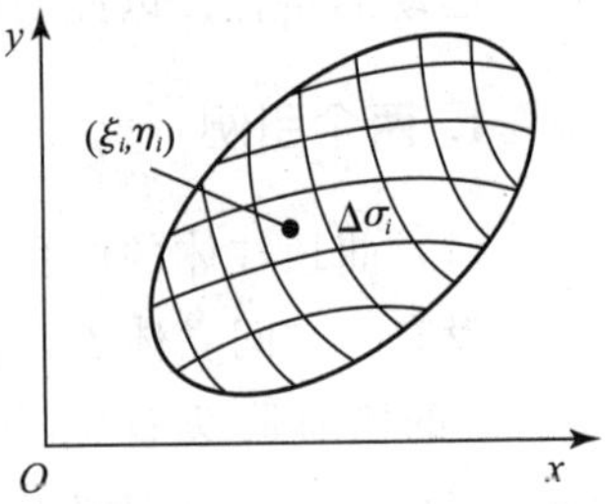

图 9.2

第二步：由于 $\rho(x, y)$ 连续，当 $\Delta\sigma_i$ 的直径很小时，$\rho(x, y)$ 在每个小平面薄板上的变化也很小，这些小平面薄板可近似看做质量分布是均匀的. 在 $\Delta\sigma_i$ 内任取一点 (ξ_i, η_i)，以 $\rho(\xi_i, \eta_i)\cdot\Delta\sigma_i$ 来近似代替该小平面薄板的质量，即

$$\Delta M_i \approx \rho(\xi_i, \eta_i)\cdot\Delta\sigma_i (i=1, 2\cdots, n),$$

于是

$$M\approx\sum_{i=1}^{n}\rho(\xi_i, \eta_i)\cdot\Delta\sigma_i.$$

第三步：仍用 λ 表示所有小区域中直径的最大值，则平面薄板的质量可表示为

$$M=\lim_{\lambda\to 0}\sum_{i=1}^{n}\rho(\xi_i, \eta_i)\cdot\Delta\sigma_i.$$

上面两个问题的实际意义虽然不同，但所求量都归结为同一形式的和的极限. 在物理、力学、几何和工程技术中，有许多量都可归结为这一形式的和的极限. 因此，我们要一般地研究这种和的极限，并抽象出下述二重积分的定义.

2. 二重积分的定义

定义 1 设 $f(x, y)$ 是有界闭区域 D 上的有界函数，将闭区域 D 任意分成 n 个小闭区域 $\Delta\sigma_1$，$\Delta\sigma_2$，…，$\Delta\sigma_n$，第 i 个小区域 $\Delta\sigma_i$ 的面积仍记为 $\Delta\sigma_i$，在每个 $\Delta\sigma_i$ 上任取一点 (ξ_i, η_i)，作乘积 $f(\xi_i, \eta_i)\cdot\Delta\sigma_i$，并作和式

$$\sum_{i=1}^{n} f(\xi_i, \eta_i)\cdot\Delta\sigma_i,$$

记 λ 为所有小闭区域中直径的最大值，若当 $\lambda\to 0$ 时，这个和式的极限存在，且极限值与对区域 D 的分法及点 (ξ_i, η_i) 在 $\Delta\sigma_i$ 上的取法无关，则称此极限值为函数 $z=f(x, y)$ 在闭区域 D 上的二重积分，记为 $\iint\limits_D f(x, y)\,\mathrm{d}\sigma$，即

$$\iint\limits_D f(x,y)\,\mathrm{d}\sigma = \lim_{\lambda\to\infty}\sum_{i=1}^{n} f(\xi_i, \eta_i)\cdot\Delta\sigma_i,$$

其中 $f(x, y)$ 称为**被积函数**，$f(x, y)\,\mathrm{d}\sigma$ 称为**被积表达式**，$\mathrm{d}\sigma$ 称为**面积元素**，x 与 y 称为**积分变量**，D 称为**积分区域**，$\sum\limits_{i=1}^{n} f(\xi_i. \eta_i)\Delta\sigma_i$ 称为**积分和**，此时也称 $f(x, y)$ 在 D 上**可积**.

可以证明，若函数 $f(x, y)$ 在有界闭区域 D 上连续，则 $f(x, y)$ 在 D 上可积. 以后我们总假定 $f(x, y)$ 在闭区域 D 上的二重积分存在.

由二重积分的定义知，引例（1）中的曲顶柱体的体积 V 与引例（2）中的平面薄板的质量 M 可表示为

$$V=\iint\limits_D f(x, y)\,\mathrm{d}\sigma \text{ 和 } M=\iint\limits_D \rho(x, y)\,\mathrm{d}\sigma.$$

3. 二重积分的几何意义

当在 D 上 $f(x, y)\geqslant 0$ 时，$\iint\limits_D f(x, y)\,\mathrm{d}\sigma$ 表示曲面 $z=f(x, y)$ 在区域 D 上所对应的曲顶柱体的体积. 当在 D 上 $f(x, y)\leqslant 0$ 时，相应的曲顶柱体就在 xOy 平面下方，二重积分 $\iint\limits_D f(x, y)\,\mathrm{d}\sigma$ 就等于该曲顶柱体的体积的负值. 当 $z=f(x, y)$ 在 D 上的某部分区域上是正的，而在其余部分区域上是负的，那么二重积分 $\iint\limits_D f(x, y)\,\mathrm{d}\sigma$ 就等于这些部分区域上相应的曲顶柱体体积的代数和.

二、二重积分的性质

设 $f(x, y)$，$g(x, y)$ 可积，则二重积分与定积分有相似的性质.

性质 1 $\iint\limits_D kf(x, y)\,\mathrm{d}\sigma=k\iint\limits_D f(x, y)\,\mathrm{d}\sigma$（$k$ 为常数）.

性质 2 $\iint\limits_D [f(x, y)\pm g(x, y)]\,\mathrm{d}\sigma = \iint\limits_D f(x,y)\,\mathrm{d}\sigma \pm \iint\limits_D g(x, y)\,\mathrm{d}\sigma.$

性质 3 如果积分区域 D 被一条曲线分为两个区域 D_1 和 D_2，则

$$\iint_D f(x, y)\mathrm{d}\sigma=\iint_{D_1} f(x, y)\mathrm{d}\sigma+\iint_{D_2} f(x, y)\mathrm{d}\sigma.$$

这一性质表明二重积分对积分区域具有可加性，并能推广到积分区域 D 被有限条曲线分为有限个部分闭区域的情形.

性质 4 如果在 D 上有 $f(x, y)\equiv 1$，σ 为 D 的面积，则

$$\iint_D f(x, y)\mathrm{d}\sigma=\iint_D \mathrm{d}\sigma=\sigma.$$

这性质的几何意义很明显，高为 1 的平顶柱体的体积在数值上就等于柱体的底面积.

性质 5 如果在 D 上有 $f(x, y)\leqslant g(x, y)$，则

$$\iint_D f(x, y)\mathrm{d}\sigma\leqslant\iint_D g(x, y)\mathrm{d}\sigma.$$

该性质称为二重积分的单调性. 显然，若在 D 上恒有 $f(x, y)\geqslant 0$，则 $\iint\limits_D f(x, y)\mathrm{d}\sigma\geqslant 0$. 又由于在 D 上有

$$-|f(x, y)|\leqslant f(x, y)\leqslant|f(x, y)|,$$

可得到二重积分的绝对值不等式

$$\left|\iint_D f(x, y)\mathrm{d}\sigma\right|\leqslant\iint_D |f(x, y)|\mathrm{d}\sigma.$$

性质 6 设 m、M 分别是 $f(x, y)$ 在 D 上的最小值和最大值，σ 为 D 的面积，

$$m\sigma\leqslant\iint_D f(x, y)\mathrm{d}\sigma\leqslant M\sigma.$$

这一性质称为二重积分的估值定理.

性质 7 设 $f(x, y)$ 在闭区域 D 上连续，σ 为 D 的面积，则至少存在一点 $(\xi, \eta)\in D$，使得

$$\iint_D f(x, y)\mathrm{d}\sigma=f(\xi, \eta)\cdot\sigma.$$

证 显然 $\sigma\neq 0$，把性质 6 中的不等式各边除以 σ，得

$$m\leqslant\frac{1}{\sigma}\iint_D f(x, y)\mathrm{d}\sigma\leqslant M.$$

这表明，确定的数值 $\frac{1}{\sigma}\iint\limits_D f(x, y)\mathrm{d}\sigma$ 是介于函数 $f(x, y)$ 的最小值 m 和最大值 M 之间的. 由闭区域上连续函数的介值定理知，至少存在一点 $(\xi, \eta)\in D$，使得

$$\frac{1}{\sigma}\iint_D f(x, y)\mathrm{d}\sigma=f(\xi, \eta).$$

上式两端各乘以 σ，便得所要证明的式子.

该性质称为二重积分的中值定理. 其几何意义为：当 $f(x, y)\geqslant 0$ 时，在闭区域 D 上以曲面 $z=f(x, y)$ 为顶的曲顶柱体的体积等于闭区域 D 上以 $f(\xi, \eta)$ 为高的平顶柱体体积，$f(\xi, \eta)$ 实际上是该曲顶柱体的平均高.

例 1　设 D 为 $(x-2)^2+(y-2)^2\leqslant 2$，$I_1=\iint\limits_D (x+y)^4\mathrm{d}\sigma$，$I_2=\iint\limits_D (x+y)\mathrm{d}\sigma$，$I_3=\iint\limits_D (x+y)^2\mathrm{d}\sigma$，则 I_1、I_2、I_3 的大小顺序如何？

解　在 D 上，由于 $x+y>1$，故

$$(x+y)^4>(x+y)^2>(x+y),$$

由性质 5，得

$$I_2<I_3<I_1.$$

例 2　估计二重积分 $I=\iint\limits_D (x^2+4y^2+9)\mathrm{d}\sigma$ 的值，其中 D 是圆域 $x^2+y^2\leqslant 4$.

解　设 $f(x,y)=x^2+4y^2+9$，由于它在闭区域 D 上连续，故 $f(x,y)$ 在 D 上必有最大值 M 和最小值 m，解方程组 $\begin{cases} f'_x=2x=0 \\ f'_y=8y=0 \end{cases}$，得驻点 $(0,0)$，且 $f(0,0)=9$；

在 D 的边界上，$f(x,y)=x^2+4(4-x^2)+9=25-3x^2$，因为 $-2\leqslant x\leqslant 2$，故

$$13\leqslant f(x,y)\leqslant 25,$$

所以

$$M=25,\ m=9,$$

而 D 的面积为 4π，于是有

$$36\pi\leqslant I\leqslant 100\pi.$$

习题 9.1

1. 不经计算，利用二重积分的性质，判断下列二重积分的正负号.

（1）$I=\iint\limits_D y^2x\mathrm{e}^{-xy}\mathrm{d}\sigma$，其中 D：$0\leqslant x\leqslant 1$，$-1\leqslant y\leqslant 0$；

（2）$I=\iint\limits_D \ln(1-x^2-y^2)\mathrm{d}\sigma$，其中 D：$x^2+y^2\leqslant \frac{1}{4}$；

（3）$I=\iint\limits_D \ln(x^2+y^2)\mathrm{d}\sigma$，其中 D：$|x|+|y|\leqslant 1$.

2. 利用二重积分的性质，比较下列二重积分的大小.

（1）$I_1=\iint\limits_D (x+y)^5\mathrm{d}\sigma$，$I_2=\iint\limits_D (x+y)^4\mathrm{d}\sigma$，其中 D 为圆域 $(x-2)^2+(y-1)^2=2$；

（2）$I_1=\iint\limits_D [\ln(x+y)^3]\mathrm{d}\sigma$，$I_2=\iint\limits_D [\sin(x+y)^3]\mathrm{d}\sigma$，其中 D 由直线 $x=0$，$y=0$，$x+y=\frac{1}{2}$，$x+y=1$ 围成.

3. 利用二重积分的性质估计下列二重积分的值.

（1）$I_1=\iint\limits_D (x+y+5)\mathrm{d}\sigma$，其中 D 是矩形闭区域：$0\leqslant x\leqslant 1$，$0\leqslant y\leqslant 2$；

（2）$I_2=\iint\limits_D \sin(x^2+y^2)\mathrm{d}\sigma$，其中 D 是圆环域：$\frac{\pi}{4}\leqslant x^2+y^2\leqslant \frac{3\pi}{4}$；

（3）$I_3=\iint\limits_D xy(x+y)\mathrm{d}\sigma$，其中 D 是矩形闭区域：$0\leqslant x\leqslant 1$，$0\leqslant y\leqslant 1$.

4. 利用二重积分的几何意义，不经计算直接给出下列二重积分的值.

(1) $\iint\limits_D \mathrm{d}\sigma$，其中 D 为圆域 $x^2+(y-2)^2\leqslant 4$；

(2) $\iint\limits_D \sqrt{R^2-x^2-y^2}\,\mathrm{d}\sigma$，其中 D 为圆域 $x^2+y^2\leqslant R^2$.

9.2 二重积分的计算

按照二重积分的定义来计算二重积分，对少数特别简单的被积函数和积分区域来说是可行的，但对一般的函数和积分区域来说将非常复杂. 本节介绍一种计算二重积分的方法，其基本思想是将二重积分化为两次定积分的二次积分来计算.

一、二重积分在直角坐标系下的计算

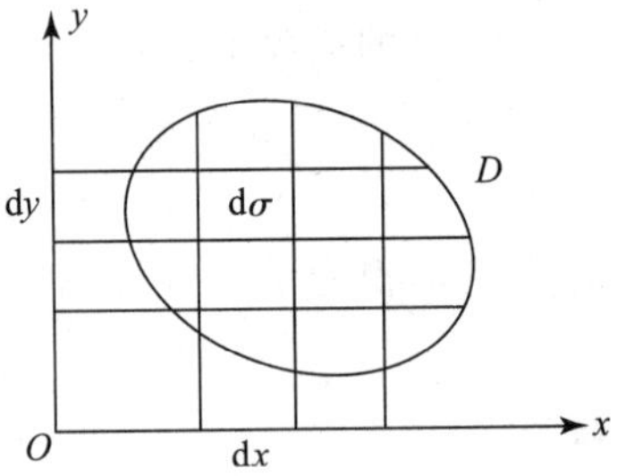

图 9.3

二重积分 $\iint\limits_D f(x,y)\mathrm{d}\sigma$ 中的面积元素 $\mathrm{d}\sigma$ 象征着积分和式中的 $\Delta\sigma_i$. 由于二重积分的定义中对闭区域 D 的划分是任意的，在直角坐标系下，若用一组平行于坐标轴的直线来划分区域 D，那么除了靠近边界曲线的一些小区域之外，绝大多数的小区域都是矩形（图 9.3）. 因此，在直角坐标系中，有时也把面积元素 $\mathrm{d}\sigma$ 记作 $\mathrm{d}x\mathrm{d}y$，此时二重积分记为

$$\iint\limits_D f(x,y)\mathrm{d}x\mathrm{d}y,$$

其中，$\mathrm{d}x\mathrm{d}y$ 称为直角坐标系下的面积元素.

二重积分的值除了与被积函数 $f(x,y)$ 有关外，还与积分区域有关. 下面我们根据积分区域的特点来讨论二重积分的计算方法.

1. X 型区域

设积分区域 $D=\{(x,y)\mid\varphi_1(x)\leqslant y\leqslant\varphi_2(x),\ a\leqslant x\leqslant b\}$（图 9.4），其中 $\varphi_1(x)$，$\varphi_2(x)$ 在 $[a,b]$ 上连续. 这种形状的区域称为 X 型区域，其特点是：D 在 x 轴上的投影区间为 $[a,b]$，过区间 (a,b) 中任一点作平行于 y 轴的直线，它与 D 的边界至多有两个交点.

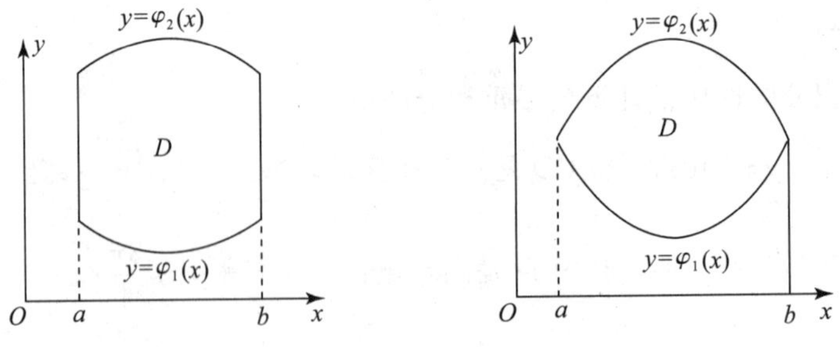

图 9.4

设二元函数 $z=f(x,y)$ 在 D 上连续非负的. 我们知道二重积分 $\iint\limits_D f(x,y)\mathrm{d}\sigma$ 就是以曲面 $z=f(x,y)$ 为顶，以 D 为底的曲顶柱体的体积. 下面我们应用第五章中计算"平行截面面积已知的立体的体积"的方法来计算这个曲顶柱体的体积.

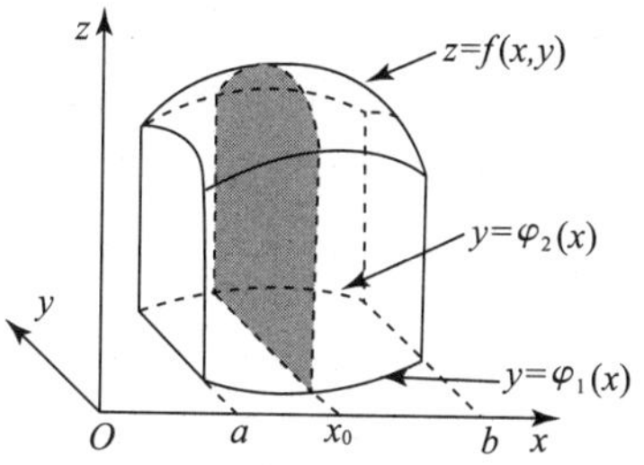

图 9.5

在区间 $[a,b]$ 上任意取定一点 x_0，作平行于 yOz 面的平面 $x=x_0$. 该平面截曲顶柱体所得截面是一个以区间 $[\varphi_1(x_0),\varphi_2(x_0)]$ 为底、以曲线 $z=f(x_0,y)$ 为曲边的曲边梯形（图 9.5），由定积分的定义，此截面的面积为

$$A(x_0)=\int_{\varphi_1(x_0)}^{\varphi_2(x_0)} f(x_0,y)\mathrm{d}y.$$

一般地，过区间 $[a,b]$ 上任一点 x 且平行于 yOz 面的平面截曲顶柱体所得截面的面积为

$$A(x)=\int_{\varphi_1(x)}^{\varphi_2(x)} f(x,y)\mathrm{d}y,$$

从而，应用计算平行截面面积已知的立体体积的方法，得曲顶柱体的体积为

$$V=\int_a^b A(x)\mathrm{d}x=\int_a^b\left[\int_{\varphi_1(x)}^{\varphi_2(x)} f(x,y)\mathrm{d}y\right]\mathrm{d}x.$$

这个体积也就是所求二重积分的值，从而有等式

$$\iint\limits_D f(x,y)\mathrm{d}\sigma=\int_a^b\left[\int_{\varphi_1(x)}^{\varphi_2(x)} f(x,y)\mathrm{d}y\right]\mathrm{d}x.$$

上式右端的积分叫做**先对** y，**后对** x **的二次积分或累次积分**. 它表示先将 x 看做常数，把 $f(x,y)$ 只看做 y 的函数，对 y 计算从 $\varphi_1(x)$ 到 $\varphi_2(x)$ 的定积分，得到关于 x 的一元函数，再求此函数由 a 到 b 的定积分. 这个先对 y 后对 x 的二次积分公式也常记作

$$\iint\limits_D f(x,y)\mathrm{d}\sigma=\int_a^b\mathrm{d}x\int_{\varphi_1(x)}^{\varphi_2(x)} f(x,y)\mathrm{d}y. \tag{9.1}$$

在上述讨论中，我们假定 $f(x,y)$ 在 D 上非负. 事实上，只要 $f(x,y)$ 是连续函数，(9.1) 式也是成立的.

2. Y 型区域

设积分区域 $D=\{(x,y)\mid\psi_1(y)\leqslant x\leqslant\psi_2(y),\ c\leqslant y\leqslant d\}$（图 9.6），其中 $\psi_1(y)$，$\psi_2(y)$ 在区间 $[c,d]$ 上连续. 这种形状的区域称为 Y 型区域，其特点为：D 在 y 轴上的投影区间为 $[c,d]$，过区间 (c,d) 内一点作平行于 x 轴的直线，它与 D 的边界至多有两个交点. 类似地，有

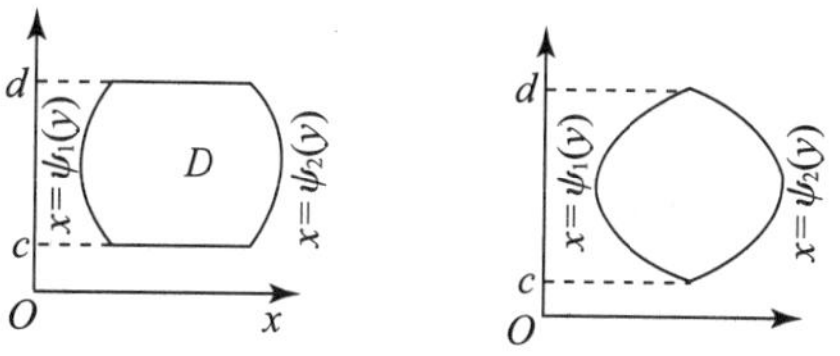

图 9.6

$$\iint\limits_D f(x,y)\mathrm{d}x\mathrm{d}y=\int_c^d\left[\int_{\psi_1(y)}^{\psi_2(y)} f(x,y)\mathrm{d}x\right]\mathrm{d}y.$$

上式右端的积分叫做先对 x，后对 y 的二次积分或累次积分. 这个积分公式也常记作

$$\iint\limits_D f(x,y)\mathrm{d}x\mathrm{d}y=\int_c^d\mathrm{d}y\int_{\psi_1(y)}^{\psi_2(y)} f(x,y)\mathrm{d}x. \tag{9.2}$$

3. 既非 X 型又非 Y 型区域

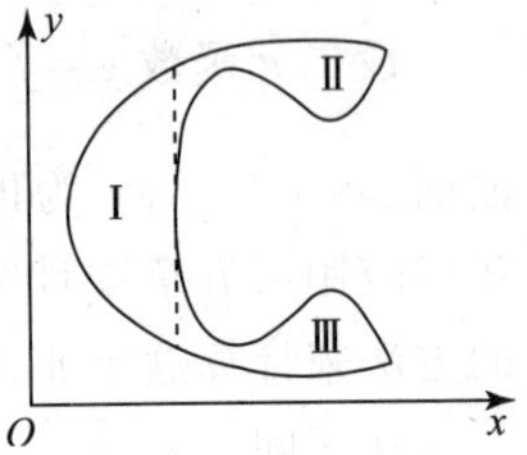

图 9.7

如果积分区域 D 既不是 X 型区域又不是 Y 型区域，则需用平行于 x 轴或 y 轴的直线将区域 D 分割成若干个 X 型或 Y 型的小区域. 例如，图 9.7 中的区域 D 分成了 D_1，D_2，D_3 三个 X 型区域，由二重积分对积分区域的可加性可得

$$\iint_D f(x,y)\mathrm{d}\sigma=\iint_{D_1} f(x,y)\mathrm{d}\sigma+\iint_{D_2} f(x,y)\mathrm{d}\sigma+\iint_{D_3} f(x,y)\mathrm{d}\sigma.$$

上式右端的三个二重积分都可用公式（9.1）来计算.

4. 既 X 型又是 Y 型区域

如果积分区域 D 既是 X 型区域，可用不等式 $\varphi_1(x)\leqslant y\leqslant\varphi_2(x)$，$a\leqslant x\leqslant b$ 表示；又是 Y 型区域，可用不等式 $\psi_1(y)\leqslant x\leqslant\psi_2(y)$，$c\leqslant y\leqslant d$ 表示（图 9.8），则由公式（9.1）及公式（9.2）可得

$$\int_a^b\mathrm{d}x\int_{\varphi_1(x)}^{\varphi_2(x)}f(x,y)\mathrm{d}y=\int_c^d\mathrm{d}y\int_{\psi_1(y)}^{\psi_2(y)}f(x,y)\mathrm{d}x.$$

上式表明二次积分可以交换积分次序，但在交换积分次序时，必须先绘出积分区域，然后重新确定两个积分的上、下限.

注意：将二重积分化为二次积分时，关键是确定积分限，而积分限是由积分区域确定的，所以在计算二重积分时，应首先画出积分区域 D 的图形. 假如积分区域 D 为 X 型，如图 9.9，在 $[a,b]$ 上任取一点 x，积分区域上以 x 为横坐标的点在一直线段上，此直线段平行于 y 轴，该直线段上点的纵坐标从 $\varphi_1(x)$ 变到 $\varphi_2(x)$，$\varphi_1(x)$ 和 $\varphi_2(x)$ 就是公式中将 x 看作常数而对 y 积分时的下限和上限；对 x 积分时，由于 x 在 $[a,b]$ 内是任取的，因此 x 的积分区间为 $[a,b]$.

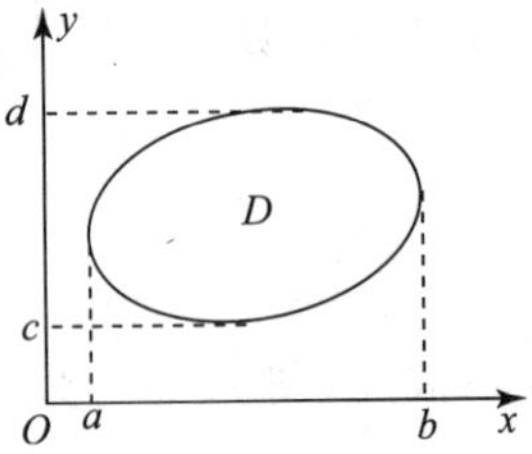

图 9.8

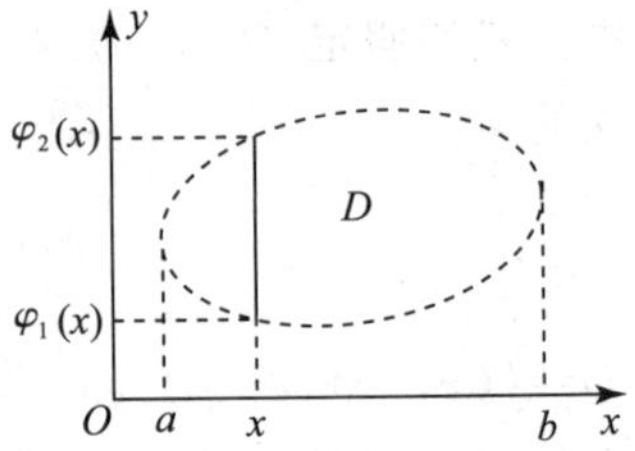

图 9.9

例 1 计算 $\iint_D y\sqrt{1+x^2-y^2}\,\mathrm{d}\sigma$，其中 D 是由直线 $y=1$，$x=-1$，$y=x$ 所围成.

解 积分区域 D 如图 9.10 所示，既是 X 型区域，又是 Y 型区域.

若将 D 看作 X 型区域，在 $[-1,1]$ 内任取点 x，则在以 x 为横坐标的直线段上的点，其纵坐标从 $y=x$ 变到 $y=1$，因此有

$$\iint_D y\sqrt{1+x^2-y^2}\,\mathrm{d}\sigma=\int_{-1}^1\mathrm{d}x\int_x^1 y\sqrt{1+x^2-y^2}\,\mathrm{d}y$$

$$=-\frac{1}{3}\int_{-1}^1(1+x^2-y^2)^{\frac{3}{2}}\Big|_x^1\mathrm{d}x$$

$$=-\frac{1}{3}\int_{-1}^{1}(|x|^3-1)\,dx$$

$$=\frac{1}{2}.$$

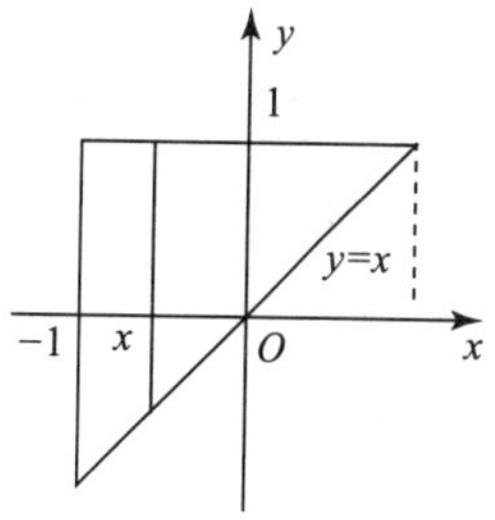

图 9.10

若把 D 看作 Y 型区域，如图 9.11，则有

$$\iint\limits_D y\sqrt{1+x^2-y^2}\,d\sigma=\int_{-1}^{1}dy\int_{-1}^{y}y\sqrt{1+x^2-y^2}\,dx.$$

其中关于 x 的积分计算较麻烦.

例 2　计算 $I=\iint\limits_D xy\,d\sigma$，其中 D 由抛物线 $y^2=x$ 及直线 $y=x-2$ 围成.

解　积分区域 D 如图 9.12 所示，既是 X 型区域，又是 Y 型区域.

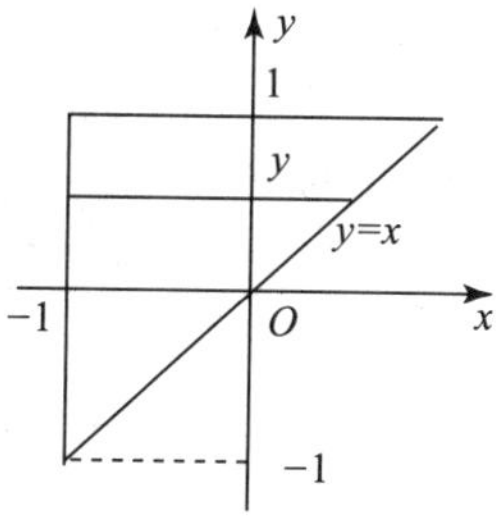

图 9.11

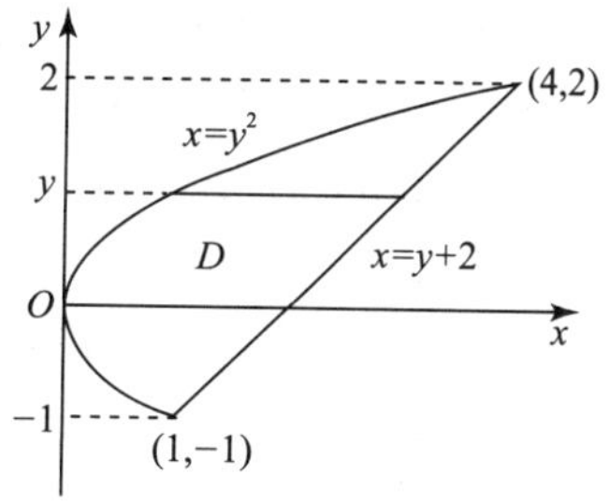

图 9.12

若将 D 看作 Y 型区域，则有

$$I=\int_{-1}^{2}dy\int_{y^2}^{y+2}xy\,dx=\int_{-1}^{2}y\left(\frac{1}{2}x^2\Big|_{y^2}^{y+2}\right)dy$$

$$=\int_{-1}^{2}\frac{1}{2}[y(y+2)^2-y^5]dy$$

$$=\frac{1}{2}\left(\frac{1}{4}y^4+\frac{4}{3}y^3+2y^2-\frac{1}{6}y^6\right)\Big|_{-1}^{2}=\frac{45}{8}.$$

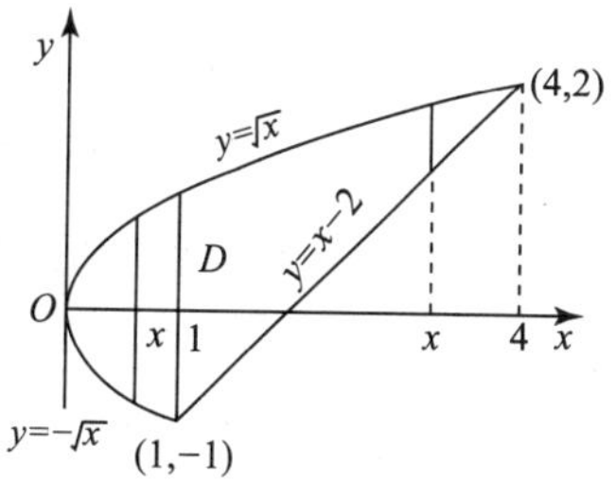

图 9.13

若将 D 看作 X 型区域，如图 9.13 所示则由于在区间 [0，1] 与 [1，4] 上 φ_1（x）的表达式不同，所以要用经过交点（1，−1）且平行于 y 轴的直线 $x=1$ 需将 D 分成 D_1 和 D_2 两部分，其中

$$D_1：0\leqslant x\leqslant 1，-\sqrt{x}\leqslant y\leqslant\sqrt{x},$$

$$D_2：1\leqslant x\leqslant 4，x-2\leqslant y\leqslant\sqrt{x}.$$

根据积分区域的可加性，有

$$I=\iint\limits_{D_1}xy\,d\sigma+\iint\limits_{D_2}xy\,d\sigma$$

$$=\int_0^1dx\int_{-\sqrt{x}}^{\sqrt{x}}xy\,dy+\int_1^4dx\int_{x-2}^{\sqrt{x}}xy\,dy.$$

由此可见，将 D 看作 Y 型区域计算简便些.

上述几个例子说明，在化二重积分为二次积分时，为了计算方便，需要选择恰当的积分次序. 这时，既要考虑积分区域 D 的形状，又要考虑被积函数 $f(x, y)$ 的特性.

例 3 改变下列积分的积分次序.

(1) $\int_0^1 dx\int_0^x f(x, y)dy$；　　(2) $\int_0^1 dx\int_x^{2-x} f(x, y)dy$

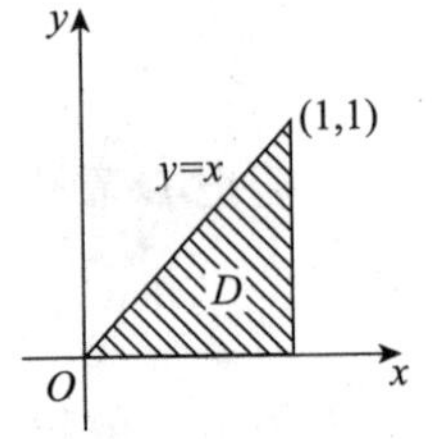

图 9.14

解 (1) 首先画出积分区域 D，如图 9.14 所示，

$$D=\{(x, y)\mid 0\leqslant x\leqslant 1, 0\leqslant y\leqslant x\},$$

积分次序是先对 y 后对 x，现需改为先对 x 后对 y，将区域 D 看作 Y 型区域

$$D=\{(x, y)\mid y\leqslant x\leqslant 1, 0\leqslant y\leqslant 1\},$$

故
$$\int_0^1 dx\int_0^x f(x, y)dy=\int_0^1 dy\int_y^1 f(x,y)dx.$$

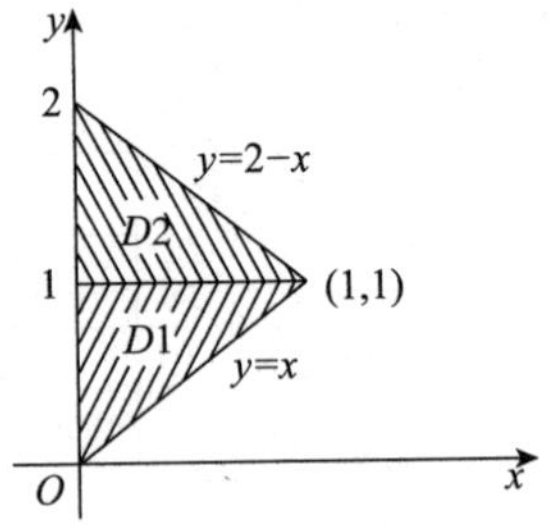

图 9.15

(2) 先画出积分区域 D，如图 9.15 所示，

$$D=\{(x, y)\mid 0\leqslant x\leqslant 1, x\leqslant y\leqslant 2-x\},$$

现需将积分次序变为先对 x 后对 y. 为此，用直线 $y=1$ 将 D 分成 D_1 和 D_2 两部分.

$$D_1=\{(x, y)\mid 0\leqslant x\leqslant y, 0\leqslant y\leqslant 1\},$$
$$D_2=\{(x, y)\mid 0\leqslant x\leqslant 2-y, 1\leqslant y\leqslant 2\},$$

故 $\int_0^1 dx\int_x^{2-x} f(x, y)dy=\int_0^1 dy\int_0^y f(x, y)dx+\int_1^2 dy\int_0^{2-y} f(x, y)dx$.

在定积分中，如果积分区间为对称区间 $[-a, a]$，当被积函数 $f(x)$ 是奇函数时，$\int_{-a}^a f(x)dx=0$；当被积函数为偶函数时，$\int_{-a}^a f(x)dx=\int_0^a f(x)dx$. 在二重积分中，也可以利用被积函数的奇偶性结合积分区域的对称性来化简计算.

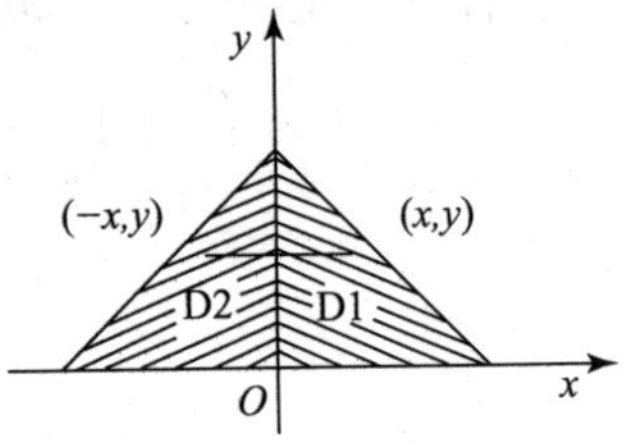

图 9.16

(1) 当积分区域 D 关于 y 轴对称时（图 9.16），

①若被积函数 $f(x, y)$ 关于 x 是奇函数，即对任何 y 有 $f(-x, y)=-f(x, y)$，则

$$\iint_D f(x, y)d\sigma=0;$$

②若被积函数 $f(x, y)$ 关于 x 是偶函数，即对任何 y 有 $f(-x, y)=f(x, y)$，则

$$\iint_D f(x,y)d\sigma=2\iint_{D_1} f(x, y)d\sigma=2\iint_{D_2} f(x, y)d\sigma.$$

(2) 当积分区域 D 关于 x 轴对称时（图 9.17），

①若被积函数 $f(x, y)$ 关于 y 是奇函数，即对任何 x 有 $f(x, -y)=-f(x, y)$，则

$$\iint_D f(x, y)d\sigma=0;$$

②若被积函数 $f(x, y)$ 关于 y 是偶函数，即对任何 x 有 $f(x, -y)=f(x, y)$，则

$$\iint_D f(x, y)d\sigma=2\iint_{D_1} f(x, y)d\sigma=2\iint_{D_2} f(x, y)d\sigma.$$

（3）当积分区域 D 关于原点 O 对称时（图 9.18），

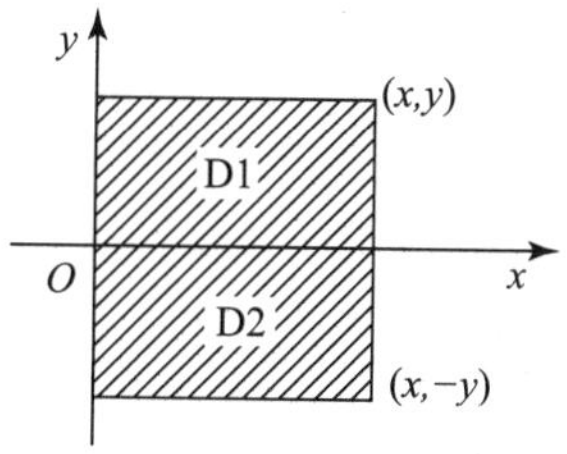

图 9.17

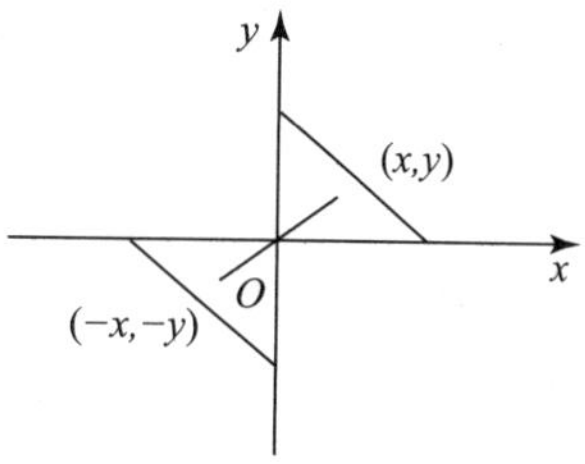

图 9.18

①若被积函数 $f(x, y)$ 关于 x、y 是奇函数，即 $f(-x, -y)=-f(x, y)$，则

$$\iint_D f(x, y)\mathrm{d}\sigma=0;$$

②若被积函数 $f(x, y)$ 关于 x、y 是偶函数，即 $f(-x, -y)=f(x, y)$，则

$$\iint_D f(x, y)\mathrm{d}\sigma = 2\iint_{D_1} f(x, y)\mathrm{d}\sigma = 2\iint_{D_2} f(x, y)\mathrm{d}\sigma .$$

例 4　计算 $I=\iint_D (|x|+|y|)\mathrm{d}x\mathrm{d}y$，其中 D：$|x|+|y|\leqslant 1$.

解　积分区域 D 如图 9.19 所示，设 D_1 为 D 在第一象限的部分，利用二重积分的对称奇偶性，有

$$I = 4\iint_{D_1}(|x|+|y|)\mathrm{d}x\mathrm{d}y = 4\iint_{D_1}(x+y)\mathrm{d}x\mathrm{d}y$$

$$= 4\int_0^1 \mathrm{d}x\int_0^{1-x}(x+y)\mathrm{d}y = 4\int_0^1\left(xy+\frac{y^2}{2}\right)\Big|_0^{1-x}\mathrm{d}x$$

$$= 4\int_0^1\left[x-x^2+\frac{1}{2}(1-x)^2\right]\mathrm{d}x = \frac{4}{3}.$$

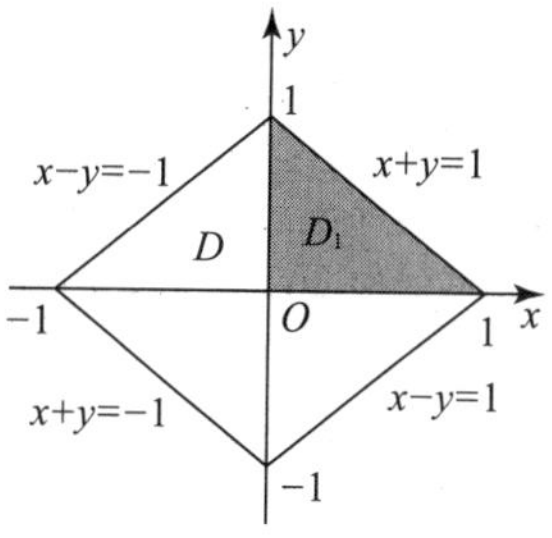

图 9.19

定理 1　如果二重积分 $\iint_D f(x, y)\mathrm{d}x\mathrm{d}y$ 的积分区域 D 是矩形区域：$a\leqslant x\leqslant b$，$c\leqslant y\leqslant d$，而被积函数 $f(x, y)$ 可分离变量，即 $f(x, y)=h(x)\cdot g(y)$，则有

$$\iint_D f(x, y)\mathrm{d}x\mathrm{d}y = \left[\int_a^b h(x)\mathrm{d}x\right]\cdot\left[\int_c^d g(y)\mathrm{d}y\right].$$

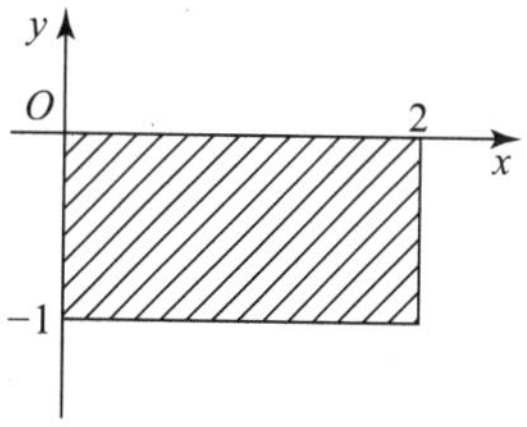

图 9.20

例 5　计算二重积分 $I=\iint_D xe^y\mathrm{d}x\mathrm{d}y$，其中 D：$0\leqslant x\leqslant 2$，$-1\leqslant y\leqslant 0$.

解　积分区域 D 如图 9.20 所示，显然 D 为矩形区域，而被积函数 xe^y 可分离变量，故

$$I=\left(\int_0^2 x\mathrm{d}x\right)\cdot\left(\int_{-1}^0 e^y\mathrm{d}y\right)=\left(\frac{1}{2}x^2\Big|_0^2\right)\cdot\left(e^y\Big|_{-1}^0\right)=2\ (1-e^{-1}).$$

二、二重积分在极坐标系下的计算

当积分区域 D 为扇形、圆形、环形或者是这类图形的某一部分时，区域 D 的边界曲线方程用极坐标表示比较方便，而且某些被积函数用极坐标表示也比较简单，这时可用极坐标

来计算二重积分.

取极点 O 为直角坐标系的原点，极轴为 x 轴，则直角坐标与极坐标之间的变换公式为

$$\begin{cases} x=\rho\cos\theta \\ y=\rho\sin\theta \end{cases},$$

由此可将被积函数转化为极坐标形式：

$$f(x,\ y)=f(\rho\cos\theta,\ \rho\sin\theta).$$

下面来求极坐标系下的面积元素 $d\sigma$.

设从极点出发的射线穿过积分区域 D 的内部时，与 D 的边界相交不多于两点. 用以极点为圆心的一簇同心圆：$\rho=$ 常数，和从极点出发的一簇射线：$\theta=$ 常数，将区域 D 分为 n 个小闭区域（图 9.21）. 每个小闭区域的面积 $\Delta\sigma_i$ 近似等于以 $\rho_i\Delta\theta_i$ 为长、以 $\Delta\rho_i$ 为宽的矩形面积，即 $\Delta\sigma_i\approx\rho_i\Delta\theta_i\cdot\Delta\rho_i$. 因而，面积元素可取为 $d\sigma=\rho d\rho d\theta$，于是二重积分的极坐标形式为

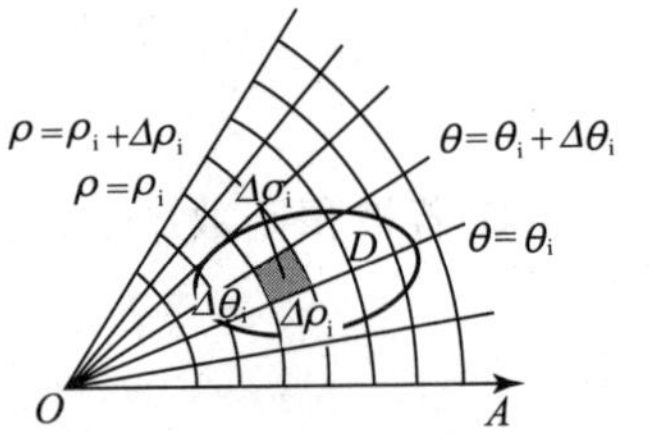

图 9.21

$$\iint_D f(x,\ y)d\sigma=\iint_D f(\rho\cos\theta,\ \rho\sin\theta)\rho d\rho d\theta. \tag{9.3}$$

公式（9.3）表明，要把二重积分中的变量从直角坐标变换为极坐标，只要把被积函数中的 x，y 换成 $\rho\cos\theta$，$\rho\sin\theta$，并把直角坐标系中的面积元素 $dxdy$ 换成极坐标系中的面积元素 $\rho d\rho d\theta$.

极坐标系中的二重积分，同样可以化为二次积分来计算. 下面根据积分区域的特点分三种情形讨论.

1. 极点 O 在区域 D 外

设积分区域 D 可用不等式

$$\varphi_1(\theta)\leqslant\rho\leqslant\varphi_2(\theta),\ \alpha\leqslant\theta\leqslant\beta$$

表示（图 9.22），其中 $\varphi_1(\theta)$，$\varphi_2(\theta)$ 在区间 $[\alpha,\ \beta]$ 上连续，则有

$$\iint_D f(\rho\cos\theta,\ \rho\sin\theta)\rho d\rho d\theta=\int_\alpha^\beta d\theta\int_{\varphi_1(\theta)}^{\varphi_2(\theta)} f(\rho\cos\theta,\ \rho\sin\theta)\rho d\rho. \tag{9.4}$$

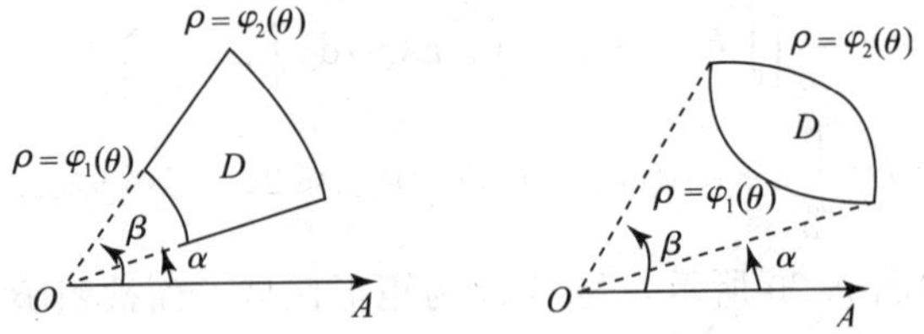

图 9.22

2. 极点 O 在区域 D 内

设区域 D 的边界曲线方程为 $\rho=\varphi(\theta)$，如图 9.23 所示. 此时，D 可用不等式

$$0\leqslant\rho\leqslant\varphi(\theta),\ 0\leqslant\theta\leqslant2\pi$$

表示，则有

$$\iint_D f(\rho\cos\theta,\ \rho\sin\theta)\rho\mathrm{d}\rho\mathrm{d}\theta = \int_0^{2\pi}\mathrm{d}\theta\int_0^{\varphi(\theta)} f(\rho\cos\theta,\ \rho\sin\theta)\rho\mathrm{d}\rho. \tag{9.5}$$

3. 极点 O 在区域 D 的边界上

设区域 D 是如图 9.24 所示的曲边扇形，D 可用不等式

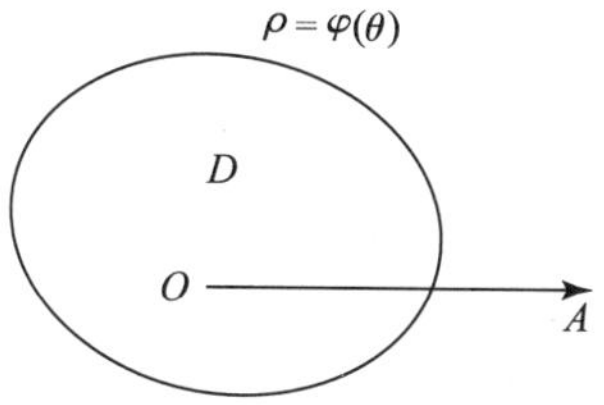

图 9.23

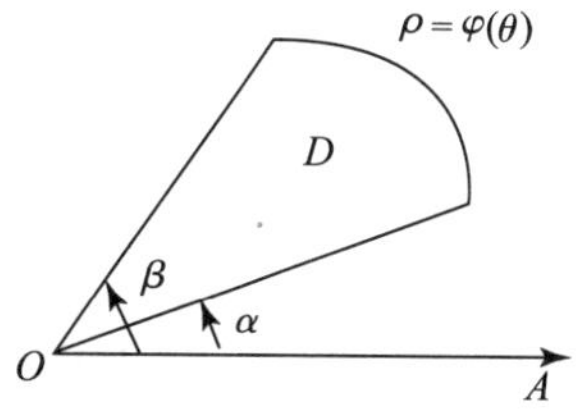

图 9.24

$$0\leqslant\rho\leqslant\varphi(\theta),\ \alpha\leqslant\theta\leqslant\beta$$

表示，则有

$$\iint_D f(\rho\cos\theta,\ \rho\sin\theta)\rho\mathrm{d}\rho\mathrm{d}\theta = \int_\alpha^\beta\mathrm{d}\theta\int_0^{\varphi(\theta)} f(\rho\cos\theta,\ \rho\sin\theta)\rho\mathrm{d}\rho. \tag{9.6}$$

情形 3 实际上是情形 1 的特例．当公式（9.4）中的 $\varphi_1(\theta)=0$，$\varphi_2(\theta)=\varphi(\theta)$ 时，公式（9.4）就是公式（9.6）．情形 2 是情形 3 的特例，当公式（9.6）中的 $\alpha=0$，$\beta=2\pi$ 时，公式（9.5）就是公式（9.6）．

由二重积分的性质知，闭区域 D 的面积 σ 可以表示为

$$\sigma=\iint_D \mathrm{d}\sigma.$$

在极坐标系中，面积元素 $\mathrm{d}\sigma=\rho\mathrm{d}\rho\mathrm{d}\theta$，上式成为

$$\sigma=\iint_D \rho\mathrm{d}\rho\mathrm{d}\theta.$$

例 6　计算 $I=\iint_D x\mathrm{d}\sigma$，其中 D 为 $4\leqslant x^2+y^2\leqslant 9$ 在第一象限的部分.

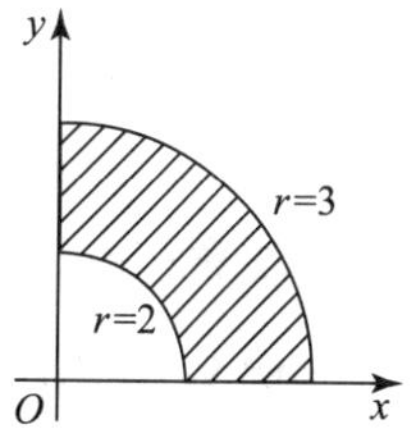

图 9.25

解　积分区域 D 如图 9.25 所示，设 $x=\rho\cos\theta$，$y=\rho\sin\theta$，则 D 可表示为

$$2\leqslant\rho\leqslant 3,\ 0\leqslant\theta\leqslant\frac{\pi}{2},$$

从而有 $I=\iint_D x\mathrm{d}\sigma=\iint_D \rho\cos\theta\cdot\rho\mathrm{d}\rho\mathrm{d}\theta$

$$=\int_0^{\frac{\pi}{2}}\cos\theta\mathrm{d}\theta\int_2^3\rho^2\mathrm{d}\rho=\left[(\sin\theta)\Big|_0^{\frac{\pi}{2}}\right]\cdot\left[\frac{1}{3}\rho^3\Big|_2^3\right]=\frac{19}{3}.$$

例 7　计算二重积分 $I=\iint_D x(y+1)\mathrm{d}x\mathrm{d}y$，其中 D 为 $x^2+y^2\geqslant 1$，$x^2+y^2\leqslant 2x$.

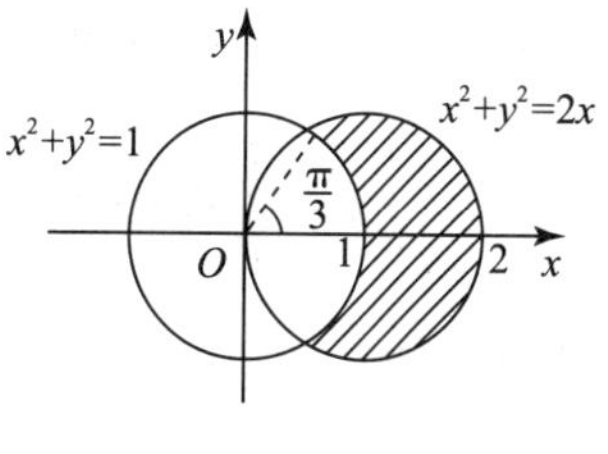

图 9.26

解　积分区域 D 如图 9.26 所示，

$$I=\iint_D x(y+1)\mathrm{d}x\mathrm{d}y=\iint_D xy\mathrm{d}x\mathrm{d}y+\iint_D x\mathrm{d}x\mathrm{d}y,$$

对于$\iint_D xy\mathrm{d}x\mathrm{d}y$，由于$D$关于$x$轴对称，被积函数$xy$是关于$y$的奇函数，利用二重积分对称奇偶性的结论，易知$\iint_D xy\mathrm{d}x\mathrm{d}y=0$；

设$x=\rho\cos\theta$，$y=\rho\sin\theta$，则D可表示为

$$1\leqslant\rho\leqslant 2\cos\theta,\ -\frac{\pi}{3}\leqslant\theta\leqslant\frac{\pi}{3},$$

所以
$$I=\iint_D x\mathrm{d}x\mathrm{d}y=\int_{-\frac{\pi}{3}}^{\frac{\pi}{3}}\mathrm{d}\theta\int_1^{2\cos\theta}\rho\cos\theta\cdot\rho\mathrm{d}\rho$$
$$=2\int_0^{\frac{\pi}{3}}\cos\theta\mathrm{d}\theta\int_1^{2\cos\theta}\rho^2\mathrm{d}\rho=\frac{\sqrt{3}}{4}+\frac{2}{3}\pi.$$

例8 计算$\iint_D \mathrm{e}^{-x^2-y^2}\mathrm{d}x\mathrm{d}y$，其中$D$为圆域$x^2+y^2\leqslant R^2$在第一象限的部分.

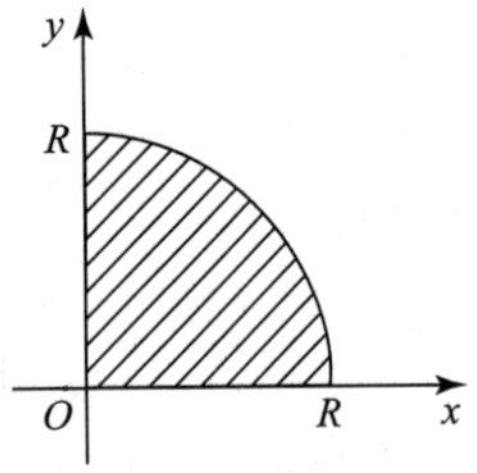

图 9.27

解 积分区域D如图9.27所示，设$x=\rho\cos\theta$，$y=\rho\sin\theta$，则D可表示为

$$0\leqslant\rho\leqslant R,\ 0\leqslant\theta\leqslant\frac{\pi}{2},$$

故
$$I=\iint_D \mathrm{e}^{-x^2-y^2}\mathrm{d}x\mathrm{d}y$$
$$=\iint_D \mathrm{e}^{-\rho^2}\cdot\rho\mathrm{d}\rho\mathrm{d}\theta=\int_0^{\frac{\pi}{2}}\mathrm{d}\theta\int_0^R\rho\mathrm{e}^{-\rho^2}\mathrm{d}\rho$$
$$=\left(\int_0^{\frac{\pi}{2}}\mathrm{d}\theta\right)\cdot\left(\int_0^R\rho\mathrm{e}^{-\rho^2}\mathrm{d}\rho\right)=\frac{\pi}{2}\cdot\frac{1}{2}(1-\mathrm{e}^{-R^2})=\frac{\pi}{4}(1-\mathrm{e}^{-R^2}).$$

注意：由于$\int\mathrm{e}^{-x^2}\mathrm{d}x$不能用初等函数表示，因此本题用直角坐标算不出来.

例9 利用例8的结果计算广义积分$\int_0^{+\infty}\mathrm{e}^{-x^2}\mathrm{d}x$.

解 设$D_1=\{(x,y)\mid x^2+y^2\leqslant R^2,\ x\geqslant 0,\ y\geqslant 0\}$，

$D_2=\{(x,y)\mid x^2+y^2\leqslant 2R^2,\ x\geqslant 0,\ y\geqslant 0\}$，

$S=\{(x,y)\mid 0\leqslant x\leqslant R,\ 0\leqslant y\leqslant R\}$，

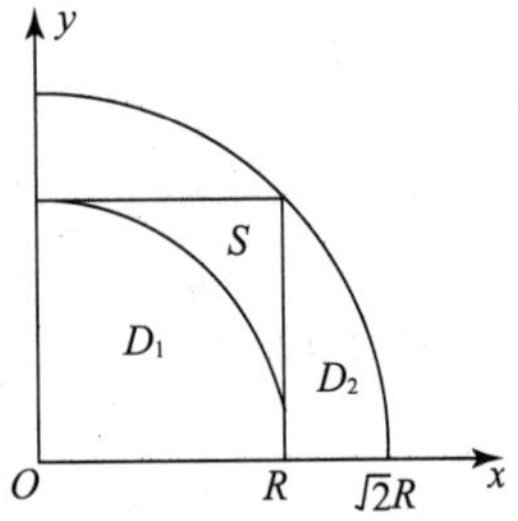

图 9.28

显然$D_1\subset S\subset D_2$（图9.28）. 由于$\mathrm{e}^{-x^2-y^2}>0$，所以有

$$\iint_{D_1}\mathrm{e}^{-x^2-y^2}\mathrm{d}x\mathrm{d}y<\iint_S\mathrm{e}^{-x^2-y^2}\mathrm{d}x\mathrm{d}y<\iint_{D_2}\mathrm{e}^{-x^2-y^2}\mathrm{d}x\mathrm{d}y.$$

而
$$\iint_S\mathrm{e}^{-x^2-y^2}\mathrm{d}x\mathrm{d}y=\int_0^R\mathrm{e}^{-x^2}\mathrm{d}x\cdot\int_0^R\mathrm{e}^{-y^2}\mathrm{d}y=(\int_0^R\mathrm{e}^{-x^2}\mathrm{d}x)^2.$$

由例8知
$$\iint_{D_1}\mathrm{e}^{-x^2-y^2}\mathrm{d}x\mathrm{d}y=\frac{\pi}{4}(1-\mathrm{e}^{-R^2});\iint_{D_2}\mathrm{e}^{-x^2-y^2}\mathrm{d}x\mathrm{d}y=\frac{\pi}{4}(1-\mathrm{e}^{-2R^2}).$$

从而
$$\frac{\pi}{4}(1-e^{-R^2})<\left(\int_0^R e^{-x^2}dx\right)^2<\frac{\pi}{4}(1-e^{-2R^2}),$$
令 $R\to+\infty$，则有
$$\int_0^{+\infty}e^{-x^2}dx=\frac{\sqrt{\pi}}{2}.$$

例 10　求球体 $x^2+y^2+z^2\leqslant 4a^2$ 被圆柱面 $x^2+y^2=2ax(a>0)$ 所截得的（含在圆柱面的内部）立体的体积（图 9.29).

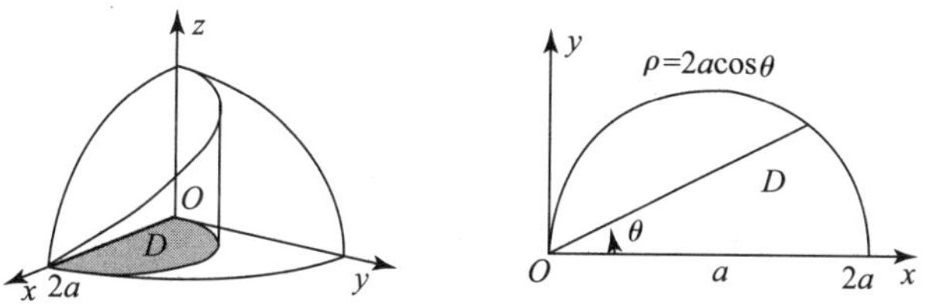

图 9.29

解　由对称性，有
$$V=4\iint\limits_D\sqrt{4a^2-x^2-y^2}\,dxdy,$$
其中 D 可表示为
$$0\leqslant\rho\leqslant 2a\cos\theta,\ 0\leqslant\theta\leqslant\frac{\pi}{2}.$$
于是
$$V=4\iint\limits_D\sqrt{4a^2-\rho^2}\,\rho d\rho d\theta=4\int_0^{\frac{\pi}{2}}d\theta\int_0^{2a\cos\theta}\sqrt{4a^2-\rho^2}\,\rho d\rho$$
$$=\frac{32}{3}a^3\int_0^{\frac{\pi}{2}}(1-\sin^3\theta)d\theta=\frac{32}{3}a^3\left(\frac{\pi}{2}-\frac{2}{3}\right).$$

三、* 二重积分的换元法

在二重积分的计算中，除了变换为极坐标外，对一般的换元法有下列定理.

定理 2　设函数 $f(x,y)$ 在闭区域 D 上连续，变换 $T:\begin{cases}x=x(u,v)\\y=y(u,v)\end{cases}$ 将 uOv 坐标面上的闭区域 D' 一对一地变换到 xOy 坐标面上的闭区域 D（图 9.30)，而函数 $x(u,v)$，$y(u,v)$ 在 D' 上具有一阶连续偏导数，且在 D' 上雅可比行列式

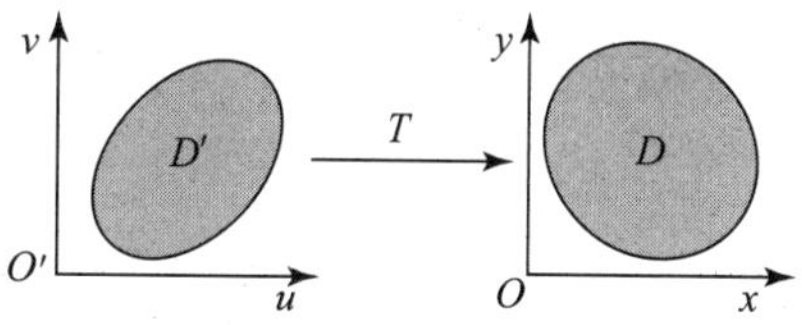

图 9.30

$$J(u,v)=\frac{\partial(x,y)}{\partial(u,v)}=\begin{vmatrix}\frac{\partial x}{\partial u} & \frac{\partial x}{\partial v}\\ \frac{\partial y}{\partial u} & \frac{\partial y}{\partial v}\end{vmatrix}\neq 0,$$

则

$$\iint\limits_{D} f(x, y)\mathrm{d}x\mathrm{d}y = \iint\limits_{D'} f(x(u, v), y(u, v))\,|J(u, v)|\,\mathrm{d}u\mathrm{d}v. \tag{9.7}$$

证明从略.

注意：如果雅可比行列式 J 只在 D' 上个别点或一条曲线上为零，而在其他点不为零，那么换元公式（9.7）仍成立.

由于极坐标变换 $x=\rho\cos\theta$，$y=\rho\sin\theta$，此时

$$J=\frac{\partial(x, y)}{\partial(\rho, \theta)}=\begin{vmatrix}\cos\theta & -\rho\sin\theta\\ \sin\theta & \rho\cos\theta\end{vmatrix}=\rho,$$

故

$$\iint\limits_{D} f(x, y)\mathrm{d}\sigma=\iint\limits_{D'} f(\rho\cos\theta, \rho\sin\theta)\rho\mathrm{d}\rho\mathrm{d}\theta.$$

例 11 计算 $\iint\limits_{D} \mathrm{e}^{\frac{y-x}{y+x}}\mathrm{d}x\mathrm{d}y$，其中 D 是由 x 轴、y 轴与直线 $x+y=2$ 围成的闭区域.

解 令 $u=y-x$，$v=y+x$，则 $x=\dfrac{v-u}{2}$，$y=\dfrac{v+u}{2}$.

作变换 $x=\dfrac{v-u}{2}$，$y=\dfrac{v+u}{2}$，则 xOy 坐标面上的闭区域 D 对应于 uOv 坐标面上的闭区域 D'，如图 9.31 所示，雅可比行列式

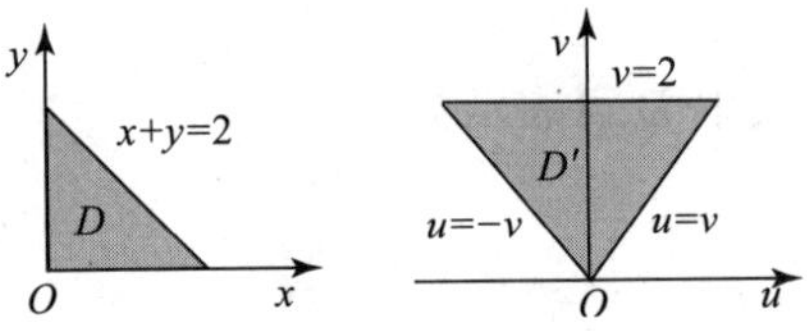

图 9.31

$$J=\frac{\partial(x, y)}{\partial(u, v)}=\begin{vmatrix}-\dfrac{1}{2} & \dfrac{1}{2}\\ \dfrac{1}{2} & \dfrac{1}{2}\end{vmatrix}=-\frac{1}{2},$$

利用公式（9.7），得

$$\iint\limits_{D}\mathrm{e}^{\frac{y-x}{y+x}}\mathrm{d}x\mathrm{d}y=\iint\limits_{D'}\mathrm{e}^{\frac{u}{v}}\left|-\frac{1}{2}\right|\mathrm{d}u\mathrm{d}v=\frac{1}{2}\int_0^2\mathrm{d}v\int_{-v}^{v}\mathrm{e}^{\frac{u}{v}}\mathrm{d}u=\frac{1}{2}\int_0^2(\mathrm{e}-\mathrm{e}^{-1})v\mathrm{d}v=\mathrm{e}-\mathrm{e}^{-1}.$$

例 12 试计算椭球体 $\dfrac{x^2}{a^2}+\dfrac{y^2}{b^2}+\dfrac{z^2}{c^2}\leqslant 1$ 的体积 V.

解 取 D：$\dfrac{x^2}{a^2}+\dfrac{y^2}{b^2}\leqslant 1$，由对称性得

$$V=2\iint\limits_{D} z\mathrm{d}x\mathrm{d}y=2c\iint\limits_{D}\sqrt{1-\frac{x^2}{a^2}-\frac{y^2}{b^2}}\mathrm{d}x\mathrm{d}y,$$

作广义极坐标变换 $x=a\rho\cos\theta$，$y=b\rho\sin\theta$，则 D 变换到 D'：$\rho\leqslant 1$，$0\leqslant\theta\leqslant 2\pi$，且雅可比行列式

$$J=\frac{\partial(x, y)}{\partial(\rho, \theta)}=\begin{vmatrix}a\cos\theta & -a\rho\sin\theta\\ b\sin\theta & b\rho\cos\theta\end{vmatrix}=ab\rho,$$

于是

$$V=2c\iint_D \sqrt{1-\rho^2}\,ab\rho\,\mathrm{d}\rho\mathrm{d}\theta = 2abc\int_0^{2\pi}\mathrm{d}\theta\int_0^1 \sqrt{1-\rho^2}\,\rho\mathrm{d}\rho = \frac{4}{3}\pi abc\ .$$

习题 9.2

1. 在直角坐标系下计算下列二重积分.

(1) $I=\iint\limits_D \frac{x^2}{y^2}\mathrm{d}\sigma$，其中 D 是由直线 $x=2$，$y=x$ 和双曲线 $xy=1$ 围成；

(2) $I=\iint\limits_D x\cos(x+y)\mathrm{d}x\mathrm{d}y$，其中 D 是顶点分别为（0，0），（π，0），（π，π）的三角形区域；

(3) $I=\iint\limits_D |\sin(x+y)|\mathrm{d}x\mathrm{d}y$，其中 D 是矩形区域：$0\leqslant x\leqslant \pi$，$0\leqslant y\leqslant \pi$；

(4) $I=\iint\limits_D xy\mathrm{d}x\mathrm{d}y$，其中 D 是由直线 $y=-x$ 及曲线 $y=\sqrt{1-x^2}$，$y=\sqrt{x-x^2}$ 所围成；

(5) $I=\iint\limits_D \mathrm{e}^{x^2}\mathrm{d}x\mathrm{d}y$，其中 D 是由曲线 $y=x^3$ 与直线 $y=x$ 在第一象限内围成的闭区域；

(6) $I=\iint\limits_D \sin\frac{\pi x}{2y}\mathrm{d}\sigma$，其中 D 是由曲线 $y=\sqrt{x}$ 和直线 $y=x$，$y=2$ 所围成；

(7) $\iint\limits_D \sqrt{|y-x^2|}\mathrm{d}x\mathrm{d}y$，其中 D 为矩形区域：$-1\leqslant x\leqslant 1$，$0\leqslant y\leqslant 2$；

(8) $I=\iint\limits_D x[1+yf(x^2+y^2)]\mathrm{d}x\mathrm{d}y$，其中 D 由 $y=x^3$，$y=1$，$x=-1$ 围成，f 是连续函数.

2. 在极坐标系下计算二重积分.

(1) $I=\iint\limits_D \frac{x+y}{x^2+y^2}\mathrm{d}x\mathrm{d}y$，其中 D：$x^2+y^2\leqslant 1$，$x+y\geqslant 1$；

(2) $I=\iint\limits_D \sin\sqrt{x^2+y^2}\mathrm{d}x\mathrm{d}y$，其中 D：$\pi^2\leqslant x^2+y^2\leqslant 4\pi^2$；

(3) $I=\iint\limits_D \sqrt{a^2-x^2-y^2}\mathrm{d}x\mathrm{d}y$，其中 D 为区域：$(x^2+y^2)^2\leqslant a^2(x^2-y^2)$；

(4) $I=\iint\limits_D \left(\frac{x^2}{a^2}+\frac{y^2}{b^2}\right)\mathrm{d}x\mathrm{d}y$，其中 D 为圆域 $x^2+y^2\leqslant R^2$；

(5) $I=\iint\limits_D |x^2+y^2-2x|\mathrm{d}x\mathrm{d}y$，其中 D：$x^2+y^2\leqslant 4$.

3. 改变下列二次积分的次序.

(1) $I=\int_0^1\mathrm{d}y\int_y^{\sqrt{y}} f(x, y)\mathrm{d}x$；　　(2) $I=\int_1^e\mathrm{d}x\int_0^{\ln x} f(x, y)\mathrm{d}y$；

(3) $I=\int_{-1}^1\mathrm{d}x\int_{-\sqrt{1-x^2}}^{1-x^2} f(x, y)\mathrm{d}y$；　　(4) $I=\int_0^2\mathrm{d}x\int_{-\sqrt{1-(x-1)^2}}^{0} f(x, y)\mathrm{d}y$.

4. 把下列积分化成极坐标系形式，并计算积分值.

(1) $\int_0^a dx\int_0^x \sqrt{x^2+y^2}\,dy$；　　(2) $\int_0^a dy\int_0^{\sqrt{a^2-y^2}} (x^2+y^2)\,dx$；

(3) $\int_{-1}^1 dx\int_0^{\sqrt{1-x^2}} e^{-x^2-y^2}\,dy$；　　(4) $\int_0^1 dx\int_{x^2}^x \frac{1}{\sqrt{x^2+y^2}}\,dy$.

5. 画出积分区域，把积分 $\iint\limits_D f(x, y)\,dxdy$ 表示为极坐标形式的二重积分，其中积分区域 D 为

(1) $x^2+y^2\leqslant a^2(a>0)$；　　(2) $x^2+y^2\leqslant 2x$；

(3) $a^2\leqslant x^2+y^2\leqslant b^2(0<a<b)$；　　(4) $0\leqslant y\leqslant 1-x$，$0\leqslant x\leqslant 1$.

6. 求由曲线 $y=x$，$y=2$，$y^2=x$ 所围成的平面图形的面积.

7. 求由平面 $x=0$，$y=0$，$x+y=0$ 所围成的柱体被平面 $z=0$ 及抛物面 $x^2+y^2=6-z$ 截得的立体的体积.

8. 求由曲面 $z=x^2+y^2$，$x^2+y^2=a^2$，$z=0$ 所围立体的体积.

9. 用适当的坐标变换，计算下列二重积分.

(1) $\iint\limits_D e^{xy}\,dxdy$，其中 $D=\{(x, y)\mid 1\leqslant xy\leqslant 2, x\leqslant y\leqslant 2x\}$；

(2) $\iint\limits_D dxdy$，其中 D 由抛物线 $y^2=px$，$y^2=qx(0<p<q)$ 及双曲线 $xy=a$，$xy=b$ 围成.

10. 选取适当的坐标变换，证明等式：

$\iint\limits_D f(x+y)\,dxdy=\int_{-1}^1 f(u)\,du$，其中闭区域 $D=\{(x, y)\mid |x|+|y|\leqslant 1\}$.

9.3 三重积分

一、三重积分的概念

本节把上述关于二重积分的概念推广到三元函数即得三重积分，并给出其计算方法，从中可以看出，从二重到三重以至于更多重的积分，并无本质上的区别.

定义 1 设 $f(x, y, z)$ 是有界闭区域 Ω 上的有界函数，将闭区域 Ω 任意分成 n 个小闭区域 Δv_1，Δv_2，…，Δv_n，其中 Δv_i 也代表第 i 个小块的体积，在每个 Δv_i 上任取一点 (ξ_i, η_i, ζ_i)，作乘积 $f(\xi_i, \eta_i, \zeta_i)\cdot\Delta v_i$，并作和式

$$\sum_{i=1}^n f(\xi_i, \eta_i, \zeta_i)\cdot\Delta v_i,$$

记 λ 为所有小闭区域中直径的最大值，若当 $\lambda\to 0$ 时，这个和式的极限存在，且极限值与对区域 Ω 的分法及点 (ξ_i, η_i, ζ_i) 在 Δv_i 上的取法无关，则称此极限为 $f(x, y, z)$ 在闭区域 Ω 上的**三重积分**，记为 $\iiint\limits_\Omega f(x, y, z)\,dv$，即

$$\iiint_{\Omega} f(x,\ y,\ z)\mathrm{d}v=\lim_{\lambda\to 0}\sum_{i=1}^{n} f(\xi_i,\ \eta_i,\ \zeta_i)\cdot\Delta v_i, \tag{9.8}$$

其中 $f(x,\ y,\ z)$ 称为**被积函数**，Ω 称为**积分区域**，$\mathrm{d}v$ 称为**体积元素**.

当函数 $f(x,\ y,\ z)$ 在闭区域 Ω 上连续时，(9.8) 式右端和式的极限总存在，也就是连续函数 $f(x,\ y,\ z)$ 在闭区域 Ω 上的三重积分必定存在. 以后我们总假定 $f(x,\ y,\ z)$ 在闭区域 Ω 上是连续的.

三重积分具有与二重积分相同的性质，这里不再重复了.

如果 $f(x,\ y,\ z)$ 表示占有空间闭区域 Ω 的某物体在点 $(x,\ y,\ z)$ 处的体密度，则该物体的质量 M 为 $f(x,\ y,\ z)$ 在 Ω 上的三重积分，即

$$M=\iiint_{\Omega} f(x,\ y,\ z)\mathrm{d}v.$$

当 $f(x,\ y,\ z)\equiv 1$ 时，三重积分的数值等于闭区域 Ω 的体积，即

$$V=\iiint_{\Omega} 1\mathrm{d}v.$$

二、三重积分的计算

计算三重积分的基本方法是将三重积分化为三次积分来计算. 下面分别按不同的坐标系来讨论将三重积分化为三次积分的方法.

1. 在直角坐标系下计算公式

在直角坐标系中，如果分别用平行于三坐标面的平面划分 Ω，那么除了包含 Ω 的边界点的一些不规则小闭区域外，得到的小闭区域 Δv 均为长方体. 设长方体小闭区域 Δv 的边长为 Δx、Δy、Δz，则 $\Delta v=\Delta x\Delta y\Delta z$. 因此在直角坐标系中，也把体积元素 $\mathrm{d}v$ 记为 $\mathrm{d}x\mathrm{d}y\mathrm{d}z$，而把三重积分记为

$$\iiint_{\Omega} f(x,\ y,\ z)\mathrm{d}v=\iiint_{\Omega} f(x,\ y,\ z)\mathrm{d}x\mathrm{d}y\mathrm{d}z,$$

其中 $\mathrm{d}x\mathrm{d}y\mathrm{d}z$ 叫做**直角坐标系中的体积元素**.

(1) 先一后二法或投影法

假设平行于 z 轴且穿过 Ω 内部的直线与 Ω 的边界曲面 S 相交不多于两点. 把闭区域 Ω 投影到 xOy 面上，得一平面闭区域 D_{xy}（图 9.32）. 以 D_{xy} 的边界为准线作母线平行于 z 轴的柱面，此柱面与曲面 S 的交线将 S 分为上、下两部分，它们的方程分别为

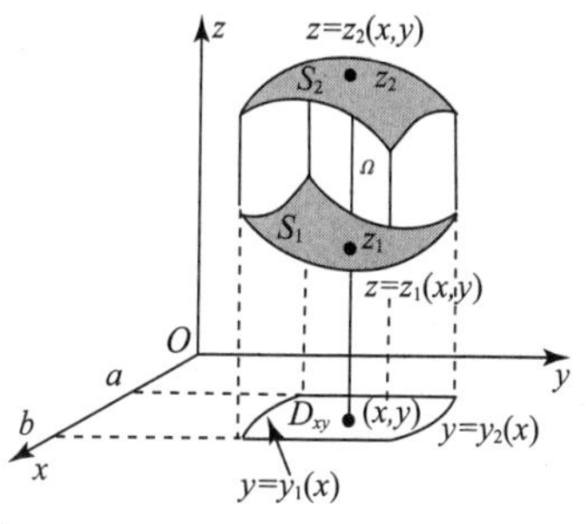

图 9.32

$$S_1:\ z=z_1(x,\ y),$$

$$S_2:\ z=z_2(x,\ y),$$

其中，$z_1(x,\ y)$ 与 $z_2(x,\ y)$ 都是 D_{xy} 上的连续函数，且 $z_1(x,\ y)\leqslant z\leqslant z_2(x,\ y)$.

在 D_{xy} 内任取点 $(x,\ y)$，作平行于 z 轴的直线，此直线通过曲面 S_1 穿入 Ω，再通过曲

面 S_2 穿出 Ω，其穿入点与穿出点的坐标分别为：$z=z_1(x,y)$ 和 $z=z_2(x,y)$.

在这种情形下，积分区域 Ω 可表示为

$$\Omega=\{(x,y,z)\,|\,z_1(x,y)\leqslant z\leqslant z_2(x,y),\ (x,y)\in D_{xy}\}.$$

将 x，y 看作常数，对 $f(x,y,z)$ 在区间 $[z_1(x,y),z_2(x,y)]$ 上对 z 作定积分，其结果为 x，y 的函数，记为 $F(x,y)$，即

$$F(x,y)=\int_{z_1(x,y)}^{z_2(x,y)}f(x,y,z)\mathrm{d}z.$$

再计算 $F(x,y)$ 在区域 D_{xy} 上的二重积分

$$\iint_{D_{xy}}F(x,y)\mathrm{d}\sigma=\iint_{D_{xy}}\left[\int_{z_1(x,y)}^{z_2(x,y)}f(x,y,z)\mathrm{d}z\right]\mathrm{d}\sigma.$$

当 D_{xy} 是 X 型区域：$a\leqslant x\leqslant b$，$y_1(x)\leqslant y\leqslant y_2(x)$ 时，则有

$$\iiint_{\Omega}f(x,y,z)\mathrm{d}x\mathrm{d}y\mathrm{d}z=\int_a^b\mathrm{d}x\int_{y_1(x)}^{y_2(x)}\mathrm{d}y\int_{z_1(x,y)}^{z_2(x,y)}f(x,y,z)\mathrm{d}z\,; \tag{9.9}$$

当 D_{xy} 是 Y 型区域：$c\leqslant y\leqslant d$，$x_1(y)\leqslant x\leqslant x_2(y)$ 时，则有

$$\iiint_{\Omega}f(x,y,z)\mathrm{d}x\mathrm{d}y\mathrm{d}z=\int_c^d\mathrm{d}y\int_{x_1(y)}^{x_2(y)}\mathrm{d}x\int_{z_1(x,y)}^{z_2(x,y)}f(x,y,z)\,\mathrm{d}z. \tag{9.10}$$

公式（9.9）把三重积分化为先对 z、次对 y、最后对 x 的三次积分；公式（9.10）把三重积分化为先对 z、次对 x、最后对 y 的三次积分.

如果平行于 x 轴或者 y 轴且穿过 Ω 内部的直线与 Ω 的边界曲面 S 相交不多于两点时，也可将 Ω 投影到 yOz 平面或者 zOx 平面，得到相似的结论.

如果平行于坐标轴且穿过 Ω 内部的直线与 Ω 的边界曲面 S 相交多于两点，也可像处理二重积分那样，将 Ω 分成若干部分，使每个部分符合上述条件，这样 Ω 上的三重积分就化为各部分闭区域上的三重积分的和.

例 1 计算 $\iiint\limits_{\Omega}x\mathrm{d}x\mathrm{d}y\mathrm{d}z$，其中 Ω 为三个坐标面及平面 $x+2y+z=1$ 围成的闭区域.

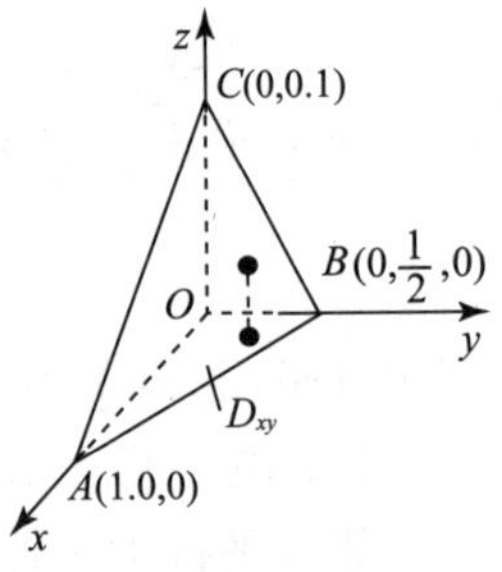

图 9.33

解 闭区域 Ω 如图 9.33 所示，将 Ω 投影到 xOy 面上，得投影区域 D_{xy} 为三角形闭区域 OAB. 直线 AB 的方程为 $x+2y=1$，所以

$$D_{xy}=\left\{(x,y)\ \middle|\ 0\leqslant y\leqslant\frac{1-x}{2},\ 0\leqslant x\leqslant 1\right\}.$$

过 D_{xy} 内任一点 (x,y)，作平行于 z 轴的直线，此直线通过平面 $z=0$ 穿入 Ω，再通过平面 $z=1-x-2y$ 穿出 Ω，所以

$$\begin{aligned}\iiint_{\Omega}x\mathrm{d}x\mathrm{d}y\mathrm{d}z&=\int_0^1\mathrm{d}x\int_0^{\frac{1-x}{2}}\mathrm{d}y\int_0^{1-x-2y}x\mathrm{d}z\\&=\int_0^1x\mathrm{d}x\int_0^{\frac{1-x}{2}}(1-x-2y)\mathrm{d}y=\frac{1}{48}.\end{aligned}$$

例 2 计算 $\iiint\limits_{\Omega}xz\mathrm{d}x\mathrm{d}y\mathrm{d}z$，其中 Ω 为平面 $z=0$，$z=y$，$y=1$ 及柱面 $y=x^2$ 围成的闭区域（图 9.34）.

解 （方法一）将 Ω 投影到 xOy 面上，则 D_{xy}：$-1\leqslant x\leqslant 1$，$x^2\leqslant y\leqslant 1$. 于是

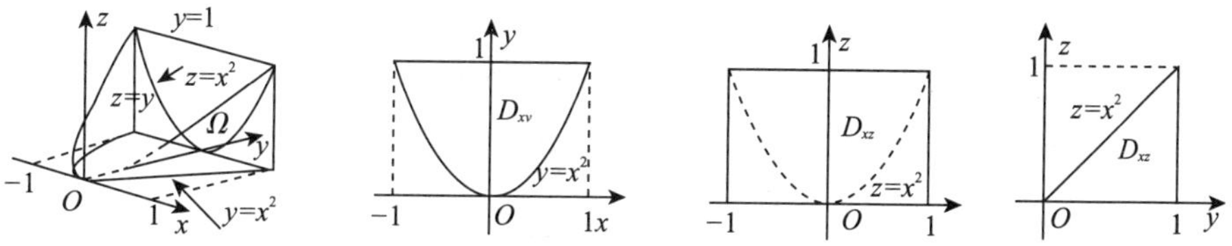

图 9.34

$$\iiint_{\Omega} xz\,\mathrm{d}x\mathrm{d}y\mathrm{d}z = \int_{-1}^{1}\mathrm{d}x\int_{x^2}^{1}\mathrm{d}y\int_{0}^{y} xz\,\mathrm{d}z = \frac{1}{2}\int_{-1}^{1}\mathrm{d}x\int_{x^2}^{1} xy^2\,\mathrm{d}y = 0.$$

（方法二）将 Ω 投影到 zOx 面上，则 D_{xz}：$-1\leqslant x\leqslant 1$，$x^2\leqslant z\leqslant 1$. 于是

$$\iiint_{\Omega} xz\,\mathrm{d}x\mathrm{d}y\mathrm{d}z = \int_{-1}^{1}\mathrm{d}x\int_{x^2}^{1}\mathrm{d}z\int_{z}^{1} xz\,\mathrm{d}y = \int_{-1}^{1}\mathrm{d}x\int_{x^2}^{1} xz(1-z)\,\mathrm{d}z = 0.$$

（方法三）将 Ω 投影到 yOz 面上，则 D_{yz}：$0\leqslant y\leqslant 1$，$0\leqslant z\leqslant y$. 于是

$$\iiint_{\Omega} xz\,\mathrm{d}x\mathrm{d}y\mathrm{d}z = \int_{0}^{1}\mathrm{d}y\int_{0}^{y}\mathrm{d}z\int_{-\sqrt{y}}^{\sqrt{y}} xz\,\mathrm{d}x = 0.$$

（2）先二后一法或切片法

有时，三重积分也可以化为先计算一个二重积分、再计算一个定积分.

设空间区域

$$\Omega=\{(x,\ y,\ z)\mid (x,\ y)\in D_z,\ c_1\leqslant z\leqslant c_2\},$$

其中 D_z 是竖坐标为 z 的平面截闭区域 Ω 所得的一个平面闭区域（图 9.35），则有

$$\iiint_{\Omega} f(x,\ y,\ z)\,\mathrm{d}x\mathrm{d}y\mathrm{d}z = \int_{c_1}^{c_2}\mathrm{d}z\iint_{D_z} f(x,\ y,\ z)\,\mathrm{d}x\mathrm{d}y. \tag{9.11}$$

注意：利用先二后一法时，一般要求被积函数 $f(x,\ y,\ z)$ 与 x，y 无关，或者 $\iint_{D_z} f(x,\ y,\ z)\,\mathrm{d}x\mathrm{d}y$ 容易计算.

例 3　计算 $\iiint_{\Omega} z^2\,\mathrm{d}x\mathrm{d}y\mathrm{d}z$，其中 Ω 由 $\frac{x^2}{a^2}+\frac{y^2}{b^2}+\frac{z^2}{c^2}\leqslant 1$ 围成（图 9.36）.

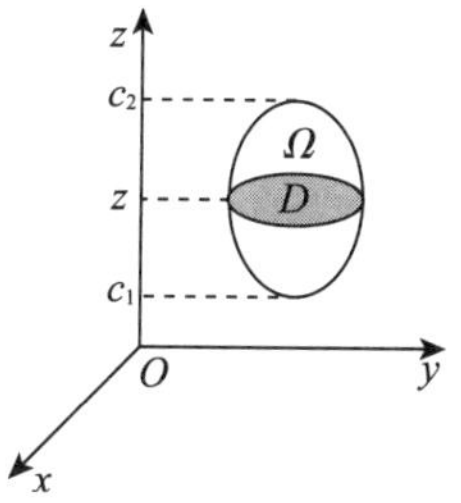

图 9.35

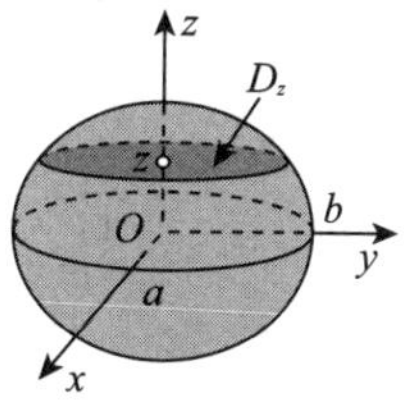

图 9.36

解　空间区域 $\Omega=\left\{(x,\ y,\ z)\ \middle|\ \frac{x^2}{a^2}+\frac{y^2}{b^2}\leqslant 1-\frac{z^2}{c^2},\ -c\leqslant z\leqslant c\right\}$，由公式（9.11）得

$$\iiint_{\Omega} z^2\,\mathrm{d}x\mathrm{d}y\mathrm{d}z = \int_{-c}^{c} z^2\,\mathrm{d}z\iint_{D_z}\mathrm{d}x\mathrm{d}y = \int_{-c}^{c}\pi abz^2\left(1-\frac{z^2}{c^2}\right)\mathrm{d}z = \frac{4\pi}{15}abc^3.$$

和二重积分一样，也可以利用被积函数的奇偶性结合积分区域的对称性来化简三重积分

的计算.

（1）若积分区域 Ω 关于 xOy 平面对称，被积函数 $f(x, y, z)$ 关于 z 为奇函数，即 $f(x, y, -z)=-f(x, y, z)$，则 $\iiint\limits_{\Omega} f(x, y, z)\mathrm{d}v=0$；

（2）若积分区域 Ω 关于 zOx 平面对称，被积函数 $f(x, y, z)$ 关于 y 为奇函数，即 $f(x, -y, z)=-f(x, y, z)$，则 $\iiint\limits_{\Omega} f(x, y, z)\mathrm{d}v=0$；

（3）若积分区域 Ω 关于 yOz 平面对称，被积函数 $f(x, y, z)$ 关于 x 为奇函数，即 $f(-x, y, z)=-f(x, y, z)$，则 $\iiint\limits_{\Omega} f(x, y, z)\mathrm{d}v=0$.

例 4 计算 $\iiint\limits_{\Omega} \dfrac{z\ln(x^2+y^2+z^2+1)}{x^2+y^2+z^2+1}\mathrm{d}v$，其中 Ω 为球面 $x^2+y^2+z^2=1$ 所围区域.

解 显然积分区域 Ω 关于 xOy 平面对称，被积函数 $\dfrac{z\ln(x^2+y^2+z^2+1)}{x^2+y^2+z^2+1}$ 是 z 的奇函数，由对称性可知，$\iiint\limits_{\Omega} \dfrac{z\ln(x^2+y^2+z^2+1)}{x^2+y^2+z^2+1}\mathrm{d}v=0$.

2. 在柱面坐标系下的计算公式

设 $M(x, y, z)$ 为空间一点，并设点 M 在 xOy 面上的投影点 P 的极坐标为 ρ，θ，则规定这样的三个数 ρ，θ，z 为点 M 的柱面坐标（图 9.37），其中 $0\leqslant\rho<+\infty$，$0\leqslant\theta\leqslant 2\pi$，$-\infty<z<+\infty$.

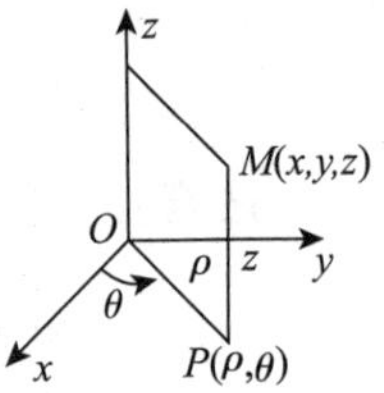

图 9.37

三组坐标面分别为

$\rho=$ 常数，即以 z 轴为轴的圆柱面；

$\theta=$ 常数，是过 z 轴的半平面；

$z=$ 常数，是与 xOy 面平行的平面.

显然，点 M 的直角坐标与柱面坐标的关系为

$$\begin{cases} x=\rho\cos\theta \\ y=\rho\sin\theta. \\ z=z \end{cases}$$

现在要把三重积分 $\iiint\limits_{\Omega} f(x, y, z)\mathrm{d}v$ 中的变量转化为柱面坐标. 为此，用三组坐标面 $\rho=$ 常数，$\theta=$ 常数，$z=$ 常数将 Ω 划分为许多小闭区域，除了含 Ω 的边界点的一些不规则小闭区域外，这些小闭区域都是柱体. 现考虑由 ρ，θ，z 各取得微小增量 $\mathrm{d}\rho$，$\mathrm{d}\theta$，$\mathrm{d}z$ 所形成小柱体的体积（图 9.38）. 它的高为 $\mathrm{d}z$、底面积在不计高阶无穷小时为 $\rho\mathrm{d}\rho\mathrm{d}\theta$（即极坐标系中的面积元素），于是得

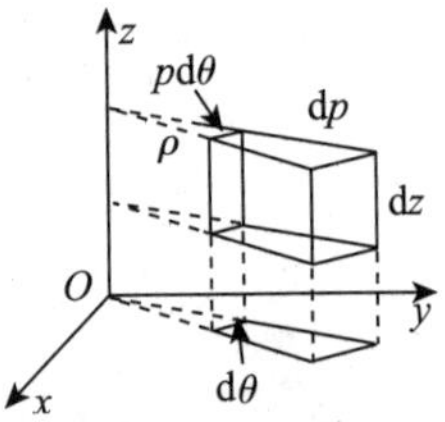

图 9.38

$$\mathrm{d}v=\rho\mathrm{d}\rho\mathrm{d}\theta\mathrm{d}z.$$

这就是柱面坐标系中的体积元素. 从而三重积分从直角坐标到柱面坐标的变换公式为

$$\iiint\limits_{\Omega} f(x, y, z)\mathrm{d}v=\iiint\limits_{\Omega} f(\rho\cos\theta, \rho\sin\theta, z)\rho\mathrm{d}\rho\mathrm{d}\theta\mathrm{d}z.$$

在柱面坐标下，再将三重积分化为三次积分，积分限是根据 ρ，θ，z 在积分区域 Ω 中的变化范围来确定.

例 5　用柱面坐标计算三重积分 $I=\iiint\limits_{\Omega} z\mathrm{d}v$，其中 Ω 是由曲面 $z=x^2+y^2$ 与平面 $z=4$ 所围成的闭区域.

解　将积分区域 Ω 投影到 xOy 面上（图 9.39），得半径为 2 的圆形闭区域

$$D_{xy}=\{(\rho,\ \theta)\,|\,0\leqslant\rho\leqslant 2,\ 0\leqslant\theta\leqslant 2\pi\}.$$

过 D_{xy} 内任一点 $(x,\ y)$，作平行于 z 轴的直线，此直线通过曲面 $z=x^2+y^2$ 穿入 Ω，再通过平面 $z=4$ 穿出 Ω，所以 Ω 可表示为

$$\rho^2\leqslant z\leqslant 4,\ 0\leqslant\rho\leqslant 2,\ 0\leqslant\theta\leqslant 2\pi.$$

所以

$$\begin{aligned} I &= \iiint\limits_{\Omega} z\mathrm{d}v = \iiint\limits_{\Omega} z\rho\,\mathrm{d}\rho\mathrm{d}\theta\mathrm{d}z \\ &= \int_0^{2\pi}\mathrm{d}\theta\int_0^2\rho\mathrm{d}\rho\int_{\rho^2}^4 z\mathrm{d}z = \frac{1}{2}\int_0^{2\pi}\mathrm{d}\theta\int_0^2\rho(16-\rho^4)\mathrm{d}\rho = \frac{64}{3}\pi. \end{aligned}$$

例 6　计算 $\iiint\limits_{\Omega} z^2\mathrm{d}v$，其中 Ω 是球面 $z=\sqrt{2-x^2-y^2}$ 与锥面 $z=\sqrt{x^2+y^2}$ 所围成的在第一卦限的部分.

解　将积分区域 Ω 投影到 xOy 面上（图 9.40），得 $\frac{1}{4}$ 的圆形闭区域

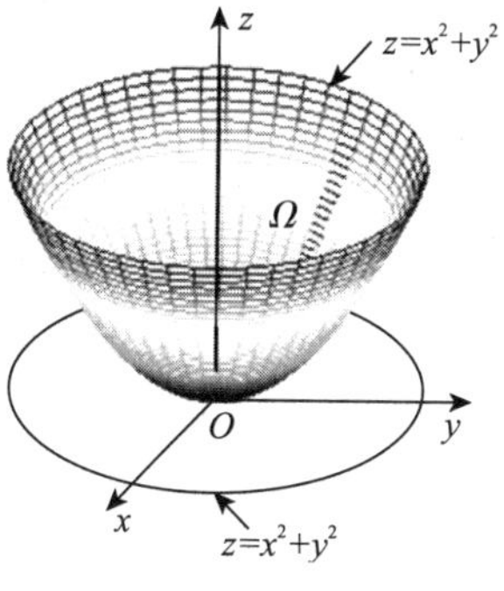

图 9.39

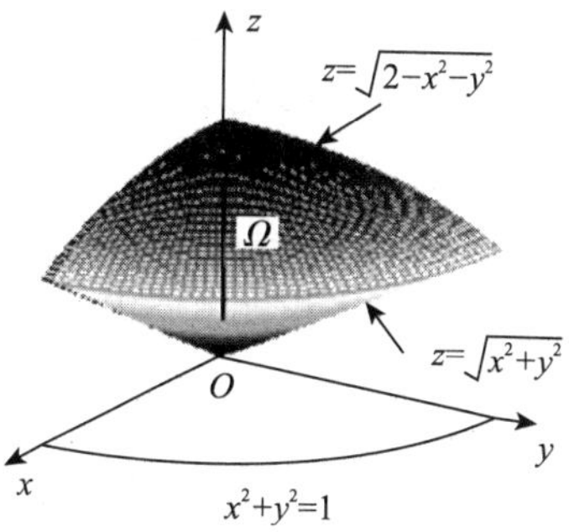

图 9.40

$$D_{xy}=\left\{(\rho,\ \theta)\ \middle|\ 0\leqslant\rho\leqslant 1,\ 0\leqslant\theta\leqslant\frac{\pi}{2}\right\}.$$

过 D_{xy} 内任一点 $(x,\ y)$，作平行于 z 轴的直线，此直线通过曲面 $z=\sqrt{x^2+y^2}$（即 $z=\rho$）穿入 Ω，再通过球面 $z=\sqrt{2-x^2-y^2}$（即 $z=\sqrt{2-\rho^2}$）穿出 Ω，所以 Ω 可表示为

$$\rho\leqslant z\leqslant\sqrt{2-\rho^2},\ 0\leqslant\rho\leqslant 1,\ 0\leqslant\theta\leqslant\frac{\pi}{2}.$$

所以

$$\iiint\limits_{\Omega} z^2\mathrm{d}v = \int_0^{\frac{\pi}{2}}\mathrm{d}\theta\int_0^1\rho\mathrm{d}\rho\int_{\rho}^{\sqrt{2-\rho^2}} z^2\mathrm{d}z = \frac{1}{3}\int_0^{\frac{\pi}{2}}\mathrm{d}\theta\int_0^1\rho[(\sqrt{2-\rho^2})^3-\rho^3]\mathrm{d}\rho = \frac{\pi}{15}(2\sqrt{2}-1).$$

3. 在球面坐标系下的计算公式

设 $M(x, y, z)$ 为空间一点，点 P 为点 M 在 xOy 面上的投影，则点 M 也可用这样的三个数 r，φ，θ 来确定，其中 r 为点 M 到原点 O 的距离，φ 为有向线段 $\overrightarrow{OM}$ 与 z 轴正向的夹角，θ 为从 z 轴正向来看自 x 轴按逆时针方向转到有向线段 $\overrightarrow{OP}$ 的角（图 9.41）．这样的三个数 r，φ，θ 叫做点 M 的球面坐标，其中 $0\leqslant r<+\infty$，$0\leqslant\varphi\leqslant\pi$，$0\leqslant\theta\leqslant 2\pi$．

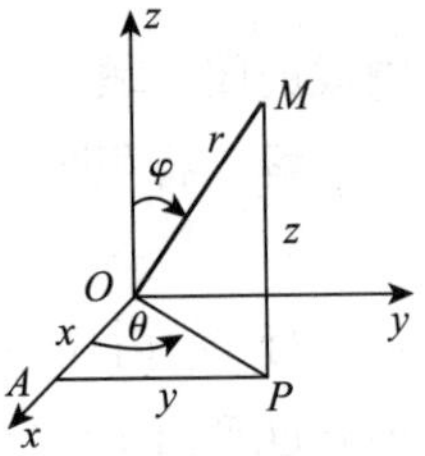

图 9.41

三组坐标面分别为

$r=$ 常数，即以原点 O 为球心的球面；

$\varphi=$ 常数，即以原点 O 为顶点、z 轴为轴的圆锥面；

$\theta=$ 常数，即过 z 轴的半平面．

设点 P 在 x 轴上的投影为点 A，则 $OA=x$，$AP=y$，$PM=z$．又因 $OP=r\sin\varphi$，$z=r\cos\varphi$，于是点 M 的直角坐标与球面坐标的关系为

$$\begin{cases} x=OP\cos\theta=r\sin\varphi\cos\theta \\ y=OP\sin\theta=r\sin\varphi\sin\theta \\ z=r\cos\varphi \end{cases}.$$

为了把三重积分 $\iiint\limits_{\Omega} f(x, y, z)\mathrm{d}v$ 中的变量从直角坐标转化为柱面坐标，用三组坐标面 $r=$ 常数，$\varphi=$ 常数，$\theta=$ 常数将积分区域 Ω 划分为许多小闭区域．现考虑由 r，φ，θ 各取得微小增量 $\mathrm{d}r$，$\mathrm{d}\varphi$，$\mathrm{d}\theta$ 所形成的六面体的体积（图 9.42）．不计高阶无穷小，这个六面体可看做长方体，其经线方向的长为 $r\mathrm{d}\varphi$，纬线方向的宽为 $r\sin\varphi\mathrm{d}\theta$，向径方向的高为 $\mathrm{d}r$，于是得

$$\mathrm{d}v=r^2\sin\varphi\mathrm{d}r\mathrm{d}\theta\mathrm{d}\varphi.$$

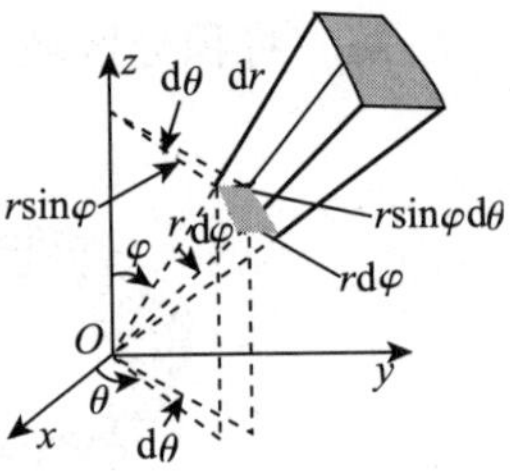

图 9.42

这就是球面坐标系下的体积元素．从而三重积分从直角坐标到球面坐标的变换公式为

$$\iiint\limits_{\Omega} f(x, y, z)\mathrm{d}v=\iiint\limits_{\Omega} F(r, \theta, \varphi)r^2\sin\varphi\mathrm{d}r\mathrm{d}\varphi\mathrm{d}\theta,$$

其中 $F(r, \theta, \varphi)=f(r\sin\varphi\cos\theta, r\sin\varphi\sin\theta, r\cos\varphi)$．

在球面坐标下，再将三重积分化为对 r，φ，θ 三次积分．

若 Ω 的边界曲面是一个包含原点在内的闭曲面，其球面坐标方程为 $r=r(\varphi, \theta)$，则

$$\iiint\limits_{\Omega} F(r, \theta, \varphi)r^2\sin\varphi\mathrm{d}r\mathrm{d}\varphi\mathrm{d}\theta=\int_0^{2\pi}\mathrm{d}\theta\int_0^{\pi}\mathrm{d}\varphi\int_0^{r(\theta, \varphi)}F(r, \theta, \varphi)r^2\sin\varphi\mathrm{d}r.$$

当 Ω 的边界曲面为球面 $r=a$ 时，则

$$\iiint\limits_{\Omega} F(r, \theta, \varphi)r^2\sin\varphi\mathrm{d}r\mathrm{d}\varphi\mathrm{d}\theta=\int_0^{2\pi}\mathrm{d}\theta\int_0^{\pi}\mathrm{d}\varphi\int_0^{a}F(r, \theta, \varphi)r^2\sin\varphi\mathrm{d}r.$$

特别地，当 $F(r, \varphi, \theta)=1$ 时，由上式即得球的体积

$$V=\int_0^{2\pi}\mathrm{d}\theta\int_0^{\pi}\mathrm{d}\varphi\int_0^{a}r^2\sin\varphi\mathrm{d}r=\frac{4}{3}\pi a^3.$$

例 7　求半径为 a 的球面与半顶角为 α 的内接锥面所围成的立体的体积.

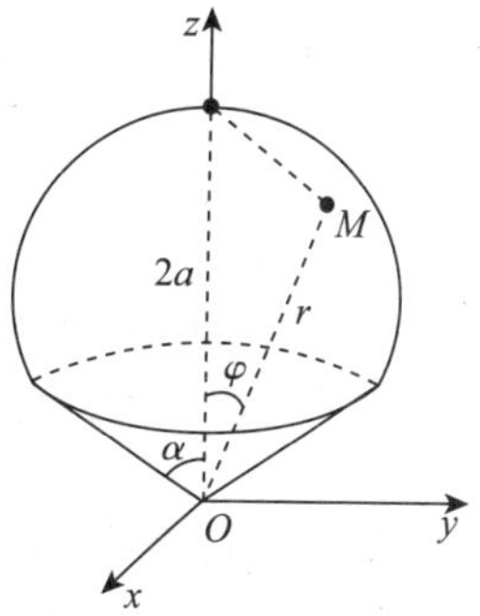

图 9.43

解　设球面过原点 O，球心在 z 轴上，内接锥面的顶点在原点 O，其轴与 z 轴重合，建立如图 9.43 所示的坐标系，则球面方程为 $r=2a\cos\varphi$，锥面方程为 $\varphi=\alpha$.

此时立体占有的空间区域

$$\Omega=\{(r,\ \theta,\ \varphi)\mid 0<r<2a\cos\varphi,\ 0<\varphi<\alpha,\ 0<\theta<2\pi\},$$

所以

$$\begin{aligned}V&=\iiint_{\Omega} r^2\sin\varphi \mathrm{d}r\mathrm{d}\varphi\mathrm{d}\theta=\int_0^{2\pi}\mathrm{d}\theta\int_0^{\pi}\mathrm{d}\varphi\int_0^{2a\cos\varphi}r^2\sin\varphi\mathrm{d}r\\&=2\pi\int_0^{\pi}\sin\varphi\mathrm{d}\varphi\int_0^{2a\cos\varphi}r^2\mathrm{d}r=\frac{16\pi a^3}{3}\int_0^{\alpha}\cos^3\varphi\sin\varphi\mathrm{d}\varphi=\frac{4\pi a^3}{3}(1-\cos^4\alpha).\end{aligned}$$

例 8　计算 $\iiint\limits_{\Omega}(x^2+y^2)\mathrm{d}v$，其中 Ω 由 $0<a\leqslant\sqrt{x^2+y^2+z^2}\leqslant A$ 及 $z\geqslant 0$ 确定.

解　由于积分区域 Ω 是球心在原点、半径分别为 a 与 A 的两个上半球面所围成的闭区域，故 Ω 可表示为

$$a<r<A,\ 0<\varphi<\frac{\pi}{2},\ 0<\theta<2\pi,$$

所以

$$\begin{aligned}\iiint_{\Omega}(x^2+y^2)\mathrm{d}v&=\int_0^{2\pi}\mathrm{d}\theta\int_0^{\frac{\pi}{2}}\mathrm{d}\varphi\int_a^A r^4\sin^3\varphi\mathrm{d}r\\&=2\pi\int_0^{\frac{\pi}{2}}\sin^3\varphi\mathrm{d}\varphi\int_a^A r^4\mathrm{d}r=\frac{4\pi}{15}(A^5-a^5).\end{aligned}$$

习题 9.3

1. 把三重积分 $\iiint\limits_{\Omega}f(x,\ y,\ z)\mathrm{d}v$ 化为三次积分，其中：

(1) Ω 是由平面 $x=1$，$x=2$，$z=0$，$y=x$，$z=y$ 所围成的区域；

(2) Ω 是由曲面 $z=x^2+y^2$ 与平面 $z=1$ 所围成的区域；

(3) Ω 是由曲面 $z=x^2+2y^2$ 及 $z=2-x^2$ 所围成的区域.

2. 计算下列三重积分.

(1) $\iiint\limits_{\Omega}xyz\mathrm{d}v$，$\Omega$：$0\leqslant x\leqslant 1$，$-2\leqslant y\leqslant 3$，$1\leqslant z\leqslant 2$；

(2) $\iiint\limits_{\Omega}(x^2+y^2)\mathrm{d}v$，$\Omega$：$x^2+y^2\leqslant 4$，$0\leqslant z\leqslant 4$；

(3) $\iiint\limits_{\Omega}(x^2+yx)\mathrm{d}v$，$\Omega$：$a^2\leqslant x^2+y^2+z^2\leqslant b^2$ $(0<a<b)$；

(4) $\iiint\limits_{\Omega}\mathrm{d}v$，$\Omega$：$x^2+y^2+z^2\leqslant 2z$；

(5) $\iiint\limits_{\Omega}\sqrt{x^2+y^2}\,\mathrm{d}v$，$\Omega$ 由 $x^2+y^2=z^2$ 及 $z=1$ 所围；

(6) $\iiint\limits_{\Omega}y\sqrt{1-x^2}\,\mathrm{d}x\mathrm{d}y\mathrm{d}z$，其中 Ω 由 $y=-\sqrt{1-x^2-z^2}$，$x^2+z^2=1$，$y=1$ 所围成.

3. 用柱面坐标计算下列积分.

(1) $\iiint\limits_{\Omega}z\sqrt{x^2+y^2}\,\mathrm{d}x\mathrm{d}y\mathrm{d}z$，其中 Ω 是由柱面 $x^2+y^2=2x$ 及平面 $z=0$，$z=a(a>0)$，$y=0$ 所围成的半圆柱体；

(2) $\iiint\limits_{\Omega}\dfrac{\mathrm{d}x\mathrm{d}y\mathrm{d}z}{1+x^2+y^2}$，其中 Ω 由抛物面 $x^2+y^2=4z$ 及平面 $z=a(a>0)$ 所围成.

4. 用球面坐标计算下列积分.

(1) $\iiint\limits_{\Omega}(x^2+y^2+z^2)\mathrm{d}x\mathrm{d}y\mathrm{d}z$，其中 Ω 由锥面 $z=\sqrt{x^2+y^2}$ 与球面 $x^2+y^2+z^2=R^2$ 所围的立体；

(2) $\iiint\limits_{\Omega}\sqrt{x^2+y^2+z^2}\,\mathrm{d}x\mathrm{d}y\mathrm{d}z$，其中 Ω 由球面 $x^2+y^2+z^2=z$ 围成.

5. 计算下列立体 Ω 的体积.

(1) Ω 由平面 $y=0$，$z=0$，$y=x$ 及 $6x+2y+3z=6$ 围成；

(2) Ω 由抛物面 $z=10-3x^2-3y^2$ 与平面 $z=4$ 围成.

9.4 重积分的应用

由前面的讨论可知，曲顶柱体的体积、平面薄片的质量可用二重积分计算，空间物体的质量可用三重积分计算. 本节将把定积分应用中的微元法推广到重积分的应用中，进一步讨论重积分在几何、物理上的应用.

一、曲面的面积

设曲面 S 的方程为 $z=f(x,y)$，D 为 S 在 xOy 面上的投影区域，函数 $f(x,y)$ 在 D 上具有连续的偏导数 $f'_x(x,y)$ 和 $f'_y(x,y)$. 下面求曲面 S 的面积 A.

在闭区域 D 上任取一直径很小的闭区域 $\mathrm{d}\sigma$（此闭区域的面积也记作 $\mathrm{d}\sigma$）. 在 $\mathrm{d}\sigma$ 上取一点 $P(x,y)$，对应曲面上的点为 $M(x,y,f(x,y))$. 点 M 在 xOy 上的投影为点 P，曲面 S 在点 M 处的切平面为 T. 以小闭区域 $\mathrm{d}\sigma$ 的边界为准线作母线平行于 z 轴的柱面，此柱面在曲面 S 上截下一小片曲面，在切平面 T 上截下一小片平面 $\mathrm{d}A$（图 9.44）. 由于 $\mathrm{d}\sigma$ 很小，从而可以用切平面 T 上的小片平面 $\mathrm{d}A$ 来代替曲面 S 上的小片曲面. 设曲面 S 在点 M 处的法线（指向向上）与 z 轴所成的角为 γ，则

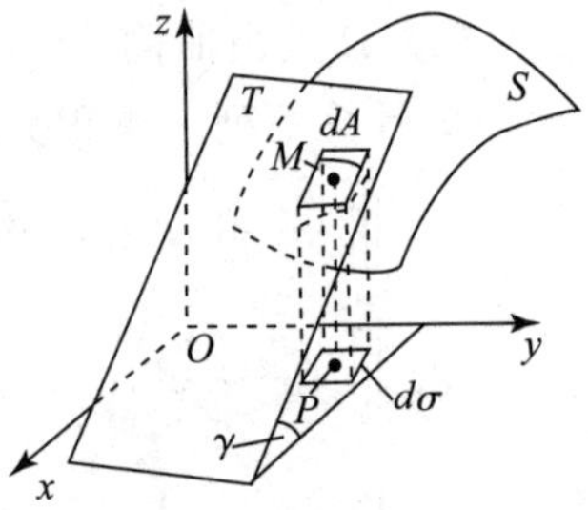

图 9.44

$$dA=\frac{d\sigma}{\cos\gamma}.$$

由于
$$\cos\gamma=\frac{1}{\sqrt{1+f_x'^2(x,y)+f_y'^2(x,y)}},$$

所以
$$dA=\sqrt{1+f_x^2(x,y)+f_y^2(x,y)}\,d\sigma.$$

这就是曲面 S 的面积元素，以它为被积表达式在闭区域 D 上积分，得曲面 S 的面积为

$$A=\iint_D \sqrt{1+f_x^2(x,y)+f_y^2(x,y)}\,d\sigma$$

或

$$A=\iint_D \sqrt{1+\left(\frac{\partial z}{\partial x}\right)^2+\left(\frac{\partial z}{\partial y}\right)^2}\,dxdy.$$

若曲面 S 的方程为 $x=g(y,z)$ 或 $y=h(z,x)$，则可分别把曲面投影到 yOz 面上（投影区域记作 D_{yz}）或 zOx 面上（投影区域记作 D_{zx}），类似地可得

$$A=\iint_{D_{yz}} \sqrt{1+\left(\frac{\partial x}{\partial y}\right)^2+\left(\frac{\partial x}{\partial z}\right)^2}\,dydz$$

或

$$A=\iint_{D_{zx}} \sqrt{1+\left(\frac{\partial y}{\partial z}\right)^2+\left(\frac{\partial y}{\partial x}\right)^2}\,dzdx.$$

例 1　求球面 $x^2+y^2+z^2=a^2$ 的表面积.

解　由对称性，它是上半球面面积的两倍. 上半球面方程 $z=\sqrt{a^2-x^2-y^2}$，它在 xOy 面上的投影区域为

$$D_{xy}=\{(x,y)\mid x^2+y^2\leqslant a^2\}.$$

由 $\dfrac{\partial z}{\partial x}=\dfrac{-x}{\sqrt{a^2-x^2-y^2}}$，$\dfrac{\partial z}{\partial y}=\dfrac{-y}{\sqrt{a^2-x^2-y^2}}$ 得

$$\sqrt{1+\left(\frac{\partial z}{\partial x}\right)^2+\left(\frac{\partial z}{\partial y}\right)^2}=\frac{a}{\sqrt{a^2-x^2-y^2}}.$$

于是上半球面的面积为

$$A=\iint_{D_{xy}} \frac{a}{\sqrt{a^2-x^2-y^2}}\,dxdy.$$

由于被积函数在积分区域 D_{xy} 上无界，此为反常二重积分.

先取区域 $D_1=\{(x,y)\mid x^2+y^2\leqslant b^2,\ 0<b<a\}$ 为积分区域，再令 $b\to a$，取相应于 D_1 上的球面面积 A_1 的极限即为半球面的面积.

$$\begin{aligned}A_1&=\iint_{D_1}\frac{a}{\sqrt{a^2-x^2-y^2}}\,dxdy=\iint_{D_1}\frac{a}{\sqrt{a^2-\rho^2}}\rho\,d\rho\,d\theta,\\&=a\int_0^{2\pi}d\theta\int_0^b\frac{\rho\,d\rho}{\sqrt{a^2-\rho^2}}=2\pi a\int_0^b\frac{\rho\,d\rho}{\sqrt{a^2-\rho^2}}=2\pi a\left(a-\sqrt{a^2-b^2}\right).\end{aligned}$$

故
$$\lim_{b\to a}A_1=\lim_{b\to a}2\pi a\left(a-\sqrt{a^2-b^2}\right)=2\pi a^2.$$

所以整个球面面积为 $4\pi a^2$.

二、质心

1. 平面薄片的质心

设在 xOy 面上有 n 个质点，分别位于 (x_1, y_1)，(x_2, y_2)，$\cdots(x_n, y_n)$ 处，质量分别为 m_1，m_2，$\cdots$，m_n，则此质点系的质心坐标为

$$\bar{x}=\frac{M_y}{M}=\frac{\sum_{i=1}^{n} m_i x_i}{\sum_{i=1}^{n} m_i},\ \bar{y}=\frac{M_x}{M}=\frac{\sum_{i=1}^{n} m_i y_i}{\sum_{i=1}^{n} m_i},$$

而 $M=\sum_{i=1}^{n} m_i$ 为该质点系的总质量，

$$M_y=\sum_{i=1}^{n} m_i x_i,\ M_x=\sum_{i=1}^{n} m_i y_i$$

分别称为该质点系对 y 轴和 x 轴的**静矩**.

设有一平面薄片，占有 xOy 面上的闭区域 D，在 (x, y) 点处具有面密度 $\mu(x, y)$. 设 $\mu(x, y)$ 在 D 上连续. 现求该薄片的质心坐标.

在 D 内取一小闭区域 $\mathrm{d}\sigma$（同时表示其面积），(x, y) 是该小闭区域设的一个点（图 9.45). 当 $\mathrm{d}\sigma$ 的直径很小时，其质量可近似为

$$\mu(x, y)\mathrm{d}\sigma.$$

这部分质量可近似看做集中在点 (x, y) 上，于是静矩元素分别为

$$\mathrm{d}M_y=x\mu(x, y)\mathrm{d}\sigma,\ \mathrm{d}M_x=y\mu(x, y)\mathrm{d}\sigma.$$

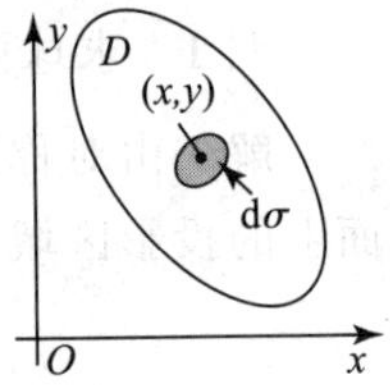

图 9.45

于是
$$M_y=\iint_D x\mu(x, y)\mathrm{d}\sigma,\ M_x=\iint_D y\mu(x, y)\mathrm{d}\sigma.$$

所以，薄片的质心坐标为

$$\bar{x}=\frac{M_y}{M}=\frac{\iint_D x\mu(x, y)\mathrm{d}\sigma}{\iint_D \mu(x, y)\mathrm{d}\sigma},\ \bar{y}=\frac{M_x}{M}=\frac{\iint_D y\mu(x, y)\mathrm{d}\sigma}{\iint_D \mu(x, y)\mathrm{d}\sigma},$$

其中，$M=\iint_D \mu(x, y)\mathrm{d}\sigma$ 为平面薄片的质量.

当薄片质量分布均匀，即面密度 $\mu(x, y)$ 为常数时，薄片的质心完全由闭区域 D 的形状所决定. 把均匀平面薄片的质心叫做该平面薄片所占的平面图形的形心．于是形心的坐标公式为

$$\bar{x}=\frac{1}{A}\iint_D x\,\mathrm{d}\sigma,\ \bar{y}=\frac{1}{A}\iint_D y\,\mathrm{d}\sigma,$$

其中，A 为 D 的面积.

例 2 求位于两圆 $\rho=2\sin\theta$ 和 $\rho=4\sin\theta$ 之间的均匀薄片的质心（图 9.46).

解　由于闭区域 D 关于 y 轴对称，所以质心必在 y 轴上，于是 $\bar{x}=0$.

而闭区域 D 的面积 A 是半径为 2 与半径为 1 的两圆面积之差，即 $A=3\pi$，故

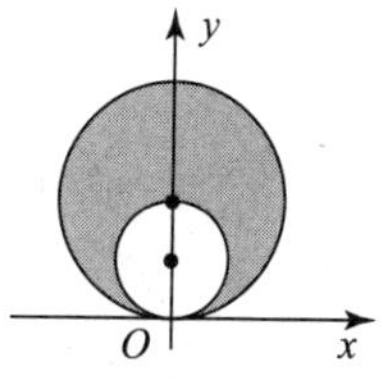

图 9.46

$$\bar{y}=\frac{1}{A}\iint_D y\,\mathrm{d}\sigma=\frac{1}{3\pi}\iint_D \rho^2\sin\theta\mathrm{d}\rho\mathrm{d}\theta$$
$$=\frac{1}{3\pi}\int_0^{\pi}\sin\theta\mathrm{d}\theta\int_{2\sin\theta}^{4\sin\theta}\rho^2\,\mathrm{d}\rho=\frac{56}{9\pi}\int_0^{\pi}\sin^4\theta\mathrm{d}\theta=\frac{7}{3}.$$

所以，所求质心为$\left(0,\ \frac{7}{3}\right)$.

2. 空间物体的质心

类似地，设物体占有空间区域 Ω，在点 $(x,\ y,\ z)$ 处的体密度为 $\rho(x,\ y,\ z)$，且 $\rho(x,\ y,\ z)$ 在 Ω 上连续．则物体的质量为

$$M=\iiint_\Omega \rho(x,\ y,\ z)\ \mathrm{d}v,$$

物体的质心坐标为

$$\bar{x}=\frac{1}{M}\iiint_\Omega x\rho\mathrm{d}v,\ \bar{y}=\frac{1}{M}\iiint_\Omega y\rho\mathrm{d}v,\ \bar{z}=\frac{1}{M}\iiint_\Omega z\rho\mathrm{d}v,$$

其中 $\iiint_\Omega x\rho\mathrm{d}v$，$\iiint_\Omega y\rho\mathrm{d}v$，$\iiint_\Omega z\rho\mathrm{d}v$ 分别为物体关于 yOz，zOx，xOy 面的静矩.

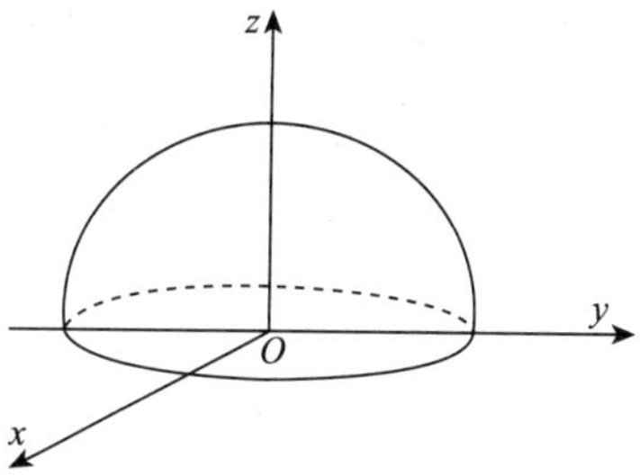

图 9.47

例 3　求均匀半球体的质心.

解　如图 9.47 建立坐标系，则半球体所占空间闭区域

$$\Omega=\{(x,\ y,\ z)\mid x^2+y^2+z^2\leqslant a^2,\ z\geqslant 0\}.$$

显然质心在 z 轴上，故 $\bar{x}=\bar{y}=0$，而

$$\iiint_\Omega z\mathrm{d}v=\iiint_\Omega r\cos\varphi\cdot r^2\sin\varphi\mathrm{d}r\mathrm{d}\varphi\mathrm{d}\theta=\int_0^{2\pi}\mathrm{d}\theta\int_0^{\frac{\pi}{2}}\cos\varphi\sin\varphi\mathrm{d}\varphi\int_0^a r^3\,\mathrm{d}r=\frac{a^4}{4}\pi,$$

故

$$\bar{z}=\frac{1}{v}\iiint_\Omega z\mathrm{d}v=\frac{\frac{a^4}{4}\pi}{\frac{2}{3}\pi a^3}=\frac{3a}{8},$$

所以，所求质心为$\left(0,\ 0,\ \frac{3a}{8}\right)$.

三、转动惯量

1. 平面薄片的转动惯量

设 xOy 面上有 n 个质点，分别位于 $(x_1,\ y_1)$，$(x_2,\ y_2)$，$\cdots(x_n,\ y_n)$ 处，质量分别为 m_1，m_2，$\cdots$，m_n，则此质点系的转动惯量为

$$I_x = \sum_{i=1}^{n} y_i^2 m_i, I_y = \sum_{i=1}^{n} x_i^2 m_i .$$

设有一平面薄片，占有 xOy 面上的闭区域 D，在（x，y）点处具有面密度 $\mu(x, y)$. 设 $\mu(x, y)$ 在 D 上连续. 现求其对 x 轴和对 y 轴的转动惯量.

在 D 内取一小闭区域 $d\sigma$（同时表示其面积），（x，y）是该小闭区域设的一个点. 当 $d\sigma$ 的直径很小时，其质量可近似为

$$\mu(x, y)d\sigma.$$

这部分质量可近似看做集中在点（x，y）上，于是对 x 轴和 y 轴的转动惯量元素分别为

$$dI_x = y^2\mu(x, y)d\sigma,\ dI_y = x^2\mu(x, y)d\sigma.$$

于是平面薄片对 x 轴和 y 轴的转动惯量分别为

$$I_x = \iint_D y^2\mu(x, y)d\sigma,\ I_y = \iint_D x^2\mu(x, y)d\sigma.$$

例 4 求半径为 a 的均匀半圆薄片（面密度 μ 为常数）对于其直径边的转动惯量.

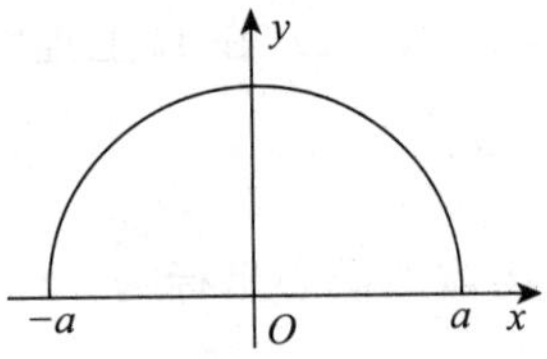

图 9.48

解 如图 9.48 建立坐标系，则薄片所占闭区域

$$D = \{(x, y) \mid x^2 + y^2 \leqslant a^2,\ y \geqslant 0\}.$$

所求转动惯量为 D 对 x 轴的转动惯量

$$\begin{aligned} I_x &= \iint_D \mu y^2 d\sigma = \mu\iint_D \rho^3 \sin^2\theta d\rho d\theta \\ &= \mu\int_0^{\pi} d\theta\int_0^{a} \rho^3 \sin^2\theta d\rho = \mu\frac{a^2}{4}\int_0^{\pi} \sin^2\theta d\theta = \frac{\pi\mu a^4}{8} = \frac{Ma^2}{4}, \end{aligned}$$

其中 $M = \frac{\pi\mu a^2}{2}$ 为半圆薄片的质量.

2. 空间物体的转动惯量

类似地，设物体占有空间区域 Ω，在点（x，y，z）处的体密度为 $\rho(x, y, z)$，且 $\rho(x, y, z)$ 在 Ω 上连续，则物体关于 x，y，z 三个坐标轴的转动惯量分别为

$$I_x = \iiint_\Omega (y^2 + z^2)\rho(x, y, z)dv,$$

$$I_y = \iiint_\Omega (z^2 + x^2)\rho(x, y, z)dv,$$

$$I_z = \iiint_\Omega (x^2 + y^2)\rho(x, y, z)dv.$$

例 5 求半径为 a，高为 h 的均匀圆柱体对过中心而平行于母线的轴的转动惯量.

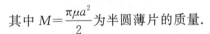

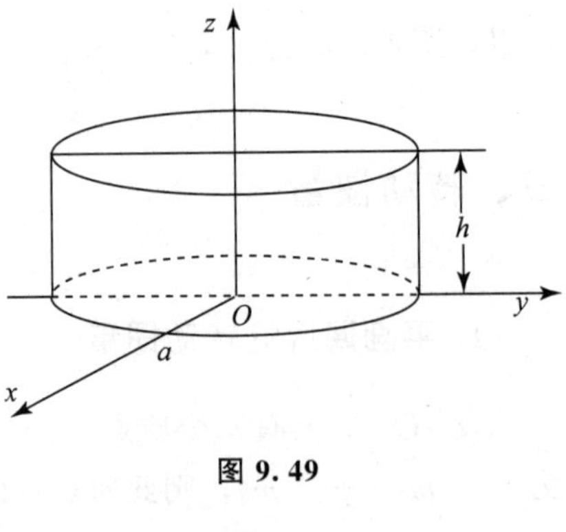

图 9.49

解 如图 9.49 建立坐标系，则圆柱体所占的空间闭区域

$$\Omega = \{(x, y, z) \mid x^2 + y^2 \leqslant a^2,\ 0 \leqslant z \leqslant h\},$$

利用柱面坐标，得

$$I_z=\iiint\limits_{\Omega}(x^2+y^2)\rho \mathrm{d}v=\rho\int_0^{2\pi}\mathrm{d}\theta\int_0^a r\mathrm{d}r\int_0^h r^2\mathrm{d}z=\frac{\pi\rho h a^4}{2}.$$

四、引力

设空间相距为 r 的两质点 P_1 与 P_2 分别带有质量 m_1 和 m_2，则 P_1 对 P_2 的引力为

$$F=G\cdot\frac{m_1\cdot m_2}{r^2}r_0,$$

其中，G 为万有引力常数，r_0 为 $\overrightarrow{P_2P_1}$ 的单位向量．现将引力计算公式推广到空间一物体对物体外一点 $P_0(x_0,\ y_0,\ z_0)$ 处的单位质量的质点的引力问题上.

设物体占有空间区域 Ω，在点 $(x,\ y,\ z)$ 处的体密度为 $\rho(x,\ y,\ z)$，且 $\rho(x,\ y,\ z)$ 在 Ω 上连续．在物体内取一直径很小的闭区域 $\mathrm{d}v$(同时也表示其体积)，$(x,\ y,\ z)$ 为这一小块中的一点．把这一小块物体的质量 $\rho\mathrm{d}v$ 近似地看做集中在点 $(x,\ y,\ z)$ 处，则其对点 $P_0(x_0,\ y_0,\ z_0)$ 处的单位质量的质点的引力为

$$\begin{aligned}\mathrm{d}\boldsymbol{F}&=(\mathrm{d}\boldsymbol{F}_x,\ \mathrm{d}\boldsymbol{F}_y,\ \mathrm{d}\boldsymbol{F}_z)\\&=\left(G\frac{\rho(x,\ y,\ z)(x-x_0)}{r^3}\mathrm{d}v,\ G\frac{\rho(x,\ y,\ z)(y-y_0)}{r^3}\mathrm{d}v,\ G\frac{\rho(x,\ y,\ z)(z-z_0)}{r^3}\mathrm{d}v\right),\end{aligned}$$

其中，$\mathrm{d}\boldsymbol{F}_x$，$\mathrm{d}\boldsymbol{F}_y$，$\mathrm{d}\boldsymbol{F}_z$ 分别为引力元素 $\mathrm{d}\boldsymbol{F}$ 在三坐标轴上的分量，而

$$r=\sqrt{(x-x_0)^2+(y-y_0)^2+(z-z_0)^2}.$$

将 $\mathrm{d}\boldsymbol{F}_x$，$\mathrm{d}\boldsymbol{F}_y$，$\mathrm{d}\boldsymbol{F}_z$ 在 Ω 上分别积分，得引力为

$$\begin{aligned}\boldsymbol{F}&=(\boldsymbol{F}_x,\ \boldsymbol{F}_y,\ \boldsymbol{F}_z)\\&=\left(\iiint\limits_{\Omega}G\frac{\rho(x,\ y,\ z)(x-x_0)}{r^3}\mathrm{d}v,\iiint\limits_{\Omega}G\frac{\rho(x,\ y,\ z)(y-y_0)}{r^3}\mathrm{d}v,\iiint\limits_{\Omega}G\frac{\rho(x,\ y,\ z)(z-z_0)}{r^3}\mathrm{d}v\right).\end{aligned}$$

类似地，平面薄片对薄片外一点的引力为

$$\begin{aligned}F&=(F_x,\ F_y)\\&=\left(\iint\limits_{D}G\frac{\mu(x,\ y)(x-x_0)}{r^3}\mathrm{d}\sigma,\iint\limits_{D}G\frac{\mu(x,\ y)(x-x_0)}{r^3}\mathrm{d}\sigma\right),\end{aligned}$$

其中，$\mu(x,\ y)$ 为占有闭区域 D 的平面薄片的面密度，$r=\sqrt{(x-x_0)^2+(y-y_0)^2}$.

例 6　求半径为 R 的均匀球体 $x^2+y^2+z^2\leqslant R^2$ 对球外一点 M_0 $(0,\ 0,\ a)$（质量为 1）的引力，其中 $a>R$.

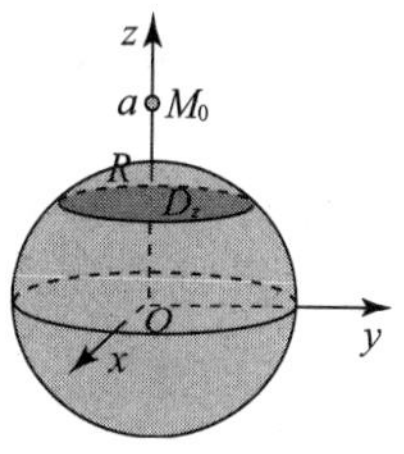

图 9.50

解　如图 9.50 建立坐标系，设球的密度为 ρ_0，由对称性得

$$F_x=F_y=0,$$

$$\begin{aligned}F_z&=\iiint\limits_{\Omega}G\frac{(z-a)\mathrm{d}v}{r^3}=\iiint\limits_{\Omega}G\frac{(z-a)\mathrm{d}v}{[x^2+y^2+(z-a)^2]^{\frac{3}{2}}}\\&=G\rho_0\int_{-R}^{R}(z-a)\mathrm{d}z\iint\limits_{x^2+y^2\leqslant R^2-z^2}\frac{\mathrm{d}x\mathrm{d}y}{[x^2+y^2+(z-a)^2]^{\frac{3}{2}}}\\&=G\rho_0\int_{-R}^{R}(z-a)\mathrm{d}z\int_0^{2\pi}\mathrm{d}\theta\int_0^{\sqrt{R^2-z^2}}\frac{r\mathrm{d}r}{[r^2+(z-a)^2]^{\frac{3}{2}}}\end{aligned}$$

$$=2\pi G\rho_0\int_{-R}^{R}(z-a)\left(\frac{1}{a-z}-\frac{1}{\sqrt{R^2-2az+a^2}}\right)\mathrm{d}z$$

$$=2\pi G\rho_0\left[-2R+\frac{1}{a}\int_{-R}^{R}(z-a)/\sqrt{R^2-2az+a^2}\,\mathrm{d}z\right]$$

$$=2\pi G\rho_0\left(-2R+2R-\frac{2R^3}{3a^2}\right)=-G\cdot\frac{4\pi R^3}{3}\rho_0\cdot\frac{1}{a^2}=-G\frac{M}{a^2},$$

其中 $M=\dfrac{4\pi R^3}{3}\rho_0$ 为球的质量.

这表明均匀球体对球外一点处的引力如同球的质量集中于球心处的两质点间的引力.

习题 9.4

1. 求平面 $\dfrac{x}{a}+\dfrac{y}{b}+\dfrac{z}{c}=1$ 被三个坐标面所截得部分的面积（a，b，$c>0$）.

2. 求球面 $x^2+y^2+z^2=a^2$ 含在圆柱面 $x^2+y^2=ax$ 内部的那部分面积.

3. 求密度均匀的半圆片的质心.

4. 球体 $x^2+y^2+z^2\leqslant 2z$ 内各点处的密度的大小等于该点到原点的距离的平方，试求该球体的质心.

5. 一均匀薄片由直线 $y=x$ 与抛物线 $y=x^2$ 所围成，密度 $\rho=1$，求它对 x 轴和 y 轴的转动惯量.

6. 求密度函数为 $\rho(x, y, z)$ 的圆锥体 $\sqrt{x^2+y^2}\leqslant z\leqslant 1$ 对 z 轴的转动惯量.

7. 设面密度为 μ，半径为 R 的圆形薄片 $x^2+y^2\leqslant R^2$，$z=0$ 对位于点 $M_0(0, 0, a)(a>0)$ 处的单位质量的质点的引力.

8. 设均匀柱体体密度为 ρ，占有闭区域 $\Omega=\{(x, y, z)\mid x^2+y^2\leqslant R^2, 0\leqslant z\leqslant h\}$，求它对位于点 $M_0(0, 0, a)(a>h)$ 处的单位质量的质点的引力.

总习题九

一、选择题

1. 设区域 D 由圆 $x^2+y^2=2ax(a>0)$ 围成，则二重积分 $\iint\limits_D \mathrm{e}^{-x^2-y^2}\mathrm{d}\sigma=$（　　）.

A. $\int_{-\frac{\pi}{2}}^{\frac{\pi}{2}}\mathrm{d}\theta\int_0^{2a\cos\theta}\mathrm{e}^{-r^2}\mathrm{d}r$　　B. $\int_0^{\pi}\mathrm{d}\theta\int_0^{2a\cos\theta}\mathrm{e}^{-r^2}r\mathrm{d}r$

C. $2\int_0^{\frac{\pi}{2}}\mathrm{d}\theta\int_0^{2a\cos\theta}\mathrm{e}^{-r^2}\mathrm{d}r$　　D. $\int_{-\frac{\pi}{2}}^{\frac{\pi}{2}}\mathrm{d}\theta\int_0^{2a\cos\theta}\mathrm{e}^{-r^2}r\mathrm{d}r$

2. 设 $f(x, y)$ 是连续函数，$a>0$，则 $\int_0^a\mathrm{d}x\int_0^x f(x, y)\mathrm{d}y=$（　　）.

A. $\int_0^a\mathrm{d}y\int_a^y f(x, y)\mathrm{d}x$　　B. $\int_0^a\mathrm{d}y\int_y^a f(x, y)\mathrm{d}x$

C. $\int_0^a dy\int_0^a f(x, y)dx$　　D. $\int_0^a dy\int_0^y f(x, y)dx$

3. 累次积分 $I=\int_0^{\frac{\pi}{2}} d\theta\int_0^{\cos\theta} f(r\cos\theta, r\sin\theta)r dr$ 可写成(　　).

A. $\int_0^1 dx\int_0^{\sqrt{x-x^2}} f(x, y)dy$　　B. $\int_0^1 dx\int_0^1 f(x, y)dy$

C. $\int_0^1 dy\int_0^{\sqrt{1-y^2}} f(x, y)dx$　　D. $\int_0^1 dy\int_0^{\sqrt{y-y^2}} f(x, y)dx$

4. 设 $I=\iint_{x^2+y^2\leqslant 4}(1-x^2-y^2)^{\frac{1}{3}}dxdy$，则必有（　　）.

A. $I=0$　　B. $I>0$

C. $I<0$　　D. $I\neq 0$，但符号不能确定

5. 设 D 是由 x 轴，y 轴与直线 $x+y=1$ 所围成的，则下列不等式成立的是（　　）.

A. $\iint_D (x+y)^3 dxdy\geqslant\iint_D (x+y)^4 dxdy$　　B. $\iint_D (x+y)^3 dxdy>\iint_D (x+y)^4 dxdy$

C. $\iint_D (x+y)^3 dxdy\leqslant\iint_D (x+y)^4 dxdy$　　D. $\iint_D (x+y)^3 dxdy<\iint_D (x+y)^4 dxdy$

6. 设有空间区域 $\Omega_1=\{(x, y, z)\mid x^2+y^2+z^2\leqslant R^2, z\geqslant 0\}$，$\Omega_2=\{(x, y, z)\mid x^2+y^2+z^2\leqslant R^2, x\geqslant 0, y\geqslant 0, z\geqslant 0\}$，则有（　　）.

A. $\iiint_{\Omega_1} x dv = 4\iiint_{\Omega_2} x dv$　　B. $\iiint_{\Omega_1} y dv = 4\iiint_{\Omega_2} y dv$

C. $\iiint_{\Omega_1} z dv = 4\iiint_{\Omega_2} z dv$　　D. $\iiint_{\Omega_1} xyz dv = 4\iiint_{\Omega_2} xyz dv$

7. 设 $f(x)$ 为连续函数，$F(t)=\int_1^t dy\int_y^t f(x)dx$，则 $F'(2)=$(　　).

A. $2f(2)$　　B. $f(2)$

C. $-f(2)$　　D. 0

二、解答题

1. 证明：$\int_0^a dy\int_0^y e^{m(a-x)}f(x)dx=\int_0^a (a-x)e^{m(a-x)}f(x)dx$.

2. 交换下列积分的次序.

(1) $I=\int_0^1 dx\int_x^{\sqrt{x}}\frac{\sin y}{x^2}dy$；

(2) $I=\int_{-1}^0 dx\int_{-x}^1 f(x, y)dy+\int_0^1 dx\int_{1-\sqrt{1-x^2}}^1 f(x, y)dy$.

3. 计算下列重积分.

(1) $I=\iint_D (|x|+|y|)\,dxdy$，其中 D：$x^2+y^2\leqslant 1$；

(2) $I=\iint_D \frac{\sin y}{y}d\sigma$，其中 D 是由 $y^2=x$ 及 $y=x$ 围成的区域；

（3）$I=\iint\limits_{D}\frac{x+y}{x^2+y^2}\mathrm{d}\sigma$，其中 D 由 $x^2+y^2\leqslant 1$，$x+y\geqslant 1$ 围成；

（4）$I=\iiint\limits_{\Omega}y\sqrt{1-x^2}\,\mathrm{d}v$，其中 Ω 由 $y=-\sqrt{1-x^2-z^2}$，$x^2+z^2=1$，$y=1$ 所围成的区域；

（5）$I=\iiint\limits_{\Omega}(x+y+z+1)^2\mathrm{d}v$，其中 Ω：$x^2+y^2+z^2\leqslant R^2(R>0)$.

4. 求由抛物线 $y=x^2$ 与直线 $y=1$ 所围成的均匀薄片（面密度为常数 μ）对直线 $y=-1$ 的转动惯量.

5. 求均匀曲面 $z=\sqrt{a^2-x^2-y^2}$ 的质心.

6. 设一高度为 $h(t)$（t 为时间）的雪堆在融化过程中，其侧面满足方程 $z=h(t)-\frac{2(x^2+y^2)}{h(t)}$，设长度单位为厘米，时间单位为小时，已知体积减小的速率与侧面积成正比（比例系数 0.9），问高度为 130cm 的雪堆全部融化需要多少小时？

第十章
曲线积分与曲面积分

本章将把积分概念推广到积分范围为一段曲线弧或一片曲面的情形（这样推广后的积分称为曲线积分和曲面积分），并阐明有关这两种积分的一些基本内容.

10.1 曲线积分

一、对弧长的曲线积分

1. 对弧长的曲线积分的概念与性质

(1) 引例——曲线形构件的质量

设一曲线形构件占有 xOy 平面上的一段弧 L，其端点为 A 和 B，且曲线 L 在点 (x, y) 处的线密度（单位长度的质量）为 $\rho(x, y)$，并设 $\rho(x, y)$ 在 L 上连续（图 10.1）. 现在要计算这构件的质量 M.

如果构件的线密度是常量，那么这构件的质量就等于它的线密度与长度的乘积. 现在构件上各点处的线密度是变量，就不能直接用上述方法来计算. 为此，用 L 上的点将 L 分为 n 个小段. 以 Δs_i 表示第 i 个小弧段 $M_{i-1}M_i$ 的长度，在第 i 个小弧段 $M_{i-1}M_i$ 上任取一点 (ξ_i, η_i)，用这点处的线密度代替这小段上其他各点处的线密度，则小弧段的质量可近似为

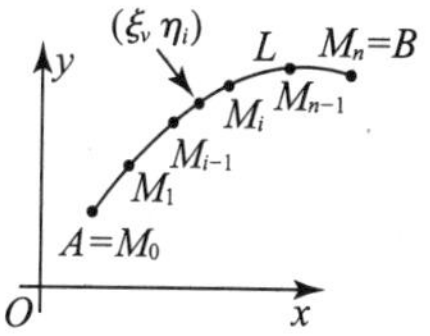

图 10.1

$$\rho(\xi_i, \eta_i) \cdot \Delta s_i.$$

从而整个曲线形构件的质量 M 近似为

$$\sum_{i=1}^{n} \rho(\xi_i, \eta_i)\Delta s_i.$$

用 λ 表示这 n 个小弧段的最大长度，取上述和式当 $\lambda \to 0$ 时的极限，便得到整个构件的质量精确值

$$M = \lim_{\lambda \to 0} \sum_{i=1}^{n} \rho(\xi_i, \eta_i)\Delta s_i.$$

这种和式的极限在物理、力学、几何和工程技术上很普遍，故抛开实际问题的具体意义，从数学上抽象出下述曲线积分的概念.

(2) 对弧长的曲线积分的概念

定义 1 设 L 为 xOy 平面上的一段光滑曲线弧，函数 $f(x, y)$ 在 L 上有界. 在 L 上任意

插入一点列：将 L 分为 n 个小段. 设第 i 个小弧段 $M_{i-1}M_i$ 的长度为 Δs_i. (ξ_i, η_i) 为 $M_{i-1}M_i$ 上任一点，作乘积 $f(\xi_i, \eta_i)\Delta s_i (i=1, 2, \cdots, n)$，并作和 $\sum_{i=1}^{n} f(\xi_i, \eta_i)\Delta s_i$. 如果当各小弧段的长度的最大值 $\lambda \to 0$ 时，该和式的极限总存在，则称此极限为函数 $f(x, y)$ 在曲线弧 L 上**对弧长的曲线积分或第一类的曲线积分**，记为 $\int_L f(x, y)\mathrm{d}s$，即

$$\int_L f(x, y)\mathrm{d}s = \lim_{\lambda \to 0} \sum_{i=1}^{n} f(\xi_i, \eta_i)\Delta s_i,$$

其中，$f(x, y)$ 叫做**被积函数**，L 叫做**积分弧段**，$\mathrm{d}s$ 叫做**弧长元素**.

当曲线弧 L 为封闭曲线时，上述积分记为 $\oint_L f(x, y)\mathrm{d}s$.

可以证明，当 $f(x, y)$ 在光滑曲线弧 L 上连续时，对弧长的曲线积分 $\int_L f(x, y)\mathrm{d}s$ 总是存在的. 以后我们总假定 $f(x, y)$ 在 L 上是连续的.

根据这个定义，当线密度 $\rho(x, y)$ 在 L 上连续时，上述曲线形构件的质量就等于线密度函数 $\rho(x, y)$ 在 L 上对弧长的曲线积分，即

$$M = \int_L \rho(x, y)\mathrm{d}s.$$

特别地，当 $f(x, y) \equiv 1$ 时，对弧长的曲线积分就等于积分弧段的长度 s，即 $\int_L \mathrm{d}s = s$.

此定义可以类似地推广到积分弧段为空间曲线 Γ 的情形，即函数 $f(x, y, z)$ 在空间曲线 Γ 上对弧长的曲线积分为

$$\int_\Gamma f(x, y, z)\mathrm{d}s = \lim_{\lambda \to 0} \sum_{i=1}^{n} f(\xi_i, \eta_i, \zeta_i)\Delta s_i.$$

(3) 对弧长的曲线积分的性质

对弧长的曲线积分具有与定积分、重积分相类似的性质.

性质 1 $\int_L kf(x, y)\mathrm{d}s = k\int_L f(x, y)\mathrm{d}s$（$k$ 是常数）.

性质 2 $\int_L [f(x, y) \pm g(x, y)]\mathrm{d}s = \int_L f(x, y)\mathrm{d}s \pm \int_L g(x, y)\mathrm{d}s$.

性质 3 若积分弧段 L 可分为两段光滑曲线弧 L_1 和 L_2，则

$$\int_L f(x, y)\mathrm{d}s = \int_{L_1} f(x, y)\mathrm{d}s + \int_{L_2} f(x, y)\mathrm{d}s.$$

性质 4 设在 L 上有 $f(x, y) \leqslant g(x, y)$，则有

$$\int_L f(x, y)\mathrm{d}s \leqslant \int_L g(x, y)\mathrm{d}s.$$

特别地，有

$$\left|\int_L f(x, y)\mathrm{d}s\right| \leqslant \int_L |f(x, y)|\mathrm{d}s.$$

性质 5 设 $f(x, y)$ 在光滑曲线弧 L 上有最大值 M 与最小值 m，则

$$ms \leqslant \int_L f(x, y)\mathrm{d}s \leqslant Ms,$$

其中，s 为弧段 L 的长度.

性质 6 设 $f(x, y)$ 在光滑曲线弧 L 上连续，则在 L 上至少存在一点 (ξ, η)，使得

$$\int_L f(x, y)\mathrm{d}s = f(\xi, \eta)\cdot s,$$

其中，s 为弧段 L 的长度.

2. 对弧长的曲线积分的计算方法

对弧长的曲线积分的计算方法，其主要思路还是将其转化为对参变量的定积分来计算.

定理 1 设函数 $f(x, y)$ 在曲线弧 L 上连续，L 的参数方程为

$$\begin{cases} x = \varphi(t) \\ y = \psi(t) \end{cases} \quad (\alpha \leqslant t \leqslant \beta),$$

其中 $\varphi(t)$，$\psi(t)$ 在 $[\alpha, \beta]$ 上具有一阶连续导数，且 $\varphi'^2(t) + \psi'^2(t) \neq 0$，则曲线积分 $\int_L f(x, y)\mathrm{d}s$ 存在，且

$$\int_L f(x, y)\mathrm{d}s = \int_\alpha^\beta f[\varphi(t), \psi(t)]\sqrt{\varphi'^2(t) + \psi'^2(t)}\,\mathrm{d}t \quad (\alpha < \beta).$$

证 设参数 t 由 α 变至 β 时，L 上的点 (x, y) 依次由 A 到 B 描出曲线 L，在 L 上任取一点列

$$A = M_0, M_1, \cdots, M_{n-1}, M_n = B,$$

它们对应一列单调上升的参数值

$$\alpha = t_0 < t_1 < \cdots < t_{n-1} < t_n = \beta.$$

由于

$$\int_L f(x, y)\mathrm{d}s = \lim_{\lambda\to 0}\sum_{i=1}^n f(\xi_i, \eta_i)\Delta s_i,$$

设点 (ξ_i, η_i) 对应的参数值 τ_i，即 $\xi_i = \varphi(\tau_i)$、$\eta_i = \psi(\tau_i)$，其中 $t_{i-1} < \tau_i < t_i$.

又由于

$$\Delta s_i = \int_{t_{i-1}}^{t_i} \sqrt{\varphi'^2(t) + \psi'^2(t)}\,\mathrm{d}t,$$

应用积分中值定理，有

$$\Delta s_i = \sqrt{\varphi'^2(\tau_i') + \psi'^2(\tau_i')}\,\Delta t_i,$$

其中，$\Delta t_i = t_t - t_{t-1}$，$t_{t-1} < \tau_t' \leqslant t_t$. 于是

$$\int_L f(x, y)\mathrm{d}s = \lim_{\lambda\to 0}\sum_{i=1}^n f[\varphi(\tau_i), \psi(\tau_i)]\sqrt{\varphi'^2(\tau_i') + \psi'^2(\tau_i')}\,\Delta t_i.$$

由于 $\sqrt{\varphi'^2(t) + \psi'^2(t)}$ 在闭区间 $[\alpha, \beta]$ 上连续（从而一致连续），可将 τ_i' 换为 τ_i，即有

$$\int_L f(x, y)\mathrm{d}s = \lim_{\lambda\to 0}\sum_{i=1}^n f[\varphi(\tau_i), \psi(\tau_i)]\sqrt{\varphi'^2(\tau_i) + \psi'^2(\tau_i)}\,\Delta t_i.$$

上式右端和式的极限就是函数 $f[\varphi(t), \psi(t)]\sqrt{\varphi'^2(t) + \psi'^2(t)}$ 在 $[\alpha, \beta]$ 上的定积分，由于这个函数在 $[\alpha, \beta]$ 上连续，所以这个定积分必定存在，因此上式左端的曲线积分 $\int_L f(x, y)\mathrm{d}s$ 也存在，并有

$$\int_L f(x, y)\mathrm{d}s = \int_\alpha^\beta f[\varphi(t), \psi(t)]\sqrt{\varphi'^2(t) + \psi'^2(t)}\,\mathrm{d}t \quad (\alpha < \beta). \tag{10.1}$$

公式 (10.1) 表明，计算对弧长的曲线积分时，只要将 x、y、ds 依次换为 $\varphi(t)$、$\psi(t)$、$\sqrt{\varphi'^2(t)+\psi'^2(t)}\,dt$，然后从 α 到 β 作定积分就行了. $\sqrt{\varphi'^2(t)+\psi'^2(t)}\,dt$ 就是直角坐标系下的弧长元素 ds.

注意： 定积分的下限 α 一定要小于上限 β. 这是因为小弧段的长度 Δs_i 总是正的，从而 $\Delta t_i \geqslant 0$，所以 $\alpha < \beta$.

若曲线 L 的方程为 $y=\varphi(x)(a\leqslant x\leqslant b)$，则将 x 作为参数可得

$$\int_L f(x, y)dx = \int_a^b f[x, \varphi(x)]\sqrt{1+\varphi'^2(x)}\,dx.$$

同理，若曲线 L 的方程为 $x=\psi(y)(c\leqslant y\leqslant d)$，则

$$\int_L f(x, y)dx = \int_c^d f[\psi(y), y]\sqrt{1+\psi'^2(y)}\,dy.$$

若曲线 L 的极坐标方程为 $\rho=\rho(\theta)(\alpha\leqslant\theta\leqslant\beta)$，则由 $x=\rho(\theta)\cos\theta$、$y=\rho(\theta)\sin\theta$，得极坐标系下的弧长元素为

$$ds = \sqrt{\varphi'^2(t)+\psi'^2(t)}\,dt = \sqrt{\rho^2(\theta)+\rho'^2(\theta)}\,d\theta,$$

于是

$$\int_L f(x, y)dx = \int_\alpha^\beta f[\rho(\theta)\cos\theta, \rho(\theta)\sin\theta]\sqrt{\rho^2(\theta)+\rho'^2(\theta)}\,d\theta(\alpha<\beta).$$

公式 (10.1) 可推广到空间曲线 Γ 上，设 Γ 的参数方程为 $x=\varphi(t)$，$y=\psi(t)$，$z=\omega(t)(\alpha\leqslant t\leqslant\beta)$，则

$$\int_\Gamma f(x, y, z)ds = \int_\alpha^\beta f[\varphi(t), \psi(t), \omega(t)]\sqrt{\varphi'^2(t)+\psi'^2(t)+\omega'^2(t)}\,dt(\alpha<\beta).$$

例 1 计算 $\int_L \sqrt{y}\,ds$，其中 L 是抛物线 $y=x^2$ 上的点 $O(0, 0)$ 与 $B(1, 1)$ 之间的一段弧(图 10.2).

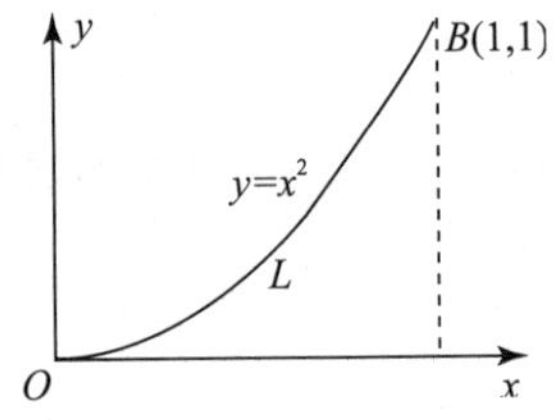

图 10.2

解 L 的方程为 $y=x^2(0\leqslant x\leqslant 1)$，故

$$\int_L \sqrt{y}\,ds = \int_0^1 \sqrt{x^2}\sqrt{1+(x^2)'^2}\,dx = \int_0^1 x\sqrt{1+4x^2}\,dx$$

$$= \left[\frac{1}{12}(1+4x^2)^{\frac{3}{2}}\right]_0^1 = \frac{1}{12}(5\sqrt{5}-1).$$

例 2 计算 $\oint_L \sqrt{x^2+y^2}\,ds$，其中 L 为圆周 $x^2+y^2=ax(a>0)$(图 10.3).

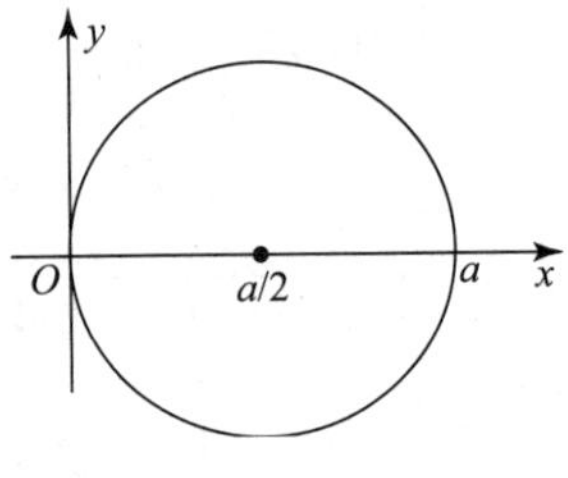

图 10.3

解 L 的极坐标方程为 $r=a\cos\theta\left(-\frac{\pi}{2}\leqslant\theta\leqslant\frac{\pi}{2}\right)$，而 $\sqrt{x^2+y^2}=|r|=a\cos\theta$，$ds=\sqrt{(a\cos\theta)^2+(-a\sin\theta)^2}\,d\theta=ads$，于是

$$\oint_L \sqrt{x^2+y^2}\,ds = \int_{-\frac{\pi}{2}}^{\frac{\pi}{2}} a\cos\theta\cdot a\,d\theta = a^2\sin\theta\Big|_{-\frac{\pi}{2}}^{\frac{\pi}{2}} = 2a^2.$$

例 3 计算曲线积分 $\int_\Gamma (x^2+y^2+z^2)ds$，其中 Γ 为螺旋线 $x=a\cos t$，$y=a\sin t$，$z=kt$ 上相应于 t 从 0 到 2π 的一段弧(图 10.4).

解 $\int_\Gamma (x^2+y^2+z^2)\mathrm{d}s$

$$=\int_0^{2\pi}[(a\cos t)^2+(a\sin t)^2+(kt)^2]\cdot\sqrt{(-a\sin t)^2+(a\cos t)^2+k^2}\,\mathrm{d}t$$

$$=\int_0^{2\pi}(a^2+k^2t^2)\sqrt{a^2+k^2}\,\mathrm{d}t$$

$$=\sqrt{a^2+k^2}\left[a^2t+\frac{k^2}{3}t^3\right]_0^{2\pi}$$

$$=\frac{2\pi}{3}a^2\sqrt{a^2+k^2}(3a^2+4\pi^2k^2).$$

例 4 计算$\oint_L |y|\mathrm{d}s$，其中 L 为双纽线 $(x^2+y^2)^2=a^2(x^2-y^2)(a>0)$(图 10.5).

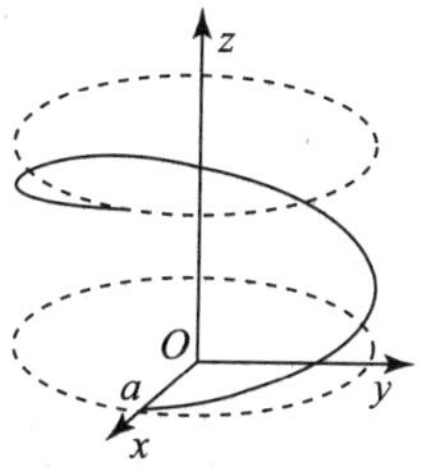

图 10.4

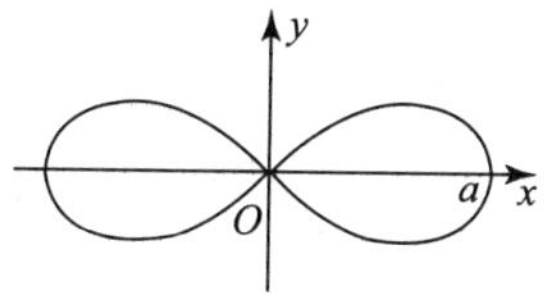

图 10.5

解 由对称性可知，所求积分为双纽线在第一象限内弧段 L_1 上的曲线积分 I_1 的 4 倍. 先求双纽线的极坐标方程. 由 $(\rho^2\cos^2\theta+\rho^2\sin^2\theta)^2=a^2(\rho^2\cos^2\theta-\rho^2\sin^2\theta)$ 得

$$\rho=a\sqrt{\cos2\theta},$$

而

$$|y|=y=\rho\sin\theta=a\sqrt{\cos2\theta}\sin\theta\quad\left(0\leqslant\theta\leqslant\frac{\pi}{4}\right),$$

$$\mathrm{d}s=\sqrt{\rho^2(\theta)+\rho'^2(\theta)}\,\mathrm{d}\theta=\sqrt{a^2\cos2\theta+a^2\frac{\sin^22\theta}{\cos2\theta}}\,\mathrm{d}\theta=\frac{a}{\sqrt{\cos2\theta}}\mathrm{d}\theta,$$

所以

$$I=4I_1=4\int_0^{\frac{\pi}{4}}a\sqrt{\cos2\theta}\sin\theta\cdot\frac{a}{\sqrt{\cos2\theta}}\mathrm{d}\theta=4a^2\int_0^{\frac{\pi}{4}}\sin\theta\mathrm{d}\theta=2a^2(2-\sqrt{2}).$$

二、对坐标的曲线积分

1. 对坐标的曲线积分的概念与性质

(1) 引例 —— 变力沿有向曲线所做的功

设一质点在 xOy 面上受到变力 $\boldsymbol{F}(x,y)=P(x,y)\boldsymbol{i}+Q(x,y)\boldsymbol{j}$ 的作用，从点 **A** 沿光滑曲线弧 L 移动到点 B，其中 $P(x,y)$、$Q(x,y)$ 在 L 上连续. 现在要求上述移动过程中变力 $\boldsymbol{F}(x,y)$ 所做的功(图 10.6).

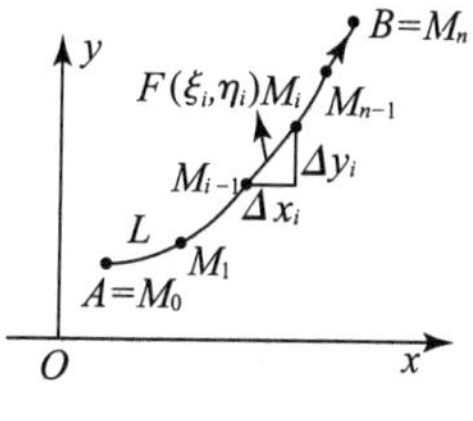

图 10.6

如果$\boldsymbol{F}$是恒力，且质点是从A沿直线移动到B，那么$\boldsymbol{F}$对质点所做的功W等于向量$\boldsymbol{F}$与向量$\overrightarrow{AB}$的数量积，即

$$W=\boldsymbol{F}\cdot\overrightarrow{AB}.$$

现在$\boldsymbol{F}(x,y)$是变力，且质点沿曲线L移动，故功W不能直接用上述公式来计算. 但前面用来处理曲线形构件质量问题的元素法也适用于本问题.

用曲线弧L上的点将L分为n个小弧段. 在第i个有向小弧段$M_{i-1}M_i$上任取一点(ξ_i,η_i)，由于有向小弧段$M_{i-1}M_i$光滑且很短，故可用有向线段

$$\overrightarrow{M_{i-1}M_i}=\Delta x_i\boldsymbol{i}+\Delta y_i\boldsymbol{j}$$

来近似代替它，其中$\Delta x_i=x_i-x_{i-1}$，$\Delta y_i=y_i-y_{i-1}$.

由此，变力$F(x,y)$沿有向小弧段$M_{i-1}M_i$所做的功ΔW_i可近似看作恒力$F(\xi_i,\eta_i)$沿有向线段$\overrightarrow{M_{i-1}M_i}$所做的功，即

$$\Delta W_i\approx F(\xi_i,\eta_i)\cdot\overrightarrow{M_{i-1}M_i}=P(\xi_i,\eta_i)\Delta x_i+Q(\xi_i,\eta_i)\Delta y_i,$$

于是

$$W\approx\sum_{i=1}^{n}[P(\xi_i,\eta_i)\Delta x_i+Q(\xi_i,\eta_i)\Delta y_i].$$

以λ表示n个小弧段的最大长度，令$\lambda\to0$取上述和式的极限，所得到的极限值就是变力$F(x,y)$沿有向曲线L所做的功，即

$$W=\lim_{\lambda\to0}\sum_{i=1}^{n}[P(\xi_i,\eta_i)\Delta x_i+Q(\xi_i,\eta_i)\Delta y_i].$$

这种和式的极限在研究其他问题时也会遇到，现抽象出下面的定义.

(2) 对坐标的曲线积分的定义

定义2 设L为xOy面上从点A到点B的一条光滑有向曲线弧，函数$P(x,y)$，$Q(x,y)$在L上有界. 在L上沿L的方向任意插入一点列

$$A=M_0(x_0,y_0),M_1(x_1,y_1),\cdots,M_{n-1}(x_{n-1},y_{n-1}),M_n(x_n,y_n)=B,$$

将L分为n个有向小弧段$M_{i-1}M_i(i=1,2,\cdots,n)$. 设$\Delta x_i=x_i-x_{i-1}$，$\Delta y_i=y_i-y_{i-1}$，点$(\xi_i,\eta_i)$为第$i$个有向小弧段$M_{i-1}M_i$上任取的一点. 若当$n$个小弧段的最大长度$\lambda\to0$时，$\sum_{i=1}^{n}P(\xi_i,\eta_i)\Delta x_i$的极限总存在，则称此极限为函数$P(x,y)$在有向曲线$L$上对坐标$x$的曲线积分，记作$\int_L P(x,y)\mathrm{d}x$. 同理，若$\sum_{i=1}^{n}Q(\xi_i,\eta_i)\Delta y_i$的极限总存在，则称此极限为函数$Q(x,y)$在有向曲线$L$上对坐标$y$的曲线积分，记作$\int_L Q(x,y)\mathrm{d}y$. 即

$$\int_L P(x,y)\mathrm{d}x=\lim_{\lambda\to0}\sum_{i=1}^{n}P(\xi_i,\eta_i)\Delta x_i,$$

$$\int_L Q(x.y)\mathrm{d}y=\lim_{\lambda\to0}\sum_{i=1}^{n}Q(\xi_i,\eta_i)\Delta y_i,$$

其中，$P(x,y)$，$Q(x,y)$叫做**被积函数**，L叫做**积分弧段**.

上述两个积分也称为**第二类的曲线积分**.

在应用上常将上述两个积分合起来写成

$$\int_L P(x, y)\mathrm{d}x + \int_L Q(x, y)\mathrm{d}y = \int_L P(x, y)\mathrm{d}x + Q(x, y)\mathrm{d}y.$$

也可写成向量形式

$$\int_L P(x, y)\mathrm{d}x + \int_L Q(x, y)\mathrm{d}y = \int_L \boldsymbol{F}(x, y) \cdot \mathrm{d}\boldsymbol{r},$$

其中，$\boldsymbol{F}(x, y) = P(x, y)\boldsymbol{i} + Q(x, y)\boldsymbol{j}$，$\mathrm{d}\boldsymbol{r} = \mathrm{d}x\boldsymbol{i} + \mathrm{d}y\,\boldsymbol{j}$.

当 $P(x, y)$，$Q(x, y)$ 在有向光滑曲线弧 L 上连续时，对坐标的曲线积分$\int_L P(x, y)\mathrm{d}x$ 与$\int_L Q(x, y)\mathrm{d}y$ 都存在. 以后总假定 $P(x, y)$，$Q(x, y)$ 在 L 上是连续的.

根据这个定义，前面讨论的变力 $\boldsymbol{F}(x, y)$ 从点 A 沿光滑曲线弧 L 移动到点 B 所做的功可表示为

$$W = \int_L P(x, y)\mathrm{d}x + \int_L Q(x, y)\mathrm{d}y.$$

此定义可以类似地推广到积分弧段为空间有向曲线 Γ 的情形，即函数 $P(x, y, z)$，$Q(x, y, z)$，$R(x, y, z)$ 在空间有向曲线 Γ 上对坐标的曲线积分为

$$\int_\Gamma P(x, y, z)\mathrm{d}x = \lim_{\lambda \to 0} \sum_{i=1}^{n} P(\xi_i, \eta_i, \zeta_i)\Delta x_i,$$

$$\int_\Gamma Q(x, y, z)\mathrm{d}y = \lim_{\lambda \to 0} \sum_{i=1}^{n} Q(\xi_i, \eta_i, \zeta_i)\Delta y_i,$$

$$\int_\Gamma R(x, y, z)\mathrm{d}z = \lim_{\lambda \to 0} \sum_{i=1}^{n} R(\xi_i, \eta_i, \zeta_i)\Delta z_i.$$

合起来即为

$$\int_\Gamma P(x, y, z)\mathrm{d}x + \int_\Gamma Q(x, y, z)\mathrm{d}y + \int_\Gamma R(x, y, z)\mathrm{d}z$$
$$= \int_\Gamma P(x, y, z)\mathrm{d}x + Q(x, y, z)\mathrm{d}y + R(x, y, z)\mathrm{d}z.$$

(3) 对坐标的曲线积分的性质

由对坐标的曲线积分的定义可推导出下列性质：

性质 1 $\int_L kP\mathrm{d}x + kQ\mathrm{d}y = k\int_L P\mathrm{d}x + Q\mathrm{d}y.$

性质 2 $\int_L (P_1 + P_2)\mathrm{d}x + (Q_1 + Q_2)\mathrm{d}y = \int_L P_1\mathrm{d}x + Q_1\mathrm{d}y + \int_L P_2\mathrm{d}x + Q_2\mathrm{d}y.$

性质 3 $\int_{L_1+L_2} P\mathrm{d}x + Q\mathrm{d}y = \int_{L_1} P\mathrm{d}x + Q\mathrm{d}y + \int_{L_2} P\mathrm{d}x + Q\mathrm{d}y.$

性质 4 $\int_{L^-} P\mathrm{d}x + Q\mathrm{d}y = -\int_L P\mathrm{d}x + Q\mathrm{d}y$（$L^-$ 是 L 的反向曲线弧）.

性质 4 表明，当积分弧段的方向改变时，对坐标的曲线积分要改变符号. 因此，对坐标的曲线积分与方向有关，我们必须注意积分弧段的方向.

2. 对坐标的曲线积分的计算方法

计算对坐标的曲线积分的基本思想也是将其转化为对参变量的定积分.

定理 2 设函数 $P(x, y)$，$Q(x, y)$ 在有向曲线弧 L 上连续，L 的参数方程为

$$\begin{cases}x=\varphi(t),\\y=\psi(t)\end{cases}$$

当参数 t 单调地从 α 变到 β 时，点 $M(x, y)$ 从 L 的起点 A 沿 L 运动到终点 B，$\varphi(t)$、$\psi(t)$ 在以 α 及 β 为端点的闭区间上具有一阶连续导数，且 $\varphi'^2(t)+\psi'^2(t)\neq 0$，则曲线积分 $\int_L P(x, y)\mathrm{d}x+Q(x, y)\mathrm{d}y$ 存在，且

$$\int_L P(x, y)\mathrm{d}x+Q(x, y)\mathrm{d}y=\int_\alpha^\beta\{P[\varphi(t), \psi(t)]\varphi'(t)+Q[\varphi(t), \psi(t)]\psi'(t)\}\mathrm{d}t.$$

证 在 L 上任取一点列

$$A=M_0, M_1, \cdots, M_{n-1}, M_n=B,$$

它们对应一列单调变化的参数值

$$\alpha=t_0<t_1<\cdots<t_{n-1}<t_n=\beta.$$

由于

$$\int_L P(x, y)\mathrm{d}x=\lim_{\lambda\to 0}\sum_{i=1}^n P(\xi_i, \eta_i)\Delta x_i,$$

设点 (ξ_i, η_i) 对应的参数值为 τ_i，即 $\xi_i=\varphi(\tau_i)$、$\eta_i=\psi(\tau_i)$，其中 τ_i 在 t_{i-1} 与 t_i 之间.

又由于

$$\Delta x_i=x_i-x_{i-1}=\varphi(t_i)-\varphi(t_{i-1}),$$

应用微分中值定理，有

$$\Delta x_i=\varphi'(\tau_i')\Delta t_i,$$

其中 $\Delta t_i=t_i-t_{i-1}$，τ'_i 在 t_{i-1} 与 t_i 之间. 于是

$$\int_L P(x, y)\mathrm{d}x=\lim_{\lambda\to 0}\sum_{i=1}^n P[\varphi(\tau_i), \psi(\tau_i)]\varphi'(\tau_i')\Delta t_i,$$

由于函数 $\varphi'(\tau'_i)$ 在闭区间 $[\alpha, \beta]$ 或 $[\beta, \alpha]$ 上连续(从而一致连续)，可将 τ_i' 换为 τ_i，即有

$$\int_L P(x, y)\mathrm{d}x=\lim_{\lambda\to 0}\sum_{i=1}^n P[\varphi(\tau_i), \psi(\tau_i)]\varphi'(\tau_i)\Delta t_i.$$

上式右端和式的极限就是定积分 $\int_\alpha^\beta P[\varphi(t), \psi(t)]\varphi'(t)\mathrm{d}t$，由于函数 $P[\varphi(\tau_i), \psi(\tau_i)]\varphi'(\tau_i)$ 连续，所以这个定积分必定存在，因此上式左端的曲线积分 $\int_L P(x, y)\mathrm{d}x$ 也存在，并有

$$\int_L P(x, y)\mathrm{d}x=\int_\alpha^\beta P[\varphi(t), \psi(t)]\varphi'(t)\mathrm{d}t.$$

同理可证

$$\int_L Q(x, y)\mathrm{d}y=\int_\alpha^\beta Q[\varphi(t), \psi(t)]\psi'(t)\mathrm{d}t,$$

把以上两式相加，得

$$\int_L P(x, y)\mathrm{d}x+Q(x, y)\mathrm{d}y=\int_\alpha^\beta\{P[\varphi(t), \psi(t)]\varphi'(t)+Q[\varphi(t), \psi(t)]\psi'(t)\}\mathrm{d}t. \tag{10.2}$$

这里，下限 α 对应于起点 A，上限 β 对应于终点 B.

公式 (10.2) 表明，计算对坐标的曲线积分时，只要将 x、y、$\mathrm{d}x$、$\mathrm{d}y$ 依次换为 $\varphi(t)$、$\psi(t)$、$\varphi'(t)\mathrm{d}t$、$\psi'(t)\mathrm{d}t$，然后从 L 的起点 A 所对应的参数 α 到 L 的终点 B 所对应的参数 β 作

定积分就行了.

注意：下限 α 对应于 L 的起点 A，上限 β 对应于 L 的终点 B，下限 α 不一定要小于上限 β.

若曲线弧 L 的方程为 $y=\varphi(x)$，L 的起点 A 与终点 B 分别对应 $x=a$ 与 $x=b$，则

$$\int_L P\,\mathrm{d}x+Q\mathrm{d}y=\int_a^b\{P[x,\varphi(x)]+Q[x,\varphi(x)]\varphi'(x)\}\mathrm{d}x.$$

同理，若曲线弧 L 的方程为 $x=\psi(y)$，L 的起点 A 与终点 B 分别对应 $y=c$ 与 $y=d$，则

$$\int_L P\,\mathrm{d}x+Q\mathrm{d}y=\int_c^d\{P[\psi(y),y]\psi'(y)+Q[\psi(y),y]\}\mathrm{d}y.$$

公式（10.2）可推广到积分弧段为空间有向曲线 Γ 的情形，设 Γ 的参数方程为 $x=\varphi(t)$，$y=\varphi(t)$，$z=\omega(t)$，则

$$\begin{aligned}&\int_\Gamma P\,\mathrm{d}x+Q\mathrm{d}y+R\mathrm{d}z\\&=\int_\alpha^\beta\{P[\varphi(t),\psi(t),\omega(t)]\varphi'(t)+Q[\varphi(t),\psi(t),\omega(t)]\psi'(t)\\&\quad+R[\varphi(t),\psi(t),\omega(t)]\omega'(t)\}\mathrm{d}t.\end{aligned}$$

其中，Γ 的起点对应参数 α，Γ 的终点对应参数 β.

例 5　计算 $\int_L y^2\mathrm{d}x$，其中 L 为（图 10.7）：

（1）半径为 a，圆心为原点，按逆时针方向绕行的上半圆周；

（2）从点 $A(a,0)$ 到点 $B(-a,0)$ 的直线段.

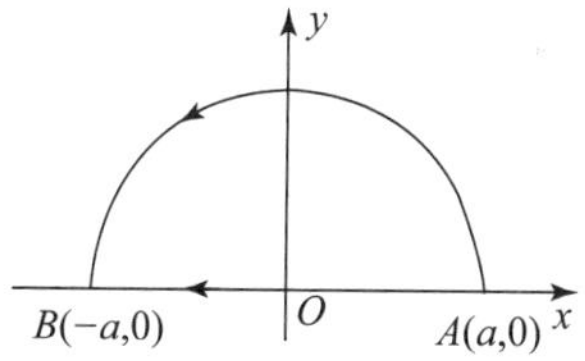

图 10.7

解　（1）L 的参数方程为

$$x=a\cos\theta,\ y=a\sin\theta(0\leqslant\theta\leqslant\pi),$$

$\theta=0$ 对应于起点 A，$\theta=\pi$ 对应于终点 B. 所以

$$\int_L y^2\mathrm{d}x=\int_0^\pi a^2\sin^2\theta(-a\sin\theta)\mathrm{d}\theta=a^3\int_0^\pi(1-\cos^2\theta)\mathrm{d}\cos\theta=-\frac{4}{3}a^3;$$

（2）L 的参数方程为 $y=0$，x 从 a 变到 $-a$，所以

$$\int_L y^2\mathrm{d}x=\int_a^{-a}0\cdot\mathrm{d}x=0.$$

从例 5 可以看出，虽然两个曲线积分的被积函数相同，起点和终点也相同，但沿不同路径得出的积分值并不相等.

例 6　计算 $\int_L 2xy\mathrm{d}x+x^2\mathrm{d}y$，其中 L 为（图 10.8）：

（1）抛物线 $y=x^2$ 上从点 $O(0,0)$ 到点 $B(1,1)$ 的一段弧；

（2）抛物线 $x=y^2$ 上从点 $O(0,0)$ 到点 $B(1,1)$ 的一段弧；

（3）有向折线 OAB，O，A，B 的坐标分别为 $(0,0)$，$(1,0)$，$(1,1)$.

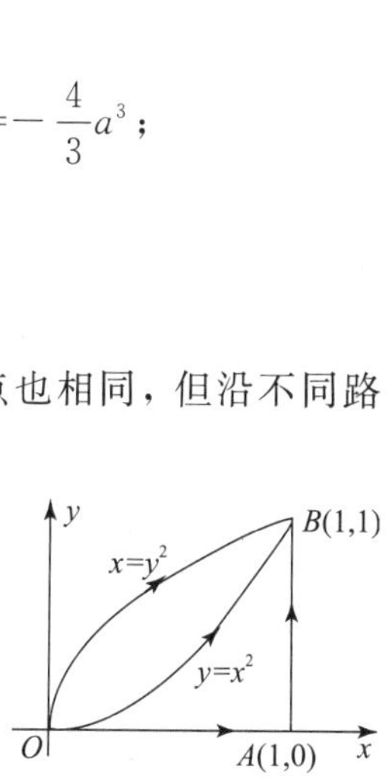

图 10.8

解　（1）L 的方程为：$y=x^2$，x 从 0 变到 1. 所以

$$\int_L 2xy\mathrm{d}x+x^2\mathrm{d}y=\int_0^1(2x\cdot x^2+2x^2\cdot x)\mathrm{d}x=4\int_0^1 x^3\mathrm{d}x=1.$$

（2）L 的方程为：$x=y^2$，y 从 0 变到 1. 所以

$$\int_L 2xy\mathrm{d}x+x^2\mathrm{d}y=\int_0^1(2y^2\cdot y\cdot 2y+y^4)\mathrm{d}y=5\int_0^1 y^4\mathrm{d}x=1.$$

(3)
$$\int_L 2xy\,\mathrm{d}x + x^2\,\mathrm{d}y = \int_{OA} 2xy\,\mathrm{d}x + x^2\,\mathrm{d}y + \int_{AB} 2xy\,\mathrm{d}x + x^2\,\mathrm{d}y,$$

在 OA 上，$y=0$，x 从 0 变到 1，所以

$$\int_{OA} 2xy\,\mathrm{d}x + x^2\,\mathrm{d}y = \int_0^1 (2x\cdot 0 + x^2\cdot 0)\,\mathrm{d}x = 0.$$

在 AB 上，$x=1$，y 从 0 变到 1，所以

$$\int_{AB} 2xy\,\mathrm{d}x + x^2\,\mathrm{d}y = \int_0^1 (2y\cdot 0 + 1)\,\mathrm{d}y = 1.$$

所以
$$\int_L 2xy\,\mathrm{d}x + x^2\,\mathrm{d}y = 0 + 1 = 1.$$

从例 6 可以看出，虽然沿不同的积分路径，但曲线积分的值可以相等.

例 7 计算 $\oint_L xyz\,\mathrm{d}z$，其中 L 是用平面 $y=z$ 截球面 $x^2+y^2+z^2=1$ 所得的截痕，从 z 轴的正向看沿逆时针方向(图 10.9).

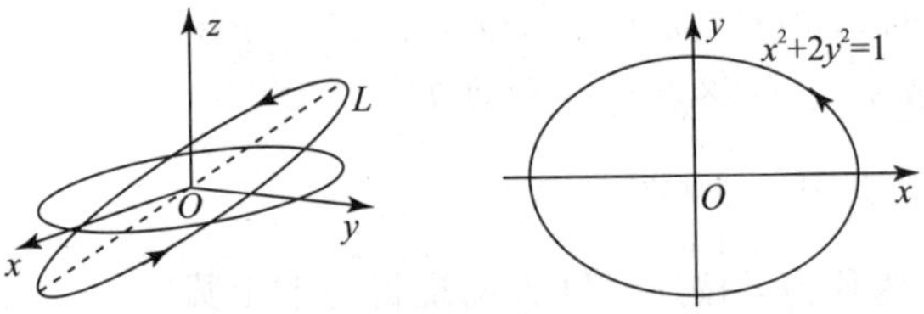

图 10.9

解 L 的方程为：$\begin{cases} y = z \\ x^2 + y^2 + z^2 = 1 \end{cases}$，

它在 xOy 面上的投影为：$x^2+2y^2=1$，从而其参数形式为：$x=\cos\theta$，$y=z=\dfrac{\sqrt{2}}{2}\sin\theta$，且 θ 从 0 变到 2π，所以

$$\oint_L xyz\,\mathrm{d}z = \int_0^{2\pi} \cos\theta\cdot\frac{\sqrt{2}}{2}\sin\theta\cdot\frac{\sqrt{2}}{2}\sin\theta\cdot\frac{\sqrt{2}}{2}\cos\theta\,\mathrm{d}\theta$$
$$= \frac{\sqrt{2}}{4}\int_0^{2\pi}\cos^2\theta\sin^2\theta\,\mathrm{d}\theta = \frac{\sqrt{2}}{16}\pi.$$

例 8 设有一质点在 $M(x, y)$ 处受到力 $\boldsymbol{F}$ 的作用. 力 $\boldsymbol{F}$ 的大小与点 M 到原点的距离成正比，力 $\boldsymbol{F}$ 的方向指向原点. 此质点由点 $A(a, 0)$ 沿椭圆 $\dfrac{x^2}{a^2}+\dfrac{y^2}{b^2}=1$ 按逆时针方向移动到点 $B(0, b)$(图 10.10)，求力 F 所做的功.

解 $\overrightarrow{OM} = x\boldsymbol{i} + y\boldsymbol{j}$，$|\overrightarrow{OM}| = \sqrt{x^2+y^2}$，

由题设知，$\boldsymbol{F} = -k(x\boldsymbol{i} + y\boldsymbol{j})$，其中 $k>0$ 为比例系数. 所以 $\boldsymbol{F}$ 所做的功为

$$W = \int_{AB} -kx\,\mathrm{d}x - ky\,\mathrm{d}y = -k\int_{AB} x\,\mathrm{d}x + y\,\mathrm{d}y.$$

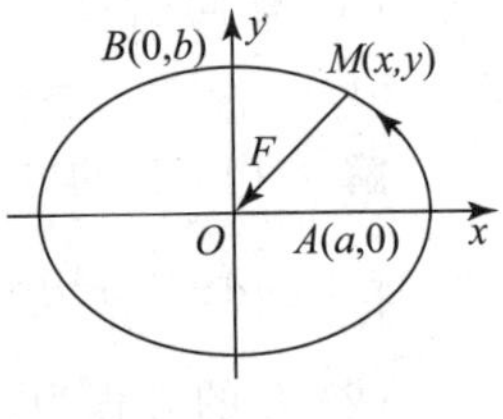

图 10.10

由于弧 AB 的参数方程为：$x=a\cos\theta$，$y=b\sin\theta$，其中 $\theta=0$ 对应起点

A，$\theta = \frac{\pi}{2}$ 对应于终点 B，从而

$$W = -k\int_0^{\frac{\pi}{2}}[a\cos\theta \cdot (-a\sin\theta) + b\sin\theta \cdot (b\cos\theta)]\mathrm{d}\theta$$

$$= k(a^2 - b^2)\int_0^{\frac{\pi}{2}}\cos\theta\sin\theta\mathrm{d}\theta = \frac{k(a^2 - b^2)}{2}.$$

三、两类曲线积分之间的关系

设有向曲线弧 L 的起点为 A，终点为 B，参数方程为

$$\begin{cases} x = \varphi(t) \\ y = \psi(t) \end{cases},$$

起点 A 对应于参数 α，终点 B 对应于参数 β. 这里不妨设 $\alpha < \beta$（当 $\alpha > \beta$ 时有相同结论），函数 $\varphi(t)$ 和 $\psi(t)$ 在 $[\alpha, \beta]$ 上具有一阶连续的导数，且 $\varphi'^2(t) + \psi'^2(t) \neq 0$，函数 $P(x, y)$，$Q(x, y)$ 在 L 上连续．由对坐标的曲线积分有

$$\int_L P(x, y)\mathrm{d}x + Q(x, y)\mathrm{d}y = \int_\alpha^\beta \{P[\varphi(t), \psi(t)]\varphi'(t) + Q[\varphi(t), \psi(t)]\psi'(t)\}\mathrm{d}t.$$

我们知道，向量 $\boldsymbol{\tau} = (\varphi'(t), \psi'(t))$ 是曲线弧 L 在点 $M = (\varphi(t), \psi(t))$ 处的一个切向量，它的指向与参数 t 的增长方向一致，当 $\alpha < \beta$ 时，这个指向就是有向曲线弧 L 的方向. 指向与有向曲线弧的方向一致的切向量称为该**有向曲线弧的切向量**. 于是，有向曲线 L 的切向量为 $\boldsymbol{\tau} = (\varphi'(t), \psi'(t))$，其方向余弦为

$$\cos\alpha = \frac{\varphi'(t)}{\sqrt{\varphi'^2(t) + \psi'^2(t)}},\ \cos\beta = \frac{\psi'(t)}{\sqrt{\varphi'^2(t) + \psi'^2(t)}}.$$

由对弧长的曲线积分的计算公式，有

$$\int_L (P(x, y)\cos\alpha + Q(x, y)\sin\beta)\mathrm{d}s$$

$$= \int_\alpha^\beta \left\{P[\varphi(t), \psi(t)]\frac{\varphi'(t)}{\sqrt{\varphi'^2(t) + \psi'^2(t)}} + Q[\varphi(t), \psi(t)]\frac{\psi'(t)}{\sqrt{\varphi'^2(t) + \psi'^2(t)}}\right\}$$

$$\sqrt{\varphi'^2(t) + \psi'^2(t)}\,\mathrm{d}t = \int_\alpha^\beta \{P[\varphi(t), \psi(t)]\varphi'(t) + Q[\varphi(t), \psi(t)]\psi'(t)\}\mathrm{d}t.$$

由此可见，平面曲线 L 上的两类曲线积分之间具有如下关系：

$$\int_L P\mathrm{d}x + Q\mathrm{d}y = \int_L (P\cos\alpha + Q\sin\beta)\mathrm{d}s,$$

其中 $\cos\alpha$、$\cos\beta$ 为有向曲线弧 L 在点 $M(x, y)$ 处的切向量的方向余弦.

类似地，空间曲线 Γ 上的两类曲线积分之间具有如下关系：

$$\int_L P\mathrm{d}x + Q\mathrm{d}y + R\mathrm{d}z = \int_L (P\cos\alpha + Q\cos\beta + R\cos\gamma)\mathrm{d}s,$$

其中 $\cos\alpha$、$\cos\beta$、$\cos\gamma$ 为有向曲线弧 Γ 在点 $M(x, y, z)$ 处的切向量的方向余弦.

两类曲线积分之间的关系也可用向量的形式表示．例如，空间曲线 Γ 上的两类曲线积分之间的关系可写成

$$\int_{\Gamma} \boldsymbol{A} \cdot \mathrm{d}\boldsymbol{r} = \int_{\Gamma} \boldsymbol{A} \cdot \boldsymbol{\tau} \mathrm{d}s = \int_{\Gamma} \boldsymbol{A}_{\tau} \mathrm{d}s,$$

其中，$\boldsymbol{A} = \{P, Q, R\}$，$\boldsymbol{\tau} = (\cos\alpha, \cos\beta, \cos\gamma)$ 为有向曲线弧 Γ 在点 (x, y, z) 处的单位切向量，$\mathrm{d}\boldsymbol{r} = \boldsymbol{\tau}\mathrm{d}s = (\mathrm{d}x, \mathrm{d}y, \mathrm{d}z)$，称为有向曲线元，$\boldsymbol{A}_{\tau}$ 为向量 $\boldsymbol{A}$ 在向量 $\boldsymbol{\tau}$ 上的投影.

例 9 将对坐标的曲线积分 $\int_L P(x, y)\mathrm{d}x + Q(x, y)\mathrm{d}y$ 化为对弧长的曲线积分，其中 L 为：沿抛物线 $y = x^2$ 上的点 $O(0, 0)$ 到 $B(1, 1)$ 之间的一段弧.

解 由于有向曲线 L 的切向量为 $\tau = (1, 2x)$，

所以
$$\cos\alpha = \frac{1}{\sqrt{1+4x^2}}, \cos\beta = \frac{2x}{\sqrt{1+4x^2}},$$

从而
$$\int_L P(x, y)\mathrm{d}x + Q(x, y)\mathrm{d}y = \int_L \frac{1}{\sqrt{1+4x^2}}(P(x, y) + 2xQ(x, y))\mathrm{d}s.$$

习题 10.1

1. 设在 xOy 平面内有一带质量的曲线弧 L，其线密度函数为 $\rho(x, y)$，用对弧长的曲线积分分别表达：

(1) 曲线弧 L 对 x 轴和 y 轴的转动惯量 I_x、I_y；

(2) 曲线弧 L 的质心坐标.

2. 计算下列对弧长的曲线积分.

(1) $\int_L |y| \mathrm{d}s$，其中 L 是第一象限内从点 $A(0, 1)$ 到点 $B(1, 0)$ 的单位圆弧；

(2) $\oint_L x\mathrm{d}s$，L 是由直线 $y = x$ 与抛物线 $y = x^2$ 所围成区域的整个边界；

(3) $\oint_L \mathrm{e}^{\sqrt{x^2+y^2}} \mathrm{d}s$，$L$ 是由曲线 $r = a$ 与射线 $\theta = 0$，$\theta = \dfrac{\pi}{4}$ 所围成的边界；

(4) $\int_{\Gamma} \dfrac{1}{x^2+y^2+z^2}\mathrm{d}s$，其中 Γ 为空间曲线 $x = \mathrm{e}^t\cos t$，$y = \mathrm{e}^t\sin t$，$z = \mathrm{e}^t (0 \leqslant t \leqslant 2)$；

(5) $\int_{\Gamma} x^2 yz\mathrm{d}s$，其中 Γ 为折线 $ABCD$，这里 A，B，C，D 依次为点 $(0, 0, 0)$，$(0, 0, 2)$，$(1, 0, 2)$，$(1, 3, 2)$；

(6) $\oint_{\Gamma} (x^2 + y^2 + z^2)\mathrm{d}s$，其中 Γ 为抛物面 $2z = x^2 + y^2$ 被平面 $z = 1$ 所截得的圆周.

3. 一金属线成半圆形 $x = a\cos t$，$y = a\sin t (0 \leqslant t \leqslant \pi)$，其上每一点处的线密度等于该点的纵坐标，求这条金属线的质量.

4. 设 L 为 xOy 平面上从点 $A(a, 0)$ 到点 $B(b, 0)$ 的一段直线，证明：

$$\int_L P(x, y)\mathrm{d}s = \int_a^b P(x, 0)\mathrm{d}x.$$

5. 计算下列对坐标的曲线积分.

(1) $\int_L xy^2\mathrm{d}x + (x+y)\mathrm{d}y$，$L$ 为抛物线 $y = x^2$ 上从点 $(0, 0)$ 到点 $(1, 1)$ 的一段弧；

(2) $\int_L (2xy-2y)\mathrm{d}x+(x^2-4x)\mathrm{d}y$，$L$ 为正向圆周 $x^2+y^2=9$；

(3) $\int_L (2a-y)\mathrm{d}x-(a-y)\mathrm{d}y$，$L$ 为摆线 $x=a(t-\sin t)$，$y=a(1-\cos t)$ 上从点 $O(0,0)$ 到点 $B(2\pi a,0)$ 的一段弧；

(4) $\int_\Gamma x^3\mathrm{d}x+3zy^2\mathrm{d}y-x^2y\mathrm{d}z$，$\Gamma$ 为从点 $A(3,2,1)$ 到点 $B(0,0,0)$ 的直线段 AB；

(5) $\oint_\Gamma \mathrm{d}x-\mathrm{d}y+y\mathrm{d}z$，其中 Γ 为有向闭折线 $ABCA$，这里 A，B，C 依次为点 (1，0，0)，(0，1，0)，(0，0，1)；

(6) $\int_\Gamma \sin x\mathrm{d}x+\cos y\mathrm{d}y+xz\mathrm{d}z$，$\Gamma$：$x=t^3$，$y=-t^3$，$z=t$，从点 (1，−1，1) 到点 (0，0，0).

6. 计算 $\int_L (x+y)\mathrm{d}x+(x-y)\mathrm{d}y$，其中 L 为

(1) 从点 (1，1) 到点 (4，2) 的直线段；

(2) 抛物线 $x=y^2$ 上从点 (1，1) 到点 (4，2) 的一段弧；

(3) 先沿直线从点 (1，1) 到点 (1，2)，再沿直线从点 (1，2) 到点 (4，2) 的折线；

(4) 曲线 $x=2t^2+t+1$，$y=t^2+1$ 上从点 (1，1) 到点 (4，2) 的一段弧.

7. 在力 $\boldsymbol{F}(x,y)=(x-y)\boldsymbol{i}+(x+y)\boldsymbol{j}$ 的作用下，一质点沿圆周 $x^2+y^2=1$ 从点 (1，0) 移动到点 (0，1)，求力所做的功.

8. 将对坐标的曲线积分 $\int_L P(x,y)\mathrm{d}x+Q(x,y)\mathrm{d}y$ 化为对弧长的曲线积分，其中 L 为：沿上半圆周 $x^2+y^2=2x$ 上的点 $O(0,0)$ 到 $B(1,1)$.

10.2　格林公式及其应用

一、格林格式

在一元函数积分学中，牛顿 — 莱布尼茨公式

$$\int_a^b F'(x)\mathrm{d}x=F(b)-F(a)$$

告诉我们：$F'(x)$ 在区间 $[a,b]$ 上的积分可以通过它的原函数 $F(x)$ 在这个区间端点上的值来表示.

下面要介绍的格林(Green) 公式告诉我们：在平面区域 D 上的二重积分可以通过沿闭区域 D 的边界曲线 L 上的曲线积分来表示.

先看几个相关概念.

设 D 为平面区域，若 D 内任一条曲线所围的部分都属于 D，则称 D 为单连通区域. 否则称 D 为复连通区域. 直观地来看，平面单连通区域就是不含有“洞”(包括“点洞”) 的区域(图 10.11)，而复连通区域就是含有“洞”(包括“点洞”) 的区域 (图 10.12). 例如，平面上的

圆形区域 $\{(x,y)\mid x^2+y^2<1\}$、上半平面 $\{(x,y)\mid y>0\}$ 都是单连通区域；而圆环区域 $\{(x,y)\mid 1<x^2+y^2<2\}$ 是复连通区域.

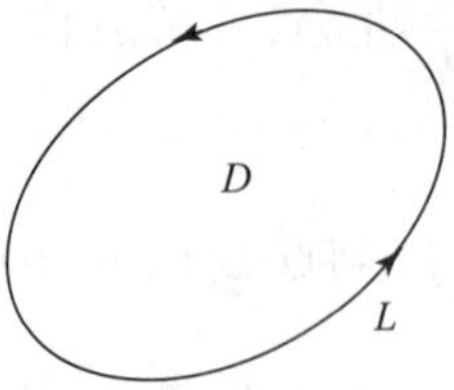

图 10.11

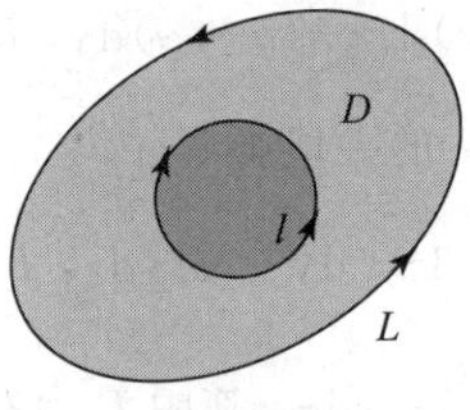

图 10.12

对平面区域 D 的边界曲线 L，规定 L 的正向如下：当观察者沿曲线 L 行走时，如果 D 的内部区域总在他的左侧，则称此人行走的方向为边界曲线 L 的正向，反之（即 D 的内部区域总在他的右侧）则称为 L 的负向．由此规定可知，单连通区域边界曲线的正向是逆时针方向（图 10.11）；复连通区域边界曲线的正向为：外边界 L 为逆时针方向，内边界 l 为顺时针方向（图 10.12）.

定理1（格林公式） 设闭区域 D 由分段光滑的曲线 L 围成，函数 $P(x,y)$ 及 $Q(x,y)$ 在 D 上具有一阶连续的偏导数，则有

$$\iint_D\left(\frac{\partial Q}{\partial x}-\frac{\partial P}{\partial y}\right)\mathrm{d}x\mathrm{d}y=\oint_L P\,\mathrm{d}x+Q\mathrm{d}y, \tag{10.3}$$

其中 L 为 D 的边界曲线的正向.

证 先设 D 既为 X 型区域，又为 Y 型区域，即穿过 D 的内部且平行于坐标轴的直线与 D 的边界曲线 L 的交点恰好为两个(图 10.13).

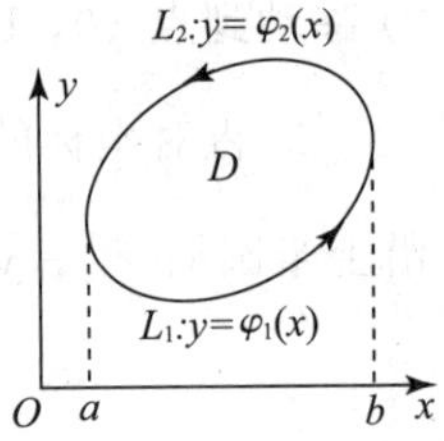

图 10.13

若视 D 为 X 型区域，则 D 可表示为 $\{(x,y)\mid a\leqslant x\leqslant b,\ \varphi_1(x)\leqslant y\leqslant\varphi_2(x)\}$，由于 $\frac{\partial P}{\partial x}$ 连续，所以

$$\begin{aligned}\iint_D\frac{\partial P}{\partial y}\mathrm{d}x\mathrm{d}y&=\int_a^b\mathrm{d}x\int_{\varphi_1(x)}^{\varphi_2(x)}\frac{\partial P(x,y)}{\partial y}\mathrm{d}y\\&=\int_a^b\{P[x,\varphi_2(x)]-P[x,\varphi_1(x)]\}\mathrm{d}x;\end{aligned}$$

又由于

$$\begin{aligned}\oint_L P\,\mathrm{d}x&=\int_{L_1}P\mathrm{d}x+\int_{L_2}P\mathrm{d}x\\&=\int_a^b P[x,\varphi_1(x)]\mathrm{d}x+\int_b^a P[x,\varphi_2(x)]\mathrm{d}x\\&=\int_a^b\{P[x,\varphi_1(x)]-P[x,\varphi_2(x)]\}\mathrm{d}x,\end{aligned}$$

所以

$$-\iint_D\frac{\partial P}{\partial y}\mathrm{d}x\mathrm{d}y=\oint_L P\,\mathrm{d}x.$$

若视 D 为 Y 型区域，则 D 可表示为 $\{(x,y)\mid c\leqslant x\leqslant d,\ \varphi_1(y)\leqslant x\leqslant\varphi_2(y)\}$，同理有

$$\iint_D\frac{\partial Q}{\partial x}\mathrm{d}x\mathrm{d}y=\oint_L Q\mathrm{d}y,$$

即有

$$\iint_D\left(\frac{\partial Q}{\partial x}-\frac{\partial P}{\partial y}\right)\mathrm{d}x\mathrm{d}y=\oint_L P\,\mathrm{d}x+Q\mathrm{d}y.$$

若 D 不满足上述条件，则可添加一些辅助线将 D 划分为有限的几部分，使每一部分都满足上述条件．例如，就图 10.14 添加辅助线 ABC，将 D 分为三部分，则

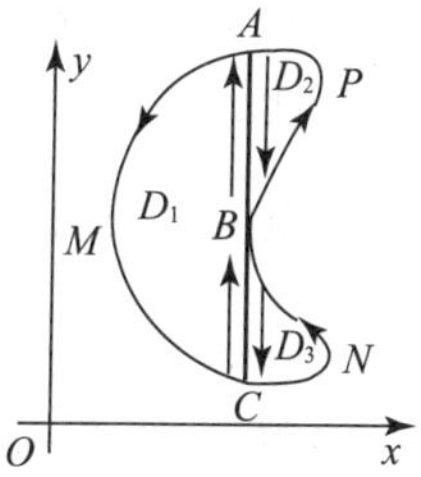

图 10.14

$$\iint_{D_1}\left(\frac{\partial Q}{\partial x}-\frac{\partial P}{\partial y}\right)\mathrm{d}x\mathrm{d}y=\oint_{AMCBA}P\mathrm{d}x+Q\mathrm{d}y,$$

$$\iint_{D_2}\left(\frac{\partial Q}{\partial x}-\frac{\partial P}{\partial y}\right)\mathrm{d}x\mathrm{d}y=\oint_{ABPA}P\mathrm{d}x+Q\mathrm{d}y,$$

$$\iint_{D_3}\left(\frac{\partial Q}{\partial x}-\frac{\partial P}{\partial y}\right)\mathrm{d}x\mathrm{d}y=\oint_{BCNB}P\mathrm{d}x+Q\mathrm{d}y,$$

把这三个等式相加，注意到沿辅助线来回的曲线积分相互抵消，便得

$$\iint_{D}\left(\frac{\partial Q}{\partial x}-\frac{\partial P}{\partial y}\right)\mathrm{d}x\mathrm{d}y=\oint_{L}P\mathrm{d}x+Q\mathrm{d}y.$$

一般地，公式（10.3）对于由分段光滑曲线围成的闭区域都成立．

当 D 是复连通区域时，公式（10.3）右端中的 L 应为 D 的全部边界，且边界的方向对 D 来说都是正向．

应用格林公式可计算平面区域的面积．

当格林公式（10.3）中的 $P=-y$、$Q=x$ 时，有

$$2\iint_{D}\mathrm{d}x\mathrm{d}y=\oint_{L}x\mathrm{d}y-y\mathrm{d}x.$$

上式左端是闭区域 D 的面积 A 的两倍，因此有

$$A=\frac{1}{2}\oint_{L}x\mathrm{d}y-y\mathrm{d}x.$$

例 1 求椭圆 $x=a\cos\theta$，$y=b\sin\theta$ 的面积 A．

解 $A=\dfrac{1}{2}\oint_{L}x\mathrm{d}y-y\mathrm{d}x=\dfrac{1}{2}\int_{0}^{2\pi}[a\cos\theta(b\cos\theta)-b\sin\theta(-a\sin\theta)]\mathrm{d}\theta$

$$=\frac{1}{2}ab\int_{0}^{2\pi}\mathrm{d}\theta=\pi ab.$$

例 2 证明 $\oint_{L}2xy\mathrm{d}x+x^2\mathrm{d}y=0$，其中 L 为任意一条分段光滑的闭曲线．

证 令 $P=2xy$，$Q=x^2$，则 $\dfrac{\partial Q}{\partial x}-\dfrac{\partial P}{\partial y}=0$，所以

$$\oint_{L}2xy\mathrm{d}x+x^2\mathrm{d}y=\pm\iint_{D}0\mathrm{d}x\mathrm{d}y=0.$$

例 3 计算 $\iint_{D}\mathrm{e}^{-y^2}\mathrm{d}\sigma$，其中 D 是以 $O(0,0)$、$A(1,1)$、$B(0,1)$ 为顶点的三角形闭区域（图 10.15）．

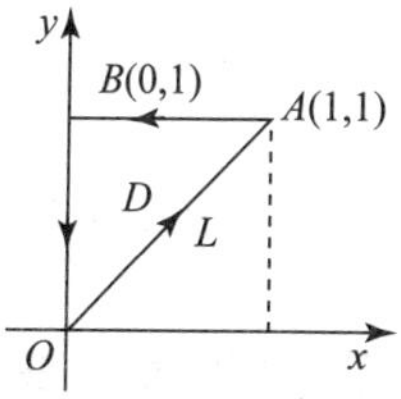

图 10.15

解 令 $P=0$，$Q=x\mathrm{e}^{-y^2}$，则 $\dfrac{\partial Q}{\partial x}-\dfrac{\partial P}{\partial y}=\mathrm{e}^{-y^2}$，因此

$$\iint_{D}\mathrm{e}^{-y^2}\mathrm{d}\sigma=\oint_{OA+AB+BO}x\mathrm{e}^{-y^2}\mathrm{d}y=\int_{OA}x\mathrm{e}^{-y^2}\mathrm{d}y=\int_{0}^{1}x\mathrm{e}^{-x^2}\mathrm{d}x=\frac{1-\mathrm{e}^{-1}}{2}.$$

对于不是闭曲线上的曲线积分，有时也可添加适当的辅助线使它成为闭曲线，再利用格林公式计算.

例4 计算 $I=\int_L[e^x\sin y-b(x+y)]dx+(e^x\cos y-ax)dy$，其中 a，b 为正数，L 为曲线 $y=\sqrt{2ax-x^2}$ 上的由点 $(2a,0)$ 到 $(0,0)$ 的一段弧.

解 如图10.16，添加一条从点 $(0,0)$ 到点 $(2a,0)$ 的有向直线 $\overrightarrow{OA}$：$y=0(0\leqslant x\leqslant 2a)$，原积分弧段 L 加上 $\overrightarrow{OA}$ 形成闭曲线.

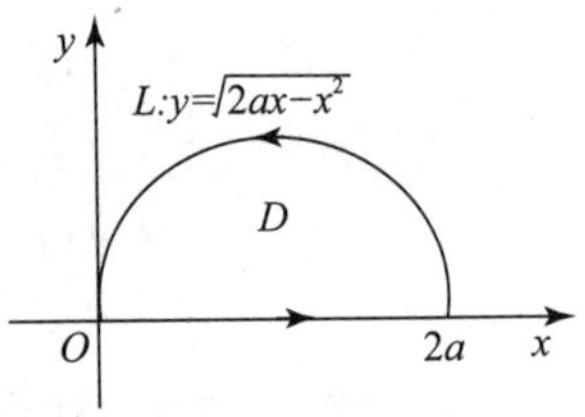

图 10.16

又由于 $P=e^x\sin y-b(x+y)$，$Q=e^x\cos y-ax$，所以

$$\frac{\partial P}{\partial y}=e^x\cos y-b,\ \frac{\partial Q}{\partial x}=e^x\cos y-a.$$

由格林公式有

$$\begin{aligned}I&=\oint_{L+\overrightarrow{OA}}P\,dx+Q\,dy-\int_{\overrightarrow{OA}}P\,dx+Q\,dy\\&=\iint_D(e^x\cos y-a-e^x\cos y+b)\,dx\,dy-\int_0^{2a}[(e^x\sin 0-bx)\cdot 1+(e^x\cos 0-ax)\cdot 0]\,dx\\&=(b-a)\iint_D dx\,dy+b\int_0^{2a}x\,dx\\&=(b-a)\frac{\pi}{2}a^2+2a^2b.\end{aligned}$$

例5 计算 $I=\oint_L\frac{x\,dy-y\,dx}{x^2+y^2}$，其中 L 为一条无重点（除首尾两点外，其余点不重合）、分段光滑且不经过原点的连续封闭曲线，L 的方向为逆时针方向.

解 由于 $P=-\frac{y}{x^2+y^2}$，$Q=\frac{x}{x^2+y^2}$，且当 $x^2+y^2\neq 0$ 时，$\frac{\partial Q}{\partial x}=\frac{\partial P}{\partial y}=\frac{y^2-x^2}{y^2+x^2}$.

记 L 所围成的闭区域为 D. 当 $(0,0)\notin D$ 时，由格林公式有

$$I=\iint_D\left(\frac{\partial Q}{\partial x}-\frac{\partial P}{\partial y}\right)dx\,dy=0;$$

当 $(0,0)\in D$ 时，以 $(0,0)$ 为中心，以充分小的半径 r 作一圆，使整个圆含于 L 所围的区域中(图10.17)，则由格林公式有

$$\oint_L\frac{x\,dy-y\,dx}{x^2+y^2}-\oint_l\frac{x\,dy-y\,dx}{x^2+y^2}=0.$$

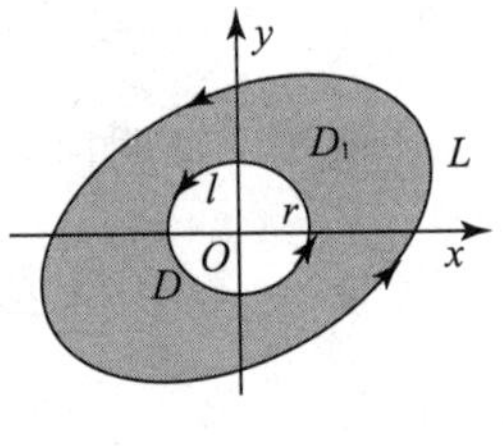

图 10.17

即 $\oint_L\frac{x\,dy-y\,dx}{x^2+y^2}=\oint_l\frac{x\,dy-y\,dx}{x^2+y^2}=\frac{\oint_l x\,dy-y\,dx}{r^2}=\frac{2\pi r^2}{r^2}=2\pi.$

注意：若积分曲线内含有奇点 $\left(\frac{\partial Q}{\partial x}\text{或}\frac{\partial P}{\partial y}\text{不连续的点}\right)$ 时，不能直接应用格林公式，必须先用一条适当的曲线挖掉奇点后方可应用格林公式.

二、平面上曲线积分与路径无关的条件

由上一节例5知，第二类曲线积分的值不仅与积分弧段的起点和终点有关，还与积分路

径有关．当两条不同路径的起点和终点分别相同时，沿着这两条路径的曲线积分的值一般来说是不相同的．但在不少问题中，例如在重力场中，由重力使物体运动所做的功只与起点和终点有关，而与所走的路径无关．这些事实说明在一定条件下曲线积分与路径无关．

设 G 为一平面区域，函数 $P(x,y)$ 及 $Q(x,y)$ 在 G 内具有一阶连续的偏导数．若对 G 内任意两点 A 和 B 以及 G 内从点 A 到点 B 的任意两条曲线 L_1 和 L_2（图 10.18），等式

$$\int_{L_1} P\mathrm{d}x + Q\mathrm{d}y = \int_{L_2} P\mathrm{d}x + Q\mathrm{d}y$$

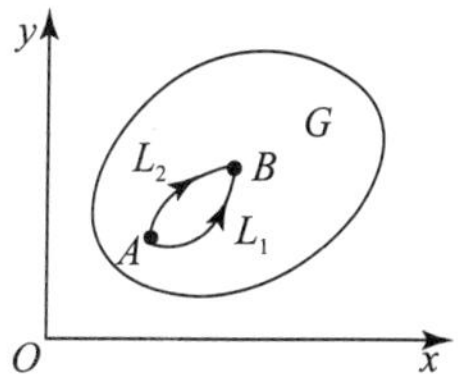

图 10.18

恒成立，则称**曲线积分** $\int_L P\mathrm{d}x + Q\mathrm{d}y$ 在 G 内与**路径无关**，否则便说与**路径有关**．

定理 2　在区域 G 内，曲线积分 $\int_L P\mathrm{d}x + Q\mathrm{d}y$ 与路径无关的充要条件是：对 G 内任意一条封闭曲线 C，有

$$\oint_C P\mathrm{d}x + Q\mathrm{d}y = 0.$$

证　先证必要性．

设封闭曲线 C 由 L_1 和 L_2^- 组成（图 10.18）．因为曲线积分 $\int_L P\mathrm{d}x + Q\mathrm{d}y$ 在区域 G 内与路径无关，所以

$$\int_{L_1} P\mathrm{d}x + Q\mathrm{d}y = \int_{L_2} P\mathrm{d}x + Q\mathrm{d}y,$$

因此

$$\begin{aligned}\oint_C P\mathrm{d}x + Q\mathrm{d}y &= \oint_{L_1} P\mathrm{d}x + Q\mathrm{d}y + \oint_{L_2^-} P\mathrm{d}x + Q\mathrm{d}y \\ &= \oint_{L_1} P\mathrm{d}x + Q\mathrm{d}y - \oint_{L_2} P\mathrm{d}x + Q\mathrm{d}y = 0.\end{aligned}$$

再证充分性．

设 L_1 和 L_2 是连接点 A 和点 B 的任意两条路径．因为对 G 内任意一条封闭曲线 C，恒有

$$\oint_C P\mathrm{d}x + Q\mathrm{d}y = 0,$$

所以

$$\oint_{L_1 + L_2^-} P\mathrm{d}x + Q\mathrm{d}y = 0,$$

因此

$$\oint_{L_1} P\mathrm{d}x + Q\mathrm{d}y = -\oint_{L_2^-} P\mathrm{d}x + Q\mathrm{d}y = \oint_{L_2} P\mathrm{d}x + Q\mathrm{d}y.$$

这就说明曲线积分 $\int_L P\mathrm{d}x + Q\mathrm{d}y$ 与路径无关．

定理 3　设函数 $P(x,y)$ 及 $Q(x,y)$ 在单连通区域 G 内具有一阶连续的偏导数，则曲线积分 $\int_L P\mathrm{d}x + Q\mathrm{d}y$ 与路径无关的充要条件是

$$\frac{\partial Q}{\partial x} = \frac{\partial P}{\partial y} \tag{10.4}$$

在 G 内恒成立．

证 先证充分性.

设 C 为 G 内的任意封闭曲线．由于 G 是单连通的，所以闭曲线 C 所围成的闭区域 D 全部在 G 内，于是在 D 内（10.4）式也成立.由格林公式有

$$\oint_C P\mathrm{d}x + Q\mathrm{d}y = \iint_D \left(\frac{\partial Q}{\partial x} - \frac{\partial P}{\partial y}\right)\mathrm{d}x\mathrm{d}y = \iint_D 0\mathrm{d}x\mathrm{d}y = 0.$$

由定理 10.4 知，$\int_L P\mathrm{d}x + Q\mathrm{d}y$ 与路径无关.

再证必要性.

即要证：若沿 G 内任意闭曲线的曲线积分为零，则（10.4）式在 G 内恒成立.

假设在 G 内存在一点 M_0，使

$$\left(\frac{\partial Q}{\partial x} - \frac{\partial P}{\partial y}\right)\Big|_{M_0} \neq 0,$$

不妨设

$$\left(\frac{\partial Q}{\partial x} - \frac{\partial P}{\partial y}\right)\Big|_{M_0} = \eta > 0.$$

由于$\frac{\partial P}{\partial y}$，$\frac{\partial Q}{\partial x}$在 G 内连续，由保号性定理知：存在 $U(M_0) \subset G$，使得

$$\frac{\partial Q}{\partial x} - \frac{\partial P}{\partial y} \geqslant \frac{\eta}{2} > 0,\ \forall (x, y) \in U(M_0).$$

于是在 $U(M_0)$ 内取一个以 M_0 为圆心、以 $r > 0$ 为半径的圆 K，记 K 的正向边界曲线为 γ，圆 K 的面积为 σ. 在 K 上有

$$\oint_\gamma P\mathrm{d}x + Q\mathrm{d}y = \iint_K \left(\frac{\partial Q}{\partial x} - \frac{\partial P}{\partial y}\right)\mathrm{d}x\mathrm{d}y \geqslant \sigma \cdot \frac{\eta}{2} > 0.$$

这与沿 G 内任意闭曲线的曲线积分为零这一已知条件矛盾. 故$\frac{\partial Q}{\partial x} = \frac{\partial P}{\partial y}$在 G 内恒成立.

现在回过头来看上一节例 6 中起点与终点相同的三个曲线积分$\int_L 2xy\mathrm{d}x + x^2\mathrm{d}y$ 相等，这并不偶然. 因为这里$\frac{\partial Q}{\partial x} = \frac{\partial P}{\partial y} = 2x$ 在整个 xOy 平面内恒成立，而整个 xOy 平面是单连通区域，因此曲线积分$\int_L 2xy\mathrm{d}x + x^2\mathrm{d}y$ 与路径无关.

注意：在定理 10.5 中，区域 G 是单连通区域和 $P(x, y)$、$Q(x, y)$ 在 G 内具有一阶连续的偏导数，这两条件缺一不可. 例如本节例 5 中，当 L 所围成的区域含有原点时，$\oint_L \frac{x\mathrm{d}y - y\mathrm{d}x}{x^2 + y^2} \neq 0$，原因在于 P、Q、$\frac{\partial Q}{\partial x}$、$\frac{\partial P}{\partial y}$ 在原点均不连续.

当曲线积分$\int_L P\mathrm{d}x + Q\mathrm{d}y$ 与路径无关时，只需指明积分曲线的起点 A 和终点 B，这时曲线积分也可记作$\int_A^B P\mathrm{d}x + Q\mathrm{d}y$.

三、二元函数的全微分求积

下面讨论 $P(x, y)$ 及 $Q(x, y)$ 满足什么条件时，表达式 $P(x, y)\mathrm{d}x + Q(x, y)\mathrm{d}y$ 会是某个二元函数 $u(x, y)$ 的全微分，以及当这样的二元函数存在时如何把它求出来.

定理 4　设区域 G 是单连通域，函数 $P(x, y)$、$Q(x, y)$ 在 G 内具有一阶连续偏导数，则 $P(x, y)\mathrm{d}x + Q(x, y)\mathrm{d}y$ 在 G 内为二元函数 $u(x, y)$ 的全微分的充要条件是

$$\frac{\partial Q}{\partial x} = \frac{\partial P}{\partial y}$$

在 G 内恒成立.

证　先证必要性.

假设存在着某一函数 $u(x, y)$，使得

$$\mathrm{d}u(x, y) = P(x, y)\mathrm{d}x + Q(x, y)\mathrm{d}y,$$

则必有

$$\frac{\partial u}{\partial x} = P(x, y),\ \frac{\partial u}{\partial y} = Q(x, y),$$

从而

$$\frac{\partial^2 u}{\partial x \partial y} = \frac{\partial P}{\partial y},\ \frac{\partial^2 u}{\partial y \partial x} = \frac{\partial Q}{\partial x}.$$

由于 P、Q 在 G 内具有一阶连续偏导数，即 $\frac{\partial Q}{\partial x}$、$\frac{\partial P}{\partial y}$ 连续，所以 $\frac{\partial^2 u}{\partial x \partial y}$、$\frac{\partial^2 u}{\partial y \partial x}$ 连续，因此 $\frac{\partial^2 u}{\partial x \partial y} = \frac{\partial^2 u}{\partial y \partial x}$，即 $\frac{\partial Q}{\partial x} = \frac{\partial P}{\partial y}$.

再证充分性.

若等式 $\frac{\partial Q}{\partial x} = \frac{\partial P}{\partial y}$ 在 G 内恒成立，则以 $M_0(x_0, y_0)$ 为起点、$M(x, y)$ 为终点的曲线积分与路径无关，从而此曲线积分可表示为

$$\int_{(x_0, y_0)}^{(x, y)} P(x, y)\mathrm{d}x + Q(x, y)\mathrm{d}y.$$

当 $M_0(x_0, y_0)$ 固定时，这个积分的值取决于终点 $M(x, y)$，因此它是 x，y 的二元函数，记为 $u(x, y)$，即

$$u(x, y) = \int_{(x_0, y_0)}^{(x, y)} P(x, y)\mathrm{d}x + Q(x, y)\mathrm{d}y. \tag{10.5}$$

下面证明 $u(x, y)$ 的全微分就是 $P(x, y)\mathrm{d}x + Q(x, y)\mathrm{d}y$，即要证

$$\frac{\partial u}{\partial x} = P(x, y),\ \frac{\partial u}{\partial y} = Q(x, y).$$

由(10.5)式，得

$$u(x + \Delta x, y) = \int_{(x_0, y_0)}^{(x+\Delta x, y)} P\mathrm{d}x + Q\mathrm{d}y,$$

它与积分路径无关，可以先取从点 M_0 到点 M，然后沿平行于 x 轴的直线段从点 M 到点 $N(x + \Delta x, y)$ 作为其右端曲线积分的路径(图 10.19)，所以有

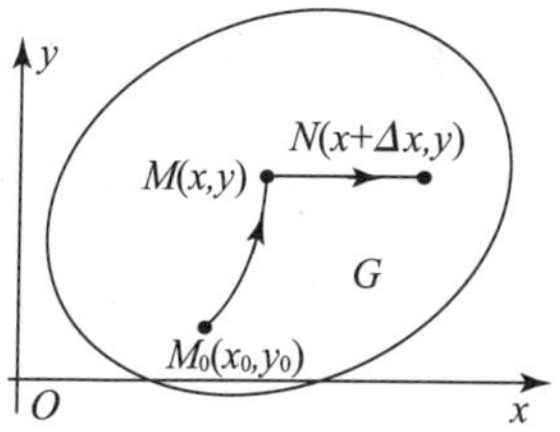

图 10.19

$$u(x+\Delta x, y)=\int_{(x_0, y_0)}^{(x, y)} P\mathrm{d}x+Q\mathrm{d}y+\int_{(x, y)}^{(x+\Delta x, y)} P\mathrm{d}x+Q\mathrm{d}y$$
$$=u(x, y)+\int_{(x, y)}^{(x+\Delta x, y)} P\mathrm{d}x+Q\mathrm{d}y,$$

所以
$$u(x+\Delta x, y)-u(x, y)=\int_{(x, y)}^{(x+\Delta x, y)} P\mathrm{d}x+Q\mathrm{d}y.$$

由于直线段 MN 的方程为 $y=$ 常数，所以 $\mathrm{d}y=0$，上式可写成
$$u(x+\Delta x, y)-u(x, y)=\int_{x}^{x+\Delta x} P(x, y)\mathrm{d}x,$$

应用定积分中值定理，得
$$u(x+\Delta x, y)-u(x, y)=P(x+\theta\Delta x, y)\Delta x(0\leqslant\theta\leqslant 1).$$

由 $P(x, y)$ 连续，有
$$\frac{\partial u}{\partial x}=\lim_{\Delta x\to 0}\frac{u(x+\Delta x, y)-u(x, y)}{\Delta x}=\lim_{\Delta x\to 0}P(x+\theta\Delta x, y)=P(x, y).$$

同理可证
$$\frac{\partial u}{\partial y}=Q(x, y).$$

由此可见，当 $P(x, y)$、$Q(x, y)$ 在 G 内具有一阶连续偏导数，且满足 $\frac{\partial Q}{\partial x}=\frac{\partial P}{\partial y}$ 时，$P(x, y)\mathrm{d}x+Q(x, y)\mathrm{d}y$ 是某个函数的全微分，这个函数可用(10.5)式求出. 由于(10.5)式中的曲线积分与路径无关，为计算简便起见，可选取平行于坐标轴的直线段连成的折线 M_0RM 或者 M_0SM 作为积分路径(图 10.20)，当然要假定这些折线完全包含在区域 G 内.

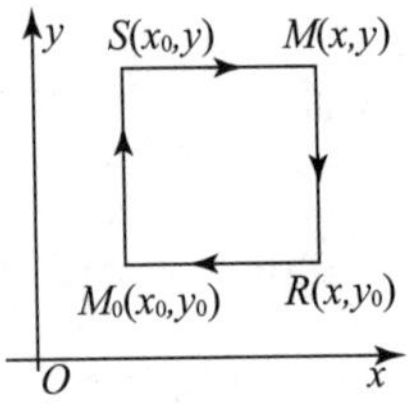

图 10.20

在(10.5)式中若取 M_0RM 为积分路径，由于 M_0R 的方程为 $y=y_0$、RM 的方程为 $x=$ 常数，由第二类曲线积分的计算方法，得
$$u(x, y)=\int_{M_0R} P(x, y)\mathrm{d}x+Q(x, y)\mathrm{d}y+\int_{RM} P(x, y)\mathrm{d}x+Q(x, y)\mathrm{d}y$$
$$=\int_{x_0}^{x} P(x, y_0)\mathrm{d}x+\int_{y_0}^{y} Q(x, y)\mathrm{d}y.$$

同理，在(10.5)式中若取 M_0SM 为积分路径，得
$$u(x, y)=\int_{y_0}^{y} Q(x_0, y)\mathrm{d}y+\int_{x_0}^{x} P(x, y)\mathrm{d}x.$$

如果知道某曲线积分与路径无关，则在遇到该曲线积分沿某一条路径不易积分时，就可以考虑换一条较容易的积分路径.

例 6 计算 $I=\int_L(\mathrm{e}^y+x)\mathrm{d}x+(x\mathrm{e}^x-2y)\mathrm{d}y$，$L$ 为过(0, 0)，(0, 1)和(1, 2)点的圆弧.

解 令 $P=\mathrm{e}^y+x$，$Q=x\mathrm{e}^y-2y$，则 $\frac{\partial Q}{\partial x}=\mathrm{e}^y=\frac{\partial P}{\partial y}$，所以 I 与路径无关.

如图 10.21，取积分路径为 $OA+AB$，则有
$$I=\int_{OA} P\mathrm{d}x+Q\mathrm{d}y+\int_{AB} P\mathrm{d}x+Q\mathrm{d}y$$
$$=\int_0^1(1+x)\mathrm{d}x+\int_0^2(\mathrm{e}^y-2y)\mathrm{d}y=\mathrm{e}^2-\frac{7}{2}.$$

例 7　验证：$\dfrac{x\mathrm{d}y-y\mathrm{d}x}{x^2+y^2}$ 在右半平面内 $(x>0)$ 是某个二元函数的全微分，并求此函数.

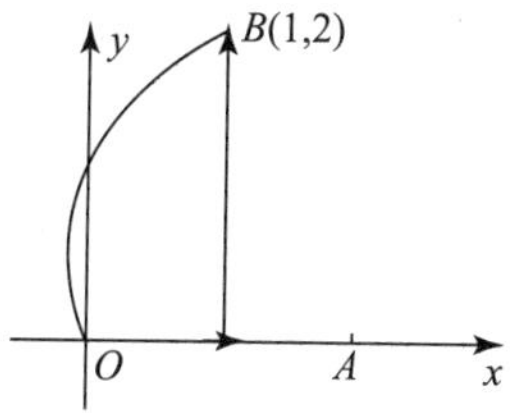

图 10.21

解　令 $P=\dfrac{-y}{x^2+y^2}$，$Q=\dfrac{x}{x^2+y^2}$，则有

$$\frac{\partial P}{\partial y}=\frac{y^2-x^2}{(x^2+y^2)^2}=\frac{\partial Q}{\partial x},$$

在右半平面内恒成立，从而 $\dfrac{x\mathrm{d}y-y\mathrm{d}x}{x^2+y^2}$ 是某个二元函数的全微分.

取积分路线如图 10.22 所示，由(10.5)式有

$$u(x,y)=\int_{(1,0)}^{(x,y)}\frac{x\mathrm{d}y-y\mathrm{d}x}{x^2+y^2}=\int_{AB}\frac{x\mathrm{d}y-y\mathrm{d}x}{x^2+y^2}+\int_{BC}\frac{x\mathrm{d}y-y\mathrm{d}x}{x^2+y^2}$$
$$=0+\int_0^y\frac{x\mathrm{d}y}{x^2+y^2}=\arctan\frac{y}{x}.$$

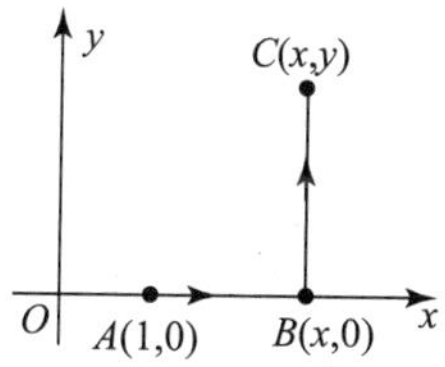

图 10.22

注意：点 (x_0,y_0) 可在相应满足条件的区域内任意选取，这样求出的 $u(x,y)$ 可能相差一个常数.

利用二元函数的全微分求积，还可求解下面一类一阶微分方程.

若常微分方程

$$P(x,y)\mathrm{d}x+Q(x,y)\mathrm{d}y=0 \tag{10.6}$$

的左边是某个函数 $u(x,y)$ 的全微分，即

$$\mathrm{d}u(x,y)=P(x,y)\mathrm{d}x+Q(x,y)\mathrm{d}y,$$

则称微分方程(10.6)为全微分方程.

若 $\mathrm{d}u(x,y)=0$，则 $u(x,y)=C$（C 是任意常数）是全微分方程(10.6)的隐式通解.

由定理 10.6 知，当 $P(x,y)$、$Q(x,y)$ 在 G 内具有一阶连续偏导数，且满足 $\dfrac{\partial Q}{\partial x}=\dfrac{\partial P}{\partial y}$ 时，全微分方程(10.6)的通解为

$$u(x,y)\equiv\int_{(x_0,y_0)}^{(x,y)}P(x,y)\mathrm{d}x+Q(x,y)\mathrm{d}y=C.$$

例 7　求解方程 $(3x^2y+8xy^2)\mathrm{d}x+(x^3+8x^2y+12y\mathrm{e}^y)\mathrm{d}y=0$.

解　设 $P=3x^2y+8xy^2$，$Q=x^3+8x^2y+12y\mathrm{e}^y$，则

$$\frac{\partial P}{\partial y}=3x^2+16xy=\frac{\partial Q}{\partial x},$$

因此，所给方程是全微分方程.

取积分起点为(0，0)，路径如图 10.23 所示，所以

$$u(x,y)=\int_{OA}P\mathrm{d}x+Q\mathrm{d}y+\int_{AB}P\mathrm{d}x+Q\mathrm{d}y=0+\int_0^y(x^3+8x^2y+12y\mathrm{e}^y)\mathrm{d}y$$
$$=\left[x^3y+4x^2y^2+12(y-1)\mathrm{e}^y\right]_0^y=x^3y+4x^2y^2+12(y-1)\mathrm{e}^y+12.$$

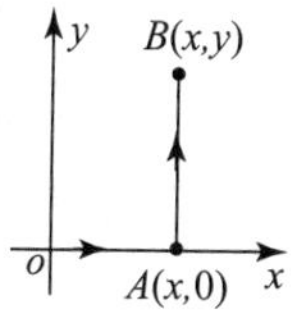

图 10.23

于是，方程的通解为

$$x^3y+4x^2y^2+12(y-1)\mathrm{e}^y+12=C.$$

下面介绍求解全微分方程的另两种方法.

方法一：设要求的方程通解为 $u(x, y)=C$，其中 $u(x, y)$ 满足

$$\frac{\partial u}{\partial x}=3x^2y+8xy^2,$$

所以

$$u(x, y)=\int(3x^2y+8xy^2)\mathrm{d}x+\varphi(y)=x^3y+4x^2y^2+\varphi(y),$$

这里 $\varphi(y)$ 是待定函数，相当于不定积分中的任意常数. 两边同时对 y 求导，有

$$\frac{\partial u}{\partial y}=x^3+8x^2y+\varphi'(y).$$

而同时 $\frac{\partial u}{\partial y}=x^3+8x^2y+12ye^y$，比较两式的右端，得

$$\varphi'(y)=12ye^y,$$

故

$$\varphi(y)=\int 12ye^y\mathrm{d}y=12(y-1)e^y+C,$$

从而，所给方程的通解为

$$x^3y+4x^2y^2+12(y-1)e^y=C.$$

方法二（凑全微分法）：

$$\begin{aligned}&(3x^2y+8xy^2)\mathrm{d}x+(x^3+8x^2y+12ye^y)\mathrm{d}y\\
=&(3x^2y\mathrm{d}x+x^3\mathrm{d}y)+(8xy^2\mathrm{d}x+8x^2y\mathrm{d}y)+12ye^y\mathrm{d}y\\
=&\mathrm{d}(x^3y)+\mathrm{d}(4x^2y^2)+\mathrm{d}(12(y-1)e^y)\\
=&\mathrm{d}(x^3y+4x^2y^2+12(y-1)e^y)\\
=&0,\end{aligned}$$

从而，所给方程的通解为

$$x^3y+4x^2y^2+12(y-1)e^y=C.$$

习题 10.2

1. 计算下列曲线积分，并验证格林公式的正确性.

(1) $\oint_L(y-x)\mathrm{d}x+(3x+y)\mathrm{d}y$，$L$：$(x-1)^2+(y-4)^2=9$；

(2) $\oint_L(y-x)\mathrm{d}x+(3x+y)\mathrm{d}y$，$L$ 是四个顶点分别为 $(0, 0)$、$(2, 0)$、$(2, 2)$ 和 $(0, 2)$ 的正方形区域的正向边界.

2. 利用曲线积分，计算下列曲线所围成图形的面积.

(1) 星形线 $x=a\cos^3t$，$y=a\sin^3t$ $(0\leqslant t\leqslant 2\pi)$；

(2) 摆线 $x=a(t-\sin t)$，$y=a(1-\cos t)$ 的一拱与 x 轴所围区域.

3. 利用格林公式计算下列曲线积分.

(1) $\oint_L(x+2y)\mathrm{d}x+(x-y)\mathrm{d}y$，其中 L 为椭圆 $\frac{x^2}{4}+\frac{y^2}{16}=1$ 的正向；

(2) $\oint_L xy(1+y)\mathrm{d}x+(e^y+x^2y)\mathrm{d}y$，其中 L 是由圆 $x^2+y^2=4$ 与 $x^2+y^2=9$ 所围的区域在第一象限的部分，以及 x 轴和 y 轴上的直线段组成的闭曲线取正向.

4. 验证下列曲线积分在有定义的单连通区域 D 内与路径无关，并求其值.

(1) $\int_{(1,0)}^{(2,1)}(2xy-y^4+3)dx+(x^2-4xy^3)dy$；

(2) $\int_{(0,0)}^{(2,3)}(2x\cos y-y^2\sin x)dx+(2y\cos x-x^2\sin y)dy$.

5. 计算下列曲线积分.

(1) $\int_L(2xy^3-y^3\cos x)dx+(1-2y\sin x+3x^2y^2)dy$，其中 L 为抛物线 $2x=\pi y^2$ 上的由点 (0，0) 到 $\left(\frac{\pi}{2},1\right)$的一段弧；

(2) $\int_L(x+y)dx+(x-y)dy$，其中 L 为从点 $(a,0)$ 沿曲线 $y=\sqrt{a^2-x^2}$ 到点 $(0,a)$；

(3) $\int_L\frac{1+y^2f(x,y)}{y}dx+\int_L\frac{x}{y^2}[y^2f(x,y)]dy$，其中 $f(x)$ 在$(-\infty,+\infty)$上连续可导，为 L 从点 $A(3,\frac{2}{3})$ 到 $B(1,2)$ 的直线段.

6. 验证$(2x+\sin y)dx+x\cos ydy$ 是某一函数的全微分，并求这个函数.

7. 证明：若 $f(u)$ 为连续函数，而 C 为无重点的按段光滑的闭曲线，则 $\oint_c f(x^2+y^2)(xdx+ydy)=0$

8. 判断下列方程哪些是全微分方程，并求出各方程的通解.

(1) $(3x^2+6xy^2)dx+(6x^2y+4y^2)dy=0$；

(2) $e^ydx+(xe^y-2y)dy=0$；

(3) $y(x-2y)dx-x^2dy=0$.

10.3 曲面积分

一、对面积的曲面积分

1. 对面积的曲面积分的概念与性质

(1) 引例

设物体质量分布在空间直角坐标系上的一块曲面 S 上，其面密度(单位面积的质量) 函数为 $\rho(x,y,z)$，且在曲面 S 上连续. 现在要计算这物体的质量 M.

将曲面 S 分为 n 个小块 ΔS_1，ΔS_2，…，ΔS_n，它们也表示相应小块的面积. 在第 i 个小块 ΔS_i 上任取一点 (ξ_i,η_i,ζ_i)，用这点处的面密度代替这小块上其他各点处的面密度，则小块的质量可近似为

$$\rho(\xi_i,\eta_i,\zeta_i)\cdot\Delta S_i.$$

从而整个物体的质量 M 近似为

$$\sum_{i=1}^{n}\rho(\xi_i, \eta_i, \zeta_i)\cdot\Delta S_i.$$

用λ表示这n个小块的最大直径（曲面上任意两点距离的最大者），取上述和式当$\lambda\to 0$时的极限，便得到整个物体的质量精确值

$$M=\lim_{\lambda\to 0}\sum_{i=1}^{n}\rho(\xi_i, \eta_i, \zeta_i)\cdot\Delta S_i.$$

抽去上例中质量的具体含义，可导出对面积的曲面积分的定义.

(2) 对面积的曲面积分的概念

定义 1 设曲面S是光滑的（指曲面上各点处都有切平面，且当点在曲面上移动时，切平面也连续移动），函数$f(x, y, z)$在S上有界. 把S任意分成n个小块ΔS_i（ΔS_i也表示第i个小块的面积），设点(ξ_i, η_i, ζ_i)为ΔS_i上任取的一点，作乘积$f(\xi_i, \eta_i, \zeta_i)\cdot\Delta S_i$，并作和$\sum\limits_{i=1}^{n}f(\xi_i, \eta_i, \zeta_i)\cdot\Delta S_i$，如果当各小块曲面的直径的最大值$\lambda\to 0$时，这和式的极限存在，则称此极限为函数$f(x, y, z)$在曲面$S$上**对面积的曲面积分或第一类曲面积分**，记为$\iint\limits_S f(x, y, z)\mathrm{d}S$，即

$$\iint\limits_S f(x, y, z)\mathrm{d}S=\lim_{\lambda\to 0}\sum_{i=1}^{n}f(\xi_i, \eta_i, \zeta_i)\cdot\Delta S_i,$$

其中$f(x, y, z)$称为被积函数，S称为积分曲面.

当S为封闭曲面时，上述积分记为$\oint\!\!\!\oint\limits_S f(x, y, z)\mathrm{d}s$.

当$f(x, y, z)$在光滑曲面S上连续时，对面积的曲面积分是存在的. 今后总假定$f(x, y, z)$在S上连续.

当$f(x, y, z)\equiv 1$时，$\iint\limits_S \mathrm{d}S=S$，其中$S$为曲面面积.

如果S是由分片光滑曲面S_1，S_2组成，则

$$\iint\limits_{S_1+S_2}f(x, y, z)\mathrm{d}S=\iint\limits_{S_1}f(x, y, z)\mathrm{d}S+\iint\limits_{S_2}f(x, y, z)\mathrm{d}S.$$

由对面积的曲面积分的定义可知，它具有同对弧长的曲线积分相类似的性质，这里不再赘述.

2. 对面积的曲面积分的计算方法

定理 1 设曲面S的方程为$z=z(x, y)$，S在xOy面上的投影区域为D_{xy}（图 10.24），函数$z=z(x, y)$在D_{xy}上具有连续的偏导数，被积函数$f(x, y, z)$在S上连续，则

$$\iint\limits_S f(x, y, z)\mathrm{d}S=\iint\limits_{D_{xy}}f[x, y, z(x, y)]\sqrt{1+z'^2_x(x, y)+z'^2_y(x, y)}\,\mathrm{d}\sigma.$$

证 设S上第i小块曲面ΔS_i（其面积也记作ΔS_i）在xOy面上投影区域为$(\Delta\sigma_i)_{xy}$（其面积也记作$(\Delta\sigma_i)_{xy}$），则

$$\Delta S_i=\iint\limits_{(\Delta\sigma_i)_{xy}}\sqrt{1+z'^2_x(x, y)+z'^2_y(x, y)}\,\mathrm{d}\sigma,$$

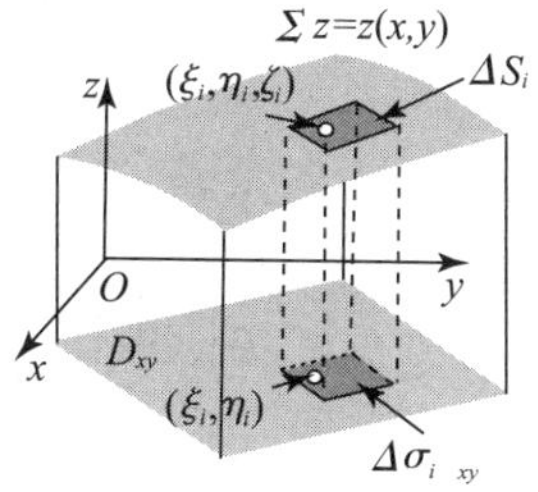

图 10.24

利用二重积分的中值定理，上式又可写成

$$\Delta S_i = \sqrt{1+z_x'^2(\xi_i',\ \eta_i')+z_y'^2(\xi_i',\ \eta_i')}\,(\Delta\sigma_i)_{xy},$$

其中$(\xi_i',\ \eta_i')$为小闭区域$(\Delta\sigma_i)_{xy}$上的一点．又因$(\xi_i,\ \eta_i,\ \zeta_i)$在曲面$S$上，从而$\zeta_i=z(\xi_i,\ \eta_i)$，这里$(\xi_i,\ \eta_i,\ 0)$也是小闭区域$(\Delta\sigma_i)_{xy}$上的点．由于

$$\iint_S f(x,\ y,\ z)\mathrm{d}S=\lim_{\lambda\to 0}\sum_{i=1}^{n} f(\xi_i,\ \eta_i,\ \zeta_i)\cdot\Delta S_i,$$

而

$$\sum_{i=1}^{n} f(\xi_i,\ \eta_i,\ \zeta_i)\cdot\Delta S_i=\sum_{i=1}^{n} f(\xi_i,\ \eta_i,\ z(\xi_i,\ \eta_i))\cdot\sqrt{1+z_x'^2(\xi_i',\ \eta_i')+z_y'^2(\xi_i',\ \eta_i')}\cdot(\Delta\sigma_i)_{xy},$$

又因为函数$f[x,\ y,\ z(x,\ y)]$及$\sqrt{1+z_x'^2(x,\ y)+z_y'^2(x,\ y)}$都在闭区域$(\Delta\sigma_i)_{xy}$上连续，从而一致连续，可将$(\xi'_i,\ \eta'_i)$换为$(\xi_i,\ \eta_i)$，从而有

$$\begin{aligned}\iint_S f(x,\ y,\ z)\mathrm{d}S&=\lim_{\lambda\to 0}\sum_{i=1}^{n} f(\xi_i,\ \eta_i,\ z(\xi_i,\ \eta_i))\sqrt{1+z_x'^2(\xi_i,\ \eta_i)+z_y'^2(\xi_i,\ \eta_i)}\,(\Delta\sigma_i)_{xy}\\&=\iint_{D_{xy}} f[x,\ y,\ z(x,\ y)]\sqrt{1+z_x'^2(x,\ y)+z_y'^2(x,\ y)}\,\mathrm{d}\sigma.\end{aligned}$$

定理 1 表明：在计算对面积的曲面积分时，只要把z换为$z(x,\ y)$，把$\mathrm{d}S$换为$\sqrt{1+z_x'^2+z_y'^2}\,\mathrm{d}\sigma$，再确定$S$在$xOy$面上的投影区域为$D_{xy}$，这样就把对面积的曲线积分化为二重积分了．

同理，当曲面S的方程为$x=x(y,\ z)$时，则

$$\iint_S f(x,\ y,\ z)\mathrm{d}S=\iint_{D_{yz}} f[x(y,\ z),\ y,\ z]\sqrt{1+x_y'^2+x_z'^2}\,\mathrm{d}\sigma.$$

当曲面S的方程为$y=y(x,\ z)$时，则

$$\iint_S f(x,\ y,\ z)\mathrm{d}S=\iint_{D_{xz}} f[x,\ y(x,\ z),\ z]\sqrt{1+y_x'^2+y_z'^2}\,\mathrm{d}\sigma.$$

例 1　计算曲面积分$\iint_S \frac{\mathrm{d}S}{z}$，其中$S$是球面$x^2+y^2+z^2=a^2$被平面$z=h(0<h<a)$截出的顶部(图 10.25)．

解　S的方程为$z=\sqrt{a^2-x^2-y^2}$，它在xOy面上的投影区域为

$$D_{xy}=\{(x,\ y)\,|\,x^2+y^2\leqslant a^2-h^2\}.$$

又

$$\sqrt{1+z_x'^2(x,\ y)+z_y'^2(x,\ y)}=\frac{a}{\sqrt{a^2-x^2-y^2}},$$

所以
$$\iint_S \frac{dS}{z}=\iint_{D_{xy}}\frac{a\,dx\,dy}{a^2-x^2-y^2},$$
利用极坐标，得
$$\iint_S \frac{dS}{z}=\iint_{D_{xy}}\frac{ar\,dr\,d\theta}{a^2-r^2}=a\int_0^{2\pi}d\theta\int_0^{\sqrt{a^2-h^2}}\frac{r\,dr}{a^2-r^2}$$
$$=2\pi a\left[-\frac{1}{2}\ln(a^2-r^2)\right]_0^{\sqrt{a^2-h^2}}=2\pi a\ln\frac{a}{h}.$$

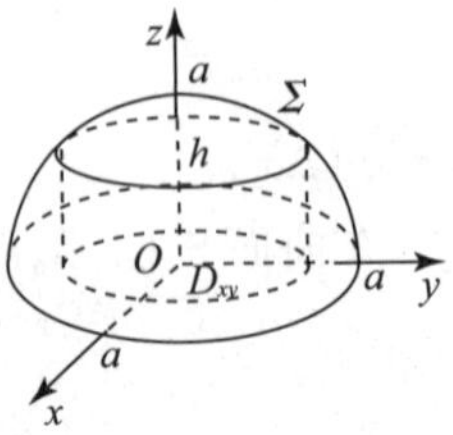

图 10.25

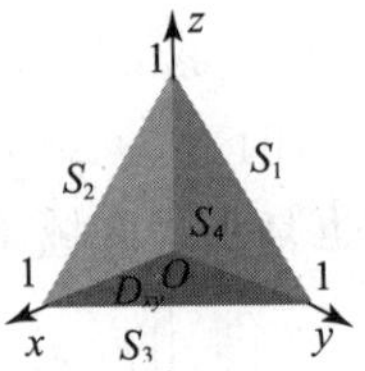

图 10.26

例 2 计算$\oiint_S xyz\,dS$，其中 S 是由平面 $x=0$，$y=0$，$z=0$ 及 $x+y+z=1$ 所围成的四面体的整个边界曲面.

解 整个边界曲面 S 在平面 $x=0$，$y=0$，$z=0$ 及 $x+y+z=1$ 上的部分依次记为 S_1，S_2，S_3 及 S_4. 于是
$$\oiint_S xyz\,dS=\iint_{S_1}xyz\,dS+\iint_{S_2}xyz\,dS+\iint_{S_3}xyz\,dS+\iint_{S_4}xyz\,dS.$$
由于在 S_1，S_2，S_3 上，被积函数 $f(x,y,z)=xyz$ 均为零，所以
$$\iint_{S_1}xyz\,dS=\iint_{S_2}xyz\,dS=\iint_{S_3}xyz\,dS=0.$$

在 S_4 上，$z=1-x-y$，所以
$$\sqrt{1+z_x'^2+z_y'^2}=\sqrt{1+(-1)^2+(-1)^2}=\sqrt{3},$$
从而
$$\oiint_S xyz\,dS=\iint_{S_4}xyz\,dS=\iint_{D_{xy}}\sqrt{3}\,xy(1-x-y)\,dx\,dy,$$
其中 D_{xy} 是 S_4 在 xOy 面上的投影区域，即由直线 $x=0$，$y=0$ 及 $x+y=1$ 所围成的闭区域，因此
$$\oiint_S xyz\,dS=\sqrt{3}\int_0^1 x\,dx\int_0^{1-x}y(1-x-y)\,dy$$
$$=\sqrt{3}\int_0^1\left[(1-x)\frac{y^2}{2}-\frac{y^3}{3}\right]_0^{1-x}dx$$
$$=\sqrt{3}\int_0^1 x\cdot\frac{(1-x)^3}{6}\,dx$$
$$=\frac{\sqrt{3}}{6}\int_0^1(x-3x^2+3x^3-x^4)\,dx=\frac{\sqrt{3}}{120}.$$

二、对坐标的曲面积分

1. 对坐标的曲面积分的概念与性质

(1) 有向曲面

一般曲面都是双侧的. 以后总假设所考虑的曲面是双侧且光滑的.

设曲面 $z=z(x, y)$，若取法向量 $\boldsymbol{n}$ 朝上（即 $\boldsymbol{n}$ 与 z 轴正向的夹角为锐角），则曲面取定上侧，否则为下侧；对曲面 $x=x(y, z)$，若法向量 $\boldsymbol{n}$ 的方向与 x 正向夹角为锐角，取定曲面的前侧，否则为后侧；对曲面 $y=y(x, z)$，若法向量 $\boldsymbol{n}$ 的方向与 y 正向夹角为锐角，取定曲面为右侧，否则为左侧. 若曲面为闭曲面，则取法向量 $\boldsymbol{n}$ 的指向朝外，此时取定曲面的外侧，否则为内侧. 取定了法向量即选定了曲面的侧，这种曲面称为**有向曲面**.

(2) 有向曲面的投影

设 Σ 是有向曲面，在 Σ 上取一小块曲面 ΔS，$(\Delta\sigma)_{xy}$ 为 ΔS 在 xOy 面上的投影区域的面积. 假定 ΔS 上任一点的法向量与 z 轴夹角 γ 的余弦 $\cos\gamma$ 同号(即 $\cos\gamma$ 都是正的或者都是负的)，则规定 ΔS 在 xOy 面上的投影 $(\Delta S)_{xy}$ 为

$$(\Delta S)_{xy}=\begin{cases}(\Delta\sigma)_{xy}, & \cos\gamma>0\\ -(\Delta\sigma)_{xy}, & \cos\gamma<0,\\ 0, & \cos\gamma=0\end{cases}$$

其中，$\cos\gamma=0$ 即为 $(\Delta\sigma)_{xy}=0$ 的情形. $(\Delta S)_{xy}$ 实质就是将投影区域的面积附以一定的符号. 类似地可以定义 ΔS 在 yOz 面，zOx 面上的投影为

$$(\Delta S)_{yz}=\begin{cases}(\Delta\sigma)_{yz}, & \cos\alpha>0\\ -(\Delta\sigma)_{yz}, & \cos\alpha<0,\\ 0, & \cos\alpha=0\end{cases}\quad (\Delta S)_{zx}=\begin{cases}(\Delta\sigma)_{xz}, & \cos\beta>0\\ -(\Delta\sigma)_{xz}, & \cos\beta<0,\\ 0, & \cos\beta=0\end{cases}$$

其中 α，β 分别为法向量与 x 轴正向和 y 轴正向的夹角.

(3) 引例 —— 流向曲面一侧的流量

设稳定流动(即流速与时间无关) 的不可压缩流体(假设密度为 1) 的速度场为

$$\boldsymbol{v}(x, y, z)=P(x, y, z)\boldsymbol{i}+Q(x, y, z)\boldsymbol{j}+R(x, y, z)\boldsymbol{k},$$

Σ 为速度场中的一片有向曲面，函数 $P(x, y, z)$、$Q(x, y, z)$、$R(x, y, z)$ 都在 Σ 上连续. 现在求单位时间内流向 Σ 指定侧的流体的质量，即流量 Φ.

显然，当流体的流速为常向量 $\boldsymbol{v}$，且曲面 Σ 为一平面时（其面积记为 A），设平面 Σ 的单位法向量为 $\boldsymbol{n}$，则在单位时间内流过这闭区域的流体组成一底面积为 A，斜高为 $|v|$ 的斜柱体（图 10.27).

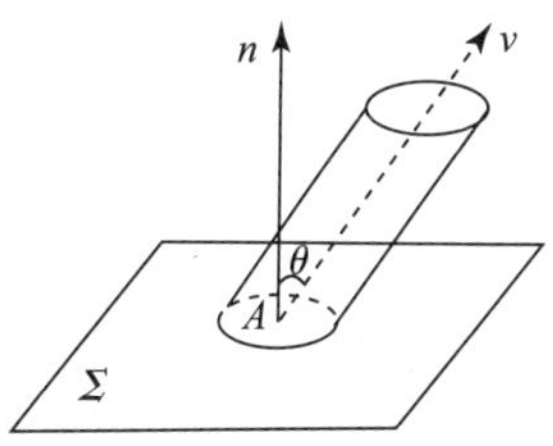

图 10.27

当 $(\widehat{n, v})=\theta<\dfrac{\pi}{2}$ 时，这斜柱体体积为

$$A|\boldsymbol{v}|\cdot\cos\theta=A\boldsymbol{v}\cdot\boldsymbol{n},$$

这就是通过闭区域 Σ 流向 $\boldsymbol{n}$ 所指一侧的流量 Φ；

当$(\widehat{\boldsymbol{n},\boldsymbol{v}})=\theta=\dfrac{\pi}{2}$时，显然$\Phi=A\boldsymbol{v}\cdot\boldsymbol{n}=0$；

当$(\widehat{\boldsymbol{n},\boldsymbol{v}})=\theta>\dfrac{\pi}{2}$时，$A\boldsymbol{v}\cdot\boldsymbol{n}<0$，此时流体实际上流向$-\boldsymbol{n}$所指一侧，且流向$-\boldsymbol{n}$所指一侧的流量为$-A\boldsymbol{v}\cdot\boldsymbol{n}$. 因此，无论$(\widehat{\boldsymbol{n},\boldsymbol{v}})$为何值，流体通过闭区域$\Sigma$流向$\boldsymbol{n}$所指一侧的流量$\Phi$均为$A\boldsymbol{v}\cdot\boldsymbol{n}$.

如果曲面Σ不是平面，流速$\boldsymbol{v}$不是常向量（即随(x, y, z)而变化），则将Σ划分为n个小块ΔS_i（ΔS_i也表示第i个小块的面积），在Σ是光滑的和$\boldsymbol{v}$是连续的前提下，只要ΔS_i的直径很小，就可用ΔS_i上任一点(ξ_i, η_i, ζ_i)处的流速

$$\boldsymbol{v}(\xi_i, \eta_i, \zeta_i)=P(\xi_i, \eta_i, \zeta_i)\boldsymbol{i}+Q(\xi_i, \eta_i, \zeta_i)\boldsymbol{j}+R(\xi_i, \eta_i, \zeta_i)\boldsymbol{k}$$

代替ΔS_i上其他各点处的流速，以该点处曲面Σ的单位法向量

$$\boldsymbol{n}_i=\cos\alpha_i\boldsymbol{i}+\cos\beta_i\boldsymbol{j}+\cos\gamma_i\boldsymbol{k}$$

代替ΔS_i上其他各点处的单位法向量（图10.28）. 从而流体流向ΔS_i指定侧的流量的近似值为

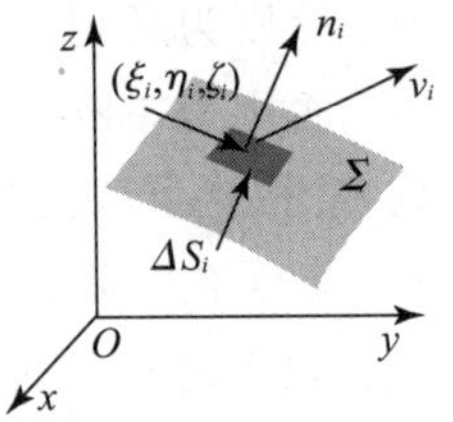

图10.28

$$\boldsymbol{v}_i\cdot\boldsymbol{n}_i\Delta S_i,\ (i=1, 2, \cdots, n).$$

于是流体流向Σ指定侧的流量为

$$\begin{aligned}\Phi&\approx\sum_{i=1}^{n}\boldsymbol{v}_i\cdot\boldsymbol{n}_i\Delta S_i\\&=\sum_{i=1}^{n}[P(\xi_i, \eta_i, \zeta_i)\cos\alpha_i+Q(\xi_i, \eta_i, \zeta_i)\cos\beta_i+R(\xi_i, \eta_i, \zeta_i)\cos\gamma_i]\Delta S_i,\end{aligned}$$

而 $\cos\alpha_i\cdot\Delta S_i\approx(\Delta S_i)_{yz}$, $\cos\beta_i\cdot\Delta S_i\approx(\Delta S_i)_{zx}$, $\cos\gamma_i\cdot\Delta S_i\approx(\Delta S_i)_{xy}$,

因此上式可以写成

$$\Phi\approx\sum_{i=1}^{n}[P(\xi_i, \eta_i, \zeta_i)(\Delta S_i)_{yz}+Q(\xi_i, \eta_i, \zeta_i)(\Delta S_i)_{zx}+R(\xi_i, \eta_i, \zeta_i)(\Delta S_i)_{xy}].$$

令各小块曲面的最大直径$\lambda\to0$，取上述和式的极限便得流量Φ的精确值.

抽去上例中流量的具体含义，可导出对坐标的曲面积分的定义.

(4) 对坐标的曲面积分的定义

定义1 设Σ为光滑的有向曲面，函数$R(x, y, z)$在Σ上有界，把Σ任意分成n块小曲面ΔS_i（其面积也记作ΔS_i），ΔS_i在xOy面上的投影为$(\Delta S)_{xy}$，(ξ_i, η_i, ζ_i)为ΔS_i上的任意一点，λ为各小块曲面的最大直径，若$\lim\limits_{\lambda\to0}\sum\limits_{i=1}^{n}R(\xi_i, \eta_i, \zeta_i)(\Delta S_i)_{xy}$存在，则称此极限为函数$R(x, y, z)$在有向曲面$\Sigma$上对坐标$x$、$y$的曲面积分，记作$\iint\limits_{\Sigma}R(x, y, z)\mathrm{d}x\mathrm{d}y$，即

$$\iint\limits_{\Sigma}R(x, y, z)\mathrm{d}x\mathrm{d}y=\lim_{\lambda\to0}\sum_{i=1}^{n}R(\xi_i, \eta_i, \zeta_i)(\Delta S_i)_{xy}.$$

其中$R(x, y, z)$称为**被积函数**，Σ称为**积分曲面**.

类似地可以定义函数$P(x, y, z)$在曲面Σ上的对坐标y、z的曲面积分为

$$\iint\limits_{\Sigma}P(x, y, z)\mathrm{d}y\mathrm{d}z=\lim_{\lambda\to0}\sum_{i=1}^{n}P(\xi_i, \eta_i, \zeta_i)(\Delta S_i)_{yz};$$

函数 $Q(x, y, z)$ 在曲面 Σ 上的**对坐标 x、z 的曲面积分**为

$$\iint_{\Sigma} Q(x, y, z)\mathrm{d}x\mathrm{d}z = \lim_{\lambda \to 0}\sum_{i=1}^{n} Q(\xi_i, \eta_i, \zeta_i)(\Delta S_i)_{xz}.$$

以上三个曲面积分也称为**第二类曲面积分**.

当 $P(x, y, z)$、$Q(x, y, z)$、$R(x, y, z)$ 在光滑有向曲面 Σ 上连续时，对坐标的曲面积分是存在的. 以后总假定 P、Q、R 在 Σ 上连续.

在应用上出现较多的是合并形式

$$\iint_{\Sigma} P\mathrm{d}y\mathrm{d}z + \iint_{\Sigma} Q\mathrm{d}z\mathrm{d}x + \iint_{\Sigma} R\,\mathrm{d}x\mathrm{d}y.$$

为简便起见，上式也常写成

$$\iint_{\Sigma} P\,\mathrm{d}y\mathrm{d}z + Q\mathrm{d}z\mathrm{d}x + R\mathrm{d}x\mathrm{d}y.$$

例如，上述流向 Σ 指定侧的流量 Φ 可表示为

$$\Phi = \iint_{\Sigma} P\,\mathrm{d}y\mathrm{d}z + Q\mathrm{d}z\mathrm{d}x + R\mathrm{d}x\mathrm{d}y.$$

(5) 对坐标的曲面积分的性质

对坐标的曲面积分与对坐标的曲线积分具有相似的性质.

性质 1
$$\iint_{\Sigma_1+\Sigma_2} P\mathrm{d}y\mathrm{d}z + Q\mathrm{d}z\mathrm{d}x + R\mathrm{d}x\mathrm{d}y$$
$$= \iint_{\Sigma_1} P\mathrm{d}y\mathrm{d}z + Q\mathrm{d}z\mathrm{d}x + R\mathrm{d}x\mathrm{d}y + \iint_{\Sigma_2} P\mathrm{d}y\mathrm{d}z + Q\mathrm{d}z\mathrm{d}x + R\mathrm{d}x\mathrm{d}y.$$

性质 2　设 Σ 为有向曲面，$-\Sigma$ 表示与 Σ 相反的一侧，则

$$\iint_{-\Sigma} P\,\mathrm{d}y\mathrm{d}z + Q\mathrm{d}z\mathrm{d}x + R\mathrm{d}x\mathrm{d}y = -\iint_{\Sigma} P\,\mathrm{d}y\mathrm{d}z + Q\mathrm{d}z\mathrm{d}x + R\mathrm{d}x\mathrm{d}y.$$

因此，对坐标的曲面积分必须注意曲面所取的侧.

2. 对坐标的曲面积分的计算方法

定理 2　设 Σ 是由方程 $z = z(x. y)$ 所给出的曲面的上侧，Σ 在 xOy 面上的投影区域为 D_{xy}，函数 $z = z(x. y)$ 在 D_{xy} 内具有一阶连续偏导数，$R(x, y, z)$ 在 Σ 上连续，则

$$\iint_{\Sigma} R(x, y, z)\mathrm{d}x\mathrm{d}y = \iint_{D_{xy}} R[x, y, z(x, y)]\mathrm{d}x\mathrm{d}y.$$

证　由于 $\iint_{\Sigma} R(x, y, z)\mathrm{d}x\mathrm{d}y = \lim_{\lambda \to 0}\sum_{i=1}^{n} R(\xi_i, \eta_i, \zeta_i)(\Delta S_i)_{xy}$，因为所取曲面为上侧，所以

$$\cos\gamma > 0,\ (\Delta S_i)_{xy} = (\Delta\sigma_i)_{xy},$$

又因 (ξ_i, η_i, ζ_i) 在曲面上，从而 $\zeta_i = z(\xi_i, \eta_i)$，于是有

$$\sum_{i=1}^{n} R(\xi_i, \eta_i, \zeta_i)(\Delta S_i)_{xy} = \sum_{i=1}^{n} R(\xi_i, \eta_i, z(\xi_i, \eta_i))(\Delta\sigma_i)_{xy}.$$

令各小块曲面的最大直径 $\lambda \to 0$，取上式两端的极限，则有

$$\iint_{\Sigma} R(x, y, z)\mathrm{d}x\mathrm{d}y = \iint_{D_{xy}} R[x, y, z(x, y)]\mathrm{d}x\mathrm{d}y.$$

当所取曲面为下侧时，由于 $\cos\gamma < 0$，$(\Delta S_i)_{xy} = -(\Delta\sigma_i)_{xy}$，所以

$$\iint_{\Sigma} R(x,y,z)\mathrm{d}x\mathrm{d}y = -\iint_{D_{xy}} R[x,y,z(x,y)]\mathrm{d}x\mathrm{d}y.$$

定理 2 表明：在计算第二类曲面积分 $\iint_{\Sigma} R(x,y,z)\mathrm{d}x\mathrm{d}y$ 时，只需将曲面 Σ 的方程 $z = z(x,y)$ 代入被积函数 $R(x,y,z)$ 中，然后在 Σ 的投影区域为 D_{xy} 上计算二重积分即可. 但必须注意符号的选择，上侧取正号，下侧取负号.

类似地，若曲面 Σ 方程为 $x = x(y,z)$，则有

$$\iint_{\Sigma} P(x,y,z)\mathrm{d}y\mathrm{d}z = \pm\iint_{D_{yz}} p[x(y,z),y,z]\mathrm{d}y\mathrm{d}z,$$

其中，“+”对应曲面的前侧（$\cos\alpha > 0$），“−”对应曲面的后侧（$\cos\alpha < 0$）.

若曲面 Σ 方程为 $y = y(x,z)$，则有

$$\iint_{\Sigma} Q(x,y,z)\mathrm{d}x\mathrm{d}z = \pm\iint_{D_{xz}} Q[x,y(x,z),z]\mathrm{d}x\mathrm{d}z,$$

其中，“+”对应曲面的右侧（$\cos\beta > 0$），“−”对应曲面的左侧（$\cos\beta < 0$）.

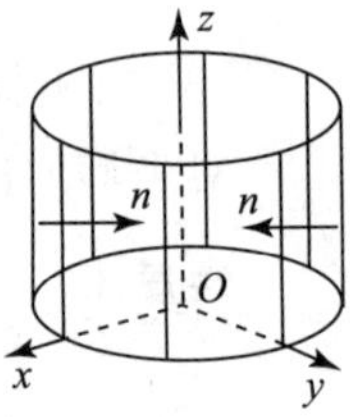

图 10.29

例 3 计算 $I = \iint_{\Sigma} \sqrt{x^2+y^2+z^2}\,\mathrm{d}x\mathrm{d}y$，其中 Σ 是圆柱面 $x^2+y^2=4$ 介于 $0 \leqslant z \leqslant 1$ 之间的部分，法向量指向 z 轴（图 10.29）.

解 由于 Σ 在 xOy 面上的投影区域的面积为 0，即 $(\Delta S)_{xy} = 0$，所以 $I = 0$.

例 4 计算 $I = \iint_{\Sigma}(2x+z)\mathrm{d}y\mathrm{d}z + z\mathrm{d}x\mathrm{d}y$，其中 Σ：$z = x^2+y^2\,(0 \leqslant z \leqslant 1)$，其法向量与 z 轴正向的夹角为锐角（图 10.30）.

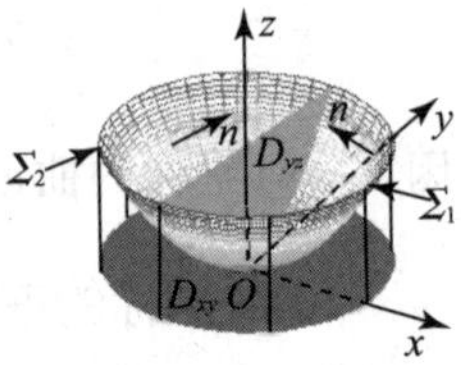

图 10.30

解 将 Σ 分为 Σ_1 和 Σ_2 两部分，其中 Σ_1：$x = \sqrt{z-y^2}$，取后侧；Σ_2：$x = -\sqrt{z-y^2}$，取前侧.

Σ_1 和 Σ_2 在 yOz 面上的投影区域均为 D_{yz}：$y^2 \leqslant z \leqslant 1$.

$$\begin{aligned}
\iint_{\Sigma}(2x+z)\mathrm{d}y\mathrm{d}z &= \iint_{\Sigma_1}(2x+z)\mathrm{d}y\mathrm{d}z + \iint_{\Sigma_2}(2x+z)\mathrm{d}y\mathrm{d}z \\
&= \iint_{\Sigma_1}(2\sqrt{z-y^2}+z)\mathrm{d}y\mathrm{d}z + \iint_{\Sigma_2}(-2\sqrt{z-y^2}+z)\mathrm{d}y\mathrm{d}z \\
&= -4\iint_{D_{yz}}\sqrt{z-y^2}\,\mathrm{d}y\mathrm{d}z = -4\int_{-1}^{1}\mathrm{d}y\int_{y^2}^{1}\sqrt{z-y^2}\,\mathrm{d}z \\
&= -4\int_{-1}^{1}\frac{2}{3}\left[(z-y^2)^{\frac{3}{2}}\right]_{y^2}^{1}\mathrm{d}y = -\frac{8}{3}\int_{-1}^{1}(1-y^2)^{\frac{3}{2}}\mathrm{d}y \\
&= -\frac{16}{3}\int_{0}^{1}(1-y^2)^{\frac{3}{2}}\mathrm{d}y = -\frac{16}{3}\int_{0}^{\frac{\pi}{2}}\cos^4\theta\,\mathrm{d}\theta \\
&= -\frac{16}{3}\cdot\frac{3}{4}\cdot\frac{1}{2}\cdot\frac{\pi}{2} = -\pi.
\end{aligned}$$

Σ 在 xOy 面上的投影区域均为 D_{xy}：$x^2+y^2 \leqslant 1$，Σ 取上侧，

$$\iint_{\Sigma} z\mathrm{d}x\mathrm{d}y = \iint_{D_{xy}} (x^2+y^2)\mathrm{d}x\mathrm{d}y = \int_0^{2\pi}\mathrm{d}\theta\int_0^1 r^2 r\mathrm{d}r = \frac{\pi}{2}.$$

所以
$$I = \iint_{\Sigma}(2x+z)\mathrm{d}y\mathrm{d}z + z\mathrm{d}x\mathrm{d}y = -\pi + \frac{\pi}{2} = -\frac{\pi}{2}.$$

注意：当对坐标的曲面积分为组合型时，按照“一投、二代、三定号”的法则，先将单一型的曲面积分化为二重积分，然后再组合. 这里，“一投”是指将积分曲面 Σ 投向单一型曲面积分中指定的坐标面；“二代”是指将 Σ 的方程化为投影面上两变量的显函数，再用此函数代替被积函数中的另一变量；“三定号”是指依据 Σ 所取的侧，确定二重积分前面的所要取的“+”或“−”，其中“+”对应于 Σ 的上侧或前侧或右侧，“−”对应于 Σ 的下侧或后侧或左侧.

三、两类曲面积分之间的关系

设有向曲面 Σ：$z=z(x,y)$ 在 xOy 面上的投影区域为 D_{xy}，函数 $z=z(x,y)$ 在 D_{xy} 上具有一阶连续的偏导数，$R(x,y,z)$ 在 Σ 上连续，则由对坐标的曲面积分计算公式有

$$\iint_{\Sigma} R(x,y,z)\mathrm{d}x\mathrm{d}y = \pm\iint_{D_{xy}} R[x,y,z(x,y)]\mathrm{d}x\mathrm{d}y,$$

其中“+”对应曲面的上侧（$\cos\gamma>0$），“−”对应曲面的下侧（$\cos\gamma<0$）.
又因为

$$\cos\alpha = \frac{\mp z'_x}{\sqrt{1+z'^2_x+z'^2_y}},\ \cos\beta = \frac{\mp z'_y}{\sqrt{1+z'^2_x+z'^2_y}},\ \cos\gamma = \frac{\pm 1}{\sqrt{1+z'^2_x+z'^2_y}},$$

而
$$\begin{aligned}\iint_{\Sigma} R(x,y,z)\cos\gamma\mathrm{d}S &= \iint_{D_{xy}} R[x,y,z(z,y)]\cos\gamma\sqrt{1+z'^2_y+z'^2_x}\,\mathrm{d}x\mathrm{d}y \\ &= \pm\iint_{D_{xy}} R[x,y,z(x,y)]\mathrm{d}x\mathrm{d}y,\end{aligned}$$

所以
$$\iint_{\Sigma} R(x,y,z)\mathrm{d}x\mathrm{d}y = \iint_{\Sigma} R(x,y,z)\cos\gamma\mathrm{d}S.$$

类似地，有
$$\iint_{\Sigma} P(x,y,z)\mathrm{d}y\mathrm{d}z = \iint_{\Sigma} P(x,y,z)\cos\alpha\mathrm{d}S,$$
$$\iint_{\Sigma} Q(x,y,z)\mathrm{d}x\mathrm{d}z = \iint_{\Sigma} Q(x,y,z)\cos\beta\mathrm{d}S.$$

合并以上三式，得两类曲面积分之间的联系如下：

$$\iint_{\Sigma} P\mathrm{d}y\mathrm{d}z + Q\mathrm{d}z\mathrm{d}x + R\mathrm{d}x\mathrm{d}y = \iint_{\Sigma}[P\cos\alpha + Q\cos\beta + R\cos\gamma]\mathrm{d}S,$$

其中 $\cos\alpha$，$\cos\beta$，$\cos\gamma$ 是有向曲面 Σ 在点（x，y，z）处的法向量的方向余弦.

若记 $\boldsymbol{A}=(P,Q,R)$，$\boldsymbol{n}=(\cos\alpha,\cos\beta,\cos\gamma)$ 为有向曲面 Σ 在点（x，y，z）处的单位法向量，$\mathrm{d}\boldsymbol{S}=\boldsymbol{n}\mathrm{d}S=(\mathrm{d}y\mathrm{d}z,\mathrm{d}x\mathrm{d}z,\mathrm{d}x\mathrm{d}y)$ 称为**有向曲面元**，则两类曲面积分之间的联系也可写成如下向量形式：

$$\iint_{\Sigma}\boldsymbol{A}\cdot\mathrm{d}\boldsymbol{S} = \iint_{\Sigma}\boldsymbol{A}\cdot\boldsymbol{n}\mathrm{d}S = \iint_{\Sigma}\boldsymbol{A}_n\mathrm{d}S,$$

其中，$\boldsymbol{A}_n = \boldsymbol{A}\cdot\boldsymbol{n} = P\cos\alpha + Q\cos\beta + R\cos\gamma$ 为向量 $\boldsymbol{A}$ 在 $\boldsymbol{n}$ 上的投影.

例 5 利用两类曲面积分的联系计算例 4.

解 因为

$$\cos\alpha=\frac{-2x}{\sqrt{1+4x^2+4y^2}},\ \cos\beta=\frac{-2y}{\sqrt{1+4x^2+4y^2}},\ \cos\gamma=\frac{1}{\sqrt{1+4x^2+4y^2}},$$

所以

$$\begin{aligned}I&=\iint_{\Sigma}(2x+z)\mathrm{d}y\mathrm{d}z+z\mathrm{d}x\mathrm{d}y\\&=\iint_{\Sigma}[(2x+z)\cos\alpha+z\cos\gamma]\mathrm{d}S\\&=\iint_{\Sigma}\left[(2x+z)\frac{-2x}{\sqrt{1+4x^2+4y^2}}+z\frac{1}{\sqrt{1+4x^2+4y^2}}\right]\mathrm{d}S\\&=\iint_{D_{xy}}[(2x+x^2+y^2)(-2x)+(x^2+y^2)]\mathrm{d}x\mathrm{d}y\\&=-4\iint_{D_{xy}}x^2\mathrm{d}x\mathrm{d}y+\iint_{D_{xy}}(x^2+y^2)\mathrm{d}x\mathrm{d}y\left(\text{注：}-\iint_{D_{xy}}2x(x^2+y^2)\mathrm{d}x\mathrm{d}y=0\right)\\&=-2\iint_{D_{xy}}(x^2+y^2)\mathrm{d}x\mathrm{d}y+\iint_{D_{xy}}(x^2+y^2)\mathrm{d}x\mathrm{d}y\\&=-\iint_{D_{xy}}(x^2+y^2)\mathrm{d}x\mathrm{d}y=-\int_0^{2\pi}\mathrm{d}\theta\int_0^1 r^2 r\mathrm{d}r=-\frac{\pi}{2}.\end{aligned}$$

习题 10.3

1. 当 S 是 xOy 面内的一个闭区域时，曲面积分 $\iint_S f(x,y,z)\mathrm{d}S$ 与二重积分有什么关系？

2. 计算下列曲面积分

(1) $\iint_S (x+y+z)\mathrm{d}S$，其中 S 为球面 $x^2+y^2+z^2=a^2$ 上 $z\geqslant h\ (0<h<a)$ 的部分；

(2) $\iint_S |xyz|\mathrm{d}S$，其中 S 为 $x^2+y^2=z^2$ 被平面 $z=1$ 所割得部分；

(3) $\iint_S \frac{\mathrm{d}S}{(1+x+y)^2}$，其中 S 为闭区域 $x+y+z\leqslant 1$，$x\geqslant 0$，$y\geqslant 0$，$z\geqslant 0$ 的边界；

(4) $\iint_S (x^2+y^2)\mathrm{d}S$，其中 S 为立体 $\sqrt{x^2+y^2}\leqslant z\leqslant 1$ 的边界；

(5) $\iint_S \frac{\mathrm{d}S}{x^2+y^2+z^2}$，其中 S 是介于 $z=0$ 和 $z=h$ 之间的圆柱面 $x^2+y^2=R^2$.

3. 求面密度为 $\mu(x,y,z)=\sqrt{x^2+y^2}$ 的圆锥面 $z=1-\sqrt{x^2+y^2}\ (0\leqslant z\leqslant 1)$ 的质量.

4. 当 Σ 是 xOy 面内的一个闭区域时，曲面积分 $\iint_{\Sigma} R(x,y,z)\mathrm{d}x\mathrm{d}y$ 与二重积分有什么关系？

5. 计算下列对坐标的曲面积分

(1) $\iint\limits_{\Sigma} xyz\mathrm{d}x\mathrm{d}y$，其中 Σ 是球面 $x^2+y^2+z^2=1$ 的外侧在 $x\geqslant 0$ 和 $y\geqslant 0$ 的部分；

(2) $\iint\limits_{\Sigma} x\mathrm{d}y\mathrm{d}z+y\mathrm{d}x\mathrm{d}z+z\mathrm{d}x\mathrm{d}y$，其中 Σ 为 $x^2+y^2+z^2=a^2$，$z\geqslant 0$ 的上侧；

(3) $\iint\limits_{\Sigma}(z^2+x)\mathrm{d}y\mathrm{d}z-z\mathrm{d}x\mathrm{d}y$，其中 Σ 是 $z=\dfrac{1}{2}(x^2+y^2)$ 介于 $z=0$ 和 $z=2$ 之间部分的下侧；

(4) $\oiint\limits_{\Sigma} x(y-z)\mathrm{d}y\mathrm{d}z+(z-x)\mathrm{d}z\mathrm{d}x+(x-y)\mathrm{d}x\mathrm{d}y$，其中 Σ 为 $z^2=x^2+y^2$ 与 $z=h$ 围成($h>0$)，取外侧；

(5) $\oiint\limits_{\Sigma}\dfrac{1}{x}\mathrm{d}y\mathrm{d}z+\dfrac{1}{y}\mathrm{d}x\mathrm{d}z+\dfrac{1}{z}\mathrm{d}x\mathrm{d}y$，其中 Σ 为球面 $x^2+y^2+z^2=a^2$ 的外侧.

10.4　高斯公式　通量与散度*

一、高斯公式

格林公式表达了平面闭区域上的二重积分与其边界曲线上的曲线积分之间的关系，而高斯 (Gauss) 公式表达了空间闭区域上的三重积分与其边界曲面上的曲面积分之间的关系，这个关系可陈述如下：

定理 1　设空间区域 Ω 是由分片光滑的闭曲面 Σ 围成，函数 $P(x, y, z)$、$Q(x, y, z)$、$R(x, y, z)$ 在 Ω 上具有一阶连续的偏导数，则

$$\iiint\limits_{\Omega}(\frac{\partial P}{\partial x}+\frac{\partial Q}{\partial y}+\frac{\partial R}{\partial z})\mathrm{d}v=\oiint\limits_{\Sigma}P\mathrm{d}y\mathrm{d}z+Q\mathrm{d}z\mathrm{d}x+R\mathrm{d}x\mathrm{d}y \tag{10.7}$$

或

$$\iiint\limits_{\Omega}\left(\frac{\partial P}{\partial x}+\frac{\partial Q}{\partial y}+\frac{\partial R}{\partial z}\right)\mathrm{d}v=\oiint\limits_{\Sigma}(P\cos\alpha+Q\cos\beta+R\cos\gamma)\mathrm{d}S, \tag{10.7$'$}$$

其中，Σ 是 Ω 的整个边界曲面的外侧，$\cos\alpha$、$\cos\beta$、$\cos\gamma$ 是 Σ 上点 (x, y, z) 处的法向量的方向余弦，(10.7) 和 (10.7$'$) 称为**高斯公式**.

证　设 Ω 在 xOy 面上的投影区域为 D_{xy}，假定穿过 Ω 内部且平行于 z 轴的直线与 Ω 的边界曲面 Σ 的交点恰好两个. 这样，可设 Σ 由 Σ_1、Σ_2 和 Σ_3 三部分组成（图 10.31），Σ_1：$z=z_1(x, y)$ 取下侧，Σ_2：$z=z_2(x, y)$ 取上侧，且 $z_1(x, y)\leqslant z_2(x, y)$，$\Sigma_3$ 是以 D_{xy} 的边界曲线为准线，母线平行于 z 轴的柱面的一部分，取外侧.

由三重积分的计算法知

$$\iiint\limits_{\Omega}\frac{\partial R}{\partial z}\mathrm{d}v=\iint\limits_{D_{xy}}\left\{\int_{z_1(x, y)}^{z_2(x, y)}\frac{\partial R}{\partial z}\mathrm{d}z\right\}\mathrm{d}x\mathrm{d}y=\iint\limits_{D_{xy}}\{R[x, y, z_2(x, y)]-R[x, y, z_1(x, y)]\}\mathrm{d}x\mathrm{d}y.$$

由曲面积分的计算法知

$$\iint\limits_{\Sigma_1}R(x, y, z)\mathrm{d}x\mathrm{d}y=-\iint\limits_{D_{xy}}R[x, y, z_1(x, y)]\mathrm{d}x\mathrm{d}y,$$

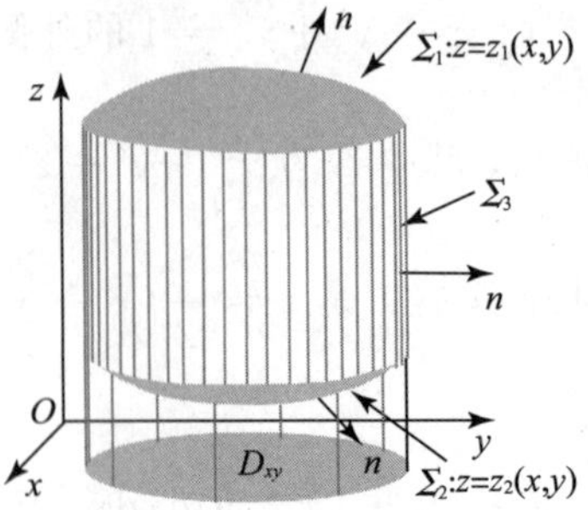

图 10.31

$$\iint_{\Sigma_2} R(x, y, z)\mathrm{d}x\mathrm{d}y = \iint_{D_{xy}} R[x, y, z_2(x, y)]\mathrm{d}x\mathrm{d}y,$$

由于 Σ_3 上任意一块曲面在 xOy 面上的投影为零，所以

$$\iint_{\Sigma_3} R(x, y, z)\mathrm{d}x\mathrm{d}y = 0.$$

以上三式相加，得

$$\iint_{\Sigma} R(x, y, z)\mathrm{d}x\mathrm{d}y = \iint_{D_{xy}} \{R[x, y, z_2(x, y)] - R[x, y, z_1(x, y)]\}\mathrm{d}x\mathrm{d}y,$$

所以

$$\iiint_{\Omega} \frac{\partial R}{\partial x}\mathrm{d}v = \iint_{\Sigma} R(x, y, z)\mathrm{d}x\mathrm{d}y. \tag{10.8}$$

类似地，若穿过 Ω 内部且平行于 x 轴的直线及平行于 y 轴的直线与 Ω 的边界曲面 Σ 的交点也都恰好有两个，则

$$\iiint_{\Omega} \frac{\partial P}{\partial x}\mathrm{d}v = \iint_{\Sigma} P(x, y, z)\mathrm{d}y\mathrm{d}z, \tag{10.9}$$

$$\iiint_{\Omega} \frac{\partial Q}{\partial y}\mathrm{d}v = \iint_{\Sigma} Q(x, y, z)\mathrm{d}z\mathrm{d}x. \tag{10.10}$$

把（10.8）、（10.9）和（10.10）式两端分别相加，即可证得高斯公式.

若 Ω 不满足定理中的条件，可引进几张辅助曲面，将 Ω 分为几个有限闭区域，使每个小区域满足所给条件，并注意到沿辅助曲面两侧的曲面积分其绝对值相等，符号相反，相加时正好抵消.

注意：高斯公式的主要作用是将封闭曲面积分化为三重积分.

例 1 计算 $I = \oiint_{\Sigma} x(y-z)\mathrm{d}y\mathrm{d}z + (z-x)\mathrm{d}z\mathrm{d}x + (x-y)\mathrm{d}x\mathrm{d}y$，其中，$\Sigma$ 是 $z^2 = x^2 + y^2$ 与 $z = h > 0$ 围成表面的外侧.

解 令 $P = x(y-z)$，$Q = z-x$，$R = x-y$，则 $\dfrac{\partial P}{\partial x} + \dfrac{\partial Q}{\partial y} + \dfrac{\partial R}{\partial z} = y - z$，

所以 $$I = \iiint_{\Omega} (y-z)\mathrm{d}v = \int_0^{2\pi}\mathrm{d}\theta\int_0^h r\mathrm{d}r\int_r^h (r\sin\theta - z)\mathrm{d}z = -\frac{\pi h^4}{4}.$$

例 2　计算 $I=\iint\limits_{\Sigma}x\,\mathrm{d}y\mathrm{d}z+y\,\mathrm{d}x\mathrm{d}z+z\,\mathrm{d}x\mathrm{d}y$，其中 Σ 是 $x^2+y^2+z^2=a^2$，$z\geqslant 0$ 的上侧.

解　添加曲面 Σ_1：$\begin{cases}x^2+y^2\leqslant a^2\\ z=0\end{cases}$，与 Σ 构成封闭曲面.

令 $P=x$，$Q=y$，$R=z$，则 $\dfrac{\partial P}{\partial x}+\dfrac{\partial Q}{\partial y}+\dfrac{\partial R}{\partial z}=3$，所以

$$\oiint\limits_{\Sigma_1+\Sigma}x\,\mathrm{d}y\mathrm{d}z+y\,\mathrm{d}x\mathrm{d}z+z\,\mathrm{d}x\mathrm{d}y=\iiint\limits_{\Omega}3\mathrm{d}V=3\cdot\frac{2}{3}\pi a^3=2\pi a^3,$$

而

$$\iint\limits_{\Sigma_1}x\,\mathrm{d}y\mathrm{d}z+y\,\mathrm{d}x\mathrm{d}z+z\,\mathrm{d}x\mathrm{d}y=\iint\limits_{\Sigma}z\,\mathrm{d}x\mathrm{d}y=0,$$

所以

$$I=2\pi a^3.$$

二、通量与散度*

设稳定流动的不可压缩流体(假设密度为 1) 的速度场为

$$\boldsymbol{v}(x,y,z)=P(x,y,z)\boldsymbol{i}+Q(x,y,z)\boldsymbol{j}+R(x,y,z)\boldsymbol{k},$$

Σ 为速度场中的一片有向曲面，函数 $P(x,y,z)$、$Q(x,y,z)$、$R(x,y,z)$ 都在 Σ 上具有一阶连续偏导数，$\boldsymbol{n}=(\cos\alpha,\cos\beta,\cos\gamma)$ 是 Σ 上点 (x,y,z) 处的单位法向量，则单位时间内流体流向指定侧的流量为

$$\begin{aligned}\Phi&=\iint\limits_{\Sigma}P\,\mathrm{d}y\mathrm{d}z+Q\mathrm{d}x\mathrm{d}z+R\mathrm{d}x\mathrm{d}y=\iint\limits_{\Sigma}(P\cos\alpha+Q\cos\beta+R\cos\gamma)\mathrm{d}S\\&=\iint\limits_{\Sigma}\boldsymbol{v}\cdot\boldsymbol{n}\mathrm{d}S=\iint\limits_{\Sigma}\boldsymbol{v}_n\mathrm{d}S,\end{aligned}$$

其中，$\boldsymbol{v}_n=P\cos\alpha+Q\cos\beta+R\cos\gamma=\boldsymbol{v}\cdot\boldsymbol{n}$ 为 $\boldsymbol{v}$ 在 $\boldsymbol{n}$ 上的投影.

当 Σ 为封闭曲面的外侧时，高斯公式

$$\iiint\limits_{\Omega}\left(\frac{\partial P}{\partial x}+\frac{\partial Q}{\partial y}+\frac{\partial R}{\partial z}\right)\mathrm{d}v=\oiint\limits_{\Sigma}P\,\mathrm{d}y\mathrm{d}z+Q\mathrm{d}z\mathrm{d}x+R\mathrm{d}x\mathrm{d}y$$

的右端表示单位时间内离开闭区域 Ω 的流体的总质量．由于流体是稳定且不可压缩的，因此在离开 Ω 的同时，Ω 的内部必须有产生流体的“源头”产生同样多的流体来进行补充．所以高斯公式左端可解释为：分布在 Ω 内的“源头”在单位时间内所产生的流体的总质量.

由于高斯公式可简写为

$$\iiint\limits_{\Omega}\left(\frac{\partial P}{\partial x}+\frac{\partial Q}{\partial y}+\frac{\partial R}{\partial z}\right)\mathrm{d}v=\iint\limits_{\Sigma}\boldsymbol{v}_n\mathrm{d}S,$$

从而有

$$\frac{1}{V}\iiint\limits_{\Omega}\left(\frac{\partial P}{\partial x}+\frac{\partial Q}{\partial y}+\frac{\partial R}{\partial z}\right)\mathrm{d}v=\frac{1}{V}\iint\limits_{\Sigma}\boldsymbol{v}_n\mathrm{d}S\ (V\text{ 为 }\Omega\text{ 的体积}).$$

左端为：分布在 Ω 内的“源头”在单位时间单位体积内所产生的流体质量的平均值.

由积分中值定理有

$$\left(\frac{\partial P}{\partial x}+\frac{\partial Q}{\partial y}+\frac{\partial R}{\partial z}\right)\bigg|_{(\xi,\eta,\zeta)}=\frac{1}{V}\iint\limits_{\Sigma}\boldsymbol{v}_n\mathrm{d}S=\frac{1}{V},\ (\xi,\eta,\zeta)\in\Omega.$$

令 $\Omega \to M(x, y, z)$，则有

$$\frac{\partial P}{\partial x}+\frac{\partial Q}{\partial y}+\frac{\partial R}{\partial z}=\lim_{\Omega \to M}\frac{1}{V}\iint_{\Sigma} v_n \mathrm{d}S.$$

称$\frac{\partial P}{\partial x}+\frac{\partial Q}{\partial y}+\frac{\partial R}{\partial z}$为 $\boldsymbol{v}$ 在点 M 处的散度，记为 $\mathrm{div}\boldsymbol{v}$，即

$$\mathrm{div}\boldsymbol{v}=\frac{\partial P}{\partial x}+\frac{\partial Q}{\partial y}+\frac{\partial R}{\partial z}.$$

$\mathrm{div}\boldsymbol{v}$ 表示在单位时间单位体积内所产生的流体质量 —— 源头强度. 如果 $\mathrm{div}\boldsymbol{v}$ 为负，则表示点 M 处流体在消失.

定义 1 设有向量场

$$\boldsymbol{A}(x, y, z)=P(x, y, z)\boldsymbol{i}+Q(x, y, z)\boldsymbol{j}+R(x, y, z)\boldsymbol{k},$$

其中函数 P，Q，R 均具有一阶连续偏导数，Σ 为场内的一片有向曲面，$\boldsymbol{n}$ 为 Σ 上点 (x, y, z) 处的单位法向量，则

$$\oint\!\!\!\oint_{\Sigma} \boldsymbol{A}\cdot\boldsymbol{n}\mathrm{d}S$$

称为向量场 $\boldsymbol{A}$ 通过曲面 Σ 向着指定侧的**通量**（或**流量**），而$\frac{\partial P}{\partial x}+\frac{\partial Q}{\partial y}+\frac{\partial R}{\partial z}$叫做向量场 $\boldsymbol{A}$ 的**散度**，即

$$\mathrm{div}\boldsymbol{A}=\frac{\partial P}{\partial x}+\frac{\partial Q}{\partial y}+\frac{\partial R}{\partial z}.$$

利用向量场的通量和散度，高斯公式可以写成下面的向量形式

$$\iiint_{\Omega} \mathrm{div}\boldsymbol{A}\mathrm{d}v=\oint\!\!\!\oint_{\Sigma} A_n \mathrm{d}S, \tag{10.11}$$

其中，Σ 为 Ω 的边界曲面，$A_n=\boldsymbol{A}\cdot\boldsymbol{n}=P\cos\alpha+Q\cos\beta+R\cos\gamma$ 是向量 $\boldsymbol{A}$ 在曲面 Σ 的外侧法向量 $\boldsymbol{n}$ 上的投影.

高斯公式 (10.11) 表明，向量场 $\boldsymbol{A}$ 通过闭曲面 Σ 流向外侧的通量等于向量场 $\boldsymbol{A}$ 的散度在闭曲面 Σ 所围闭区域 Ω 上的积分.

例 3 求 $\boldsymbol{A}=\mathrm{e}^{xy}\boldsymbol{i}+\cos(xy)\boldsymbol{j}+\cos(xz^2)\boldsymbol{k}$ 的散度.

解 $\mathrm{div}\boldsymbol{A}=y\mathrm{e}^{xy}-x\sin(xy)-2xz\sin(xz^2)$.

习题 10.4

1. 利用高斯公式计算曲面积分.

(1) $\oint\!\!\!\oint_{\Sigma} x^2\mathrm{d}y\mathrm{d}z+y^2\mathrm{d}x\mathrm{d}z+z^2\mathrm{d}x\mathrm{d}y$，其中 Σ 为平面 $x=0$，$y=0$，$z=0$，$x=a$，$y=a$，$z=a\ (a>0)$ 所围成的立体的表面的外侧；

(2) $\oint\!\!\!\oint_{\Sigma} (y^2-x)\mathrm{d}y\mathrm{d}z+(z^2-y)\mathrm{d}x\mathrm{d}z+(x^2-z)\mathrm{d}x\mathrm{d}y$，其中 Σ 为曲面 $z=2-x^2-y^2$ 与平面 $z=0$ 所围立体的表面外侧；

(3) $\iint\limits_{\Sigma}(x^2\cos\alpha+y^2\cos\beta+z^2\cos\gamma)\mathrm{d}S$，其中 Σ 为锥面 $z^2=x^2+y^2$ 介于 $z=0$ 和 $z=h$ $(h>0)$ 之间的部分的下侧，$\cos\alpha$、$\cos\beta$、$\cos\gamma$ 是 Σ 上点 (x, y, z) 处的单位法向量的方向余弦；

(4) $\iint\limits_{\Sigma}2zx\,\mathrm{d}y\mathrm{d}z-2y\mathrm{d}z\mathrm{d}x+(5z-z^2)\mathrm{d}x\mathrm{d}y$，其中 Σ 为曲线 $\begin{cases}z=\mathrm{e}^y\\x=0\end{cases}$ $(1\leqslant y\leqslant 2)$ 绕 z 轴旋转一周所成曲面的外侧.

2. 设函数 $u(x, y, z)$ 和 $v(x, y, z)$ 在闭区域 Ω 上具有一阶和二阶连续偏导数，证明

$$\iiint\limits_{\Omega}u\Delta v\mathrm{d}x\mathrm{d}y\mathrm{d}z=\oiint\limits_{\Sigma}u\frac{\partial v}{\partial n}\mathrm{d}S-\iiint\limits_{\Omega}\left(\frac{\partial u}{\partial x}\frac{\partial v}{\partial x}+\frac{\partial u}{\partial y}\frac{\partial v}{\partial y}+\frac{\partial u}{\partial z}\frac{\partial v}{\partial z}\right)\mathrm{d}x\mathrm{d}y\mathrm{d}z,$$

其中，Σ 是闭区域 Ω 的整个边界曲面，$\frac{\partial v}{\partial n}$ 为函数 $v(x, y, z)$ 沿 Σ 的外法线方向的方向导数，符号 $\Delta=\frac{\partial^2}{\partial x^2}+\frac{\partial^2}{\partial y^2}+\frac{\partial^2}{\partial z^2}$ 称为**拉普拉斯 (Laplace) 算子**. 此公式称为**格林 (Green) 第一公式**.

3. 设 Σ 为光滑封闭曲面，$\boldsymbol{n}$ 是 Σ 的外法线向量，$\boldsymbol{l}$ 为一固定向量，θ 为 $\boldsymbol{n}$ 与 $\boldsymbol{l}$ 的夹角，证明 $\oiint\limits_{\Sigma}\cos\theta\mathrm{d}S=0$.

4. 求下列向量 $\boldsymbol{A}$ 穿过曲面 Σ 流向指定侧的通量.

(1) $\boldsymbol{A}=z\boldsymbol{i}+y\boldsymbol{j}-x\boldsymbol{k}$，$\Sigma$ 为平面 $2x+3y+z=6$，$x=0$，$y=0$，$z=0$ 所围成立体的表面，流向外侧；

(2) $\boldsymbol{A}=yz\boldsymbol{i}+xz\boldsymbol{j}+xy\boldsymbol{k}$，$\Sigma$ 为圆柱 $x^2+y^2\leqslant a^2(0\leqslant z\leqslant h)$ 的全表面，流向外侧.

5. 求下列向量场的散度.

(1) $\boldsymbol{A}=(x^2+yz)\boldsymbol{i}+(y^2+xz)\boldsymbol{j}+(z^2+xy)\boldsymbol{k}$；

(2) $\boldsymbol{A}=x\mathrm{e}^y\boldsymbol{i}-z\mathrm{e}^{-y}\boldsymbol{j}+y\ln z\boldsymbol{k}$.

10.5　斯托克斯公式　环流量与旋度*

一、斯托克斯公式

斯托克斯 (Stokes) 公式是格林公式的推广. 格林公式表达了平面闭区域上的二重积分与其边界曲线上的曲线积分间的关系，而斯托克斯公式表达了曲面 Σ 上的曲面积分与沿着 Σ 的边界曲线的曲线积分间的关系.

当右手除拇指外的四指依有向曲面 Σ 的边界曲线 Γ 的绕行方向时，拇指所指的方向与 Σ 上法向量的指向相同，则称 Γ 为**有向曲面 Σ 的正向边界曲线**. 这一法则称为**右手法则**.

定理 1　设 Γ 为分段光滑的空间有向闭曲线，Σ 是以 Γ 为边界的分片光滑的有向曲面，Γ 的正向与 Σ 的侧符合右手规则，函数 P, Q, R 在包含曲面 Σ 在内的一个空间区域内具有一阶连续偏导数，则有

$$\iint\limits_{\Sigma}\left(\frac{\partial R}{\partial y}-\frac{\partial Q}{\partial z}\right)\mathrm{d}y\mathrm{d}z+\left(\frac{\partial P}{\partial z}-\frac{\partial R}{\partial x}\right)\mathrm{d}z\mathrm{d}x+\left(\frac{\partial Q}{\partial x}-\frac{\partial P}{\partial y}\right)\mathrm{d}x\mathrm{d}y=\oint_{\Gamma}P\mathrm{d}x+Q\mathrm{d}y+R\mathrm{d}z.$$

上式称为**斯托克斯公式**.

证　设光滑曲面 Σ 与平行于 z 轴的直线相交不多于一点，并设 Σ 为曲面 $z=f(x,y)$ 的上侧，Σ 的正向边界曲线 Γ 在 xOy 面上的投影为平面有向曲线 C，C 所围成的闭区域为 D_{xy}（图10.32）.

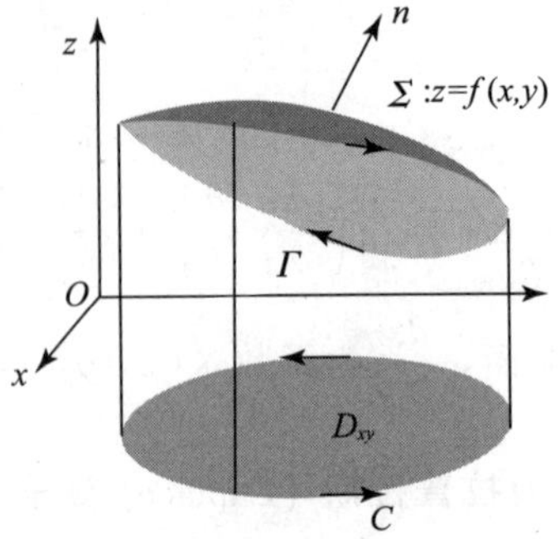

图 10.32

由于有向曲面 Σ 的单位法向量为

$$\boldsymbol{n}=\left(\frac{-f_x'}{\sqrt{1+f_x'^2+f_y'^2}},\ \frac{-f_y'}{\sqrt{1+f_x'^2+f_y'^2}},\ \frac{1}{\sqrt{1+f_x'^2+f_y'^2}}\right)=(\cos\alpha,\ \cos\beta,\ \cos\gamma),$$

所以

$$\cos\alpha=-f_x'\cos\gamma,\ \cos\beta=-f_y'\cos\gamma,$$

又由于

$$\oint_\Gamma P(x,y,z)\mathrm{d}x=\oint_C P[x,y,f(x,y)]\mathrm{d}x,$$

由格林公式知

$$\begin{aligned}\oint_C P[x,y,f(x,y)]\mathrm{d}x&=-\iint_{D_{xy}}\frac{\partial}{\partial y}P[x,y,f(x,y)]\mathrm{d}\sigma\\&=-\iint_{D_{xy}}\left[\frac{\partial P}{\partial y}+\frac{\partial P}{\partial z}\cdot\frac{\partial f}{\partial y}\right]\mathrm{d}x\mathrm{d}y\\&=-\iint_\Sigma\left[\frac{\partial P}{\partial y}+\frac{\partial P}{\partial z}\cdot\frac{\partial f}{\partial y}\right]\cos\gamma\mathrm{d}S\\&=-\iint_\Sigma\left[\frac{\partial P}{\partial y}\cos\gamma+\frac{\partial P}{\partial z}\left(-\frac{\cos\beta}{\cos\gamma}\right)\cos\gamma\right]\mathrm{d}S\\&=\iint_\Sigma\left[\frac{\partial P}{\partial z}\cos\beta-\frac{\partial P}{\partial y}\cos\gamma\right]\mathrm{d}S\\&=\iint_\Sigma\frac{\partial P}{\partial z}\mathrm{d}z\mathrm{d}x-\frac{\partial P}{\partial y}\mathrm{d}x\mathrm{d}y,\end{aligned}$$

所以

$$\oint_\Gamma P(x,y,z)\mathrm{d}x=\iint_\Sigma\frac{\partial P}{\partial z}\mathrm{d}z\mathrm{d}x-\frac{\partial P}{\partial y}\mathrm{d}x\mathrm{d}y.$$

同理，有

$$\oint_\Gamma Q(x,y,z)\mathrm{d}y=\iint_\Sigma\frac{\partial Q}{\partial x}\mathrm{d}x\mathrm{d}y-\frac{\partial Q}{\partial z}\mathrm{d}y\mathrm{d}z,$$

$$\oint_\Gamma R(x,y,z)\mathrm{d}z=\iint_\Sigma\frac{\partial R}{\partial y}\mathrm{d}y\mathrm{d}z-\frac{\partial R}{\partial x}\mathrm{d}z\mathrm{d}x.$$

以上三式相加，即得证斯克托斯公式.

若 Σ 取下侧，由于 Γ 相应改变方向，公式两边同时改变方向，从而公式仍成立.

当曲面 Σ 与 z 轴的平行线的交点不止一个时，可用辅助曲线将其分为几个部分，然后利用公式并相加，且注意到沿辅助线上方向相反的两个曲线积分相加为零，所以斯托克斯公式仍然成立.

为了便于记忆，利用行列式符号可把斯托克斯公式写成

$$\iint_{\Sigma}\begin{vmatrix} dydz & dzdx & dxdy \\ \dfrac{\partial}{\partial x} & \dfrac{\partial}{\partial y} & \dfrac{\partial}{\partial z} \\ P & Q & R \end{vmatrix}=\oint_{\Gamma}P\,dx+Q\,dy+R\,dz,$$

把其中的行列式按第一行展开，并把 $\dfrac{\partial}{\partial y}$ 与 R 的"积"理解为 $\dfrac{\partial R}{\partial y}$ 等等，于是这个行列式就"等于"

$$\left(\frac{\partial R}{\partial y}-\frac{\partial Q}{\partial z}\right)dydz+\left(\frac{\partial P}{\partial z}-\frac{\partial R}{\partial x}\right)dzdx+\left(\frac{\partial Q}{\partial x}-\frac{\partial P}{\partial y}\right)dxdy.$$

这恰好是斯托克斯公式左端的被积表达式.

利用两类曲面积分间的联系，可得斯托克斯公式的另一形式

$$\iint_{\Sigma}\begin{vmatrix} \cos\alpha & \cos\beta & \cos\gamma \\ \dfrac{\partial}{\partial x} & \dfrac{\partial}{\partial y} & \dfrac{\partial}{\partial z} \\ P & Q & R \end{vmatrix}dS=\oint_{\Gamma}P\,dx+Q\,dy+R\,dz,$$

其中，$\boldsymbol{n}=(\cos\alpha,\cos\beta,\cos\gamma)$ 为有向曲面 Σ 在点 (x,y,z) 处的单位法向量.

若 Σ 是 xOy 面上的一块平面闭区域，则斯托克斯公式变为格林公式，即格林公式是斯托克斯公式的一种特殊情形.

例 1 计算 $I=\oint_{\Gamma}y^2dx+z^2dy+x^2dz$，其中 Γ 是球面 $x^2+y^2+z^2=a^2$ 与柱面 $x^2+y^2=ax$ $(a>0,z>0)$ 的交线，从 x 轴的正向看去为逆时针方向（图 10.33）.

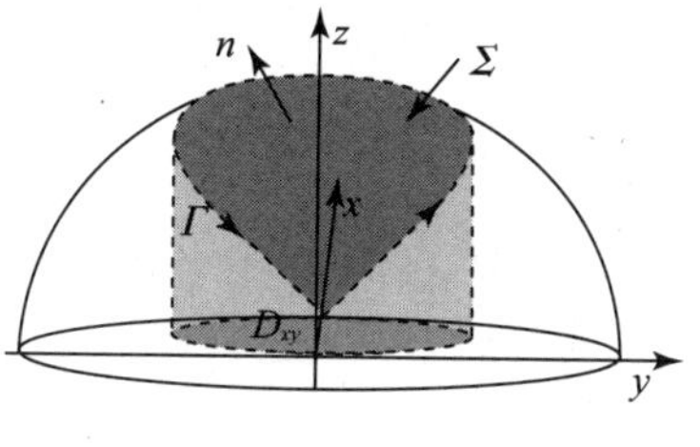

图 10.33

解 由于 $\boldsymbol{n}=(2x,2y,2z)$，所以

$$\cos\alpha=\frac{x}{a},\ \cos\beta=\frac{y}{a},\ \cos\gamma=\frac{z}{a},$$

$$I=\iint_{\Sigma}\begin{vmatrix} \cos\alpha & \cos\beta & \cos\gamma \\ \dfrac{\partial}{\partial x} & \dfrac{\partial}{\partial y} & \dfrac{\partial}{\partial z} \\ y^2 & z^2 & x^2 \end{vmatrix}dS$$

$$= \iint_{\Sigma} [(-2z)\cos\alpha + (-2x)\cos\beta + (-2y)\cos\gamma] dS$$

$$= -\frac{2}{a}\iint_{\Sigma}(xz + xy + yz)dS = -\frac{2}{a}\iint_{\Sigma} xz\, dS$$

$$= -\frac{2}{a}\iint_{D_{xy}} x\sqrt{a^2 - x^2 - y^2} \cdot \frac{a}{\sqrt{a^2 - x^2 - y^2}} dx dy$$

$$= -2\iint_{D_{xy}} x\, dx dy = -4\int_0^{\frac{\pi}{2}} d\theta \int_0^{a\cos\theta} r\cos\theta r\, dr$$

$$= -\frac{4a^3}{3}\int_0^{\frac{\pi}{2}} \cos^4\theta d\theta = -\frac{\pi a^3}{4}.$$

二、环流量与旋度*

设有向曲面 Σ 在点 (x, y, z) 处的单位法向量为 $\boldsymbol{n} = \cos\alpha \boldsymbol{i} + \cos\beta \boldsymbol{j} + \cos\gamma \boldsymbol{k}$，而 Σ 的正向边界曲线 Γ 在点 (x, y, z) 处的单位切向量为 $\boldsymbol{\tau} = \cos\lambda \boldsymbol{i} + \cos\mu \boldsymbol{j} + \cos\nu \boldsymbol{k}$，注意到弧元素公式及曲面面积及其投影公式

$$dx = \cos\lambda dS,\ dy = \cos\mu dS,\ dz = \cos\nu dS,$$
$$dydz = \cos\alpha dS,\ dzdx = \cos\beta dS,\ dxdy = \cos\gamma dS,$$

则斯托克斯公式可改写为

$$\iint_{\Sigma}\left[\left(\frac{\partial R}{\partial y} - \frac{\partial Q}{\partial z}\right)\cos\alpha + \left(\frac{\partial P}{\partial z} - \frac{\partial R}{\partial x}\right)\cos\beta + \left(\frac{\partial Q}{\partial x} - \frac{\partial P}{\partial y}\right)\cos\gamma\right]dS$$
$$= \oint_{\Gamma}[P\cos\lambda + Q\cos\mu + R\cos\nu]dS.$$

设有向量场 $\boldsymbol{A}(x, y, z) = P(x, y, z)\boldsymbol{i} + Q(x, y, z)\boldsymbol{j} + R(x, y, z)\boldsymbol{k}$，则向量

$$\left\{\left(\frac{\partial R}{\partial y} - \frac{\partial Q}{\partial z}\right), \left(\frac{\partial P}{\partial z} - \frac{\partial R}{\partial x}\right), \left(\frac{\partial Q}{\partial x} - \frac{\partial P}{\partial y}\right)\right\}$$

称为向量场 $\boldsymbol{A}$ 的旋度，记作 $\mathrm{rot}\boldsymbol{A}$，即

$$\mathrm{rot}\boldsymbol{A} = \begin{vmatrix} \boldsymbol{i} & \boldsymbol{j} & \boldsymbol{k} \\ \frac{\partial}{\partial x} & \frac{\partial}{\partial y} & \frac{\partial}{\partial z} \\ P & Q & R \end{vmatrix} = \left(\frac{\partial R}{\partial y} - \frac{\partial Q}{\partial z}\right)\boldsymbol{i} + \left(\frac{\partial P}{\partial z} - \frac{\partial R}{\partial x}\right)\boldsymbol{j} + \left(\frac{\partial Q}{\partial x} - \frac{\partial P}{\partial y}\right)\boldsymbol{k},$$

从而斯托克斯公式可用向量形式表示为

$$\iint_{\Sigma} \mathrm{rot}\boldsymbol{A} \cdot \boldsymbol{n} dS = \oint_{\Gamma} \boldsymbol{A} \cdot \boldsymbol{\tau} dS$$

或

$$\iint_{\Sigma} (\mathrm{rot}\boldsymbol{A})_n dS = \oint_{\Gamma} A_{\tau} dS,$$

其中

$$(\mathrm{rot}\boldsymbol{A})_n = \mathrm{rot}\boldsymbol{A} \cdot \boldsymbol{n} = \left(\frac{\partial R}{\partial y} - \frac{\partial Q}{\partial z}\right)\cos\alpha + \left(\frac{\partial P}{\partial z} - \frac{\partial R}{\partial x}\right)\cos\beta + \left(\frac{\partial Q}{\partial x} - \frac{\partial P}{\partial y}\right)\cos\gamma$$

为 $\mathrm{rot}\boldsymbol{A}$ 在 Σ 的法向量上的投影，而

$$A_\tau = \boldsymbol{A} \cdot \boldsymbol{\tau} = P\cos\lambda + Q\cos\mu + R\cos\nu$$

为向量场 $\boldsymbol{A}$ 在 Γ 的切向量上的投影.

沿有向闭曲线 Γ 的曲线积分

$$\oint_\Gamma P\,\mathrm{d}x + Q\mathrm{d}y + R\mathrm{d}z = \oint_\Gamma A_t\,\mathrm{d}S$$

称为向量场 $\boldsymbol{A}$ 沿有向闭曲线 Γ 的**环流量**.

因此，斯托克斯公式可表述为：向量场 $\boldsymbol{A}$ 沿有向闭曲线 $\boldsymbol{\Gamma}$ 的环流量等于场 $\boldsymbol{A}$ 的旋度通过 Γ 所张的曲面 Σ 上的通量．这里 Γ 的正向与 Σ 所取的侧符合右手法则.

例 2　求向量场 $\boldsymbol{A} = x^2\sin y\boldsymbol{i} + y^2\sin(xz)\boldsymbol{j} + xy\cos z\boldsymbol{k}$ 的旋度.

解　$$\mathrm{rot}\boldsymbol{A} = \begin{vmatrix} \boldsymbol{i} & \boldsymbol{j} & \boldsymbol{k} \\ \dfrac{\partial}{\partial x} & \dfrac{\partial}{\partial y} & \dfrac{\partial}{\partial z} \\ x^2\sin y & y^2\sin(xz) & xy\cos z \end{vmatrix}$$

$$= [x\cos z - xy^2\cos(xz)]\boldsymbol{i} - y\cos z\boldsymbol{j} + [y^2x\cos(xz) - x^2\cos y]\boldsymbol{k}.$$

习题 10.5

1. 利用斯托克斯公式，计算下列曲线积分.

(1) $\oint_\Gamma z\,\mathrm{d}x + x\mathrm{d}y + y\mathrm{d}z$，其中 Γ 为平面 $x + y + z = 1$ 被三个坐标面所截成的三角形的整个边界，它的方向与这个三角形上侧的法向量间符合右手规则；

(2) $\oint_\Gamma (y^2 - z^2)\mathrm{d}x + (z^2 - x^2)\mathrm{d}y + (x^2 - y^2)\mathrm{d}z$，其中 Γ 是平面 $x + y + z = \dfrac{3}{2}$ 截立方体 $0 < x, y, z < 1$ 所得的截痕，从 z 轴的正向看去为逆时针方向；

(3) $\oint_\Gamma 2y\mathrm{d}x + 3x\mathrm{d}y - z^2\mathrm{d}z$，其中 Γ 是圆周 $\begin{cases} x^2 + y^2 + z^2 = 9 \\ z = 0 \end{cases}$，从 z 轴的正向看去为逆时针方向.

2. 求向量场 $\boldsymbol{A}$ 的旋度.

(1) $\boldsymbol{A} = (2z - 3y)\boldsymbol{i} + (3x - z)\boldsymbol{j} + (y - 2x)\boldsymbol{k}$；

(2) $\boldsymbol{A} = (x^2 + yz)\boldsymbol{i} + (y^2 + xz)\boldsymbol{j} + (z^2 + xy)\boldsymbol{k}$.

3. 求下列向量场 $\boldsymbol{A}$ 沿闭曲线 Γ（从 z 轴的正向看去 Γ 为逆时针方向）的环流量.

(1) $\boldsymbol{A} = -y\boldsymbol{i} + x\boldsymbol{j} + c\boldsymbol{k}$（$c$ 为常数），Γ：$x^2 + y^2 = 1$，$z = 0$；

(2) $\boldsymbol{A} = (x - z)\boldsymbol{i} + (x^3 + yz)\boldsymbol{j} - 3xy^2\boldsymbol{k}$，$\Gamma$：$z = 2 - \sqrt{x^2 + y^2}$，$z = 0$.

总习题十

一、选择题

1. 设 L 为双曲线 $xy = 1$ 从点 $\left(\dfrac{1}{2}, 2\right)$ 到点 $(1, 1)$ 的一段弧，则 $\int_L y\mathrm{d}S = ($　　$)$

A. $\int_{2}^{1} y\sqrt{1+\frac{1}{y^4}}\mathrm{d}y$　　B. $\int_{1}^{2} y\sqrt{1+\frac{1}{y^4}}\mathrm{d}y$

C. $\int_{\frac{1}{2}}^{2} y\sqrt{1+\frac{1}{x^2}}\mathrm{d}x$　　D. $\int_{\frac{1}{2}}^{2}(-\frac{1}{x^3})\mathrm{d}x$

2. 设曲线 L 是从点 A（1，0）到点 B（−1，2）的直线段，则 $\int_L (x+y)\mathrm{d}S=$（　　）

A. $2\sqrt{2}$　　B. 0　　C. 2　　D. $\sqrt{2}$

3. 设 L 是直线 $2x+y=4$ 由点（0，4）到（2，0）的一段，则 $\int_L y\mathrm{d}x=$（　　）

A. $\int_{2}^{0}(4-2x)\mathrm{d}x$　　B. $\int_{0}^{2}(4-2x)\mathrm{d}x$

C. $\int_{4}^{0}(4-2x)\mathrm{d}x$　　D. $\int_{0}^{4} y\left(-\frac{1}{2}\right)\mathrm{d}y$

4. 设 L 是 D：$1\leqslant x\leqslant 2$，$2\leqslant y\leqslant 3$ 的正向边界，则 $\oint_L x\mathrm{d}y-2y\mathrm{d}x=$（　　）

A. 1　　B. 2　　C. 3　　D. 4

5. 设曲面 Σ 是上半球面：$x^2+y^2+z^2=R^2(z\geqslant 0)$，曲面 Σ_1 是曲面 Σ 在第一卦限中的部分，则有（　　）

A. $\iint_{\Sigma} x\mathrm{d}S=4\iint_{\Sigma_1} x\mathrm{d}S$　　B. $\iint_{\Sigma} y\mathrm{d}S=4\iint_{\Sigma_1} x\mathrm{d}S$

C. $\iint_{\Sigma} z\mathrm{d}S=4\iint_{\Sigma_1} x\mathrm{d}S$　　D. $\iint_{\Sigma} xyz\mathrm{d}S=4\iint_{\Sigma_1} xyz\mathrm{d}S$

二、解答题

1. 计算下列曲线积分

(1) $\int_L (y^2\sin x+x^2y^5)\mathrm{d}s$，其中曲线 L 为：$x^2+y^2=2$；

(2) $\oint_L xyz\mathrm{d}z$，其中 L 是用平面 $y=z$ 截球面 $x^2+y^2+z^2=1$ 所得的截痕，从 z 轴的正向看沿逆时针方向；

(3) $\oint_L \frac{\mathrm{d}x+\mathrm{d}y}{|x|+|y|}$，其中 L 是以点 A（1，0），B（0，1），$C(-1,0)$ 和 $D(0,-1)$ 为顶点的正方形的正向周界；

(4) $\oint_L -2x^3y\mathrm{d}x+x^2y^2\mathrm{d}y$，其中 L 为 $x^2+y^2\geqslant 1$ 与 $x^2+y^2\leqslant 2y$ 所围区域 D 的正向边界；

(5) $\int_L (2xy^3-y^3\cos x)\mathrm{d}x+(1-2y\sin x+3x^2y^2)\mathrm{d}y$，其中 L 为抛物线 $2x=\pi y^2$ 上的由点（0，0）到 $\left(\frac{\pi}{2},1\right)$ 的一段弧；

(6) $\oint_L (y-z)\mathrm{d}x+(z-x)\mathrm{d}y+(x-y)\mathrm{d}z$，其中 L 为柱面 $x^2+y^2=a^2$ 与平面 $\frac{x}{a}+\frac{z}{b}=$

$1(a>0, b>0)$ 的交线，从 z 轴正向看为逆时针方向.

2. 求一个二元函数 $\varphi(x, y)$，使得曲线积分 $I_1=\int_L 2xy\,\mathrm{d}x-\varphi(x, y)\mathrm{d}y$ 和 $I_2=\int_L \varphi(x, y)\mathrm{d}x+2xy\,\mathrm{d}y$ 都与积分路径无关，且 $\varphi(1, 0)=1$.

3. 计算下列曲面积分

(1) $\oiint\limits_{\Sigma}(ax+by+cz+d)^2\mathrm{d}S$，其中曲面 $\Sigma: x^2+y^2+z^2=R^2(R>0)$；

(2) $\iint\limits_{\Sigma} z\mathrm{d}S$，其中 Σ 为 $z=\sqrt{x^2+y^2}$ 在柱体 $x^2+y^2\leqslant 2x$ 内的部分；

(3) $\iint\limits_{\Sigma}(2x+z)\mathrm{d}y\mathrm{d}z+z\mathrm{d}x\mathrm{d}y$，其中 Σ：$z=x^2+y^2(0\leqslant z\leqslant 1)$，其法向量与 z 轴正向的夹角为锐角；

(4) $\oiint\limits_{\Sigma}\frac{1}{x}\mathrm{d}y\mathrm{d}z+\frac{1}{y}\mathrm{d}x\mathrm{d}z+\frac{1}{z}\mathrm{d}x\mathrm{d}y$，其中 Σ 为球面 $x^2+y^2+z^2=a^2$ 的外侧；

(5) $\oiint\limits_{\Sigma}\frac{\mathrm{e}^z\mathrm{d}x\mathrm{d}y}{\sqrt{x^2+y^2}}$，其中 Σ 为锥面 $z=\sqrt{x^2+y^2}$ 及平面 $z=1$，$z=2$ 所围的空间闭区域的整个边界曲面的外侧；

(6) $\iint\limits_{S}\frac{x\mathrm{d}y\mathrm{d}z+z^2\mathrm{d}x\mathrm{d}y}{x^2+y^2+z^2}$，其中 S 为柱面 $x^2+y^2=R^2$ 及平面 $z=R$，$z=-R(R>0)$ 所围立体表面的外侧.

4. 设 S 为椭球面 $\frac{x^2}{2}+\frac{y^2}{2}+z^2=1$ 的上半部分，点 $P(x, y, z)\in S$，π 为 S 在点 $P(x, y, z)$ 处的切平面，$\rho(x, y, z)$ 为点 $O(0, 0, 0)$ 到平面 π 的距离，求 $\iint\limits_{S}\frac{z}{\rho(x, y, z)}\mathrm{d}S$.

第十一章 无穷级数

无穷级数（简称级数）分为常数项级数和函数项级数，是高等数学的一个重要组成部分．常数项级数是函数项级数的基础，而函数项级数是表示函数（特别是表示非初等函数）的重要数学工具，也是研究函数性质的重要手段．它们在自然科学、工程技术和数学本身都有着广泛的应用．本章运用极限的方法，研究常数项级数和函数项级数的基本理论及其审敛法，进而讨论幂级数的敛散性，最后介绍在电子学等学科中有广泛应用的傅里叶级数．

11.1 常数项级数的概念与性质

一、常数项级数的概念

人们认识事物数量方面的特征，往往有一个由近似到精确的逼近过程．在这个认识过程中，常会遇到由有限个数量相加转到无限个数量相加的问题．

例如，我国古代重要典籍《庄子》一书中有“一尺之锤，日取其半，万世不竭”的说法．从数学的角度上看，这就是：$\frac{1}{2}+\frac{1}{4}+\frac{1}{8}+\cdots+\frac{1}{2^n}+\cdots=1$.

其前 n 项和$\frac{1}{2}+\frac{1}{4}+\frac{1}{8}+\cdots+\frac{1}{2^n}$是有限项相加，是 1 的近似值．当 n 越大，这个值越精确．当 $n\to\infty$ 时，和式中的项数无限增多，这就出现了“无穷和”的问题．“无穷和”是通过“有限项和”的极限来解决的．这个极限值就是无穷项和式的精确值．

定义 1 给定数列$\{u_n\}$，由该数列的各项所构成的表达式 $u_1+u_2+\cdots+u_n+\cdots$ 称为**常数项级数**，记为$\sum\limits_{n=1}^{\infty}u_n$，其中第 n 项 u_n 称为该级数的**通项**或**一般项**.

级数前 n 项之和称为该级数的**前 n 项部分和**.

$$s_n=u_1+u_2+\cdots+u_n$$

当 n 依次取 1，2，3，… 时，它们构成一个新的数列

$$s_1=u_1,\ s_2=u_1+u_2,\ \cdots,\ s_n=u_1+u_2+\cdots+u_n,\ \cdots.$$

这个数列$\{s_n\}$ 称为级数的**部分和数列**.

定义 2 若级数$\sum\limits_{n=1}^{\infty}u_n$ 的部分和数列$\{s_n\}$ 有极限 s，即

$$\lim_{n\to\infty}s_n=s,$$

则称无穷级数 $\sum_{n=1}^{\infty} u_n$ **收敛**. 这时极限 s 称为该级数的和，并写成

$$s = \sum_{n=1}^{\infty} u_n = u_1 + u_2 + \cdots + u_n + \cdots.$$

若数列 $\{s_n\}$ 没有极限，则称无穷级数 $\sum_{n=1}^{\infty} u_n$ **发散**.

显然，当级数 $\sum_{n=1}^{\infty} u_n$ 收敛时，其部分和 s_n 是级数 $\sum_{n=1}^{\infty} u_n$ 的和 s 的近似值，它们之间的差值

$$r_n = s - s_n = u_{n+1} + u_{n+2} + \cdots$$

称为级数 $\sum_{n=1}^{\infty} u_n$ 的**余项**. 用近似值 s_n 代替和 s 所产生的误差为 $|r_n|$.

注意： 级数 $\sum_{n=1}^{\infty} u_n$ 是否收敛，关键取决于其部分和数列 $\{s_n\}$ 当 $n \to \infty$ 时的极限是否存在. 因此，级数 $\sum_{n=1}^{\infty} u_n$ 与数列 $\{s_n\}$ 具有相同的敛散性.

例 1　讨论**几何级数**（又称**等比级数**）$\sum_{n=0}^{\infty} aq^n = a + aq + aq^2 + \cdots + aq^n + \cdots$ 的敛散性，其中 $a \neq 0$.

解　(1) 如果 $|q| = 1$，则当 $q = 1$ 时，$s_n = na$，$\lim_{n\to\infty} s_n = \lim_{n\to\infty} na = \infty$，因此级数 $\sum_{n=0}^{\infty} aq^n$ 发散；当 $q = -1$ 时，级数 $\sum_{n=0}^{\infty} aq^n$ 成为 $a - a + a - a + \cdots$，由于 s_n 随着 n 为奇数或偶数而等于 a 或零，所以 s_n 的极限不存在，从而这时级数 $\sum_{n=0}^{\infty} aq^n$ 也发散.

(2) 如果 $|q| \neq 1$，则部分和

$$s_n = a + aq + aq^2 + \cdots + aq^{n-1} = \frac{a - aq^n}{1-q} = \frac{a}{1-q} - \frac{aq^n}{1-q},$$

当 $|q| < 1$ 时，因为 $\lim_{n\to\infty} s_n = \frac{a}{1-q}$，所以此时级数 $\sum_{n=0}^{\infty} aq^n$ 收敛，其和为 $\frac{a}{1-q}$；

当 $|q| > 1$ 时，因为 $\lim_{n\to\infty} s_n = \infty$，所以此时级数 $\sum_{n=0}^{\infty} aq^n$ 发散；

综上所述，几何级数 $\sum_{n=0}^{\infty} aq^n$ 当 $|q| < 1$ 时收敛，其和为 $\frac{a}{1-q}$；当 $|q| \geq 1$ 时发散.

例 2　证明级数 $1 + 2 + 3 + \cdots + n + \cdots$ 是发散的.

证　此级数的部分和为

$$s_n = 1 + 2 + 3 + \cdots + n = \frac{n(n+1)}{2},$$

显然，$\lim_{n\to\infty} s_n = \infty$，因此该级数是发散的.

例 3　判别无穷级数 $\frac{1}{1\times 2} + \frac{1}{2\times 3} + \frac{1}{3\times 4} + \cdots + \frac{1}{n(n+1)} + \cdots$ 的敛散性.

解　由于

$$u_n=\frac{1}{n(n+1)}=\frac{1}{n}-\frac{1}{n+1},$$

因此

$$\begin{aligned}s_n&=\frac{1}{1\times 2}+\frac{1}{2\times 3}+\frac{1}{3\times 4}+\cdots+\frac{1}{n(n+1)}\\&=\left(1-\frac{1}{2}\right)+\left(\frac{1}{2}-\frac{1}{3}\right)+\cdots+\left(\frac{1}{n}-\frac{1}{n+1}\right)\\&=1-\frac{1}{n+1},\end{aligned}$$

从而$\lim\limits_{n\to\infty}s_n=\lim\limits_{n\to\infty}\left(1-\frac{1}{n+1}\right)=1$，所以该级数收敛，它的和是1.

二、常数项级数的性质

根据无穷级数收敛、发散以及和的概念，可以得出收敛级数的几个基本性质.

性质1 如果$\sum\limits_{n=1}^{\infty}u_n$收敛，和为$s$，则$\sum\limits_{n=1}^{\infty}ku_n$也收敛，且其和为$ks$（其中$k$为常数）.

证 设$\sum\limits_{n=1}^{\infty}u_n$与$\sum\limits_{n=1}^{\infty}ku_n$的部分和分别为$s_n$与$\sigma_n$，则

$$\begin{aligned}\lim_{n\to\infty}\sigma_n&=\lim_{n\to\infty}(ku_1+ku_2+\cdots+ku_n)\\&=k\lim_{n\to\infty}(u_1+u_2+\cdots u_n)=k\lim_{n\to\infty}s_n=ks.\end{aligned}$$

这表明级数$\sum\limits_{n=1}^{\infty}ku_n$收敛，且和为$ks$.

推论 如果$\sum\limits_{n=1}^{\infty}u_n$发散，则$\sum\limits_{n=1}^{\infty}ku_n$也发散（其中$k$为非零常数）.

由此可知，级数的每一项同乘一个不为零的常数后，其敛散性不变.

性质2 如果$\sum\limits_{n=1}^{\infty}u_n$与$\sum\limits_{n=1}^{\infty}v_n$都收敛，和分别为$s$与$\sigma$，则$\sum\limits_{n=1}^{\infty}(u_n\pm v_n)$也收敛，且其和为$s\pm\sigma$.

证 设级数$\sum\limits_{n=1}^{\infty}u_n$、$\sum\limits_{n=1}^{\infty}v_n$、$\sum\limits_{n=1}^{\infty}(u_n\pm v_n)$的部分和分别为$s_n$、$\sigma_n$、$\tau_n$，则

$$\begin{aligned}\lim_{n\to\infty}\tau_n&=\lim_{n\to\infty}[(u_1\pm v_1)+(u_2\pm v_2)+\cdots+(u_n\pm v_n)]\\&=\lim_{n\to\infty}[(u_1+u_2+\cdots+u_n)\pm(v_1+v_2+\cdots+v_n)]\\&=\lim_{n\to\infty}(s_n\pm\sigma_n)=s\pm\sigma.\end{aligned}$$

这表明级数$\sum\limits_{n=1}^{\infty}(u_n\pm v_n)$收敛，且和为$s\pm\sigma$.

性质2也说成：两个收敛级数可以逐项相加与逐项相减.

性质3 在级数$\sum\limits_{n=1}^{\infty}u_n$中去掉、加上或改变有限项，不会改变级数的敛散性.

证 这里只需证明“在级数的前面部分去掉或加上有限项，不会改变级数的敛散性”，因

为其他情形都可看成在级数的前面部分先去掉有限项，然后再加上有限项的结果.

设将级数

$$u_1+u_2+\cdots+u_k+u_{k+1}+\cdots+u_{k+n}+\cdots$$

的前 k 项去掉，则得级数

$$u_{k+1}+u_{k+2}+\cdots+u_{k+n}+\cdots.$$

于是新得级数的部分和为

$$\sigma_n=u_{k+1}+u_{k+2}+\cdots+u_{k+n}=s_{k+n}-s_k,$$

其中，s_{k+n} 是原级数的前 $k+n$ 项的和，s_k 是常数，故当 $n\to\infty$ 时，σ_n 与 s_{k+n} 要么都有极限，要么都没有极限.

类似地，可以证明在级数的前面加上有限项，不会改变级数的敛散性.

例如，级数 $\frac{1}{1\times2}+\frac{1}{2\times3}+\cdots+\frac{1}{n(n+1)}+\cdots$ 是收敛的，级数 $\frac{1}{3\times4}+\frac{1}{4\times5}+\cdots+\frac{1}{n(n+1)}+\cdots$ 也是收敛的，级数 $10000+\frac{1}{1\times2}+\frac{1}{2\times3}+\frac{1}{3\times4}+\cdots+\frac{1}{n(n+1)}+\cdots$ 也是收敛的.

性质 4　如果级数 $\sum_{n=1}^{\infty}u_n$ 收敛，则对该级数的项任意合并（即加上括号）后所成的级数 $(u_1+u_2+\cdots+u_{n_1})+(u_{n_1+1}+\cdots+u_{n_2})+\cdots(u_{n_{k-1}+1}+\cdots+u_{n_k})+\cdots$ 仍收敛，且其和不变.

证　设级数 $\sum_{n=1}^{\infty}u_n$ 的前 n 项部分和为 s_n，相应于新级数的前 k 项部分和 A_k，则

$$A_1=u_1+u_2+\cdots+u_{n_1}=s_{n_1},$$

$$A_2=(u_1+u_2+\cdots+u_{n_1})+(u_{n_1+1}+\cdots+u_{n_2})=s_{n_2},$$

$$\cdots,$$

$$A_k=(u_1+u_2+\cdots+u_{n_1})+(u_{n_1+1}+\cdots+u_{n_2})+\cdots(u_{n_{k-1}+1}+\cdots+u_{n_k})=s_{n_k},$$

$$\cdots$$

可见，数列 $\{A_k\}$ 是数列 $\{s_n\}$ 的一个子数列．而 $\{s_n\}$ 收敛，故子数列 $\{A_k\}$ 必收敛，且有

$$\lim_{k\to\infty}A_k=\lim_{n\to\infty}s_n,$$

即加括号后所成的新级数收敛，且其和不变.

注意：如果加括号后所成的级数收敛，则不能断定去括号后原来的级数也收敛．例如，级数 $(1-1)+(1-1)+\cdots$ 收敛于零，但级数 $1-1+1-1+\cdots$ 却是发散的.

推论　如果加括号后所成的级数发散，则原来级数也发散.

性质 5　（级数收敛的必要条件）如果 $\sum_{n=1}^{\infty}u_n$ 收敛，则它的通项 u_n 趋于零，即 $\lim_{n\to0}u_n=0$.

证　设级数 $\sum_{n=1}^{\infty}u_n$ 的部分和为 s_n，且 $\lim_{n\to\infty}s_n=s$，则

$$\lim_{n\to0}u_n=\lim_{n\to\infty}(s_n-s_{n-1})=\lim_{n\to\infty}s_n-\lim_{n\to\infty}s_{n-1}=s-s=0.$$

推论　若级数 $\sum_{n=1}^{\infty}u_n$ 的通项 u_n，当 $n\to\infty$ 时不趋于零，则此级数必发散.

注意：级数的一般项趋于零并不是级数收敛的充分条件.

例 4 判别级数$\sum_{n=1}^{\infty}(\sqrt{n+1}-\sqrt{n})$的敛散性.

解 因为
$$
\begin{aligned}
S_n &= \sum_{k=1}^{n}(\sqrt{k+1}-\sqrt{k}) \\
&= (\sqrt{2}-1)+(\sqrt{3}-\sqrt{2})+(\sqrt{4}-\sqrt{3})+\cdots+(\sqrt{n+1}-\sqrt{n}) \\
&= \sqrt{n+1}-1 \to \infty\ (n\to\infty),
\end{aligned}
$$
所以级数$\sum_{n=1}^{\infty}(\sqrt{n+1}-\sqrt{n})$发散.

例 5 证明调和级数$\sum_{n=1}^{\infty}\frac{1}{n}=1+\frac{1}{2}+\frac{1}{3}+\cdots+\frac{1}{n}+\cdots$是发散的.

证 假若级数$\sum_{n=1}^{\infty}\frac{1}{n}$收敛且其和为$s$，$s_n$是它的部分和.

显然有$\lim\limits_{n\to\infty}s_n=s$及$\lim\limits_{n\to\infty}s_{2n}=s$. 于是$\lim\limits_{n\to\infty}(s_{2n}-s_n)=0$.

但另一方面，
$$
s_{2n}-s_n=\frac{1}{n+1}+\frac{1}{n+2}+\cdots+\frac{1}{2n}>\frac{1}{2n}+\frac{1}{2n}+\cdots+\frac{1}{2n}=\frac{1}{2},
$$
故$\lim\limits_{n\to\infty}(s_{2n}-s_n)\neq 0$，矛盾.

这说明级数$\sum_{n=1}^{\infty}\frac{1}{n}$必定发散.

定理 1 （**柯西收敛原理**）级数$\sum_{n=1}^{\infty}u_n$收敛的充要条件是：对于任意给定的正数ε，总存在正整数N，使得当$n>N$时，对于任意的正整数p，都有
$$
|u_{n+1}+u_{n+2}+\cdots+u_{n+p}|<\varepsilon
$$
成立.

证明略.

该定理在理论上很重要，它表明：级数$\sum_{n=1}^{\infty}u_n$收敛等价于$\sum_{n=1}^{\infty}u_n$的充分远（即$n>N$）的任意片段（即$u_{n+1}+u_{n+2}+\cdots+u_{n+p}$）的绝对值可以任意小. 因此，级数$\sum_{n=1}^{\infty}u_n$的敛散性仅与级数充分远的任意片段有关，而与前面有限项无关. 这也说明性质3的正确性.

习题 11.1

1. 填空题.

(1)$u_n=\frac{(-1)^n}{n+1}(n=1,2,\cdots)$，则$u_1=$ ________，$u_2=$ ________；

(2)$1-\frac{1}{4}+\frac{1}{9}-\frac{1}{16}+\cdots$，则$u_n=$ ________；

(3)$1+\frac{1\times 2}{2^2}+\frac{1\times 2\times 3}{3^3}+\frac{1\times 2\times 3\times 4}{4^4}+\cdots$，则$u_n=$ ________.

2. 利用级数定义判别下列级数的敛散性，并求出其中收敛级数的和.

(1) $\sum_{n=1}^{\infty}\left(\frac{3}{4}\right)^n$；　(2) $\sum_{n=1}^{\infty}\sin\frac{n\pi}{6}$；　(3) $\sum_{n=1}^{\infty}\ln\left(1+\frac{1}{n}\right)$.

3. 利用级数的性质判断下列级数的敛散性.

(1) $\sum_{n=1}^{\infty}\left(\frac{1}{2^n}-\frac{1}{3^n}\right)$；　(2) $\sum_{n=1}^{\infty}\left(\frac{1}{n}-\frac{1}{3^n}\right)$；

(3) $\sum_{n=1}^{\infty}\frac{n}{3n+1}$；　(4) $\sum_{n=1}^{\infty}n\ln\left(1+\frac{1}{n}\right)$.

4. 判断下列级数的敛散性.

(1) $\frac{3}{4}-\frac{3^2}{4^2}+\frac{3^3}{4^3}-\frac{3^4}{4^4}+\cdots+(-1)^{n-1}\left(\frac{3}{4}\right)^n+\cdots$；

(2) $\left(\frac{2}{3}-\frac{3}{5}\right)+\left(\frac{2}{3^2}-\frac{3}{5^2}\right)+\cdots+\left(\frac{2}{3^n}-\frac{2}{5^n}\right)+\cdots$；

(3) $1+\sqrt{\frac{4}{5}}+\sqrt{\frac{6}{8}}+\sqrt{\frac{8}{11}}\cdots+\sqrt{\frac{2n}{3n-1}}+\cdots$.

11.2　常数项级数的审敛法

一、正项级数及其审敛法

定义 1　在级数 $\sum_{n=1}^{\infty}u_n$ 中，若通项 u_n 满足 $u_n\geqslant 0(n=1,2,\cdots)$，则级数 $\sum_{n=1}^{\infty}u_n$ 称为**正项级数**.

正项级数是常数项级数中比较特殊而又非常重要的一类，许多级数的敛散性问题可归结为正项级数的敛散性问题.

1. 正项级数的比较审敛法

定理 1　正项级数 $\sum_{n=1}^{\infty}u_n$ 收敛的充要条件是它的部分和数列$\{s_n\}$有界.

证　(充分性) 由于 $u_n\geqslant 0$，故正项级数 $\sum_{n=1}^{\infty}u_n$ 的部分和数列$\{s_n\}$是一个单调递增的数列，即 $s_{n+1}=s_n+u_{n+1}\geqslant s_n$. 又因数列$\{s_n\}$有界，由极限存在的准则知 $\lim_{n\to\infty}s_n$ 存在，从而 $\sum_{n=1}^{\infty}u_n$ 收敛.

(必要性) 若 $\sum_{n=1}^{\infty}u_n$ 收敛，由级数收敛的定义知 $\lim_{n\to\infty}s_n$ 存在，则数列$\{s_n\}$必有界.

定理 2　(比较审敛法) 设 $\sum_{n=1}^{\infty}u_n$ 和 $\sum_{n=1}^{\infty}v_n$ 都是正项级数，且 $u_n\leqslant v_n(n=1,2,\cdots)$，

(1) 若$\sum\limits_{n=1}^{\infty} v_n$收敛，则$\sum\limits_{n=1}^{\infty} u_n$收敛；

(2) 若$\sum\limits_{n=1}^{\infty} u_n$发散，则$\sum\limits_{n=1}^{\infty} v_n$发散.

证 (1) 设级数$\sum\limits_{n=1}^{\infty} v_n$收敛于和$\sigma$,则级数$\sum\limits_{n=1}^{\infty} u_n$的部分和

$$s_n = u_1 + u_2 + \cdots + u_n \leqslant v_1 + v_2 + \cdots + v_n \leqslant \sigma \quad (n = 1, 2, \cdots),$$

即部分和数列$\{s_n\}$有界,由定理1知级数$\sum\limits_{n=1}^{\infty} u_n$收敛.

(2) 是 (1) 的逆否命题，即 (2) 也成立.

推论1 设$\sum\limits_{n=1}^{\infty} u_n$和$\sum\limits_{n=1}^{\infty} v_n$都是正项级数，如果级数$\sum\limits_{n=1}^{\infty} v_n$收敛,且存在正整数$N$，使当$n \geqslant N$时有$u_n \leqslant kv_n (k > 0)$成立，则级数$\sum\limits_{n=1}^{\infty} u_n$收敛;如果级数$\sum\limits_{n=1}^{\infty} v_n$发散，且当$n \geqslant N$时有$u_n \geqslant kv_n (k > 0)$成立，则级数$\sum\limits_{n=1}^{\infty} u_n$发散.

例1 讨论p级数$\sum\limits_{n=1}^{\infty} \dfrac{1}{n^p} = 1 + \dfrac{1}{2^p} + \dfrac{1}{3^p} + \cdots + \dfrac{1}{n^p} + \cdots$的敛散性，其中常数$p > 0$.

解 当$p \leqslant 1$时，$\dfrac{1}{n^p} \geqslant \dfrac{1}{n} (n = 1, 2, \cdots)$，而调和级数$\sum\limits_{n=1}^{\infty} \dfrac{1}{n}$发散.

由比较审敛法知,p级数$\sum\limits_{n=1}^{\infty} \dfrac{1}{n^p}$发散.

当$p > 1$时，取$k - 1 \leqslant x \leqslant k$，则有$\dfrac{1}{k^p} \leqslant \dfrac{1}{x^p}$，所以

$$\frac{1}{k^p} = \int_{k-1}^{k} \frac{1}{k^p} \mathrm{d}x \leqslant \int_{k-1}^{k} \frac{1}{x^p} \mathrm{d}x (k = 2, 3, \cdots),$$

从而p级数的部分和

$$\begin{aligned} s_n &= 1 + \sum_{k=2}^{n} \frac{1}{k^p} \leqslant 1 + \sum_{k=2}^{n} \int_{k-1}^{k} \frac{1}{x^p} \mathrm{d}x = 1 + \int_{1}^{n} \frac{1}{x^p} \mathrm{d}x \\ &= 1 + \frac{1}{1-p} x^{1-p} \Big|_1^n = 1 + \frac{1}{1-p} \left(1 - \frac{1}{n^{p-1}}\right) < 1 + \frac{1}{1-p}, \end{aligned}$$

即$\{s_n\}$有上界，由定理1知，p级数$\sum\limits_{n=1}^{\infty} \dfrac{1}{n^p}$收敛.

综上所述，p级数$\sum\limits_{n=1}^{\infty} \dfrac{1}{n^p}$当$p > 1$时收敛，当$p \leqslant 1$时发散.

例2 证明级数$\sum\limits_{n=1}^{\infty} \dfrac{1}{\sqrt{n(n+1)}}$是发散的.

证 因为$\dfrac{1}{\sqrt{n(n+1)}} > \dfrac{1}{\sqrt{(n+1)^2}} = \dfrac{1}{n+1}$，而级数$\sum\limits_{n=1}^{\infty} \dfrac{1}{n+1} = \dfrac{1}{2} + \dfrac{1}{3} + \cdots + \dfrac{1}{n+1} + \cdots$是发散的，由比较审敛法知级数$\sum\limits_{n=1}^{\infty} \dfrac{1}{\sqrt{n(n+1)}}$也是发散的.

推论 2（比较审敛法的极限形式）　设 $\sum_{n=1}^{\infty} u_n$ 和 $\sum_{n=1}^{\infty} v_n$ 都是正项级数，且有 $\lim_{n\to\infty}\frac{u_n}{v_n}=l$，

(1) 若 $0<l<+\infty$，则级数 $\sum_{n=1}^{\infty} u_n$ 和 $\sum_{n=1}^{\infty} v_n$ 同时收敛或同时发散；

(2) 若 $l=0$，且 $\sum_{n=1}^{\infty} v_n$ 收敛，则 $\sum_{n=1}^{\infty} u_n$ 也收敛；

(3) 若 $l=+\infty$，且 $\sum_{n=1}^{\infty} v_n$ 发散，则 $\sum_{n=1}^{\infty} u_n$ 也发散.

证　(1) 由极限定义，对于 $\varepsilon=\frac{l}{2}$，存在正整数 N，使得当 $n>N$ 时，有

$$\left|\frac{u_n}{v_n}-l\right|\leqslant\frac{l}{2},$$

即

$$l-\frac{l}{2}<\frac{u_n}{v_n}<l+\frac{l}{2},$$

故

$$\frac{l}{2}v_n<u_n<\frac{3l}{2}v_n,$$

再由推论 1 可得证.

(2)、(3) 类似可证.

极限形式的比较审敛法，在两个正项级数的一般项均趋于零的情况下，其实是比较它们的一般项作为无穷小量的阶. 定理表明：当 $n\to\infty$ 时，若 u_n 是与 v_n 同阶或是比 v_n 高阶的无穷小，级数 $\sum_{n=1}^{\infty} v_n$ 收敛，则级数 $\sum_{n=1}^{\infty} u_n$ 也收敛；若 u_n 是与 v_n 同阶或是比 v_n 低阶的无穷小，级数 $\sum_{n=1}^{\infty} v_n$ 发散，则级数 $\sum_{n=1}^{\infty} u_n$ 也发散.

例 3　判别级数 $\sum_{n=1}^{\infty}\sin\frac{1}{n}$ 的敛散性.

解　因为 $\lim_{n\to\infty}\frac{\sin\frac{1}{n}}{\frac{1}{n}}=1$，而级数 $\sum_{n=1}^{\infty}\frac{1}{n}$ 发散，根据比较审敛法的极限形式，级数 $\sum_{n=1}^{\infty}\sin\frac{1}{n}$ 发散.

例 4　判别级数 $\sum_{n=1}^{\infty}\ln\left(1+\frac{1}{n^2}\right)$ 的敛散性.

解　因为 $\lim_{n\to\infty}\frac{\ln\left(1+\frac{1}{n^2}\right)}{\frac{1}{n^2}}=1$，而级数 $\sum_{n=1}^{\infty}\frac{1}{n^2}$ 收敛，根据比较审敛法的极限形式，级数 $\sum_{n=1}^{\infty}\ln\left(1+\frac{1}{n^2}\right)$ 收敛.

用比较审敛法审敛时，需适当地选取一个已知其收敛性的级数 $\sum_{n=1}^{\infty} v_n$ 作为比较的基准. 最

常选用作基准级数的是等比级数和 p 级数.

2. 正项级数的比值审敛法

将所给正项级数与等比级数比较，便得到更实用的比值审敛法和根值审敛法.

定理 3(比值审敛法——达朗贝尔判别法) 若正项级数 $\sum\limits_{n=1}^{\infty}u_n$ 的后项与前项之比值的极限等于 ρ，即 $\lim\limits_{n\to\infty}\dfrac{u_{n+1}}{u_n}=\rho$，则

(1) 当 $\rho<1$ 时，级数收敛；

(2) 当 $\rho>1$(或为 $+\infty$) 时，级数发散；

(3) 当 $\rho=1$ 时，级数可能收敛也可能发散.

证 (1) 当 $\rho<1$，取一个适当小的正数 ε，使 $\rho+\varepsilon=\gamma<1$，根据极限定义，存在正整数 m，当 $n\geqslant m$ 时，有

$$\frac{u_{n+1}}{u_n}<\rho+\varepsilon=\gamma,$$

因此

$$u_{m+1}<\gamma u_m,\ u_{m+2}<\gamma u_{m+1}<\gamma^2u_m,\ \cdots,\ u_{m+k}<\gamma u_{m+k-1}<\gamma^k u_m,\ \cdots.$$

这样，级数 $u_{m+1}+u_{m+2}+u_{m+3}+\cdots$ 各项小于收敛的等比级数 $\gamma u_m+\gamma^2u_m+\gamma^3u_m+\cdots(\gamma<1)$ 的各对应项，所以它也收敛. 由于 $\sum\limits_{n=1}^{\infty}u_n$ 只比它多了前 m 项，因此 $\sum\limits_{n=1}^{\infty}u_n$ 也收敛.

(2) 当 $\rho>1$，取一个适当小的正数 ε，使 $\rho-\varepsilon>1$，根据极限定义，当 $n\geqslant m$ 时，有

$$\frac{u_{n+1}}{u_n}>\rho-\varepsilon>1,$$

即

$$u_{n+1}>u_n,$$

这说明，当 $n\geqslant m$ 时，级数的一般项是逐渐增大的，从而 $\lim\limits_{n\to\infty}u_n\neq0$，可知 $\sum\limits_{n=1}^{\infty}u_n$ 发散.

类似可证，当 $\lim\limits_{n\to\infty}\dfrac{u_{n+1}}{u_n}=\infty$，$\sum\limits_{n=1}^{\infty}u_n$ 发散.

(3) 当 $\rho=1$ 时，由 p 级数可知结论正确.

例 5 判别级数 $\sum\limits_{n=1}^{\infty}\dfrac{2^n\cdot n!}{n^n}$ 的敛散性.

解 因为

$$\frac{u_{n+1}}{u_n}=\frac{2^{n+1}\cdot(n+1)!}{(n+1)^{n+1}}\cdot\frac{n^n}{2^n\cdot n!}=2\cdot\left(\frac{n}{n+1}\right)^n=2\cdot\frac{1}{\left(1+\dfrac{1}{n}\right)^n},$$

所以 $\lim\limits_{n\to\infty}\dfrac{u_{n+1}}{u_n}=\lim\limits_{n\to\infty}\dfrac{2}{\left(1+\dfrac{1}{n}\right)^n}=\dfrac{2}{\mathrm{e}}<1$，

由比值审敛法知所给级数收敛.

例 6 判别级数 $\dfrac{1}{10}+\dfrac{1\times2}{10^2}+\dfrac{1\times2\times3}{10^3}+\cdots+\dfrac{n!}{10^n}+\cdots$ 的敛散性.

解　因为 $$\lim_{n\to\infty}\frac{u_{n+1}}{u_n}=\lim_{n\to\infty}\frac{(n+1)!}{10^{n+1}}\cdot\frac{10^n}{n!}=\lim_{n\to\infty}\frac{n+1}{10}=\infty,$$
由比值审敛法知所给级数发散.

3. 正项级数的根值审敛法

定理 4(根值审敛法——柯西判别法)　设 $\sum\limits_{n=1}^{\infty}u_n$ 是正项级数，如果 $\lim\limits_{n\to\infty}\sqrt[n]{u_n}=\rho$，则

(1) 当 $\rho<1$ 时，级数收敛；

(2) 当 $\rho>1$(或为 $+\infty$) 时，级数发散；

(3) 当 $\rho=1$ 时，级数可能收敛也可能发散.

该定理的证明与定理 3 相仿，这里从略.

例 7　证明级数 $1+\dfrac{1}{2^2}+\dfrac{1}{3^3}+\cdots+\dfrac{1}{n^n}+\cdots$ 是收敛的.

解　因为 $$\lim_{n\to\infty}\sqrt[n]{u_n}=\lim_{n\to\infty}\sqrt[n]{\frac{1}{n^n}}=\lim_{n\to\infty}\frac{1}{n}=0,$$
由根值审敛法知所给级数收敛.

例 8　判别级数 $\sum\limits_{n=1}^{\infty}\dfrac{2+(-1)^n}{2^n}$ 的敛散性.

解　因为 $$\lim_{n\to\infty}\sqrt[n]{u_n}=\lim_{n\to\infty}\frac{1}{2}\sqrt[n]{2+(-1)^n}=\frac{1}{2},$$
由根值审敛法知所给级数收敛.

4. 正项级数的极限审敛法

将所给正项级数与 p 级数比较，便得到在实用上较方便的极限审敛法.

定理 5 (极限审敛法)　设 $\sum\limits_{n=1}^{\infty}u_n$ 为正项级数，

(1) 如果 $\lim\limits_{n\to\infty}nu_n=l>0$ (或 $\lim\limits_{n\to\infty}nu_n=+\infty$)，则级数 $\sum\limits_{n=1}^{\infty}u_n$ 发散；

(2) 如果 $p>1$，而 $\lim\limits_{n\to\infty}n^pu_n=l$ $(0\leqslant l<+\infty)$，则级数 $\sum\limits_{n=1}^{\infty}u_n$ 收敛.

证　(1) 在极限形式的比较审敛法中，取 $v_n=\dfrac{1}{n}$，由调和级数 $\sum\limits_{n=1}^{\infty}\dfrac{1}{n}$ 发散知结论成立.

(2) 在极限形式的比较审敛法中，取 $v_n=\dfrac{1}{n^p}$，当 $p>1$ 时，p 级数 $\sum\limits_{n=1}^{\infty}\dfrac{1}{n^p}$ 收敛，故结论成立.

例 9　判别级数 $\sum\limits_{n=1}^{\infty}\ln\left(1+\dfrac{1}{n^2}\right)$ 的敛散性.

解　因为 $\ln\left(1+\dfrac{1}{n^2}\right)\sim\dfrac{1}{n^2}(n\to\infty)$，故
$$\lim_{n\to\infty}n^2u_n=\lim_{n\to\infty}n^2\ln\left(1+\frac{1}{n^2}\right)=\lim_{n\to\infty}n^2\cdot\frac{1}{n^2}=1,$$

根据极限审敛法知所给级数收敛.

例 10 判别级数$\sum_{n=1}^{\infty}\sqrt{n+1}\left(1-\cos\frac{\pi}{n}\right)$的敛散性.

解 因为

$$\lim_{n\to\infty}n^{\frac{3}{2}}u_n=\lim_{n\to\infty}n^{\frac{3}{2}}\sqrt{n+1}\left(1-\cos\frac{\pi}{n}\right)=\lim_{n\to\infty}n^2\sqrt{\frac{n+1}{n}}\cdot\frac{1}{2}\left(\frac{\pi}{n}\right)^2=\frac{1}{2}\pi^2,$$

根据极限审敛法知所给级数收敛.

二、交错级数及其审敛法

定义 2 在常数项级数$\sum_{n=1}^{\infty}u_n$中，若通项 u_n 为任意实数，则称$\sum_{n=1}^{\infty}u_n$为**任意项级数**；若级数$\sum_{n=1}^{\infty}u_n$的各项符号正负交错，则称其为**交错级数**.

交错级数的一般形式为

$$\sum_{n=1}^{\infty}(-1)^{n-1}u_n=u_1-u_2+u_3-u_4+\cdots+(-1)^{n-1}u_n+\cdots$$

或

$$\sum_{n=1}^{\infty}(-1)^n u_n=-u_1+u_2-u_3+u_4+\cdots+(-1)^n u_n+\cdots,$$

其中 $u_n>0(n=1,2,\cdots)$.

例如，$\sum_{n=1}^{\infty}(-1)^{n-1}\frac{1}{n}$是交错级数，$\sum_{n=1}^{\infty}(-1)^{n-1}\frac{1-\cos n\pi}{n}$不是交错级数.

对交错级数，我们给出下面的一个重要的审敛法.

定理 6（莱布尼茨判别法） 若交错级数$\sum_{n=1}^{\infty}(-1)^{n-1}u_n$满足条件

(1) $u_n\geqslant u_{n+1}(n=1,2,3,\cdots)$；

(2) $\lim_{n\to\infty}u_n=0$，

则级数$\sum_{n=1}^{\infty}(-1)^{n-1}u_n$收敛，且其和 $s\leqslant u_1$，其余项 r_n 的绝对值 $|r_n|\leqslant u_{n+1}$.

证 设级数$\sum_{n=1}^{\infty}(-1)^{n-1}u_n$前 $2n$ 项部分和为 s_{2n}，则

$$s_{2n}=(u_1-u_2)+(u_3-u_4)+\cdots+(u_{2n-1}-u_{2n}).$$

由 $u_n\geqslant u_{n+1}$ 知上式括号中的差值都是非负的，所以$\{s_{2n}\}$为单调增加的数列，且 $s_{2n}\geqslant 0$. 又因

$$s_{2n}=u_1-(u_2-u_3)-(u_4-u_5)-\cdots-(u_{2n-2}-u_{2n-1})-u_{2n}\leqslant u_1,$$

由极限存在的准则知，$\lim_{n\to\infty}s_{2n}$ 存在且不超过 u_1，即 $\lim_{n\to\infty}s_{2n}=s\leqslant u_1$. 而前 $2n+1$ 项部分和 $s_{2n+1}=s_{2n}+u_{2n+1}$，且 $\lim_{n\to\infty}u_n=0$，所以 $\lim_{n\to\infty}s_{2n+1}=\lim_{n\to\infty}(s_{2n}+u_{2n+1})=s$.

由于级数的前偶数项的和与奇数项的和有相同极限，所以 $\lim_{n\to\infty}s_n=s$，从而级数$\sum_{n=1}^{\infty}$

$(-1)^{n-1}u_n$ 是收敛的，且其和 $s \leqslant u_1$.

而 $r_n = \pm(u_{n+1} - u_{n+2} + \cdots)$，$|r_n| = u_{n+1} - u_{n+2} + \cdots$，所以 $|r_n|$ 也是交错级数，且满足定理中的条件，故 $|r_n|$ 必收敛，且其和不超过首项 u_{n+1}，即

$$|r_n| \leqslant u_{n+1}.$$

例 11　证明级数 $\sum\limits_{n=1}^{\infty}(-1)^{n-1}\dfrac{1}{n}$ 收敛，并估计其和及余项.

证　这是一个交错级数．它满足

(1) $u_n = \dfrac{1}{n} > \dfrac{1}{n+1} = u_{n+1}(n = 1, 2, 3, \cdots)$，

(2) $\lim\limits_{n\to\infty} u_n = \lim\limits_{n\to\infty}\dfrac{1}{n} = 0$，

由莱布尼茨判别法知，该级数是收敛的，且其和 $s \leqslant u_1 = 1$，余项 $|r_n| \leqslant u_{n+1} = \dfrac{1}{n+1}$.

三、绝对收敛与条件收敛

对任意项级数 $\sum\limits_{n=1}^{\infty} u_n$ 中的各项 u_n 都取绝对值，得正项级数 $\sum\limits_{n=1}^{\infty}|u_n|$.

定义 3　若级数 $\sum\limits_{n=1}^{\infty}|u_n|$ 收敛，则称级数 $\sum\limits_{n=1}^{\infty}u_n$ **绝对收敛**；若级数 $\sum\limits_{n=1}^{\infty}u_n$ 收敛，而级数 $\sum\limits_{n=1}^{\infty}|u_n|$ 发散，则称级数 $\sum\limits_{n=1}^{\infty}u_n$ **条件收敛**.

例如，级数 $\sum\limits_{n=1}^{\infty}(-1)^{n-1}\dfrac{1}{n^2}$ 是绝对收敛的，而级数 $\sum\limits_{n=1}^{\infty}(-1)^{n-1}\dfrac{1}{n}$ 是条件收敛的.

任意项级数 $\sum\limits_{n=1}^{\infty}u_n$ 的敛散性与正项级数 $\sum\limits_{n=1}^{\infty}|u_n|$ 的敛散性有如下的关系：

定理 7　若正项级数 $\sum\limits_{n=1}^{\infty}|u_n|$ 收敛，则任意项级数 $\sum\limits_{n=1}^{\infty}u_n$ 必收敛.

证　令 $v_n = \dfrac{1}{2}(u_n + |u_n|)$，则 $v_n \geqslant 0$，即 $\sum\limits_{n=1}^{\infty}v_n$ 为正项级数，且 $v_n \leqslant |u_n|(n = 1, 2, \cdots)$. 因为级数 $\sum\limits_{n=1}^{\infty}|u_n|$ 收敛，由比较审敛法知 $\sum\limits_{n=1}^{\infty}v_n$ 收敛．而 $u_n = 2v_n - |u_n|(n = 1, 2, \cdots)$，且级数 $\sum\limits_{n=1}^{\infty}v_n$，$\sum\limits_{n=1}^{\infty}|u_n|$ 都收敛，由收敛级数的性质知，级数 $\sum\limits_{n=1}^{\infty}u_n$ 收敛.

定理 7 说明，对于任意项级数 $\sum\limits_{n=1}^{\infty}u_n$，如果用正项级数的审敛法判定级数 $\sum\limits_{n=1}^{\infty}|u_n|$ 收敛，则此级数收敛. 这使得一大类级数的敛散性问题转化成正项级数的敛散性问题.

注意：(1) 如果级数 $\sum\limits_{n=1}^{\infty}|u_n|$ 发散，我们不能断定级数 $\sum\limits_{n=1}^{\infty}u_n$ 也发散. 但是，如果我们用比值法或根值法判定级数 $\sum\limits_{n=1}^{\infty}|u_n|$ 发散，则可以断定级数 $\sum\limits_{n=1}^{\infty}u_n$ 必定发散. 这是因为，此时

$|u_n|$不趋向于零，从而u_n也不趋向于零，因此级数$\sum\limits_{n=1}^{\infty}u_n$也是发散的.

(2) 该定理的逆命题不成立，即由级数$\sum\limits_{n=1}^{\infty}u_n$收敛推不出级数$\sum\limits_{n=1}^{\infty}|u_n|$收敛．如$\sum\limits_{n=1}^{\infty}(-1)^{n-1}\dfrac{1}{n}$是收敛的，但级数各项取绝对值后为调和级数，却是发散的.

例 12 判别级数$\sum\limits_{n=1}^{\infty}\dfrac{\sin na}{n^2}$的收敛性.

解 因为$\left|\dfrac{\sin na}{n^2}\right|\leqslant\dfrac{1}{n^2}$，而级数$\sum\limits_{n=1}^{\infty}\dfrac{1}{n^2}$是收敛的，所以级数$\sum\limits_{n=1}^{\infty}\left|\dfrac{\sin na}{n^2}\right|$也收敛，从而级数$\sum\limits_{n=1}^{\infty}\dfrac{\sin na}{n^2}$绝对收敛.

例 13 判别级数$\sum\limits_{n=1}^{\infty}(-1)^{n-1}\dfrac{2^n}{2n+1}$的收敛性.

解 $\lim\limits_{n\to\infty}\left|\dfrac{u_{n+1}}{u_n}\right|=\lim\limits_{n\to\infty}\dfrac{2^{n+1}}{2n+3}\cdot\dfrac{2n+1}{2^n}=2>1$，故所给级数是发散的.

习题 11.2

1. 用比较审敛法或极限形式的比较审敛法判别下列级数的敛散性.

(1) $\sum\limits_{n=1}^{\infty}\dfrac{1}{2n}$；

(2) $\sum\limits_{n=1}^{\infty}\dfrac{1}{\ln(n+1)}$；

(3) $\sum\limits_{n=1}^{\infty}\left(\dfrac{n}{2n+1}\right)^n$；

(4) $\sum\limits_{n=1}^{\infty}\dfrac{n}{(n+1)(2n+1)}$；

(5) $\sum\limits_{n=1}^{\infty}\sin\dfrac{\pi}{2^n}$；

(6) $\sum\limits_{n=1}^{\infty}\dfrac{1}{\sqrt{n^2+2n-2}}$.

2. 用比值或根值审敛法判别下列级数的敛散性.

(1) $\sum\limits_{n=1}^{\infty}\dfrac{n}{2^n}$；

(2) $\sum\limits_{n=1}^{\infty}\dfrac{2^n\cdot n!}{n^n}$；

(3) $\sum\limits_{n=1}^{\infty}n\sin\dfrac{\pi}{3^n}$；

(4) $\sum\limits_{n=1}^{\infty}\left(\dfrac{n}{3n-1}\right)^{2n-1}$.

3. 判别下列级数的敛散性.

(1) $\sum\limits_{n=1}^{\infty}\dfrac{1}{2n+1}$；

(2) $\sum\limits_{n=1}^{\infty}\dfrac{1}{n}(\sqrt{n+1}-\sqrt{n-1})$；

(3) $\sum\limits_{n=1}^{\infty}\dfrac{n}{1\cdot3\cdot5\cdot\cdots\cdot(2n+1)}$；

(4) $\sum\limits_{n=1}^{\infty}\dfrac{1}{\sqrt[n]{n+2}}$；

(5) $\sum\limits_{n=1}^{\infty}\left(1-\cos\dfrac{\pi}{n}\right)$；

(6) $\sum\limits_{n=1}^{\infty}\sin\dfrac{1}{n^p}(p>0)$.

4. 判别下列级数的敛散性，若收敛，试说明是绝对收敛还是条件收敛.

(1) $\sum_{n=1}^{\infty}(-1)^{n-1}\frac{1}{\sqrt{n}}$；

(2) $\sum_{n=1}^{\infty}\frac{(-1)^n}{\sqrt{n}(n+2)}$；

(3) $\sum_{n=1}^{\infty}(-1)^{n-1}(\sqrt{n+1}-\sqrt{n})$；

(4) $\sum_{n=1}^{\infty}(-1)^n\frac{(2n+1)^{2n+1}}{(2n+1)!}$；

(5) $\sum_{n=1}^{\infty}(-1)^{\frac{n(n+1)}{2}}\frac{n}{2^n}$；

(6) $\sum_{n=1}^{\infty}(-1)^{n-1}2^n\sin\frac{\pi}{3^n}$；

(7) $\sum_{n=1}^{\infty}\frac{\sin(n\alpha)}{(n+1)^2}(\alpha\neq 0)$；

(8) $\sum_{n=1}^{\infty}\frac{\cos(n!)}{n\sqrt{n}}$.

11.3　幂级数

一、函数项级数

我们前几节讨论的都是常数项级数及其收敛性，本节开始研究各项都是定义在某区间 I 上函数的级数.

定义 1　给定一个定义在区间 I 上的函数列 $\{u_n(x)\}$，由该函数列各项所构成的表达式

$$u_1(x)+u_2(x)+u_3(x)+\cdots+u_n(x)+\cdots$$

称为定义在区间 I 上的**函数项级数**，记为 $\sum_{n=1}^{\infty}u_n(x)$.

当给变量 x 以确定的值 $x=x_0(x_0\in I)$ 时，函数项级数 $\sum_{n=1}^{\infty}u_n(x)$ 就变成一个常数项级数 $\sum_{n=1}^{\infty}u_n(x_0)$.

定义 2　对于区间 I 内的某一定点 x_0，

(1) 若常数项级数 $\sum_{n=1}^{\infty}u_n(x_0)$ 收敛，则称点 x_0 是级数 $\sum_{n=1}^{\infty}u_n(x)$ 的**收敛点**；

(2) 若常数项级数 $\sum_{n=1}^{\infty}u_n(x_0)$ 发散，则称点 x_0 是级数 $\sum_{n=1}^{\infty}u_n(x)$ 的**发散点**.

函数项级数 $\sum_{n=1}^{\infty}u_n(x)$ 的所有收敛点的全体称为它的**收敛域**；所有发散点的全体称为它的**发散域**. 对应于收敛域内的任意一个数 x，函数项级数成为一收敛的常数项级数，因而有一确定的和 s. 这样，在收敛域上，函数项级数 $\sum_{n=1}^{\infty}u_n(x)$ 的和是 x 的函数，记为 $s(x)$，我们称 $s(x)$ 为函数项级数 $\sum_{n=1}^{\infty}u_n(x)$ 的**和函数**，并写成

$$s(x)=\sum_{n=1}^{\infty}u_n(x).$$

和函数 $s(x)$ 的定义域就是函数项级数 $\sum_{n=1}^{\infty}u_n(x)$ 的收敛域.

函数项级数 $\sum_{n=1}^{\infty}u_n(x)$ 的前 n 项部分和记作 $s_n(x)$，即

$$s_n(x)=u_1(x)+u_2(x)+\cdots+u_n(x).$$

在收敛域上有

$$\lim_{n\to\infty}s_n(x)=s(x).$$

和函数 $s(x)$ 与部分和 $s_n(x)$ 的差 $s(x)-s_n(x)$ 称为函数项级数 $\sum_{n=1}^{\infty}u_n(x)$ 的**余项**，记为 $r_n(x)$. 在收敛域上有

$$\lim_{n\to\infty}r_n(x)=0.$$

例如，函数项级数 $1+x+x^2+\cdots+x^n+\cdots$ 可以看成是公比为 x 的几何级数．当 $|x|<1$ 时，它是收敛的；当 $|x|\geqslant 1$ 时，它是发散的．因此它的收敛域为 $(-1,1)$，在收敛域内有和函数 $\frac{1}{1-x}=1+x+x^2+x^3+\cdots+x^n+\cdots$.

二、幂级数及其收敛域

定义 3 当函数项级数的各项都是幂函数，即 $u_n(x)=a_nx^n(n=0,1,2,\cdots)$ 时，级数

$$a_0+a_1x+a_2x^2+\cdots+a_nx^n+\cdots \tag{11-1}$$

称为**幂级数**，记为 $\sum_{n=0}^{\infty}a_nx^n$，其中常数 $a_n(n=0,1,2,\cdots)$ 称为幂级数的**系数**.

幂级数是函数项级数中简单而常见的一类，其一般形式为

$$\sum_{n=0}^{\infty}a_n(x-x_0)^n=a_0+a_1(x-x_0)+a_2(x-x_0)^2+\cdots+a_n(x-x_0)^n+\cdots, \tag{11-2}$$

作变换 $t=x-x_0$，幂级数 (11-2) 就转换成幂级数 (11-1)，故在以下的讨论中，只研究幂级数 (11-1) 的敛散性及其在收敛域上的性质.

定理 1 若幂级数 $\sum_{n=0}^{\infty}a_nx^n$ 的系数满足 $\lim_{n\to\infty}\left|\frac{a_{n+1}}{a_n}\right|=\rho$，则

(1) 若 $0<\rho<+\infty$，则当 $|x|<\frac{1}{\rho}$ 时，幂级数 $\sum_{n=0}^{\infty}a_nx^n$ 绝对收敛；当 $|x|>\frac{1}{\rho}$ 时，幂级数 $\sum_{n=0}^{\infty}a_nx^n$ 发散；

(2) 若 $\rho=0$，则对任意 x，幂级数 $\sum_{n=0}^{\infty}a_nx^n$ 绝对收敛；

(3) 若 $\rho=+\infty$，则幂级数 $\sum_{n=0}^{\infty}a_nx^n$ 仅在 $x=0$ 处收敛.

证 作正项级数 $\sum_{n=0}^{\infty}|a_nx^n|$，则

$$\lim_{n\to\infty}\left|\frac{a_{n+1}x^{n+1}}{a_nx^n}\right|=\lim_{n\to\infty}\left|\frac{a_{n+1}}{a_n}\right|\cdot|x|=\rho|x|.$$

(1) 若 $0<\rho<+\infty$，当 $|x|<\dfrac{1}{\rho}$ 时，则 $\rho|x|<1$，故幂级数 $\sum\limits_{n=0}^{\infty}a_nx^n$ 绝对收敛；当 $|x|>\dfrac{1}{\rho}$ 时，有 $\rho|x|>1$，故幂级数 $\sum\limits_{n=0}^{\infty}a_nx^n$ 发散；

(2) 若 $\rho=0$，则对任意的 x 都有 $\rho|x|=0<1$，故幂级数 $\sum\limits_{n=0}^{\infty}a_nx^n$ 对任意的 x 都绝对收敛；

(3) 若 $\rho=+\infty$，则当 $x=0$ 时，有 $\rho|x|=0$，故幂级数 $\sum\limits_{n=0}^{\infty}a_nx^n$ 收敛；当 $x\neq 0$ 时，有 $\rho|x|=+\infty$，幂级数 $\sum\limits_{n=0}^{\infty}a_nx^n$ 发散.

该定理说明，当 $0<\rho<+\infty$ 时，幂级数在开区间 $\left(-\dfrac{1}{\rho},\dfrac{1}{\rho}\right)$ 上绝对收敛，在 $\left(-\infty,-\dfrac{1}{\rho}\right)\cup\left(\dfrac{1}{\rho},+\infty\right)$ 上发散，在点 $x=\pm\dfrac{1}{\rho}$ 处的敛散性有待讨论.

若令 $R=\dfrac{1}{\rho}$，称 R 为幂级数 $\sum\limits_{n=0}^{\infty}a_nx^n$ 的**收敛半径**，开区间 $(-R,R)$ 称为幂级数的**收敛开区间**，且规定当 $\rho=0$ 时 $R=+\infty$，$\rho=+\infty$ 时 $R=0$，于是定理 1 可改写为以下形式：

定理 2　若幂级数 $\sum\limits_{n=0}^{\infty}a_nx^n$ 的系数满足 $\lim\limits_{n\to\infty}\left|\dfrac{a_{n+1}}{a_n}\right|=\rho$，则其收敛半径为

$$R=\begin{cases}\dfrac{1}{\rho}, & 0<\rho<+\infty\\ +\infty, & \rho=0\\ 0, & \rho=+\infty\end{cases},$$

例 1　求幂级数 $\sum\limits_{n=1}^{\infty}(-1)^{n-1}\dfrac{x^n}{n}=x-\dfrac{x^2}{2}+\dfrac{x^3}{3}-\cdots+(-1)^{n-1}\dfrac{x^n}{n}+\cdots$ 的收敛半径与收敛域.

解　因为 $\rho=\lim\limits_{n\to\infty}\left|\dfrac{a_{n+1}}{a_n}\right|=\lim\limits_{n\to\infty}\dfrac{n}{n+1}=1$，所以收敛半径 $R=\dfrac{1}{\rho}=1$.

当 $x=1$ 时，幂级数成为 $\sum\limits_{n=1}^{\infty}(-1)^{n-1}\dfrac{1}{n}$，是收敛的；

当 $x=-1$ 时，幂级数成为 $\sum\limits_{n=1}^{\infty}\left(-\dfrac{1}{n}\right)$，是发散的.

因此，收敛域为 $(-1,1]$.

例 2　求幂级数 $\sum\limits_{n=0}^{\infty}\dfrac{1}{n!}x^n=1+x+\dfrac{1}{2!}x^2+\dfrac{1}{3!}x^3+\cdots+\dfrac{1}{n!}x^n+\cdots$ 的收敛域.

解　因为 $\rho=\lim\limits_{n\to\infty}\left|\dfrac{a_{n+1}}{a_n}\right|=\lim\limits_{n\to\infty}\dfrac{n!}{(n+1)!}=0$，所以收敛半径 $R=+\infty$ 从而收敛域为 $(-\infty,+\infty)$.

例 3　求幂级数 $\sum\limits_{n=1}^{\infty}\dfrac{(x-1)^n}{2^nn}$ 的收敛域.

解 令 $t=x-1$，上述级数变为$\sum\limits_{n=1}^{\infty}\frac{t^n}{2^n n}$.

因为 $\rho=\lim\limits_{n\to\infty}\left|\frac{a_{n+1}}{a_n}\right|=\lim\limits_{n\to\infty}\frac{2^n\cdot n}{2^{n+1}\cdot(n+1)}=\frac{1}{2}$，所以收敛半径 $R=2$.

当 $t=2$ 时，级数成为$\sum\limits_{n=1}^{\infty}\frac{1}{n}$，此级数发散；当 $t=-2$ 时，级数成为$\sum\limits_{n=1}^{\infty}\frac{(-1)^n}{n}$，此级数收敛.
因此级数$\sum\limits_{n=1}^{\infty}\frac{t^n}{2^n n}$的收敛域为 $-2\leqslant t<2$，即 $-1\leqslant x<3$，所以原级数的收敛域为$[-1,3)$.

例 4 求幂级数$\sum\limits_{n=1}^{\infty}\frac{2n-1}{2^n}x^{2n-2}$的收敛域.

解 因为该级数中只出现 x 的偶次幂，所以不能直接用定理 2 来求 R.

可设 $u_n=\frac{2n-1}{2^n}x^{2n-2}$，由比值法

$$\lim_{n\to\infty}\left|\frac{u_{n+1}(x)}{u_n(x)}\right|=\lim_{n\to\infty}\left|\frac{\frac{2n+1}{2^{n+1}}x^{2n}}{\frac{2n-1}{2^n}x^{2n-2}}\right|=\frac{x^2}{2},$$

可知当$\frac{x^2}{2}<1$，即 $|x|<\sqrt{2}$，幂级数绝对收敛；当$\frac{x^2}{2}>1$，即 $|x|>\sqrt{2}$，幂级数发散，故 $R=\sqrt{2}$.

当 $x=\pm\sqrt{2}$ 时，级数成为$\sum\limits_{n=1}^{\infty}\frac{2n-1}{2}$，它是发散的，因此该幂级数的收敛域是$(-\sqrt{2},\sqrt{2})$.

三、幂级数的运算

在解决实际问题时，需要对幂级数进行加、减、乘及求导和积分运算，这就需要了解幂级数的运算性质. 下面不加证明地给出幂级数的运算性质.

设幂级数$\sum\limits_{n=0}^{\infty}a_nx^n$，$\sum\limits_{n=0}^{\infty}b_nx^n$ 分别在区间$(-R_1,R_1)$及$(-R_2,R_2)$内收敛，其和函数分别为 $s_1(x)$ 及 $s_2(x)$，令 $R=\min(R_1,R_2)$，则幂级数的运算在$(-R,R)$上有如下性质：

性质 1（加减法运算） $\sum\limits_{n=0}^{\infty}(a_n\pm b_n)x^n=\sum\limits_{n=0}^{\infty}a_nx^n\pm\sum\limits_{n=0}^{\infty}b_nx^n=s_1(x)\pm s_2(x)$.

性质 2（乘法运算）

$$\begin{aligned}&\left(\sum_{n=0}^{\infty}a_nx^n\right)\cdot\left(\sum_{n=0}^{\infty}b_nx^n\right)\\&=a_0b_0+(a_0b_1+a_1b_0)x+(a_0b_2+a_1b_1+a_2b_0)x^2+\cdots\\&\quad+(a_0b_n+a_1b_{n-1}+\cdots+a_nb_0)x^n+\cdots.\end{aligned}$$

性质 3（和函数连续性） 幂级数$\sum\limits_{n=0}^{\infty}a_nx^n$ 的和函数 $s_1(x)$ 在其收敛域上连续.

性质 4（逐项微分运算）　幂级数 $\sum_{n=0}^{\infty} a_n x^n$ 的和函数 $s_1(x)$ 在其收敛区间 $(-R_1, R_1)$ 内可导，并且有逐项求导公式

$$s'(x) = \left(\sum_{n=0}^{\infty} a_n x^n\right)' = \sum_{n=0}^{\infty} (a_n x^n)' = \sum_{n=1}^{\infty} n a_n x^{n-1} \ (|x| < R),$$

且逐项求导后所得到的幂级数和原级数有相同的收敛半径.

性质 5（逐项积分运算）　幂级数 $\sum_{n=0}^{\infty} a_n x^n$ 的和函数 $s(x)$ 在其收敛区间 $(-R, R)$ 上可积，并且有逐项积分公式

$$\int_0^x s(x)\mathrm{d}x = \int_0^x \left(\sum_{n=0}^{\infty} a_n x^n\right)\mathrm{d}x = \sum_{n=0}^{\infty} \int_0^x a_n x^n \mathrm{d}x = \sum_{n=0}^{\infty} \frac{a_n}{n+1} x^{n+1} \ (|x| < R),$$

且逐项积分后所得到的幂级数和原级数有相同的收敛半径.

例 5　求幂级数 $\sum_{n=0}^{\infty} \frac{1}{n+1} x^n$ 的和函数.

解　由

$$\lim_{n\to\infty} \left|\frac{a_{n+1}}{a_n}\right| = \lim_{n\to\infty} \frac{n+1}{n+2} = 1,$$

得收敛半径 $R = 1$.

当 $x = 1$ 时，幂级数成为 $\sum_{n=0}^{\infty} \frac{1}{n+1}$，是发散的；当 $x = -1$ 时，幂级数成为 $\sum_{n=0}^{\infty} \frac{(-1)^n}{n+1}$，是收敛的交错级数. 因此，幂级数的收敛域为 $[-1, 1)$.

设和函数为 $s(x)$，即 $s(x) = \sum_{n=0}^{\infty} \frac{1}{n+1} x^n$，$x \in [-1, 1)$，显然 $s(0) = 1$.

因为

$$[xs(x)]' = \sum_{n=0}^{\infty} \left(\frac{1}{n+1} x^{n+1}\right)' = \sum_{n=0}^{\infty} x^n = \frac{1}{1-x},$$

对上式从 0 到 x 积分，得

$$xs(x) = \int_0^x \frac{1}{1-x} \mathrm{d}x = -\ln(1-x),$$

于是，当 $x \neq 0$ 时，有

$$s(x) = -\frac{1}{x}\ln(1-x).$$

从而

$$s(x) = \begin{cases} -\dfrac{1}{x}\ln(1-x), & -1 \leqslant x < 0 \text{ 或 } 0 < x < 1 \\ 1, & x = 0 \end{cases}.$$

例 6　求级数 $\sum_{n=0}^{\infty} \frac{(-1)^n}{n+1}$ 的和.

解　考虑幂级数 $\sum_{n=0}^{\infty} \frac{1}{n+1} x^n$，此级数在 $[-1, 1)$ 上收敛，设其和函数为 $s(x)$，则 $s(-1) = \sum_{n=0}^{\infty} \frac{(-1)^n}{n+1}$.

在例 5 中已得到 $s(x) = -\frac{1}{x}\ln(1-x)$，于是 $s(-1) = \ln 2$，即 $\sum_{n=0}^{\infty} \frac{(-1)^n}{n+1} = \ln 2$.

习题 11.3

1. 求下列幂级数的收敛区间.

(1) $\sum_{n=1}^{\infty}\frac{n^2}{n!}x^n$；　　(2) $\sum_{n=1}^{\infty}(-1)^n\frac{2^n}{\sqrt{n}}x^n$；

(3) $\sum_{n=1}^{\infty}n^n x^n$；　　(4) $\sum_{n=1}^{\infty}\frac{x^{2n+1}}{3^n}$；

(5) $\sum_{n=1}^{\infty}\frac{(-1)^n}{2n+1}x^{2n+1}$；　　(6) $\sum_{n=1}^{\infty}\frac{(x-5)^n}{\sqrt{n}}$.

2. 求下列幂级数的和函数.

(1) $\sum_{n=0}^{\infty}(-1)^n\frac{x^{n+1}}{n+1}$；　　(2) $\sum_{n=0}^{\infty}nx^n$；　　(3) $\sum_{n=0}^{\infty}\frac{x^n}{2^n}$.

3. 求级数 $\sum_{n=2}^{\infty}\frac{1}{2^n(n^2-1)}$ 的和.

11.4　函数的幂级数展开式

一、函数展开成幂级数

在许多应用中，常常需要用 n 次多项式来表示给定函数 $f(x)$，即要寻找一个幂级数，使这个幂级数的和函数恰好为 $f(x)$. 这一问题称为把函数 $f(x)$ 展开成幂级数.

1. 直接展开法

若函数 $f(x)$ 为幂级数 $\sum_{n=0}^{\infty}a_n(x-x_0)^n$ 在 (x_0-R, x_0+R) 内的和函数，即

$$f(x)=\sum_{n=0}^{\infty}a_n(x-x_0)^n,\ x\in(x_0-R, x_0+R),\tag{11-3}$$

则称函数 $f(x)$ 在点 x_0 处可展开成幂级数，或称（11-3）式的右端为函数 $f(x)$ 在点 $x=x_0$ 处的**幂级数展开式**.

由幂级数和函数的性质知，若（11-3）式成立，则在 $x=x_0$ 的邻域内，$f(x)$ 有任意阶的导数，且

$$f^{(k)}(x)=\sum_{n=k}^{\infty}n(n-1)\cdots(n-k+1)a_n(x-x_0)^{n-k}.$$

由此可以得到

$$f(x_0)=a_0,\ f'(x_0)=a_1,\ f''(x_0)=2!a_2,\ \cdots,\ f^{(k)}(x_0)=k!a_k,$$

即 $a_k=\frac{1}{k!}f^{(k)}(x_0)\ (k=0, 1, 2, \cdots)$.

由此可知，若 $f(x)$ 在点 x_0 处可展开成幂级数，则 $f(x)$ 在点 x_0 的邻域内必有任意阶导数，且其展开式为

$$f(x)=f(x_0)+f'(x_0)(x-x_0)+\frac{f''(x_0)}{2!}(x-x_0)^2+\cdots+\frac{f^{(n)}(x_0)}{n!}(x-x_0)^n+\cdots \quad (11-4)$$

(11－4) 式称为 $f(x)$ 在点 x_0 处的**泰勒展开式**，(11－4) 式右端的幂级数称为 $f(x)$ 在点 x_0 处的**泰勒级数**.

显然，当 $x=x_0$ 时，$f(x)$ 的泰勒级数收敛于 $f(x_0)$，但除了 $x=x_0$ 外，$f(x)$ 的泰勒级数是否收敛？如果收敛，它是否一定收敛于 $f(x)$？关于这些问题，有如下定理.

定理 1　设函数 $f(x)$ 在点 x_0 的某一邻域 $U(x_0)$ 内具有各阶导数，则 $f(x)$ 在该邻域内能展开成泰勒级数的充要条件是：$f(x)$ 的泰勒公式中的余项 $R_n(x)=\frac{f^{(n+1)}(\xi)}{(n+1)!}(x-x_0)^{n+1}$（其中 ξ 在 x 与 x_0 之间）当 $n\to 0$ 时的极限为零，即

$$\lim_{n\to\infty}R_n(x)=0 \quad (x\in U(x_0)).$$

证　先证必要性. 设 $f(x)$ 在 $U(x_0)$ 内能展开为泰勒级数，即

$$f(x)=f(x_0)+f'(x_0)(x-x_0)+\frac{f''(x_0)}{2!}(x-x_0)^2+\cdots+\frac{f^{(n)}(x_0)}{n!}(x-x_0)^n+\cdots,$$

又设 $s_{n+1}(x)$ 是 $f(x)$ 的泰勒级数的前 $n+1$ 项的和，则在 $U(x_0)$ 内

$$s_{n+1}(x)\to f(x)(n\to\infty),$$

而 $f(x)$ 的 n 阶泰勒公式可写成

$$f(x)=s_{n+1}(x)+R_n(x),$$

于是

$$R_n(x)=f(x)-s_{n+1}(x)\to 0(n\to\infty).$$

再证充分性. 设对一切 $x\in U(x_0)$，$R_n(x)\to 0(n\to\infty)$ 成立，于是

$$s_{n+1}(x)=f(x)-R_n(x)\to f(x),$$

即 $f(x)$ 的泰勒级数在 $U(x_0)$ 内收敛，并且收敛于 $f(x)$.

由此可见，$f(x)$ 与其泰勒级数的和函数 $s(x)$ 在 x_0 的邻域内近似相等，但若 $f(x)$ 是初等函数，则 $f(x)=s(x)$. 也就是说，初等函数的幂级数展开式就是泰勒展开式. 因而，把初等函数 $f(x)$ 展开成关于 $x-x_0$ 的幂级数的一般步骤如下：

(1) 求出 $f(x)$ 的各阶导数 $f'(x)$，$f''(x)$，…，$f^{(n)}(x)$，…；

(2) 代入 x_0，计算出 $f^{(k)}(x_0)$ $(k=1,2,\cdots)$，写出泰勒展开式 (11－4)；

(3) 求出收敛半径 R 及 $f(x)$ 存在任意阶导数的区间 (x_0-L,x_0+L)，令 $r=\min(L,R)$，则展开式 (11－4) 在 (x_0-r,x_0+r) 内成立；

(4) 讨论端点 $x=x_0-r$ 与 $x=x_0+r$ 的情况，在级数收敛且 $f(x)$ 有定义的端点，展开式 (11－4) 也成立.

在展开式 (11－4) 中，若令 $x_0=0$，则 $f(x)$ 的展开式为

$$f(x)=f(0)+f'(0)x+\frac{f''(0)}{2!}x^2+\cdots+\frac{f^{(n)}(0)}{n!}x^n+\cdots \quad (-R<x<R) \quad (11-5)$$

(11 - 5) 式称为 $f(x)$ 的**麦克劳林展开式**，(11 - 5) 式右端的幂级数称为 $f(x)$ 的**麦克劳林级数**.

如果 $f(x)$ 能展开成 x 的幂级数，那么这种展式是唯一的，它一定与 $f(x)$ 的麦克劳林级数一致. 这是因为，如果 $f(x)$ 在点 $x_0=0$ 的某邻域$(-R, R)$ 内能展开成 x 的幂级数，即

$$f(x)=a_0+a_1x+a_2x^2+\cdots+a_nx^n+\cdots,$$

那么根据幂级数在收敛区间内可以逐项求导，有

$$f'(x)=a_1+2a_2x+3a_3x^2+\cdots+na_nx^{n-1}+\cdots,$$

$$f''(x)=2!a_2+3\cdot 2a_3x+\cdots+n\cdot(n-1)a_nx^{n-2}+\cdots,$$

$$\cdots$$

$$f^{(n)}(x)=n!a_n+(n+1)n(n-1)\cdots 2a_{n+1}x+\cdots,$$

于是得 $a_0=f(0)$，$a_1=f'(0)$，$a_2=\dfrac{f''(0)}{2!}$，$\cdots$，$a_n=\dfrac{f^{(n)}(0)}{n!}$，$\cdots$.

注意： 如果 $f(x)$ 能展开成 x 的幂级数，那么这个幂级数就是 $f(x)$ 的麦克劳林级数. 但是，反过来如果 $f(x)$ 的麦克劳林级数在点 $x_0=0$ 的某邻域内收敛，它却不一定收敛于 $f(x)$. 因此，如果 $f(x)$ 在点 $x_0=0$ 处具有各阶导数，则 $f(x)$ 的麦克劳林级数虽然能作出来，但这个级数是否在某个区间内收敛，以及是否收敛于 $f(x)$ 却需要进一步考察.

例 1 将函数 $f(x)=e^x$ 展开成 x 的幂级数.

解 因为 $f^{(n)}(x)=e^x(n=1, 2, \cdots)$，所以 $f^{(0)}(x)=e^0=1(n=1, 2, \cdots)$，于是得级数

$$1+x+\frac{1}{2!}x^2+\cdots\frac{1}{n!}x^n+\cdots.$$

由于 $\lim\limits_{n\to\infty}\left|\dfrac{a_{n+1}}{a_n}\right|=\lim\limits_{n\to\infty}\dfrac{1}{n+1}=0$，所以 $R=+\infty$.

对于任何有限的数 x、ξ(ξ 介于 0 与 x 之间)，有

$$|R_n(x)|=\left|\frac{e^{\xi}}{(n+1)!}x^{n+1}\right|<e^{|x|}\cdot\frac{|x|^{n+1}}{(n+1)!},$$

而 $\lim\limits_{n\to\infty}\dfrac{|x|^{n+1}}{(n+1)!}=0$，所以 $\lim\limits_{n\to\infty}|R_n(x)|=0$，从而得 e^x 的展开式

$$e^x=\sum_{n=0}^{\infty}\frac{x^n}{n!}=1+x+\frac{1}{2!}x^2+\cdots\frac{1}{n!}x^n+\cdots(-\infty<x<+\infty). \tag{11 - 6}$$

例 2 将函数 $f(x)=\sin x$ 展开成 x 的幂级数.

解 因为 $f^{(n)}(x)=\sin\left(x+n\cdot\dfrac{\pi}{2}\right)(n=1, 2, \cdots)$，

所以 $f^{(n)}(0)$ 依次循环地取 $0, 1, 0, -1, \cdots(n=0, 1, 2, \cdots)$，于是得级数

$$x-\frac{x^3}{3!}+\frac{x^5}{5!}-\cdots+(-1)^{n-1}\frac{x^{2n-1}}{(2n-1)!}+\cdots.$$

易得其收敛半径为 $R=+\infty$，

对于任何有限的数 x、ξ(ξ 介于 0 与 x 之间)，有

$$|R_n(x)|=\left|\frac{\sin[\xi+\frac{(n+1)\pi}{2}]}{(n+1)!}x^{n+1}\right|\leqslant\frac{|x|^{n+1}}{(n+1)!}\to 0 \quad (n\to\infty).$$

因此得 $\sin x$ 的展开式

$$\sin x=\sum_{n=0}^{\infty}\frac{(-1)^n x^{2n+1}}{(2n+1)!}=x-\frac{x^3}{3!}+\frac{x^5}{5!}-\cdots+(-1)^n\frac{x^{2n+1}}{(2n+1)!}+\cdots(-\infty<x<+\infty). \tag{11-7}$$

同理可得

$$\cos x=\sum_{n=0}^{\infty}\frac{(-1)^n x^{2n}}{(2n)!}=1-\frac{x^2}{2!}+\frac{x^4}{4!}-\cdots+(-1)^n\frac{x^{2n}}{(2n)!}+\cdots(-\infty<x<+\infty). \tag{11-8}$$

例 3　将函数 $f(x)=(1+x)^m$ 展开成 x 的幂级数，其中 m 为任意常数.

解　$f(x)$ 的各阶导数为

$$f'(x)=m(1+x)^{m-1},\ f''(x)=m(m-1)(1+x)^{m-2},\ \cdots,$$

$$f^{(n)}(x)=m(m-1)\cdots(m-n+1)(1+x)^{m-n}(n=1,2,3,\cdots),$$

所以 $f(0)=1$，$f'(0)=m$，$f''(0)=m(m-1)$，…，$f^{(n)}(0)=m(m-1)\cdots(m-n+1)$.

于是得幂级数

$$1+mx+\frac{m(m-1)}{2!}x^2+\cdots+\frac{m(m-1)\cdots(m-n+1)}{n!}x^n+\cdots.$$

可以证明

$$(1+x)^m=1+mx+\frac{m(m-1)}{2!}x^2+\cdots+\frac{m(m-1)\cdots(m-n+1)}{n!}x^n+\cdots\quad(-1<x<1). \tag{11-9}$$

在端点 $x=\pm1$ 处是否成立要看 m 的值而定.

2. 间接展开法

利用泰勒或麦克劳林展开式把初等函数展开成幂级数的方法称为**直接展开法**. 但它需要求出函数的各阶导数，有时计算量很大. 其实我们可以用已知的一些函数的展开式，运用幂级数的运算性质（四则运算、逐项微分、积分）及变量替换，将函数展开成幂级数，这种方法称为**间接展开法**.

例 4　将函数 $f(x)=\dfrac{1}{1+x^2}$ 展开成 x 的幂级数.

解　因为

$$\frac{1}{1-x}=1+x+x^2+\cdots+x^n+\cdots\quad(-1<x<1),$$

把 x 换成 $-x^2$，得

$$\frac{1}{1+x^2}=1-x^2+x^4-\cdots+(-1)^n x^{2n}+\cdots\quad(-1<x<1).$$

注意：收敛半径由 $-1<-x^2<1$ 得 $-1<x<1$.

例 5　将函数 $f(x)=\ln(1+x)$ 展开成 x 的幂级数.

解　因为 $f'(x)=\dfrac{1}{1+x}=\displaystyle\sum_{n=0}^{\infty}(-1)^n x^n=1-x+x^2-x^3+\cdots+(-1)^n x^n+\cdots(-1<x<1)$，所以将上式从 0 到 x 逐项积分，得

$$\ln(1+x)=\int_0^x \frac{1}{1+x}\mathrm{d}x = x-\frac{x^2}{2}+\frac{x^3}{3}-\frac{x^4}{4}+\cdots+(-1)^n\frac{x^{n+1}}{n+1}+\cdots \quad (-1<x\leqslant 1).$$

上述展开式对 $x=1$ 也成立，这是因为上式右端的幂级数当 $x=1$ 时收敛，而 $\ln(1+x)$ 在 $x=1$ 处有定义且连续.

例 6 将函数 $f(x)=\dfrac{1}{x^2+4x+3}$ 展开成 $(x-1)$ 的幂级数.

解 因为 $f(x)=\dfrac{1}{x^2+4x+3}=\dfrac{1}{(x+1)(x+3)}=\dfrac{1}{2(1+x)}-\dfrac{1}{2(3+x)}=$ $\dfrac{1}{4\left(1+\dfrac{x-1}{2}\right)}-\dfrac{1}{8\left(1+\dfrac{x-1}{4}\right)}$，而

$$\frac{1}{1+\dfrac{x-1}{2}}=\sum_{n=0}^{\infty}(-1)^n\frac{(x-1)^n}{2^n}\quad\left(-1<\frac{x-1}{2}<1\right),$$

$$\frac{1}{1+\dfrac{x-1}{4}}=\sum_{n=0}^{\infty}(-1)^n\frac{(x-1)^n}{4^n}\quad\left(-1<\frac{x-1}{4}<1\right),$$

所以

$$\begin{aligned} f(x)&=\frac{1}{4}\sum_{n=0}^{\infty}(-1)^n\frac{(x-1)^n}{2^n}-\frac{1}{8}\sum_{n=0}^{\infty}(-1)^n\frac{(x-1)^n}{4^n}\\ &=\sum_{n=0}^{\infty}(-1)^n\left(\frac{1}{2^{n+2}}-\frac{1}{2^{2n+3}}\right)(x-1)^n\quad(-1<x<3). \end{aligned}$$

例 7 将函数 $f(x)=\sin x$ 展开成 $\left(x-\dfrac{\pi}{4}\right)$ 的幂级数.

解 因为

$$\sin x=\sin\left[\frac{\pi}{4}+\left(x-\frac{\pi}{4}\right)\right]=\frac{\sqrt{2}}{2}\left[\cos\left(x-\frac{\pi}{4}\right)+\sin\left(x-\frac{\pi}{4}\right)\right],$$

而

$$\cos\left(x-\frac{\pi}{4}\right)=1-\frac{1}{2!}\left(x-\frac{\pi}{4}\right)^2+\frac{1}{4!}\left(x-\frac{\pi}{4}\right)^4-\cdots\quad(-\infty<x<+\infty),$$

$$\sin\left(x-\frac{\pi}{4}\right)=\left(x-\frac{\pi}{4}\right)-\frac{1}{3!}\left(x-\frac{\pi}{4}\right)^3+\frac{1}{5!}\left(x-\frac{\pi}{4}\right)^5-\cdots\quad(-\infty<x<+\infty),$$

所以

$$\sin x=\frac{\sqrt{2}}{2}\left[1+\left(x-\frac{\pi}{4}\right)-\frac{1}{2!}\left(x-\frac{\pi}{4}\right)^2-\frac{1}{3!}\left(x-\frac{\pi}{4}\right)^3+\cdots\right]\quad(-\infty<x<+\infty).$$

二、函数的幂级数展开式的应用*

1. 近似计算

利用函数的幂级数展开式，可以进行近似计算，即在展开式有效的区间上，函数值可以近似地利用这个级数按精确度要求计算出来.

例 8　计算 $\sqrt[5]{240}$ 的近似值，要求误差不超过 0.000 1.

解　因为 $\sqrt[5]{240}=\sqrt[5]{243-3}=3\left(1-\frac{1}{3^4}\right)^{1/5}$，所以在 (10.9) 式中取 $m=\frac{1}{5}$，$x=-\frac{1}{3^4}$，即得

$$\sqrt[5]{240}=3\left(1-\frac{1}{5}\cdot\frac{1}{3^4}-\frac{1\cdot 4}{5^2\cdot 2!}\cdot\frac{1}{3^8}-\frac{1\cdot 4\cdot 9}{5^3\cdot 3!}\cdot\frac{1}{3^{12}}-\cdots\right).$$

这个级数收敛很快. 取前两项的和作为 $\sqrt[5]{240}$ 的近似值，其误差(也叫做截断误差) 为

$$|r_2|=3\left(\frac{1\cdot 4}{5^2\cdot 2!}\cdot\frac{1}{3^8}+\frac{1\cdot 4\cdot 9}{5^3\cdot 3!}\cdot\frac{1}{3^{12}}+\frac{1\cdot 4\cdot 9\cdot 14}{5^4\cdot 4!}\cdot\frac{1}{3^{16}}+\cdots\right)$$
$$<3\cdot\frac{1\cdot 4}{5^2\cdot 2!}\cdot\frac{1}{3^8}\left[1+\frac{1}{81}+\left(\frac{1}{81}\right)^2+\cdots\right]=\frac{6}{25}\cdot\frac{1}{3^8}\cdot\frac{1}{1-\frac{1}{81}}$$
$$=\frac{1}{25\cdot 27\cdot 40}<\frac{1}{20\ 000}.$$

于是取近似式为 $\sqrt[5]{240}\approx 3\left(1-\frac{1}{5}\cdot\frac{1}{3^4}\right)$.

为了使“四舍五入”引起的误差（叫做舍入误差）与截断误差之和不超过 10^{-4}，计算时应取五位小数，然后四舍五入. 因此最后得 $\sqrt[5]{240}\approx 2.992\ 6$.

例 9　计算 ln2 的近似值，要求误差不超过 0.000 1.

解　在 (11－10) 式中，令 $x=1$ 可得

$$\ln 2=1-\frac{1}{2}+\frac{1}{3}-\cdots+(-1)^{n-1}\frac{1}{n}+\cdots.$$

如果取这级数前 n 项和作为 ln2 的近似值，其误差为 $|r_n|\leqslant\frac{1}{n+1}$.

为了保证误差不超过 10^{-4}，就需要取级数的前 10 000 项进行计算. 这样做计算量太大了，我们必须用收敛较快的级数来代替它.

把展开式

$$\ln(1+x)=x-\frac{x^2}{2}+\frac{x^3}{3}-\frac{x^4}{4}+\cdots+(-1)^n\frac{x^{n+1}}{n+1}+\cdots(-1<x\leqslant 1)$$

中的 x 换成 $-x$，得

$$\ln(1-x)=-x-\frac{x^2}{2}-\frac{x^3}{3}-\frac{x^4}{4}-\cdots(1\leqslant x<1),$$

两式相减，得到不含有偶次幂的展开式

$$\ln\frac{1+x}{1-x}=\ln(1+x)-\ln(1-x)=2\left(x+\frac{1}{3}x^3+\frac{1}{5}x^5+\cdots\right)(-1<x<1).$$

令 $\frac{1+x}{1-x}=2$，解出 $x=\frac{1}{3}$. 以 $x=\frac{1}{3}$ 代入最后一个展开式，得

$$\ln 2=2\left(\frac{1}{3}+\frac{1}{3}\cdot\frac{1}{3^3}+\frac{1}{5}\cdot\frac{1}{3^5}+\frac{1}{7}\cdot\frac{1}{3^7}+\cdots\right).$$

如果取前四项作为 ln2 的近似值，则误差为

$$|r_4| = 2\left(\frac{1}{9}\cdot\frac{1}{3^9}+\frac{1}{11}\cdot\frac{1}{3^{11}}+\frac{1}{13}\cdot\frac{1}{3^{13}}+\cdots\right) < \frac{2}{3^{11}}\left[1+\frac{1}{9}+\left(\frac{1}{9}\right)^2+\cdots\right]$$
$$= \frac{2}{3^{11}}\cdot\frac{1}{1-\frac{1}{9}} = \frac{1}{4\cdot 3^9} < \frac{1}{700\ 000}.$$

于是取

$$\ln 2 \approx 2\left(\frac{1}{3}+\frac{1}{3}\cdot\frac{1}{3^3}+\frac{1}{5}\cdot\frac{1}{3^5}+\frac{1}{7}\cdot\frac{1}{3^7}\right).$$

同样地，考虑到舍入误差，计算时应取五位小数

$$\frac{1}{3}\approx 0.333\ 33,\ \frac{1}{3}\cdot\frac{1}{3^3}\approx 0.012\ 35,\ \frac{1}{5}\cdot\frac{1}{3^5}\approx 0.000\ 82,\ \frac{1}{7}\cdot\frac{1}{3^7}\approx 0.000\ 07.$$

因此得 $\ln 2 \approx 0.693\ 1$.

例 10 计算积分$\int_0^1 \frac{\sin x}{x}\mathrm{d}x$的近似值，准确到第四位小数.

解 由于$\lim\limits_{x\to 0}\frac{\sin x}{x}=1$，因此所给积分不是反常积分. 如果定义被积函数在 $x=0$ 处的值为 1，则它在积分区间$[0, 1]$上连续.

展开被积函数，有

$$\frac{\sin x}{x} = 1-\frac{x^2}{3!}+\frac{x^4}{5!}-\frac{x^6}{7!}+\cdots \quad (-\infty < x < +\infty).$$

在区间$[0, 1]$上逐项积分，得

$$\int_0^1 \frac{\sin x}{x}\mathrm{d}x = 1-\frac{1}{3\cdot 3!}+\frac{1}{5\cdot 5!}-\frac{1}{7\cdot 7!}+\cdots.$$

因为第四项$\frac{1}{7\cdot 7!}<\frac{1}{30\ 000}$，所以取前三项的和作为积分的近似值

$$\int_0^1 \frac{\sin x}{x}\mathrm{d}x \approx 1-\frac{1}{3\cdot 3!}+\frac{1}{5\cdot 5!} = 0.946\ 1.$$

2. 欧拉公式*

设有复数项级数

$$(u_1+\mathrm{i}v_1)+(u_2+\mathrm{i}v_2)+\cdots+(u_n+\mathrm{i}v_n)+\cdots,$$

其中，u_n，$v_n(n=1, 2, 3, \cdots)$为实常数或实函数. 如果实部所成的级数

$$u_1+u_2+\cdots+u_n+\cdots$$

收敛于和 u，并且虚部所成的级数

$$v_1+v_2+\cdots+v_n+\cdots$$

收敛于和 v，就说**复数项级数收敛**，且和为 $u+\mathrm{i}v$.

如果级数$\sum\limits_{n=1}^{\infty}(u_n+iv_n)$的各项的模所构成的级数$\sum\limits_{n=1}^{\infty}\sqrt{u_n^2+v_n^2}$收敛，则称级数$\sum\limits_{n=1}^{\infty}(u_n+iv_n)$**绝对收敛**.

考察复数项级数

$$1+z+\frac{1}{2!}z^2+\cdots+\frac{1}{n!}z^n+\cdots.$$

可以证明此级数在复平面上是绝对收敛的，在 x 轴上它表示指数函数 e^x，在复平面上我们用它来定义**复变量指数函数**，记为 $e^z=e^{x+iy}$，即

$$e^z=1+z+\frac{1}{2!}z^2+\cdots+\frac{1}{n!}z^n+\cdots.$$

当 $x=0$ 时，$z=iy$，于是

$$e^{iy}=1+iy+\frac{1}{2!}(iy)^2+\cdots+\frac{1}{n!}(iy)^n+\cdots=1+iy-\frac{1}{2!}y^2-i\frac{1}{3!}y^3+\frac{1}{4!}y^4+i\frac{1}{5!}y^5-\cdots$$

$$=\left(1-\frac{1}{2!}y^2+\frac{1}{4!}y^4-\cdots\right)+i\left(y-\frac{1}{3!}y^3+\frac{1}{5!}y^5-\cdots\right)=\cos y+i\sin y.$$

把 y 定成 x 得

$$e^{ix}=\cos x+i\sin x,$$

这就是**欧拉公式**.

复数 z 可以表示为 $z=r(\cos\theta+i\sin\theta)=re^{i\theta}$，其中 $r=|z|$ 是 z 的模，$\theta=\arg z$ 是 z 的辐角. 因为 $e^{ix}=\cos x+i\sin x$，$e^{-ix}=\cos x-i\sin x$，所以

$$e^{ix}+e^{-ix}=2\cos x,\ e^{x}-e^{-ix}=2i\sin x,$$

即

$$\cos x=\frac{1}{2}(e^{ix}+e^{-ix}),\ \sin x=\frac{1}{2i}(e^{ix}-e^{-ix}).$$

这两个式子也叫做欧拉公式.

习题 11.4

1. 将下列函数展开成 x 的幂级数，并求展开式成立的区间.

(1) xe^{-x^2}；　(2) $\sin^2 x$；　(3) $\dfrac{x^3}{1-x^2}$；　(4) $\dfrac{1}{\sqrt{1-x^2}}$.

2. 将 $f(x)=\dfrac{1}{3-x}$ 分别展开成 $(x-1)$ 和 $(x-2)$ 的幂级数.

3. 将 $f(x)=\dfrac{1}{x^2+3x+2}$ 展开成 $(x+4)$ 的幂级数.

4. 利用函数的幂级数展开式求下列各数的近似值.

(1) $\sqrt[3]{e}$（误差不超过 0.000 1）；

(2) $\ln 5$（误差不超过 0.001）；

(3) $\sqrt[9]{522}$（误差不超过 0.000 01）.

5. 利用被积函数的幂级数展开式求定积分 $\dfrac{2}{\sqrt{\pi}}\displaystyle\int_0^{\frac{1}{2}}e^{-x^2}dx$ 的近似值（误差不超过 0.000 1，取 $\dfrac{1}{\sqrt{\pi}}\approx 0.564\ 19$）.

11.5 傅里叶级数

由三角函数列组成的级数称为三角级数，它们在声学、光学、热力学、电学等领域有着广泛的应用．本节在讨论这类级数敛散性的基础上，主要研究如何将函数展开成三角级数．

一、三角级数及三角函数系的正交性

在自然界和工程技术中，经常会遇到周期运动．最常见而又简单的周期运动是由正弦函数 $y = A\sin(\omega t + \varphi)$ 描述的简谐振动，其中 A 为振幅，φ 为初相角，ω 为角频率．该简谐振动的周期为 $T = \dfrac{2\pi}{\omega}$.

在实际问题中，还会遇到一些较为复杂的周期运动，它们可分解为许多不同频率的简谐振动的叠加

$$f(x) = A_0 + \sum_{n=1}^{\infty} A_n \sin(n\omega t + \varphi_n),$$

其中，A_0、A_n、$\varphi_n (n = 1, 2, \cdots)$ 是常数．

将正弦函数 $\sin(n\omega t + \varphi_n)$ 按三角公式展开得

$$\sin(n\omega t + \varphi_n) = \sin\varphi_n \cos n\omega t + \cos\varphi_n \sin n\omega t.$$

所以

$$A_0 + \sum_{n=1}^{\infty} A_n \sin(n\omega t + \varphi_n) = A_0 + \sum_{n=1}^{\infty} (A_n \sin\varphi_n \cos n\omega t + A_n \cos\varphi_n \sin n\omega t).$$

令 $A_0 = \dfrac{a_0}{2}$，$A_n \sin\varphi_n = a_n$，$A_n \cos\varphi_n = b_n$，$x = \omega t$ 上式又可写成

$$\frac{a_0}{2} + \sum_{n=1}^{\infty} (a_n \cos nx + b_n \sin nx).$$

它就是由**三角函数系**

$$\{1, \cos x, \sin x, \cos 2x, \sin 2x, \cdots, \cos nx, \sin nx, \cdots\}$$

组成的一般形式的三角级数．

定理 1 三角函数系中任意两个不同函数的乘积在 $[-\pi, \pi]$ 上的积分等于 0，即

$$\int_{-\pi}^{\pi} 1 \cdot \cos nx \,dx = 0 (n = 1, 2, \cdots);$$

$$\int_{-\pi}^{\pi} 1 \cdot \sin nx \,dx = 0 (n = 1, 2, \cdots);$$

$$\int_{-\pi}^{\pi} \cos kx \cos nx \,dx = 0 (k, n = 1, 2, \cdots, k \neq n);$$

$$\int_{-\pi}^{\pi} \sin kx \sin nx \,dx = 0 (k, n = 1, 2, \cdots, k \neq n);$$

$$\int_{-\pi}^{\pi} \cos kx \sin nx \,dx = 0 (k, n = 1, 2, \cdots).$$

这一性质称为**三角函数系的正交性**.

事实上，根据三角函数的周期性，这些等式在任何长度为 2π 的区间上都成立．但在三角函数系中两个相同函数的乘积在 $[-\pi,\pi]$ 上的积分不等于 0，如

$$\int_{-\pi}^{\pi} 1\cdot 1\mathrm{d}x = 2\pi,$$

$$\int_{-\pi}^{\pi} \cos^2 nx\,\mathrm{d}x = \pi(n=1,2,\cdots),$$

$$\int_{-\pi}^{\pi} \sin^2 nx\,\mathrm{d}x = \pi(n=1,2,\cdots).$$

二、函数展开成傅里叶级数

1. 将周期为 2π 的函数展开成傅里叶级数

设 $f(x)$ 是周期为 2π 的周期函数，且能展开成三角级数

$$f(x) = \frac{a_0}{2} + \sum_{n=1}^{\infty}(a_n\cos nx + b_n\sin nx), \tag{11-10}$$

设该三角级数可逐项积分，则

$$\int_{-\pi}^{\pi} f(x)\mathrm{d}x = \frac{a_0}{2}\int_{-\pi}^{\pi}\mathrm{d}x + \sum_{n=1}^{\infty}\left(a_n\int_{-\pi}^{\pi}\cos nx\,\mathrm{d}x + b_n\int_{-\pi}^{\pi}\sin nx\,\mathrm{d}x\right) = a_0\pi,$$

所以

$$a_0 = \frac{1}{\pi}\int_{-\pi}^{\pi} f(x)\mathrm{d}x. \tag{11-11}$$

用 $\cos kx$ 同乘（11－10）式两端，再逐项积分可得

$$\begin{aligned}\int_{-\pi}^{\pi} f(x)\cos kx\,\mathrm{d}x &= \frac{a_0}{2}\int_{-\pi}^{\pi}\cos kx\,\mathrm{d}x + \sum_{n=1}^{\infty}\left(a_n\int_{-\pi}^{\pi}\cos kx\cos nx\,\mathrm{d}x + b_n\int_{-\pi}^{\pi}\cos kx\sin nx\,\mathrm{d}x\right)\\ &= a_n\int_{-\pi}^{\pi}\cos^2 nx\,\mathrm{d}x = a_n\pi,\end{aligned}$$

所以

$$a_n = \frac{1}{\pi}\int_{-\pi}^{\pi} f(x)\cos nx\,\mathrm{d}x(n=1,2,\cdots). \tag{11-12}$$

类似地，用 $\sin kx$ 同乘（11－10）式两端，再逐项积分可得

$$b_n = \frac{1}{\pi}\int_{-\pi}^{\pi} f(x)\sin nx\,\mathrm{d}x(n=1,2,\cdots). \tag{11-13}$$

如果（11－11）、（11－12）、（11－13）式中的积分都存在，则系数 a_0、a_n、$b_n(n=1,2,\cdots)$ 称为函数 $f(x)$ 的**傅里叶系数**，此时三角级数

$$\frac{a_0}{2} + \sum_{n=1}^{\infty}(a_n\cos nx + b_n\sin nx)$$

称为**傅里叶级数**.

一个在 $(-\infty,+\infty)$ 上以 2π 为周期的函数 $f(x)$，只要它在一个周期上可积，就能用（11－11）、（11－12）、（11－13）式确定它的傅里叶系数 a_0、a_n、$b_n(n=1,2,\cdots)$，从而确定它的傅里叶级数．但是，函数 $f(x)$ 的傅里叶级数是否一定收敛？如果收敛，是否一定收敛于函数

$f(x)$？一般来说，这两个问题的答案都不是肯定的.

事实上对于傅里叶级数的收敛性有如下定理.

定理2（狄利克雷收敛定理） 设以 2π 为周期的函数 $f(x)$ 在 $[-\pi, \pi]$ 上满足狄利克雷条件：

(1) 连续或仅有有限个第一类间断点；

(2) 至多只有有限个极值点，

则 $f(x)$ 的傅里叶级数在 $[-\pi, \pi]$ 上收敛，并且当 x 为 $f(x)$ 的连续点时，$f(x)$ 的傅里叶级数收敛于 $f(x)$；当 x 为 $f(x)$ 的间断点时，$f(x)$ 的傅里叶级数收敛于 $\dfrac{f(x^+)+f(x^-)}{2}$.

证明略.

这个定理告诉我们：若函数 $f(x)$ 满足收敛条件，则 $f(x)$ 得傅里叶级数在连续点收敛于函数值本身，在第一类间断点收敛于它左右极限的算术平均值.

注意： 函数展成傅里叶级数的条件比展成幂级数的条件低得多.

例1 设 $f(x)$ 是周期为 2π 的周期函数，它在 $[-\pi, \pi)$ 上的表达式为

$f(x)=\begin{cases}-1, & -\pi \leqslant x<0 \\ 1, & 0 \leqslant x<\pi\end{cases}$（如图 11.1），将 $f(x)$ 展开成傅里叶级数.

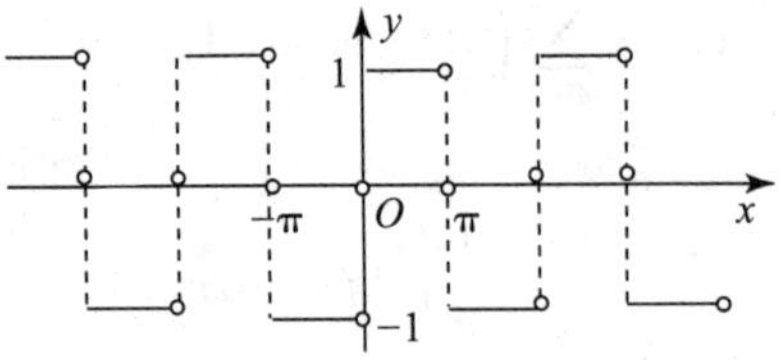

图 11.1

解 易知函数 $f(x)$ 在 $x=k\pi(k=0, \pm 1, \pm 2, \cdots)$ 处不连续，在其他点处处连续，由收敛定理知 $f(x)$ 的傅里叶级数收敛，当 $x=k\pi$ 时收敛于 $\dfrac{-1+1}{2}=0$；当 $x \neq k\pi$ 时收敛于 $f(x)$. 其傅里叶系数为

$$
\begin{aligned}
a_n &= \frac{1}{\pi}\int_{-\pi}^{\pi} f(x)\cos nx\,\mathrm{d}x \\
&= \frac{1}{\pi}\int_{-\pi}^{0}(-1)\cos nx\,\mathrm{d}x+\frac{1}{\pi}\int_{0}^{\pi} 1\cdot\cos nx\,\mathrm{d}x \\
&= 0(n=0, 1, 2, \cdots), \\
b_n &= \frac{1}{\pi}\int_{-\pi}^{\pi} f(x)\sin nx\,\mathrm{d}x \\
&= \frac{1}{\pi}\int_{-\pi}^{0}(-1)\sin nx\,\mathrm{d}x+\frac{1}{\pi}\int_{0}^{\pi} 1\cdot\sin nx\,\mathrm{d}x \\
&= \frac{1}{\pi}\left[\frac{\cos nx}{n}\right]_{-\pi}^{0}+\frac{1}{\pi}\left[-\frac{\cos nx}{n}\right]_{0}^{\pi}=\frac{2}{n\pi}[1-\cos n\pi] \\
&= \frac{2}{n\pi}[1-(-1)^n]
\end{aligned}
$$

$$=\begin{cases}\dfrac{4}{n\pi},\ n=1,\ 3,\ 5,\ \cdots\\ 0,\ n=2,\ 4,\ 6,\ \cdots\end{cases},$$

所以 $f(x)$ 的傅里叶级数展开式为

$$f(x)=\frac{4}{\pi}\left[\sin x+\frac{\sin 3x}{3}+\cdots+\frac{\sin(2k-1)x}{2k-1}+\cdots\right]$$

$$(-\infty<x<+\infty,\ x\neq 0,\ \pm\pi,\ \pm 2\pi,\ \cdots)$$

对于只定义在$(-\pi,\ \pi]$（或$[-\pi,\ \pi)$）上的函数 $f(x)$，可在$(-\pi,\ \pi]$以外的区间按函数在$(-\pi,\ \pi]$上的对应关系作周期延拓，得到定义在$(-\infty,\ +\infty)$上以 2π 为周期的函数 $F(x)$. 先将 $F(x)$ 展开成傅里叶级数，再将 x 限制在 $f(x)$ 的定义域内，便得到 $f(x)$ 的傅里叶级数展开式.

例 2　将函数 $f(x)=\begin{cases}-x,\ -\pi\leqslant x<0\\ x,\ 0\leqslant x\leqslant\pi\end{cases}$ 展开成傅里叶级数.

解　将函数 $f(x)$ 延拓成以 2π 为周期的函数 $F(x)$（如图 11.2），显然 $F(x)$ 处处连续，其傅里叶系数为

$$a_0=\frac{1}{\pi}\int_{-\pi}^{\pi}F(x)\mathrm{d}x=\frac{1}{\pi}\int_{-\pi}^{\pi}f(x)\mathrm{d}x$$

$$=\frac{2}{\pi}\int_{0}^{\pi}x\mathrm{d}x=\frac{2}{\pi}\left[\frac{x^2}{2}\right]_0^{\pi}=\pi,$$

$$a_n=\frac{1}{\pi}\int_{-\pi}^{\pi}F(x)\cos nx\,\mathrm{d}x$$

$$=\frac{1}{\pi}\int_{-\pi}^{\pi}f(x)\cos nx\,\mathrm{d}x=\frac{2}{\pi}\int_{0}^{\pi}x\cos nx\,\mathrm{d}x$$

$$=\frac{2}{\pi}\left[\frac{x\sin nx}{n}+\frac{\cos nx}{n^2}\right]_0^{\pi}=\frac{2}{n^2\pi}(\cos n\pi-1)$$

$$=\begin{cases}-\dfrac{3}{(2k-1)^2\pi},\ n=2k-1\\ 0,\ n=2k\end{cases}\quad(k=1,\ 2,\ \cdots)$$

$$b_n=\frac{1}{\pi}\int_{-\pi}^{\pi}F(x)\sin nx\,\mathrm{d}x=\frac{1}{\pi}\int_{-\pi}^{\pi}f(x)\sin nx\,\mathrm{d}x=0,$$

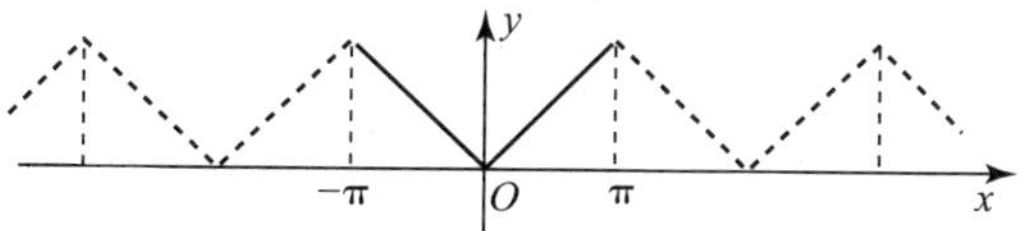

图 11.2

所以 $f(x)$ 的傅里叶级数展开式为

$$f(x)=\frac{\pi}{2}-\frac{4}{\pi}\left(\cos x+\frac{1}{3^2}\cos 3x+\frac{1}{5^2}\cos 5x+\cdots\right).$$

由定积分的对称奇偶性知，若 $f(x)$ 是$(-\pi,\ \pi)$上的奇函数，则有 $a_n=0(n=0,\ 1,$

2，…），$b_n=\frac{2}{\pi}\int_0^{\pi}f(x)\sin nx\,dx(n=1,2,\cdots)$，如例1，这时 $f(x)$ 的傅里叶级数为

$$f(x)=\sum_{n=1}^{\infty}b_n\sin nx.$$

可见，奇函数的傅里叶级数中只含有正弦项，称为**正弦级数**.

类似地，若 $f(x)$ 是 $(-\pi,\pi)$ 上的偶函数，则有 $b_n=0(n=1,2,\cdots)$，$a_n=\frac{2}{\pi}\int_0^{\pi}f(x)\cos nx\,dx(n=0,1,2,\cdots)$，如例2，这时 $f(x)$ 的傅里叶级数为

$$f(x)=\frac{a_0}{2}+\sum_{n=1}^{\infty}a_n\cos nx,$$

偶函数的傅里叶级数中只含有余弦项，称为**余弦级数**.

在实际应用中，常常需要把定义在 $[0,\pi]$ 上且满足收敛定理条件的函数 $f(x)$ 展开成正弦级数或余弦级数.这时，可在开区间 $(-\pi,0)$ 上补充函数 $f(x)$ 的定义，得到定义在 $(-\pi,\pi]$ 上的函数 $F(x)$，使它成为 $(-\pi,\pi)$ 上的奇函数（或偶函数），按这种方式拓广函数定义域的过程成为**奇延拓**（或**偶延拓**）；然后将延拓后的函数展开成傅里叶级数，这个级数必定是正弦级数（或余弦级数）；再限制 x 在 $[0,\pi]$ 内，此时 $F(x)\equiv f(x)$，这样便得到 $f(x)$ 的正弦级数（或余弦级数）的展开式.

注意：一个定义在 $[0,\pi]$ 上且满足收敛定理条件的函数 $f(x)$ 展开成傅里叶级数的形式不唯一，它既可以展开成正弦级数，又可以展开成余弦级数.

例3 将函数 $f(x)=x+1(0\leqslant x\leqslant\pi)$ 分别展开成正弦级数和余弦级数.

解 先求正弦级数，为此对 $f(x)$ 进行奇延拓，如图11.3所示，此时有

$$a_n=0(n=0,1,2,\cdots)$$

$$\begin{aligned}b_n&=\frac{2}{\pi}\int_0^{\pi}f(x)\sin nx\,dx=\frac{2}{\pi}\int_0^{\pi}(x+1)\sin nx\,dx\\&=\frac{2}{\pi}\left[-\frac{x\cos nx}{n}+\frac{\sin nx}{n^2}-\frac{\cos nx}{n}\right]\Bigg|_0^{\pi}\\&=\frac{2}{n\pi}(1-\pi\cos n\pi-\cos n\pi)\\&=\begin{cases}\frac{2}{\pi}\cdot\frac{\pi+2}{2k-1},&n=2k-1\\-\frac{1}{k},&n=2k\end{cases}\quad(k=1,2,\cdots),\end{aligned}$$

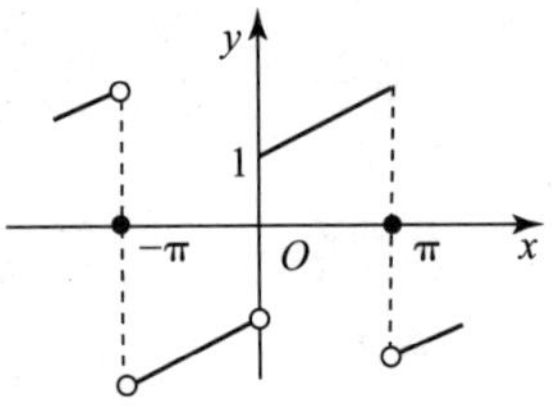

图 11.3

所以 $f(x)$ 的正弦级数为

$$x+1=\frac{2}{\pi}\left[(\pi+2)\sin x-\frac{\pi}{2}\sin 2x+\frac{\pi+2}{3}\sin 3x-\frac{\pi}{4}\sin 4x+\cdots\right]\quad(0<x<\pi),$$

在端点 $x=0$、π 处，级数的和为0，与给定函数 $f(x)=x+1$ 的值不同.

再求余弦级数，为此对 $f(x)$ 进行偶延拓，如图11.4所示，此时有

$$b_n=0\quad(n=1,2,\cdots)$$

$$a_0=\frac{2}{\pi}\int_0^{\pi}(x+1)dx=\frac{2}{\pi}\left(\frac{x^2}{2}+x\right)\Bigg|_0^{\pi}=\pi+2,$$

$$a_n=\frac{2}{\pi}\int_0^{\pi}(x+1)\cos nx\,\mathrm{d}x$$

$$=\frac{2}{\pi}\left[-\frac{x\sin nx}{n}+\frac{\cos nx}{n^2}+\frac{\sin nx}{n}\right]_0^{\pi}=\frac{2}{n^2\pi}(\cos n\pi-1)$$

$$=\begin{cases}-\dfrac{4}{(2k-1)^2\pi},\ n=2k-1\\0,\ n=2k\end{cases}(k=1,2,\cdots).$$

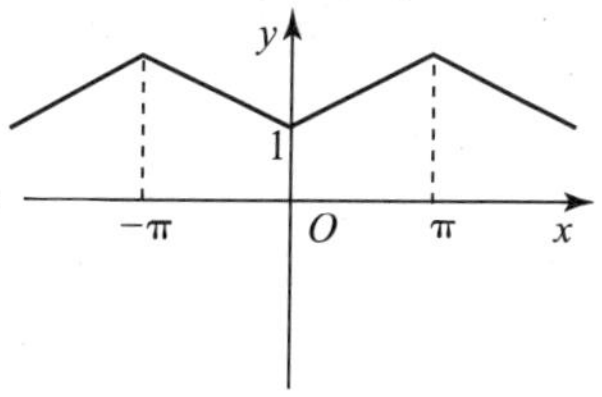

图 11.4

所以 $f(x)$ 的余弦级数为

$$x+1=\frac{\pi}{2}+1-\frac{4}{\pi}\sum_{k=1}^{\infty}\frac{1}{(2k-1)^2}\cos(2k-1)x$$

$$=\frac{\pi}{2}+1-\frac{4}{\pi}\left[\cos x+\frac{1}{3^2}\cos 3x+\frac{1}{5^2}\cos 5x+\cdots\right]\quad(0\leqslant x\leqslant\pi).$$

2. 将周期为 $2l$ 的函数展开成傅里叶级数

设 $f(x)$ 是周期为 $2l$ 的函数，在 $[-l,l]$ 上满足收敛定理的条件．令 $z=\frac{\pi x}{l}$，则 $x\in[-l,l]$ 变成 $z\in[-\pi,\pi]$．再令 $F(z)=f(x)=f\left(\frac{lz}{\pi}\right)$，则

$$F(z+2\pi)=f\left(\frac{l(z+2\pi)}{\pi}\right)=f\left(\frac{lz}{\pi}+2l\right)=f\left(\frac{lz}{\pi}\right)=F(z),$$

所以 $F(z)$ 是周期为 2π 的函数，且在 $[-\pi,\pi]$ 上满足收敛定理的条件，所以 $F(z)$ 的傅里叶级数为

$$F(z)=\frac{a_0}{2}+\sum_{n=1}^{\infty}(a_n\cos nz+b_n\sin nz),$$

其中，

$$a_n=\frac{1}{\pi}\int_{-\pi}^{\pi}F(z)\cos nz\,\mathrm{d}z(n=0,1,2,\cdots),$$

$$b_n=\frac{1}{\pi}\int_{-\pi}^{\pi}F(z)\sin nz\,\mathrm{d}z(n=1,2,3,\cdots).$$

用 $z=\frac{\pi x}{l}$ 代入以上三式，即得 $f(x)$ 的傅里叶级数为

$$f(x)=\frac{a_0}{2}+\sum_{n=1}^{\infty}\left(a_n\cos\frac{n\pi x}{l}+b_n\sin\frac{n\pi x}{l}\right)\ (x\in C),$$

其中，

$$a_n=\frac{1}{l}\int_{-l}^{l}f(x)\cos\frac{n\pi x}{l}\mathrm{d}x(n=0,1,2,\cdots),$$

$$b_n=\frac{1}{l}\int_{-l}^{l}f(x)\sin\frac{n\pi x}{l}\mathrm{d}x(n=1,2,\cdots),$$

$$C=\left\{x\left|\frac{1}{2}[f(x^-)+f(x^+)]\right.\right\}.$$

如果 $f(x)$ 为奇函数，则有

$$f(x)=\sum_{n=1}^{\infty}b_n\sin\frac{n\pi x}{l}\ (x\in C),$$

其中

$$b_n=\frac{2}{l}\int_0^l f(x)\sin\frac{n\pi x}{l}\mathrm{d}x\quad(n=1,2,\cdots).$$

如果 $f(x)$ 为偶函数，则有

$$f(x)=\frac{a_0}{2}+\sum_{n=1}^{\infty}a_n\cos\frac{n\pi x}{l}\ (x\in C),$$

其中

$$a_n=\frac{2}{l}\int_0^l f(x)\cos\frac{n\pi x}{l}\mathrm{d}x\quad(n=0,1,2,\cdots).$$

例 4 设 $f(x)$ 是周期为 2 的函数，它在 $[-1,1]$ 上的表达式是 $f(x)=x$（图 11.5），求 $f(x)$ 的傅里叶级数展开式.

解 令 $x=\frac{z}{\pi}$，则 $F(z)$ 在 $[-\pi,\pi]$ 上的表达式为

$$F(z)=\frac{z}{\pi},\ z\in[-\pi,\pi],$$

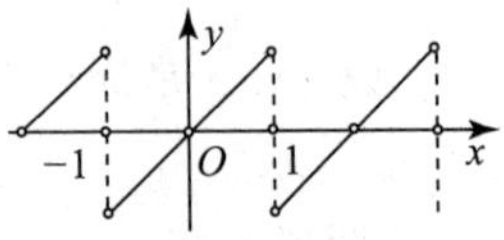

图 11.5

因 $F(z)$ 是奇函数，故 $a_n=0(n=0,1,2,\cdots)$，

$$b_n=\frac{2}{\pi}\int_0^{\pi}F(z)\sin nz\,\mathrm{d}z=\frac{2}{\pi}\int_0^{\pi}\frac{z}{\pi}\sin nz\,\mathrm{d}z=(-1)^{n+1}\frac{2}{n\pi}\quad(n=1,2,\cdots),$$

所以 $F(z)$ 的展开式为

$$F(z)=\frac{2}{\pi}\sum_{n=1}^{\infty}(-1)^{n+1}\frac{\sin nz}{n}\quad(z\neq(2k+1)\pi,\ k\in\mathbf{Z}),$$

将 $z=\pi x$ 代入，即得

$$f(x)=\frac{2}{\pi}\sum_{n=1}^{\infty}(-1)^{n+1}\frac{\sin n\pi x}{n}\quad(x\neq 2k+1,\ k\in\mathbf{Z}).$$

当 $f(x)$ 定义在任意有限区间 $[a,b]$ 时，将 $f(x)$ 展开成傅里叶级数的方法有以下两种：

方法一，令 $x=z+\frac{b+a}{2}$，即 $z=x-\frac{b+a}{2}$，则

$$F(z)=f(x)=f\left(z+\frac{b+a}{2}\right),\ z\in\left[-\frac{b-a}{2},\frac{b-a}{2}\right].$$

将 $F(z)$ 作周期延拓，可得 $F(z)$ 的傅里叶级数，再将此级数限制在区间 $\left[-\frac{b-a}{2},\frac{b-a}{2}\right]$ 上，把 $z=x-\frac{b+a}{2}$ 代入，便得 $f(x)$ 在 $[a,b]$ 上的傅里叶级数.

方法二，令 $x=z+a$，即 $z=x-a$，则

$$F(z)=f(x)=f(z+a),\ z\in[0,b-a],$$

将 $F(z)$ 作奇延拓（或偶延拓），可得 $F(z)$ 在 $[0,b-a]$ 上的正弦级数（或余弦级数），再把 $z=x-a$ 代入，便得 $f(x)$ 在 $[a,b]$ 上的正弦级数（或余弦级数）.

例 5　将函数 $f(x)=10-x(5<x<15)$ 展成傅里叶级数.

解　令 $z=x-10$，则

$$F(z)=f(x)=f(z+10)=-z(-5<z<5),$$

将 $F(z)$ 延拓为周期为 10 的周期函数，它满足收敛定理条件，由于 $F(z)$ 是奇函数，故

$$a_n=0(n=0,1,2,\cdots),$$

$$b_n=\frac{2}{5}\int_0^5 -z\sin\frac{n\pi z}{5}\mathrm{d}z=(-1)^n\frac{10}{n\pi}(n=1,2,\cdots),$$

即

$$F(z)=\frac{10}{\pi}\sum_{n=1}^{\infty}\frac{(-1)^n}{n}\sin\frac{n\pi z}{5}(-5<z<5),$$

所以

$$10-x=\frac{10}{\pi}\sum_{n=1}^{\infty}\frac{(-1)^n}{n}\sin\frac{n\pi x}{5}(5<x<15).$$

习题 11.5

1. 将下列函数展开成傅里叶级数.

(1) $f(x)=x^2,-\pi<x\leqslant\pi$；　　(2) $f(x)=\dfrac{\pi-x}{2},-\pi\leqslant x\leqslant\pi$；

(3) $f(x)=\begin{cases}x, & -\pi<x\leqslant 0\\ 2x, & 0<x\leqslant\pi\end{cases}$.

2. 将函数 $f(x)=2x^2,-\pi<x\leqslant\pi$ 分别展开成正弦级数和余弦级数.

3. 求下列周期函数的傅里叶级数.

(1) $f(x)=|x|,-\pi<x\leqslant\pi$；　　(2) $f(x)=1-|x|,-1<x\leqslant 1$.

4. 将函数 $f(x)=x^2,0\leqslant x\leqslant 2$ 分别展开成正弦级数和余弦级数.

总习题十一

一、选择题

1. $\lim\limits_{n\to\infty}u_n=0$ 是级数 $\sum\limits_{n=1}^{\infty}u_n$ 收敛的（　　）.

A. 仅充分条件　　B. 仅必要条件　　C. 充要条件　　D. 无关条件

2. 正项级数 $\sum\limits_{n=1}^{\infty}u_n$ 的前 n 项部分和数列 $\{s_n\}$ 有界是 $\sum\limits_{n=1}^{\infty}u_n$ 收敛的（　　）.

A. 仅充分条件　　B. 仅必要条件　　C. 充要条件　　D. 无关条件

3. 若级数 $\sum\limits_{n=1}^{\infty}u_n$ 收敛，则下列级数中收敛的是（　　）.

A. $\sum\limits_{n=1}^{\infty}|u_n|$　　B. $\sum\limits_{n=1}^{\infty}u_n^2$　　C. $\sum\limits_{n=1}^{\infty}(u_n-1)$　　D. $\sum\limits_{n=1}^{\infty}100u_n$

4. 下列级数中，绝对收敛的是（　　）.

A. $\sum_{n=1}^{\infty}\frac{1}{\sqrt{10n+1}}$　　B. $\sum_{n=1}^{\infty}(-1)^{n-1}\left(\frac{10}{9}\right)^n$

C. $\sum_{n=1}^{\infty}(-1)^{n-1}\frac{1}{\sqrt[6]{n^7}}$　　D. $\sum_{n=1}^{\infty}\frac{n-1}{n}$

5. 若$\sum_{n=1}^{\infty}u_n$为正项级数，且$\lim_{n\to\infty}nu_n=l(0<l<+\infty)$，$l$为常数，则$\sum_{n=1}^{\infty}u_n$（　　）.

A. 发散　　B. 收敛　　C. 可能发散　　D. 不能判定

6. 级数$\sum_{n=1}^{\infty}(-1)^{n-1}\left(1-\cos\frac{\alpha}{n}\right)$（常数$\alpha>0$）（　　）.

A. 发散　　B. 条件收敛　　C. 绝对收敛　　D. 敛散性与α有关

7. 设$0\leqslant a_n<\frac{1}{n}(n=1,2,\cdots)$，则下列级数中肯定收敛的是（　　）.

A. $\sum_{n=1}^{\infty}a_n$　　B. $\sum_{n=1}^{\infty}(-1)^n a_n$　　C. $\sum_{n=1}^{\infty}\sqrt{a_n}$　　D. $\sum_{n=1}^{\infty}(-1)^n a_n^2$

8. 若$\sum_{n=1}^{\infty}(a_{2n-1}+a_{2n})$收敛，则必有（　　）.

A. $\sum_{n=1}^{\infty}a_n$收敛　　B. $\sum_{n=1}^{\infty}a_n$未必收敛　　C. $\sum_{n=1}^{\infty}a_n$发散　　D. $\lim_{n\to\infty}a_n=0$

9. 幂级数$\sum_{n=1}^{\infty}\frac{3^n}{n+3}x^n$的收敛半径为（　　）.

A. 1　　B. 3　　C. $\frac{1}{3}$　　D. ∞

10. 幂级数$\sum_{n=1}^{\infty}\left(-\frac{x}{3}\right)^n$在$(-3,3)$内的和函数是（　　）.

A. $\frac{3}{3+x}$　　B. $\frac{1}{3+x}$　　C. $\frac{3}{3-x}$　　D. $\frac{1}{1+3x}$

二、解答题

1. 判别下列正项级数的敛散性：

(1) $\sum_{n=2}^{\infty}\frac{1}{\ln n}$;　　(2) $\sum_{n=1}^{\infty}\frac{2+(-1)^n}{3^n}$;

(3) $\sum_{n=1}^{\infty}\frac{n}{2^n+1}$;　　(4) $\sum_{n=1}^{\infty}n!\left(\frac{x}{n}\right)^n(x>0)$.

2. 判别下列级数的敛散性，若收敛，试说明是绝对收敛还是条件收敛.

(1) $\sum_{n=1}^{\infty}\frac{(-1)^{n+1}}{\ln(n+1)}$;　　(2) $\sum_{n=1}^{\infty}(-1)^{n-1}\frac{n+1}{n^3+1}$.

3. 求下列幂级数的收敛域.

(1) $\sum_{n=1}^{\infty}\frac{x^n}{2^n}$;　　(2) $\sum_{n=1}^{\infty}\frac{n!}{n+1}x^n$.

4. 将下列函数展开成幂级数.

(1) $\dfrac{x}{2+x}$；　　(2) $x^2 e^{-x^2}$.

5. 将下列函数在指定区间上展开成傅里叶级数.

(1) $f(x)=3x^2+1$，$(-\pi \leqslant x < \pi)$；

(2) $f(x)=\begin{cases} 1, & 0 \leqslant x \leqslant h \\ 0, & h < x \leqslant \pi \end{cases}$.

6. 设有两条抛物线 $y=nx^2+\dfrac{1}{n}$ 和 $y=(n+1)x^2+\dfrac{1}{n+1}$，记它们交点的横坐标的绝对值为 a_n，求这两条抛物线所围成的平面图形的面积 S_n 和级数 $\sum\limits_{n=1}^{\infty}\dfrac{S_n}{a_n}$ 的和.

附录 1

数学建模简介

21 世纪是科学和工程数学化的世纪，数学建模以及伴随的计算已经成为工程设计的关键工具．因此，具有坚实的数学基础、了解并初步掌握数学建模的思想和方法对于培养具有创新能力和竞争意识人才是极其重要的.

这里我们向大家简单介绍数学建模的含义、过程及方法.

一、什么是数学模型

当需要从定量的角度分析和研究一个实际问题时，人们就要在深入调查研究、了解对象信息、作出简化假设、分析内在规律等工作的基础上，用数学的符号和语言，把它表述为数学式子，也就是数学模型，然后用通过计算得到的模型结果来解释实际问题，并接受实际的检验．这个建立数学模型的全过程就称为数学建模．数学建模是一种数学的思考方法，是运用数学的语言和方法，通过抽象、简化建立能近似刻画并“解决”实际问题的一种强有力的数学手段.

今天，在国民经济和社会活动的以下诸多方面，数学建模都有着非常具体的应用.

1. 分析与设计：例如描述药物浓度在人体内的变化规律以分析药物的疗效；建立跨音速空气流和激波的数学模型，用数值模拟设计新的飞机翼型.

2. 预报与决策：生产过程中产品质量指标的预报、气象预报、人口预报、经济增长预报等等，都要有预报模型；使经济效益最大的价格策略、使费用最少的设备维修方案，是决策模型的例子.

3. 控制与优化：电力、化工生产过程的最优控制、零件设计中的参数优化，要以数学模型为前提．建立大系统控制与优化的数学模型，是迫切需要和十分棘手的课题.

4. 规划与管理：生产计划、资源配置、运输网络规划、水库优化调度，以及排队策略、物资管理等，都可以用运筹学模型解决.

二、数学模型的分类

1. 按模型的应用领域分类

① 生物数学模型　② 医学数学模型　③ 地质数学模型　④ 数量经济学模型　⑤ 数学社会学模型

2. 按是否考虑随机因素分类

① 确定性模型　② 随机性模型

3. 按是否考虑模型的变化分类

① 静态模型　② 动态模型

4. 按应用离散方法或连续方法

① 离散模型　② 连续模型

5. 按建立模型的数学方法分类

① 微分方程模型　② 图论模型　③ 规划论模型　④ 马氏链模型　⑤ 几何模型

6. 按人们对事物发展过程的了解程度分类

① 白箱模型：指那些内部规律比较清楚的模型．如力学、热学、电学以及相关的工程技术问题.

② 灰箱模型：指那些内部规律尚不十分清楚，在建立和改善模型方面都还不同程度地有许多工作要做的问题. 如气象学、生态学经济学等领域的模型.

③ 黑箱模型：指一些其内部规律还很少为人们所知的现象，如生命科学、社会科学等方面的问题．但由于因素众多、关系复杂，也可简化为灰箱模型来研究.

三、数学建模的过程

建模是一种十分复杂的创造性劳动，现实世界中的事物形形色色，五花八门，不可能用一些条条框框规定出各种模型具体如何建立，这里只是大致归纳一下建模的一般步骤和原则：

(1) 模型准备：首先要了解问题的实际背景，明确题目的要求，收集各种必要的信息.

(2) 模型假设：为了利用数学方法，通常要对问题做出必要的、合理的假设，使问题的主要特征凸现出来，忽略问题的次要方面.

(3) 模型构成：根据所做的假设以及事物之间的联系，构造各种量之间的关系，把问题化为数学问题，注意要尽量采用简单的数学工具.

(4) 模型求解：利用已知的数学方法来求解上一步所得到的数学问题，此时往往还要作出进一步的简化或假设.

(5) 模型分析：对所得到的解答进行分析，特别要注意当数据变化时所得结果是否稳定.

(6) 模型检验：分析所得结果的实际意义，与实际情况进行比较，看是否符合实际，如果不够理想，应该修改、补充假设，或重新建模，不断完善.

(7) 模型应用：所建立的模型必须在实际应用中才能产生效益，在应用中不断改进和完善.

四、数学建模的方法

1. 机理分析法：从基本物理定律以及系统的结构数据来推导出模型.

(1) 比例分析法：建立变量之间函数关系的最基本最常用的方法.

(2) 代数方法：求解离散问题（离散的数据、符号、图形）的主要方法.

(3) 逻辑方法：是数学理论研究的重要方法，对社会学和经济学等领域的实际问题，在决策、对策等学科中得到广泛应用.

(4) 常微分方程：解决两个变量之间的变化规律，关键是建立“瞬时变化率”的表达式.

(5) 偏微分方程：解决因变量与两个以上自变量之间的变化规律.

2. 数据分析法：从大量的观测数据利用统计方法建立数学模型.

(1) 回归分析法：用于对函数 $f(x)$ 的一组观测值(x_i, f_i)，$i=1, 2, \cdots, n$，确定函数的表达式，由于处理的是静态的独立数据，故称为数理统计方法.

(2) 时序分析法：处理的是动态的相关数据，又称为过程统计方法.

3. 仿真和其他方法

(1) 计算机仿真（模拟）：实质上是统计估计方法，等效于抽样试验.

① 离散系统仿真：有一组状态变量.

② 连续系统仿真：有解析表达式或系统结构图.

(2) 因子试验法：在系统上作局部试验，再根据试验结果进行不断分析修改，求得所需的模型结构.

(3) 人工现实法：基于对系统过去行为的了解和对未来希望达到的目标，并考虑到系统有关因素的可能变化，人为地组成一个系统.

五、建模示例

例1 观看塑像的最佳位置

(1) 问题提出：

大型的塑像通常都有一个比人还高的底座，看起来雄伟壮观．但当观看者与塑像的水平距离不同时，观看像身的视角就不一样．那么，在离塑像的水平距离为多远时，观看像身的视角最大？

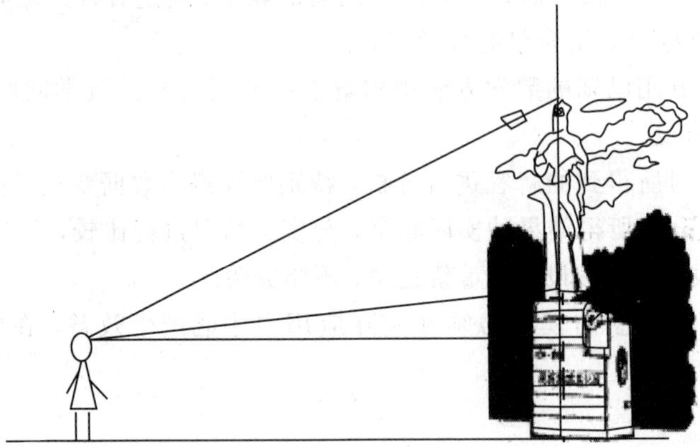

模型假设

$a=OS=MT$—— 人眼高；$b=AB$—— 塑像身高；

$c=AT$—— 底座高，$c>a$；$d=AM=c-a$；

$x=ST=OM$—— 人与塑像水平距离；$\alpha=\angle MOA$；$\beta=\angle MOB$；

$\theta=\angle AOB=\beta-\alpha$—— 观看像身的视角.

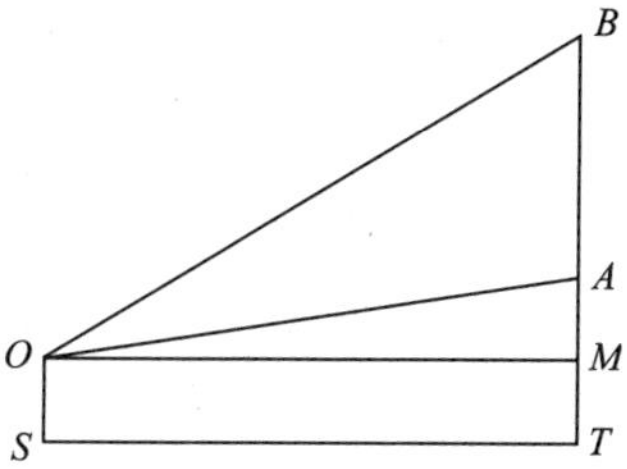

(2) 建模与求解

因为
$$\tan\alpha=\frac{AM}{OM}=\frac{d}{x},\ \tan\beta=\frac{BM}{OM}=\frac{b+d}{x},$$

所以
$$\theta(x)=\arctan\frac{b+d}{x}-\arctan\frac{d}{x},$$
$$\frac{\mathrm{d}\theta}{\mathrm{d}x}=\frac{d}{x^2+d^2}-\frac{b+d}{x^2+(b+d)^2}.$$

令 $\frac{\mathrm{d}\theta}{\mathrm{d}x}=0$，解出唯一驻点 $x=\sqrt{d(b+d)}$，此数恰是 AM 与 BM 的几何平均.

根据经验，此问题必有最大值，且 $x=\sqrt{d(b+d)}$. 如：上海外滩海关大钟直径为 5.5 米，钟底到地面高为 56.75 米. 设某观看者眼高为 1.55 米，则 $b=5.5$，$d=56.75-1.55=55.2$，最佳位置是 $x=57.88$ 米，最大视角 $\theta=2°43'$.

请大家思考下列问题：

设有甲乙两观看者，甲高乙矮，则两者的最佳位置不同，谁前谁后？谁的最佳视角更大？

例 2　森林救火

(1) 问题提出

当森林失火时，消防站应派多少消防队员去灭火呢？派的队员越多，火灾损失越小，但救援开支越大. 如何确定灭火队员的人数，才能使总费用（火灾损失＋救援开支）最小？

(2) 问题分析

① 火灾损失与森林被烧面积有关，而被烧面积又与从起火到火灭的时间有关，而这时间又与消防队员人数有关.

② 救援开支由两部分构成：Ⅰ. 灭火剂的消耗与消防队员酬金（与人数和时间有关）；Ⅱ. 运输费（与人数有关）.

③ 在无风的情况下，可认为火势以失火点为圆心，均匀向四周蔓延. 半径与时间成正比，从而被烧面积应与时间的平方成正比.

(3) 模型假设

① 火灾损失与森林被烧面积成正比

记开始失火的时刻为 $t=0$，开始灭火的时刻为 $t=t_1$，火被完全扑灭的时刻为 $t=t_2$. 设在时刻 t 森林被烧面积为 $B(t)$，C_1 表示单位面积被烧的损失，则总损失为 $C_1B(t_2)$.

② 被烧面积与时间关系

$\frac{\mathrm{d}B}{\mathrm{d}t}$ 表示单位时间被烧面积(燃烧速度：$\mathrm{m}^2/\mathrm{min}$)，当 $t=0$ 与 $t=t_2$ 时最小，为零；当 $t=$

t_1 时最大，记 $\left.\frac{\mathrm{d}B}{\mathrm{d}t}\right|_{t=t_1}=b$. 由前面分析知 $B(t)$ 与 t^2 成正比，故不妨设在区间 $[0, t_1]$ 与 $[t_1, t_2]$ 上，$\frac{\mathrm{d}B}{\mathrm{d}t}$ 都是 t 的线性函数．在 $[0, t_1]$ 上，斜率为 $\beta>0$，β 称为火势蔓延速度(燃烧速度的变化速度：$\mathrm{m}^2/\mathrm{min}^2$)，在 $[t_1, t_2]$ 上，斜率为 $\beta-\lambda x>0$，其中 x 为消防队员人数．λ 为队员的平均灭火速度(控制蔓延速度的变化速度：$\mathrm{m}^2/\mathrm{min}^2$/人)．

③ 救援开支

设 x 为消防队员人数，单位时间内灭火剂消耗与消防队员酬金为 C_2，运输费平均每人费用为 C_3，则救援开支为 $C_3x+C_2x(t_2-t_1)$．

(4) 模型建立与求解

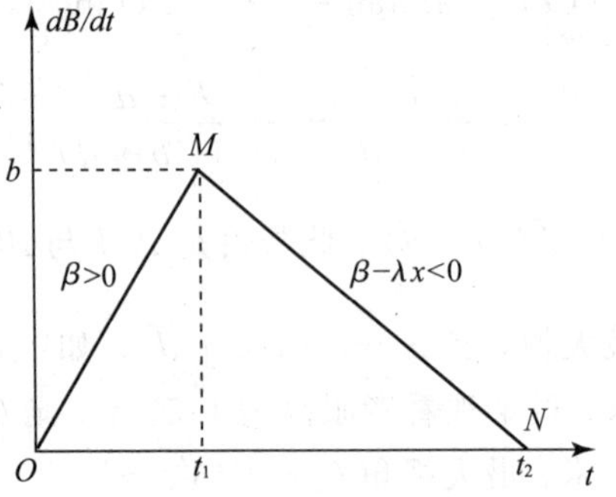

由假设2，$\frac{\mathrm{d}B}{\mathrm{d}t}$ 与 t 的关系如上图所示．利用定积分的牛顿—莱布尼兹公式，森林被被烧的最大面积为

$$B(t_2)=B(t_2)-B(0)=\int_0^{t_2}\frac{\mathrm{d}B}{\mathrm{d}t}\mathrm{d}t=S_{\triangle OMN}=\frac{bt_2}{2}.$$

所以总费用 $C(x)=\frac{1}{2}C_1bt_2+C_2x(t_2-t_1)+C_3x$.

此式中 t_2 与 x 是变量，其余为常数．但 t_2 与 x 是密切相关的，由图可知

$$\frac{b}{t_2-t_1}=\lambda x-\beta,\ 即\ t_2=t_1+\frac{b}{\lambda x-\beta}.$$

从而，总费用可化为一元函数

$$C(x)=\frac{1}{2}C_1bt_1+\frac{C_1b^2}{2(\lambda x-\beta)}+\frac{C_2bx}{\lambda x-\beta}+C_3x,$$

$$\frac{\mathrm{d}C}{\mathrm{d}x}=-\frac{C_1\lambda b^2}{2(\lambda x-\beta)^2}-\frac{C_2\beta b}{(\lambda x-\beta)^2}+C_3.$$

令 $\frac{\mathrm{d}C}{\mathrm{d}x}=0$，解得唯一驻点

$$x=\frac{1}{\lambda}\sqrt{\frac{C_1\lambda b^2+C_2\beta b}{2C_3}}+\frac{\beta}{\lambda}.$$

又 $\frac{\mathrm{d}^2C}{\mathrm{d}x^2}=\frac{\lambda b(C_1\lambda b+2C_2\beta)}{(\lambda x-\beta)^3}>0$，即驻点就是最小值点．

(5) 结果解释

从结果看，$x > \frac{\beta}{\lambda}$，这表示为了能把火扑灭，派出的消防队员人数要大$\frac{\beta}{\lambda}$，这保证 $\beta - \lambda x < 0$，使燃烧速度趋于零. 而 x 的第一项 $\frac{1}{\lambda}\sqrt{\frac{C_1\lambda b^2 + 2C_2\beta b}{2C_3}}$ 是综合考虑了各种因素，使总费用最低.

实际上，此模型中的参数 b、β 与 λ 是较难测定的，因此，在实用上相当困难.

附录 2

Matlab 软件简介及其应用

Matlab 是“Matrix Laboratory”的缩写，意为“矩阵实验室”，是现今非常流行的一个科学与工程计算软件．它功能十分强大，能处理一般科学计算及自动控制、信号处理、神经网络、图像处理等多种工程问题．对于高等数学中遇到的很多问题，也都可使用该软件进行求解．Matlab 中使用的命令格式与数学中的符号、公式非常相似，因而使用方便，易于掌握．本篇将介绍 Matlab 的基本命令及其在微积分中的应用．

一、Matlab 基本用法

从 Windows 中双击 Matlab 图标，会出现 Matlab 命令窗口（Command Window），在一段提示信息后，出现系统提示符“≫”．Matlab 是一个交互系统，您可以在提示符后键入各种命令，通过上下箭头可以调出以前键入的命令，用滚动条可以查看以前的命令及其输出信息．

下面我们先从输入简单的矩阵开始掌握 Matlab 的功能．

1. 输入简单的矩阵

输入一个小矩阵的最简单方法是用直接排列的形式．矩阵用方括号括起，元素之间用空格或逗号分隔，矩阵行与行之间用分号分开．例如输入：

```
A=[1  2  3; 4  5  6; 7  8  0]
```

系统会回答

```
A=1  2  3
  4  5  6
  7  8  0
```

表示系统已经接收并处理了命令，在当前工作区内建立了矩阵 A．

大的矩阵也可以分行输入，用回车键代替分号，如上述矩阵也可这样输入：

```
A=[1  2  3
   4  5  6
   7  8  0]
```

2. 语句和变量

Matlab 语句通常形式为：变量＝表达式

或者使用其简单形式：表达式

表达式由操作符或其他特殊字符、函数和变量名组成．表达式的结果为一个矩阵，显示在屏幕上，同时保存在变量中以留用．如果变量名和“＝”省略，则系统自动建立变量名为 ans（意思指回答）的变量．例如：

键入 1900/81

显示结果为：

```
ans=
    23.4568
```

需注意的问题有以下几点：

（1）语句结束键入回车键，若语句的最后一个字符是分号，即“;”，则表明不输出当前命令的结果.

（2）如果表达式很长，一行放不下，可以键入“…”（三个点，但前面必须有个空格，目的是避免将形如“数 2 …”理解为“数 2.”与“..”的连接，从而导致错误），然后回车.

（3）变量和函数名由字母加数字组成，但最多不能超过 63 个字符，否则系统只承认前 63 个字符.

Matlab 变量字母区分大小写，如 A 和 a 不是同一个变量，函数名一般使用小写字母，如 inv(A) 不能写成 INV（A)，否则系统认为未定义函数.

3. 数和算术表达式

Matlab 中数的表示方法和一般的编程语言没有区别.

数学运算符有：

＋　加

－　减

*　乘

/　右除

\　左除

^　幂

这里 1/4 和 4 \ 1 有相同的值都等于 0.25（注意比较：1 \ 4＝4）．只有在矩阵的除法时左除和右除才有区别.

4. Help 求助命令和联机帮助

Help 求助命令很有用，它对 Matlab 大部分命令提供了联机求助信息．您可以从 Help 菜单中选择相应的菜单，打开求助信息窗口查询某条命令，也可以直接用 help 命令.

键入：help

得到 help 列表文件，键入“help 指定项目”，如：

键入：help eig

则提供特征值函数的使用信息.

键入：help [

则显示如何使用方括号.

键入：help help

则显示如何利用 help 本身的功能.

还有，键入：lookfor<关键字>

便可以从 M 文件的 help 中查找有关的关键字.

5. M 文件

Matlab 通常使用命令驱动方式，当单行命令输入时，Matlab 立即处理并显示结果，同时将运行说明或命令存入文件.

Matlab 语句的磁盘文件称作 M 文件，因为这些文件名的末尾是 .m 形式，例如一个文件名为 bessel. m，提供 bessel 函数语句 . 一个 M 文件包含一系列的 Matlab 语句，一个 M 文件可以循环地调用它自己.

M 文件有两种类型：

第一类型的 M 文件称为命令文件，它是一系列命令、语句的简单组合.

第二类型的 M 文件称为函数文件，它提供了 Matlab 的外部函数 . 用户为解决一个特定问题而编写的大量的外部函数可放在 Matlab 工具箱中，这样的一组外部函数形成一个专用的软件包.

二、Matlab 的六大常见符号运算

1. 因式分解

例：将 x^6+1 因式分解.

键入：

```
syms x            %定义 x 为符号
f=x^6+1;
s=factor (f)            % factor 是因式分解函数名
```

结果为：

```
s=(x^2+1) * (x^4-x^2+1)
```

2. 求极限

例：求下列极限

（1）$L=\lim\limits_{h\to 0}\dfrac{\ln(x+h)-\ln(x)}{h}$；

（2）$M=\lim\limits_{n\to\infty}\left(1-\dfrac{x}{n}\right)^n$.

键入：

```
syms h n x
L=limit ( ' (log (x+h)-log (x)) /h', h, 0)          %单引号可省略掉
M=limit ( ' (1-x/n) ^n', n, inf)          %inf 是无穷大符号
```

结果为：

```
L=1/x
M=exp (-x)
```

3. 计算导数

例：已知 $y=\sin ax$，求 $A=\frac{dy}{dx}$，$B=\frac{dy}{da}$，$C=\frac{d^2y}{dx^2}$.

键入：

```
syms a x;      y=sin (a*x);
A=diff(y, x)              %diff 是求导函数名
B=diff(y, a)
C=diff(y, x, 2)
```

结果为：

```
A=cos (a*x) *a
B=cos (a*x) *x
C=-sin (a*x) *a^2
```

4. 计算不定积分、定积分、反常积分

例：求下列积分

$$I=\int \frac{x^2+1}{(x^2-2x+2)^2}\,dx,$$

$$J=\int_0^{\pi/2} \frac{\cos x}{\sin x+\cos x}dx,$$

$$K=\int_0^{+\infty} e^{-x^2}\,dx.$$

键入：

```
syms x
f=(x^2+1) / (x^2-2*x+2) ^2;
g=cos (x) / (sin (x)+cos (x));
h=exp (-x^2);
I=int (f)          %int 是求积分函数名
J=int (g, 0, pi/2)
K=int (h, 0, inf)
```

结果为：

```
I=3/2*atan (x-1)+1/4* (2*x-6) / (x^2-2*x+2)
J=1/4*pi
K=1/2*pi^ (1/2)
```

5. 符号求和

例：求级数 $\sum_{n=1}^{\infty}\frac{1}{n^2}$ 的和 S，以及前十项的部分和 $S1$.

键入：

```
syms n
S=symsum (1/n^2, 1, inf)
S1=symsum (1/n^2, 1, 10)
```

结果为：

```
S=1/6 * pi^2
S1=1968329/1270080
```

例：求函数项级数 $\sum_{n=1}^{\infty}\frac{x}{n^2}$ 的和 S2.

键入：

```
syms n x
S2=symsum (x/n^2, n, 1, inf)
```

结果为

```
S2=1/6 * x * pi^2
```

6. 解代数方程和常微分方程

（1）利用符号表达式解代数方程所需要的函数为 solve (f)，即解符号方程式 f.

例：求一元二次方程 $ax^2+bx+c=0$ 的根.

键入：

```
f=sym ('a * x^2+b * x+c') 或 f='a * x^2+b * x+c'
solve (f)        %默认 x 是自变量
```

结果为

```
ans=
    1/2/a * (-b+(b^2-4 * c * a) ^ (1/2))
    1/2/a * (-b- (b^2-4 * c * a) ^ (1/2))
```

键入：

```
solve (f, a)          %选择 a 为自变量，x 为常数
```

结果为

```
ans=
      - (b * x+c) /x^2
```

（2）利用符号表达式可求解微分方程的解析解，所需要的函数为 dsolve (f)，使用格式：

dsolve ('equation1', 'equation2', …)

其中：equation 为方程或条件. 写方程或条件时，用 Dy 表示 y 关于自变量的一阶导数，用 D2y 表示 y 关于自变量的二阶导数，依此类推.

例：求微分方程 $y'=x$ 的通解.

键入：

```
syms x y
dsolve ('Dy=x', 'x')          %选择 x 为自变量
```

结果为

```
ans=
        1/2 * x^2+C1
```

若键入：

```
syms x y          %定义 x，y 为符号
dsolve（'Dy=x'）          %默认 t 是自变量，x 是常数
```

结果为

```
ans=
          x * t+C1
```

例：求微分方程 $\begin{cases} y''=x+y' \\ y(0)=1,\ y'(0)=0 \end{cases}$ 的特解.

键入：

```
syms x y
dsolve（'D2y=x+Dy'，'y（0）=1'，'Dy（0）=0'，'x'）%选择 x 为自变量
```

结果为

```
ans=
        -1/2 * x^2+exp（x）-x
```

若键入：

```
syms x y
dsolve（'D2y=x+Dy'，'y（0）=1'，'Dy（0）=0'）%默认 t 是自变量，x 是常数
```

结果为

```
ans=
        exp（t） * x-x * t+1-x
```

例：求微分方程组 $\begin{cases} x'=y+x \\ y'=2x \end{cases}$ 的通解.

键入：

```
syms x y
[x，y] =dsolve（'Dx=y+x，Dy=2 * x'）
```

结果为

```
x=
        -1/2 * C1 * exp（-t）+C2 * exp（2 * t）
y=
        C1 * exp（-t）+C2 * exp（2 * t）
```

三、Matlab 中的图形

1. 二维作图

绘图命令 plot 绘制 x-y 坐标图；loglog 命令绘制对数坐标图；semilogx 和 semilogy 命令绘制半对数坐标图；polor 命令绘制极坐标图.

(1) 基本形式

如果 y 是一个向量，那么 plot（y）绘制一个 y 中元素的线性图．如输入

y= [0.，0.48，0.84，1.，0.91，6.14]

plot（y）

它相当于命令：plot（x，y），其中 x= [1，2，…，n]，即向量 y 的下标编号，n 为向量 y 的长度.

Matlab 会产生一个图形窗口，显示图形见图 1.

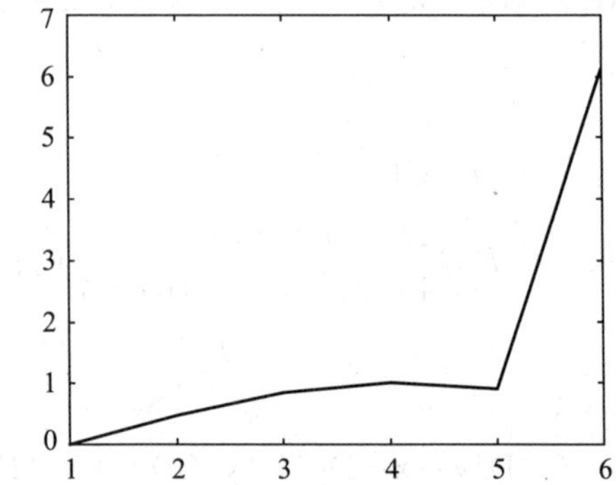

图 1　plot（[0.，0.48，0.84，1.，0.91，6.14]）

如果 x，y 是同样长度的向量，plot（x，y）命令可画出相应的 x 元素与 y 元素的 x—y 坐标图．例：

x=0：0.05：4 * pi;　　　　%x 的取值范围是 0 到 4π，间距是 0.05

y=sin（x）;

plot（x，y）

grid on，　　　%添加网格线

title（‘ y=sin（x）曲线图’）　　%添加标题

xlabel（‘ x=0 ：0.05 ：4Pi ’）　　%添加 x 轴的标注

结果见图 2.

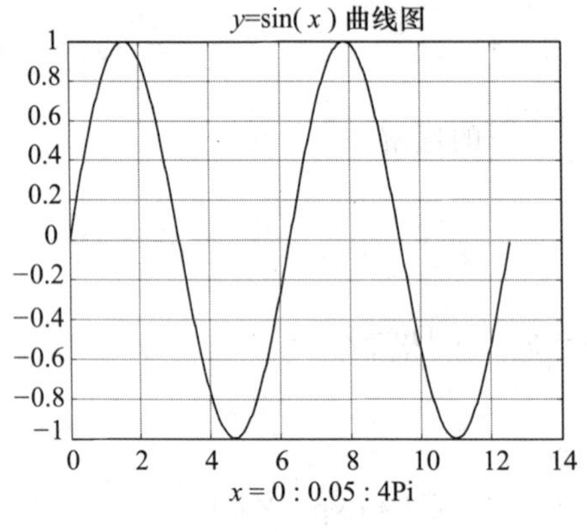

图 2　y=sin（x）的图形

表 1　Matlab 图形命令

title	图形标题
xlabel	x 坐标轴标注
ylabel	y 坐标轴标注
text	标注数据点
grid	给图形加上网格
hold	保持图形窗口的图形

（2）多重线

在一个单线图上，绘制多重线有三种办法.

第一种方法是利用 plot 的多变量方式绘制：

plot（x1，y1，x2，y2，…，xn，yn）

x1，y1，x2，y2，…，xn，yn 是成对的向量，每一对 x，y 在图上产生如上方式的单线．多变量方式绘图是允许不同长度的向量显示在同一图形上.

第二种方法也是利用 plot 绘制，但加上 hold on/off 命令的配合：

plot（x1，y1）

hold on

plot（x2，y2）

hold off

第三种方法还是利用 plot 绘制，但代入矩阵：

如果 plot 用于两个变量 plot（x，y），并且 x，y 是矩阵，则有以下三种情况：

①如果 y 是矩阵，x 是向量，plot（x，y）用不同的画线形式绘出 y 的行或列及相应的 x 向量，y 的行或列的方向与 x 向量元素的值选择是相同的.

②如果 x 是矩阵，y 是向量，则除了 x 向量的线族及相应的 y 向量外，以上的规则也适用.

③如果 x，y 是同样大小的矩阵，plot（x，y）绘制 x 的列及 y 相应的列.

（3）线型和颜色的控制

如果不指定画线方式和颜色，Matlab 会自动为您选择点的表示方式及颜色．您也可以用不同的符号指定不同的曲线绘制方式．例如：

plot（x，y，‘*’）%用‘*’作为点绘制的图形

plot（x1，y1，‘:’，x2，y2，‘+’）%用‘:’画第一条线，用‘+’画第二条线

线型、点标记和颜色的取值有以下几种（表2）：

表2 线型和颜色控制符

	线型		点标记		颜色
—	实线	.	点	y	黄
:	虚线	o	小圆圈	m	棕色
—.	点画线	x	叉子符	c	青色
——	间断线	+	加号	r	红色
		*	星号	g	绿色
		s	方格	b	蓝色
		d	菱形	w	白色
		^	朝上三角	k	黑色
		v	朝下三角		
		>	朝右三角		
		<	朝左三角		
		p	五角星		
		h	六角星		

如果你的计算机系统不支持彩色显示，Matlab 将把颜色符号解释为线型符号，用不同的线型表示不同的颜色．颜色与线型也可以一起给出，即同时指定曲线的颜色和线型.

例如键入：

```
t=－3.14：0.2：3.14；%t 的取值范围是－3.14 到 3.14，间距是 0.2
x=sin（t）；
y=cos（t）；
plot（t，x，‘＋r’，t，y，‘－b’）
```

结果见图 3；

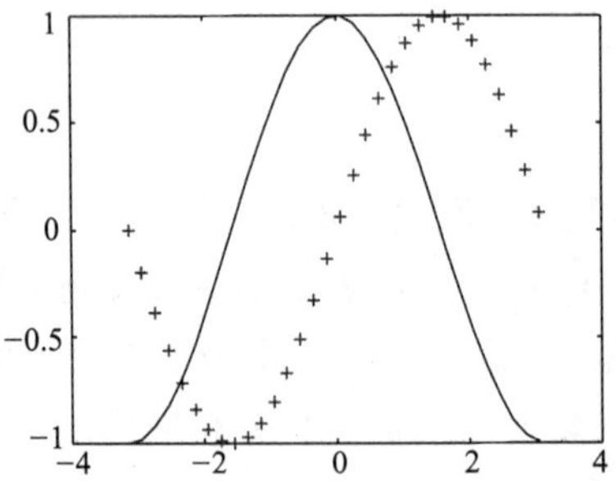

图 3　不同线型、颜色的 sin，cos 图形

loglog、semilogx、semilogy 和 polar 的用法和 plot 相似，限于篇幅，这里就不介绍了.

（4）子图

在绘图过程中，经常要把几个图形放在同一个图形窗口中表现出来，而不是简单地叠加．这就要用到函数 subplot. 其调用格式如下：

```
subplot（m，n，p）
```

subplot 函数把一个图形窗口分割成 m×n 个子区域，用户可以通过参数 p 调用各个子绘图区域进行操作．子绘图区域的编号为按行从左至右编号.

例如键入：

```
x=0：0.1*pi：2*pi；
subplot（2，2，1）
plot（x，sin（x），‘－*’）；
title（‘sin（x）’）；
subplot（2，2，2）
plot（x，cos（x），‘－－o’）；
title（‘cos（x）’）；
subplot（2，2，3）
plot（x，sin（2*x），‘－.*’）；
title（‘sin（2x）’）；
subplot（2，2，4）；
plot（x，cos（3*x），‘：d’）
title（‘cos（3x）’）
```

结果见图 4：

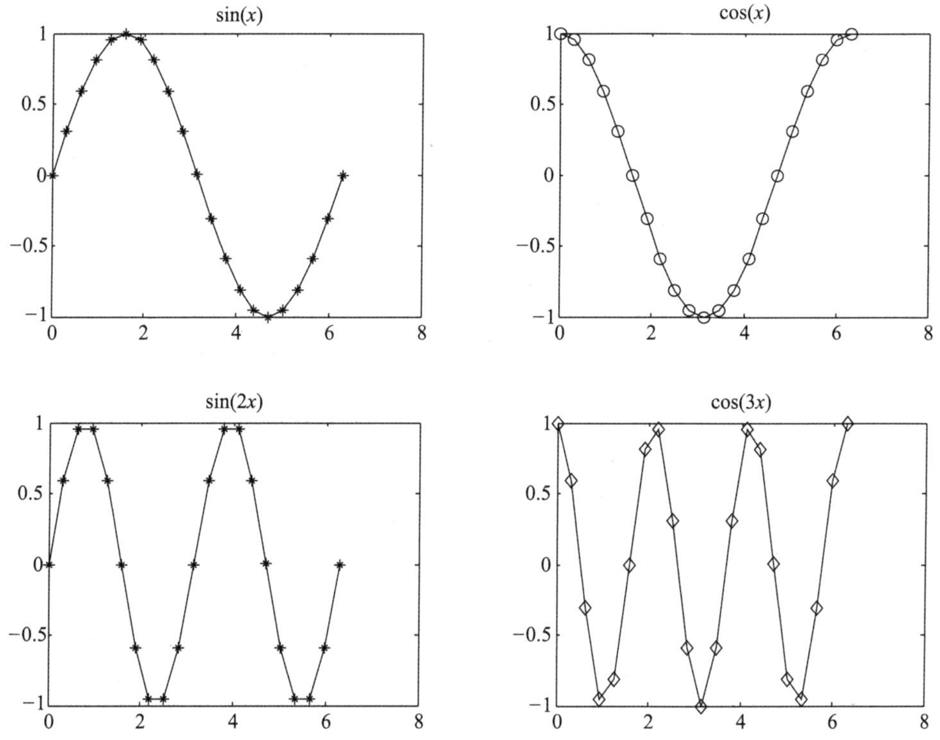

图 4 子图

（5）填充图

利用二维绘图函数 patch，我们可绘制填充图．下面的例子绘出了函数 humps（一个 Matlab 演示函数）在指定区域内的函数图形.

例键入：

fplot（‘humps’，[0，2]，‘b’）

hold on

patch（[0.5 0.5：0.02：1 1]，[0 humps（0.5：0.02：1）0]，‘r’）；%x 从 0.5 到 1，y 从 0 到曲线 humps，填充为红色

hold off

title（‘A region under an interesting function.’）

grid

结果见图 5.

我们还可以用函数 fill 来绘制类似的填充图.

例如键入：

x=0：pi/60：2 * pi；

y=sin（x）；

x1=0：pi/60：1；

y1=sin（x1）；

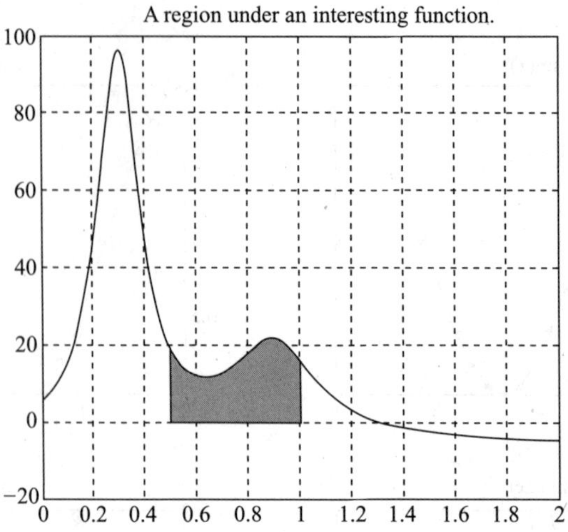

图 5　patch 填充图

plot（x，y，‘r’）；
hold on
fill（［x1 1］，［y1 0］，‘g’）%x 从 0 到 1，y 从 0 到曲线 sinx，填充为绿色
结果见图 6.

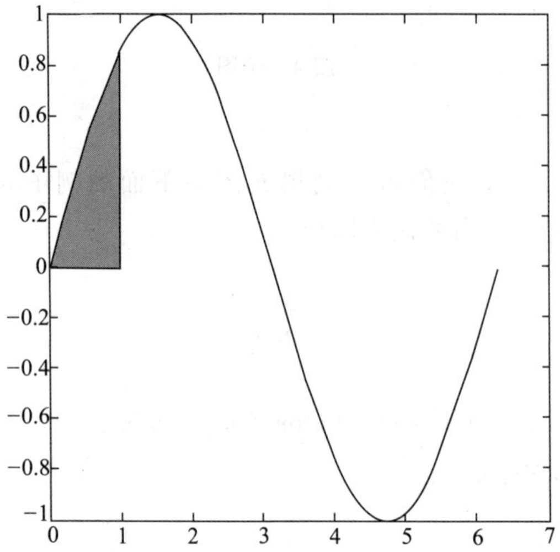

图 6　fill 填充图

2. 三维作图

（1）mesh（Z）语句

mesh（Z）语句可以给出矩阵 Z 元素的三维消隐图，网络表面由 Z 坐标点定义，与前面叙述的 x−y 平面的线格相同，图形由邻近的点连接而成．它可用来显示用其他方式难以输出的包含大量数据的大型矩阵，也可用来绘制 Z 变量函数.

显示两变量的函数 Z=f(x，y)，第一步需产生特定的行和列的 x−y 矩阵，然后计算函数在各网格点上的值，最后用 mesh 函数输出.

下面我们绘制 sin（r）/r 函数的图形．键入：

```
x=-8：.5：8；
y=x'；
x=ones（size（y）） * x；
y=y * ones（size（y））'；
R=sqrt（x.^2+y.^2）+eps；
z=sin（R）./R；
mesh（z）% 试运行 mesh（x，y，z），看看与 mesh（z）有什么不同之处？
```

各语句的意义是：首先建立行向量 x，列向量 y；然后按向量的长度建立 1—矩阵；用向量乘以产生的 1—矩阵，生成网格矩阵，它们的值对应于 x—y 坐标平面；接下来计算各网格点的半径；最后计算函数值矩阵 Z. 用 mesh 函数即可以得到图 7.

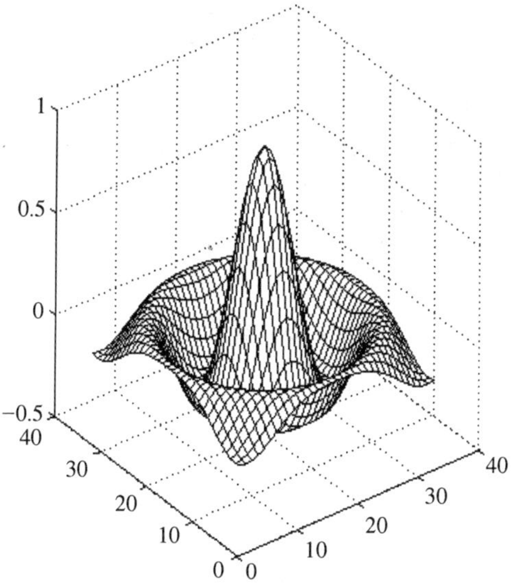

图 7　三维消隐图

第一条语句 x 的赋值为定义域，在其上估计函数；第三条语句建立一个重复行的 x 矩阵，第四条语句产生 y 的响应，第五条语句产生矩阵 R（其元素为各网格点到原点的距离）.

另外，上述命令系列中的前 4 行可用以下一条命令替代：

[x，y] =meshgrid（−8：0.5：8）

（2）与 mesh 相关的几个函数

①meshc 与函数 mesh 的调用方式相同，只是该函数在 mesh 的基础上又增加了绘制相应等高线的功能．例如键入：

```
[x，y] =meshgrid（[−4：.5：4]）；
z=sqrt（x.^2+y.^2）；
meshc（z）%%试运行 meshc（x，y，z），看看与 meshc（z）有什么不同之处？
```

我们可以得到图 8：

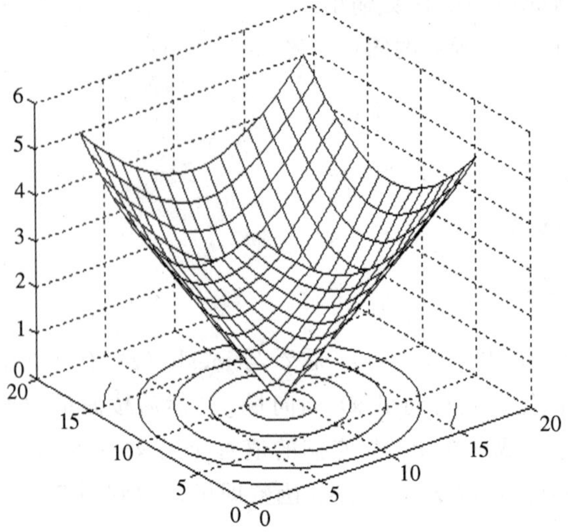

图 8 meshc 图

地面上的圆圈就是上面图形的等高线.

②函数 meshz 与 mesh 的调用方式也相同，不同的是该函数在 mesh 函数的作用之上增加了屏蔽作用，即增加了边界面屏蔽．例如键入：

[x，y] =meshgrid（[−4：.5：4]）；

z=sqrt（x.^2+y.^2）；

meshz（z）%%试运行 meshz（x，y，z），看看与 meshz（z）有什么不同之处？

我们得到图 9：

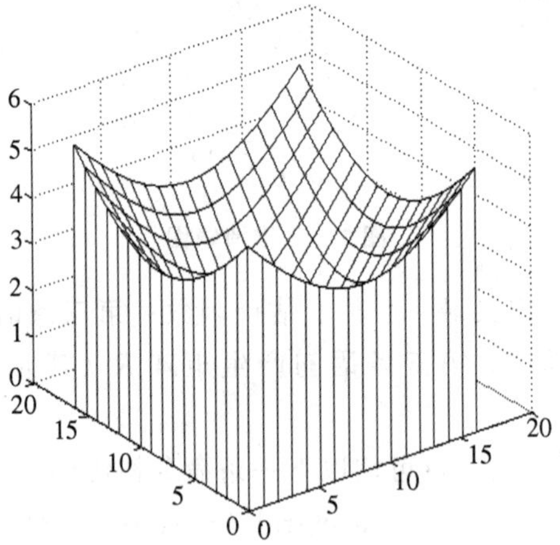

图 9 meshz 图

（3）其他的几个三维绘图函数

①在 Matlab 中有一个专门绘制圆球体的函数 sphere，其调用格式如下：

[x，y，z] =sphere（n）

此函数生成三个（n+1）×（n+1）阶的矩阵，再利用函数 surf(x，y，z）可生成单位球面.

[x，y，z] =sphere %此形式使用了默认值 n=20

sphere (n)%只绘制球面图，不返回值.

运行下面程序：

```
sphere (30);
axis square;
```

我们得到球体图形见图 10：

②surf 函数也是 Matlab 中常用的三维绘图函数．其调用格式如下：

surf(x, y, z, c)

输入参数的设置与 mesh 相同，不同的是 mesh 函数绘制的是一网格图，而 surf 绘制的是着色的三维表面．Matlab 语言对表面进行着色的方法是，在得到相应网格后，对每一网格依据该网格所代表的节点的色值（由变量 c 控制），来定义这一网格的颜色．若不输入 c，则默认为 c=z.

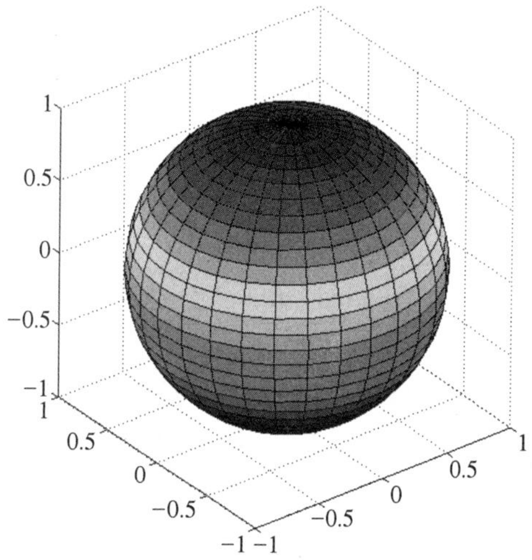

图 10 球面图

例如绘制地球表面的气温分布示意图，键入：

```
[a, b, c] =sphere (40);
t=abs (c);%求绝对值
surf(a, b, c, t);
axis equal
colormap ( 'hot')
```

我们可以得到图 11：

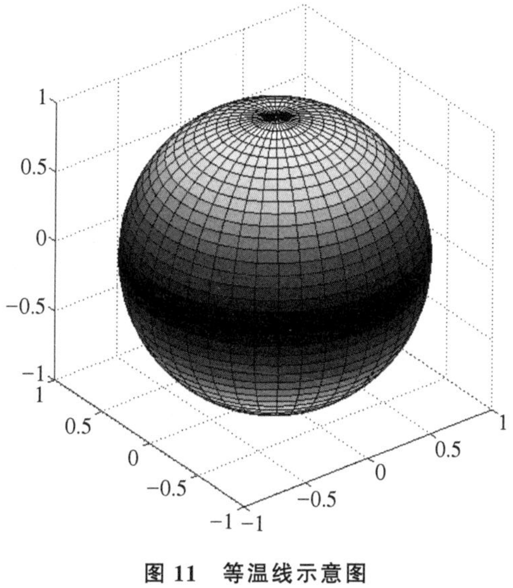

图 11 等温线示意图

（3）图形的控制与修饰

坐标轴的控制函数 axis，调用格式如下：

axis（[xmin，xmax，ymin，ymax，zmin，zmax]）

用此命令可以控制坐标轴的范围.

与 axis 相关的几条常用命令还有：

axis auto 自动模式，使得图形的坐标范围满足图中一切图元素

axis equal 严格控制各坐标的分度使其相等

axis square 使绘图区为正方形

axis on 恢复对坐标轴的一切设置

axis off 取消对坐标轴的一切设置

axis manual 以当前的坐标限制图形的绘制

grid on 在图形中绘制坐标网格

grid off 取消坐标网格

xlabel，ylabel，zlabel 分别为 x 轴、y 轴、z 轴添加标注

title 为图形添加标题

以上函数的调用格式大同小异，我们以 xlabel 为例进行介绍，调用格式：

xlabel（'标注文本'，'属性 1'，'属性值 1'，'属性 2'，'属性值 2'，…）

这里的属性是标注文本的属性，包括字体大小、字体名、字体粗细等.

例如键入：

```
[x，y] =meshgrid（-4：2：4）；
R=sqrt（x.^2+y.^2）；
z=-cos（R）；
mesh（x，y，z）
xlabel（'x\in [-4，4]'，'fontweight'，'bold'）；
ylabel（'y\in [-4，4]'，'fontweight'，'bold'）；
zlabel（'z=-cos（sqrt（x^2+y^2））'，'fontweight'，'bold'）；
title（'旋转曲面'，'fontsize'，15，'fontweight'，'bold'，'fontname'，'隶书'）
```

得到图 12：

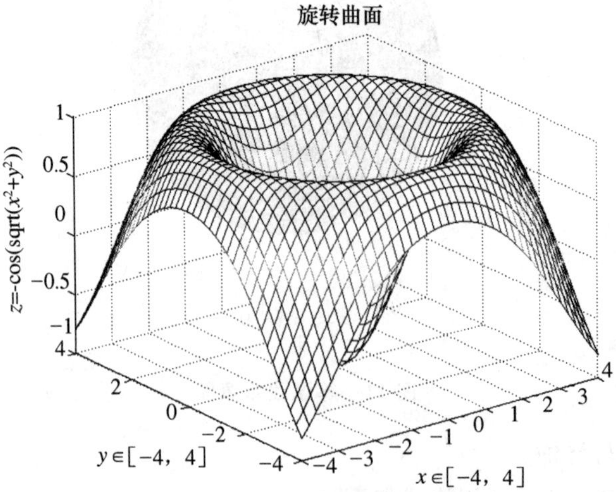

图 12 添加标注

习题答案与提示

第六章习题参考答案

习题 6.1

1. 略

2. (1) 一阶　(2) 二阶　(3) 三阶　(4) 一 阶　(5) 二阶　(6) 四阶

3. (1) 特解　(2) 特解　(3) 不是解　(4) 通解　(5) 通解　(6) 特解

4. $\omega=\pm 3$

习题 6.2

1. (1) $y=\tan(x^3+c)$　(2) $y^2e^{2y}=cx$　(3) $y^2=1+c(x^2+1)$

(4) $y=ce^{y-x^2}-x$　(5) $e^y(y-1)=c-e^{-x}$　(6) $y=\dfrac{x-c(x+1)}{1+c(x+1)}$

(7) $\tan x\tan y=c$　(8) $\sin x\sin y=c$

2. (1) $y=100e^{-2x}$　(2) $y=2(1+x^2)$　(3) $y=e^{\tan\frac{x}{2}}$

(4) $e^y=\dfrac{1}{2}(e^{2x}+1)$

3. $y=\dfrac{1}{2}x$

习题 6.3

1. (1) $x=\dfrac{y}{\ln y+c}$　(2) $y=xe^{(x+1)}$　(3) $y=x\arcsin\ln(cx)$

(4) $y=x^4+cx^3$　(5) $y=\sin x+c\cos x$

(6) $y=\dfrac{1}{2}x^2(x-1)+c(1-x)$

2. (1) $y^3=y^2-x^2$　(2) $y^2=2x^2(\ln x+2)$　(3) $\dfrac{x+y}{x^{2+}y^2}=1$

3. (1) $\ln(x-2y-3)^2=2x-2y+c$　(2) $(3x+y+2)(y-c)=c$

(3) $x+3y+2\ln|x+y-2|=c$　(4) $(y-x+1)^2(y+x-1)^5=c$

习题 6.4

1. (1) $y=x^4+cx^3$　　(2) $y=\frac{1}{1+x^2}(\ln|\sin x|+c)$

(3) $y=\sin x+c\cos x$　　(4) $y=\frac{1}{2}x^2(x-1)+c(1-x)$

(5) $y=(x+c)e^{-\sin x}$　　(6) $y=c\cos x-2\cos^2 x$

(7) $y=\frac{\sin x+c}{x^2-1}$　　(8) $xy^3-\frac{4}{5}y^5=c$

2. (1) $y=\frac{x}{\cos x}$　　(2) $y=\frac{\pi-1-\cos x}{x}$

(3) $y\sin x+5e^{\cos x}=1$　　(4) $y=\frac{2}{3}(4-e^{-3x})$

(5) $2y=x^3-x^3e^{x^{-2}-1}$

3. (1) $x^2y^2(c-x^2)=1$　　(2) $y^2=x\left(\frac{a}{n+2}y^{n+2}+c\right)$

(3) $\frac{1}{y}=-\sin x+ce^x$　　(4) $\frac{x^2}{y^2}=-\frac{2}{3}x^3\left(\frac{2}{3}+\ln x\right)+c$

习题6.5

1. (1) $y=\frac{1}{3}x^3-\cos x+c_1x+c_2$

(2) $y=\frac{1}{2}(x\ln x-x)+c_1x^3+c_2x^2+c_3x+c_4$

(3) $y=\frac{1}{c_1}e^{c_1x}+c_2$　　(4) $y=c_1x^2+c_2$

(5) $\csc y-\cot y=c_2e^{c_1x}$　　(6) $\sin(y+c_1)=c_2e^x$

(7) $y=x\ln x-2x+c_1\ln x+c_2$　　(8) $y=\frac{1}{c_1x+c_2}$

(9) $y=\arcsin(c_2e^x)+c_1$

2. (1) $y=\sqrt{2x-x^2}$　　(2) $y=-\frac{1}{a}\ln(ax+1)$

(3) $y=\frac{1}{a^3}e^{ax}-\frac{e^a}{2a}x^2+\frac{e^a}{a^2}(a-1)x+\frac{e^a}{2a^3}(2a-a^2-2)$

(4) $y=\ln\sec x$　　(5) $y=\ln(e^x+e^{-x})-\ln 2$

3. $y=\frac{1}{3}x^3-\frac{2}{3}x^2+\frac{1}{3}$

习题 6.6

1. (1) 线性无关　(2) 线性无关　(3) 线性无关　(4) 线性无关　(5) 线性无关

（6）线性无关　（7）线性相关　（8）线性无关

2.（1）是，不能组成通解　　（2）是 $y=c_1\cos x+c_2\sin x$

（3）是 $y=(c_1+c_2x)e^{2x}$

3. 略

4. 略

习题 6.7

1.（1）$y=c_1e^{2x}+c_2e^{3x}$　　（2）$y=c_1e^{-x}+c_2e^{\frac{1}{2}x}$

（3）$y=e^{x}(c_1+c_2x)$　　（4）$y=e^{-x}(c_1\cos 2x+c_2\sin 2x)$

（5）$y=c_1e^{2x}+c_2e^{-\frac{4}{3}x}$　　（6）$y=c_1\cos x+c_2\sin x$

（7）$s=e^{2t}(c_1+c_2t)$　　（8）$y=e^{\sqrt{3}x}(c_1+c_2x)$

（9）$y=c_1e^{x}+c_2e^{-x}+c_3\cos x+c_4\sin x$

（10）$y=(c_1+c_2x)\cos x+(c_3+c_4x)\sin x$

2.（1）$y=4e^{x}+2e^{3x}$　　（2）$y=e^{-x}-e^{4x}$

（3）$y=3e^{-2x}\sin 5x$　　（4）$y=\frac{2+\sqrt{3}}{\sqrt{3}}e^{(-2+\sqrt{3})x}+\frac{2+\sqrt{3}}{\sqrt{3}}e^{(-2-\sqrt{3})x}$

（5）$y=xe^{\sqrt{\frac{3}{2}}x}$

3. $y=\cos 3x-\frac{1}{3}\sin 3x$

习题 6.8

1.（1）$y=c_1e^{\frac{x}{2}}+c_2e^{-x}+e^{x}$　　（2）$y=c_1\cos ax+c_2\sin ax+\frac{e^{x}}{1+a^2}$

（3）$y=c_1+c_2e^{-\frac{5}{2}x}+\frac{1}{3}x^3-\frac{3}{5}x^2+\frac{7}{25}x$　（4）$y=c_1e^{-x}+c_2e^{-2x}+\left(\frac{3}{2}x^2-3x\right)e^{-x}$

（5）$y=(c_1+c_2x)e^{3x}+\frac{x^2}{2}\left(\frac{1}{3}x+1\right)e^{3x}$　（6）$y=c_1e^{-x}+c_2e^{-4x}+\frac{11}{8}-\frac{1}{2}x$

（7）$y=c_1\cos x+c_2\sin x+\frac{e^{x}}{2}+\frac{x}{2}\sin x$　（8）$y=c_1e^{x}+c_2e^{-x}-\frac{1}{2}+\frac{1}{10}\cos 2x$

2.（1）$y=-5e^{x}+\frac{7}{2}e^{2x}+\frac{5}{2}$　　（2）$y=-\cos x-\frac{1}{3}\sin x+\frac{1}{3}\sin 2x$

（3）$y=e^{x}-e^{-x}+e^{x}(x^2-x)$

3. $\varphi(x)=\frac{1}{2}(\cos x+\sin x+e^{x})$

总习题六

1.（1）三阶　　（2）$y''+5y'-6y=0$　　（3）$y=e^{-\int p(x)dx}\left(\int Q(x)e^{\int p(x)dx}dx+c\right)$

2.（1）可分离变量 （2）一阶齐次

（3）可分离变量 （4）一阶线性

（5）一阶齐次 （6）一阶线性

（7）伯努利方程

3.（1）$x-\sqrt{xy}=c$ （2）$y=ax+\frac{c}{\ln x}$

（3）$x=cy^{-2}+\ln y-\frac{1}{2}$ （4）$y=\ln|\cos(x+c_1)|+c_2$

（5）$y=\frac{1}{2c_1}(e^{c_1x+c_2}+e^{-c_1x-c_2})$

（6）$y=e^{-x}(c_1\cos2x+c_2\sin2x)-\frac{4}{17}\cos2x+\frac{1}{17}\sin2x$

（7）$y=c_1+c_2e^x+c_3e^{-2x}+\left(\frac{1}{6}x^2-\frac{4}{9}x\right)e^x-x^2-x$

（8）$\sqrt{(x^2+y)^3}=x^3+\frac{3}{2}xy+C$

4.（1）$y=-\frac{1}{a}\ln(ax+1)$ （2）$y=2\arctan e^x$

（3）$y=xe^{-x}+\frac{1}{2}\sin x$

5. $y=x-x\ln x$

6. $\varphi(x)=\cos x+\sin x$

7. $f(x)=\frac{xe^{\frac{x}{2}}}{2\ (1+x)^{\frac{3}{2}}}$

8. $c(x)=1+y=1+\sqrt{x^2+8x}$

第七章习题参考答案

习题 7.1

1. A：四；B：五；C：八；D：三.
2. xOz 面：$(x,\ -y,\ z)$；y 轴：$(-x,\ y,\ -z)$；坐标原点：$(-x,\ -y,\ -z)$.
3. xOy 面：$(x,\ y,\ 0)$；yOz 面：$(0,\ y,\ z)$；xOz 面：$(x,\ 0,\ z)$.
4. x 轴：$\sqrt{34}$；y 轴：$\sqrt{41}$；z 轴：5.
5. $(0,\ 1,\ -2)$.
6. 略.
7. $\pm\frac{1}{11}\ (6,\ 7,\ -6)$.
8. 2，$\alpha=\frac{2}{3}\pi$，$\beta=\frac{1}{3}\pi$，$\gamma=\frac{3}{4}\pi$.

9. $A(-2, 3, 0)$.

习题 7.2

1. $k=-\frac{26}{3}$；$k=\frac{2}{3}$.

2. (1) 9；　(2) $\frac{\pi}{4}$；　(3) 3；　(4) $(6, 6, 3)$.

3. $-\frac{3}{2}$.

4. $\pm\frac{1}{\sqrt{17}}(3, -2, -2)$.

5. $\frac{\sqrt{19}}{2}$.

6. $\frac{\pi}{3}$.

7. $\sin\theta=1$.

8. 2.

9. ± 27.

10. 略.

习题 7.3

1. (1) $7x-3y+z-16=0$；　(2) $x+z-1=0$；

(3) $x+3y=0$；　(4) $9y-z-2=0$.

2. $\cos\alpha=\frac{1}{3}$，$\cos\beta=\frac{2}{3}$，$\cos\gamma=\frac{2}{3}$.

3. 1.

4. (1) $\frac{x-2}{2}=\frac{y-3}{-1}=\frac{z+1}{3}$；　(2) $\frac{x-3}{-4}=\frac{y+2}{2}=\frac{z-1}{1}$；

(3) $\frac{x}{-2}=\frac{y-2}{3}=\frac{z-4}{1}$.

5. $\frac{x+5}{2}=\frac{y-7}{6}=\frac{z}{1}$，$\begin{cases}x=-5+2t\\y=7+6t\\z=t\end{cases}$.

6. $\frac{3\sqrt{2}}{2}$.

7. $(2, 1, -2)$，$\theta=\arcsin\frac{2\sqrt{210}}{35}$.

8. $\begin{cases}4x-y+z-4=0\\2x+4y+5z+10=0\end{cases}$.

9. $\dfrac{x+28}{8}=\dfrac{y+\frac{65}{2}}{7}=\dfrac{z+\frac{25}{2}}{1}$.

10. $k=2$，$x-y-z-2=0$.

习题 7.4

1. $(x-1)^2+(y-3)^2+(z+2)^2=14$.

2. $(x+\dfrac{2}{3})^2+(y+1)^2+\left(z+\dfrac{4}{3}\right)^2=\dfrac{116}{9}$.

3. $(x-6)^2+2y^2+2z^2=50$，是旋转椭球面.

4. $y^2+z^2=5x$.

5. 绕 x 轴：$4x^2-9(y^2+z^2)=36$；绕 y 轴：$4(x^2+z^2)-9y^2=36$.

6. 略.

7. (1) 椭圆$\dfrac{x^2}{4}+\dfrac{y^2}{9}=1$或$\dfrac{x^2}{4}+\dfrac{z^2}{9}=1$绕 x 轴旋转一周；

(2) 双曲线 $x^2-\dfrac{y^2}{4}=1$ 或$-\dfrac{y^2}{4}+z^2=1$ 绕 y 轴旋转一周；

(3) 双曲线 $x^2-y^2=1$ 或 $x^2-z^2=1$ 绕 x 轴旋转一周；

(4) 直线 $z=x+a$ 或 $z=y+a$ 绕 z 轴旋转一周.

8. (1) 平面：平行于 y 轴的直线；空间：平行于 yOz 面的平面.

(2) 平面：斜率为 1，在 y 轴上截距为 1 的直线；空间：平行于 z 轴的平面.

(3) 平面：中心在原点，半径为 2 的圆；

空间：母线平行于 z 轴，准线为 $x^2+y^2=4$ 的圆柱面.

(4) 平面：双曲线；空间：母线平行于 z 轴的双曲柱面.

习题 7.5

1. 略.

2. (1) 平面：两直线的交点；空间：两平面的交线——直线；

(2) 平面：椭圆与直线的交点；空间：椭圆柱面与平面的交线.

3. 母线平行于 x 轴的柱面方程：$3y^2-z^2=16$；

母线平行于 y 轴的柱面方程：$3x^2+2z^2=16$.

4. $\begin{cases}2x^2-2x+y^2=8\\ z=0\end{cases}$.

5. (1) $\begin{cases}x=\dfrac{3}{\sqrt{2}}\cos t\\ y=\dfrac{3}{\sqrt{2}}\cos t\\ z=3\sin t\end{cases}$ $(0\leqslant t\leqslant 2\pi)$，　(2) $\begin{cases}x=1+\sqrt{3}\cos\theta\\ y=\sqrt{3}\sin\theta\\ z=0\end{cases}$ $(0\leqslant\theta\leqslant 2\pi)$.

6. xOy 面：$\begin{cases}x^2+y^2=a^2\\z=0\end{cases}$，$yOz$ 面：$\begin{cases}y=a\sin\dfrac{z}{b}\\x=0\end{cases}$，$zOx$ 面：$\begin{cases}x=a\cos\dfrac{z}{b}\\y=0\end{cases}$.

7. $x^2+y^2\leqslant ax$，$z^2+ax\geqslant a^2$，$x\geqslant 0$，$z\geqslant 0$.

8. $x^2+y^2\leqslant 4$，$x^2\leqslant z\leqslant 4$，$y^2\leqslant z\leqslant 4$.

总习题七

一、1～8. BADCA，ACDCD.

二、

1. $\left(\pm\dfrac{3}{5},\ \pm\dfrac{4}{5},\ 0\right)$.

2. $\left(\dfrac{65}{12},\ \dfrac{15}{4},\ \dfrac{5}{12}\right)$.

3. 24.

4. $x+y+z-2=0$.

5. $2x+3y+z-6=0$.

6. $\dfrac{x-3}{1}=\dfrac{y+3}{1}=\dfrac{z-5}{-3}$.

7. $\dfrac{x-1}{3}=\dfrac{y-2}{-2}=\dfrac{z-1}{-5}$.

8. $C\left(0,\ 0,\ \dfrac{1}{5}\right)$.

9. 提示：用截距式 $a=\dfrac{p}{\cos\alpha}$，$b=\dfrac{p}{\cos\beta}$，$c=\dfrac{p}{\cos\gamma}$.

10. $(x+1)^2+(y-3)^2+(z-3)^2=1$.

11. $\dfrac{x}{4}=\dfrac{y-4}{3}=\dfrac{z}{0}$ 和 $\dfrac{x}{0}=\dfrac{y}{-3}=\dfrac{z-\frac{5}{3}}{2}$.

第八章习题参考答案

习题 8.1

1. (1) $D=\{(x,y)\mid 1<x^2+y^2<4\}$；(2) $D=\{(x,y)\mid x^2<y\leqslant 1-x^2\}$；
(3) $D=\{(x,y)\mid -1\leqslant x+y\leqslant 1\}$；(4) $D=\{(x,y)\mid x+y>0\}$.

2. $f(x,x^2)=x^{x^2}$，$f\left(\dfrac{1}{y},\ x-y\right)=y^{y-x}$.

3. (1) $-\dfrac{1}{4}$；(2) 2；(3) $\dfrac{10}{3}$；(4) ln2；(5) $+\infty$；(6) e.

4. 圆 $x^2+y^2=4$ 上的点都是间断点.

习题 8.2

1. $\left.\frac{\partial z}{\partial x}\right|_{(1,1)}=\frac{1}{4}$，$\left.\frac{\partial z}{\partial y}\right|_{(1,1)}=\frac{1}{4}$.

2. （1） $\frac{\partial z}{\partial x}=\frac{e^y}{y^2}$，$\frac{\partial z}{\partial y}=\frac{xe^y(y-2)}{y^2}$；

（2） $\frac{\partial z}{\partial x}=\sin y+y^2e^{xy}$，$\frac{\partial z}{\partial y}=x\cos y+(1+xy)\ e^{xy}$；

（3） $\frac{\partial z}{\partial x}=\frac{1}{2x\sqrt{\ln(xy)}}$，$\frac{\partial z}{\partial y}=\frac{1}{2y\sqrt{\ln(xy)}}$；

（4） $\frac{\partial z}{\partial x}=y\ [\cos(xy)-\sin(2xy)]$，$\frac{\partial z}{\partial y}=x\ [\cos(xy)-\sin(2xy)]$；

（5） $\frac{\partial z}{\partial x}=\frac{2}{y}\csc\frac{2x}{y}$，$\frac{\partial z}{\partial y}=-\frac{2x}{y^2}\csc\frac{2x}{y}$；

（6） $\frac{\partial u}{\partial x}=\frac{y}{z}x^{\frac{y}{z}-1}$，$\frac{\partial u}{\partial y}=\frac{1}{z}x^{\frac{y}{z}}\ln x$，$\frac{\partial u}{\partial z}=-\frac{y}{z^2}x^{\frac{y}{z}}\ln x$.

3. 提示：$\frac{\partial z}{\partial x}=\frac{1}{3\ (x+\sqrt[3]{x^2y})}$，$\frac{\partial z}{\partial y}=\frac{1}{3\ (y+\sqrt[3]{xy^2})}$.

4. $\frac{\pi}{4}$.

5. （1） $\frac{\partial^2 z}{\partial x^2}=\frac{2xy}{(x^2+y^2)^2}$，$\frac{\partial^2 z}{\partial x\partial y}=\frac{\partial^2 z}{\partial y\partial x}=\frac{y^2-x^2}{(x^2+y^2)^2}$，$\frac{\partial^2 z}{\partial y^2}=\frac{-2xy}{(x^2+y^2)^2}$；

（2） $\frac{\partial^2 z}{\partial x^2}=\frac{-y}{(x+y)^2}$，$\frac{\partial^2 z}{\partial y\partial x}=\frac{\partial^2 z}{\partial y\partial z}=\frac{x}{(x+y)^2}$，$\frac{\partial^2 z}{\partial y^2}=\frac{2x+y}{(x+y)^2}$.

6. 提示：$\frac{\partial z}{\partial x}=\frac{x}{\sqrt{x^2+y^2}}$，$\frac{\partial z}{\partial y}=\frac{y}{\sqrt{x^2+y^2}}$，$\frac{\partial^2 z}{\partial x^2}=\frac{y^2}{(x^2+y^2)^{\frac{3}{2}}}$，$\frac{\partial^2 z}{\partial y^2}=\frac{x^2}{(x^2+y^2)^{\frac{3}{2}}}$.

习题 8.3

1. $\left.dz\right|_{(1,1)}=dx-dy$.

2. $dz=-0.2$，$\Delta z=-0.20404$.

3. （1） $dz=\frac{2}{1+x^4y^2}dx+\frac{x^2}{1+x^4y^2}dy$；

（2） $dz=e^x\arcsin y dx+\frac{e^x}{\sqrt{1-y^2}}dy$；

（3） $dz=\frac{1}{x-2y}\ (dx-2dy)$；

（4） $du=e^{xy+2z}\ [\ (1+xy)\ dx+x^2dy+2xdz]$.

4. 2.0393.

5. $2\pi m^3$.

习题 8.4

1. $\dfrac{dz}{dt}=4t^3+3t^2+2t$.

2. $\dfrac{dz}{dt}=\left(3-\dfrac{4}{t^3}-\dfrac{1}{2\sqrt{t}}\right)\sec^2\left(3t+\dfrac{2}{t^2}-\sqrt{t}\right)$.

3. $\dfrac{\partial z}{\partial x}=\dfrac{2(1+xy^2)}{x^2y^2+2x+3y}$，$\dfrac{\partial z}{\partial y}=\dfrac{2x^2y+3}{x^2y^2+2x+3y}$.

4. $\dfrac{\partial z}{\partial x}=\dfrac{2x}{\sqrt{1-(x^2+y^2)^2}}$，$\dfrac{\partial z}{\partial y}=\dfrac{2y}{\sqrt{1-(x^2+y^2)^2}}$.

5. $\dfrac{\partial z}{\partial x}=\cos(x^2+y^2+\ln(xy))\left(2x+\dfrac{1}{x}\right)$，$\dfrac{\partial z}{\partial y}=\cos(x^2+y^2+\ln(xy))\left(2y+\dfrac{1}{y}\right)$.

6. $\dfrac{\partial z}{\partial x}=\cos x\cdot f'_u+2x\cdot f'_v$，$\dfrac{\partial z}{\partial y}=-2y\cdot f'_v$.

7. $\dfrac{\partial z}{\partial x}=yf(x^2y^3)+2x^2y^4f'(x^2y^3)$，$\dfrac{\partial z}{\partial y}=xf(x^2y^3)+3x^3y^3f'(x^2y^3)$.

习题 8.5

1. $\dfrac{dy}{dx}=\dfrac{y^2-e^x}{\cos y-2xy}$.

2. $\dfrac{dy}{dx}=-\dfrac{y}{x}$，$\dfrac{d^2y}{dx^2}=\dfrac{2y}{x^2}$.

3. $\dfrac{\partial z}{\partial x}=\dfrac{10x}{1-3yz^2}$，$\dfrac{\partial z}{\partial y}=\dfrac{z^3}{1-3yz^2}$.

4. $\dfrac{\partial^2 z}{\partial x^2}=\dfrac{\partial^2 z}{\partial x\partial y}=\dfrac{\partial^2 z}{\partial y^2}=0$.

5. $\dfrac{dx}{dz}=\dfrac{y-z}{x-y}$，$\dfrac{dy}{dz}=\dfrac{z-x}{x-y}$.

6. $\dfrac{\partial u}{\partial x}=\dfrac{\sin v}{e^u(\sin v-\cos v)+1}$，$\dfrac{\partial u}{\partial y}=\dfrac{-\cos v}{e^u(\sin v-\cos v)+1}$，

$\dfrac{\partial v}{\partial x}=\dfrac{\cos v-e^u}{u[e^u(\sin v-\cos v)+1]}$，$\dfrac{\partial v}{\partial y}=\dfrac{\sin v+e^u}{u[e^u(\sin v-\cos v)+1]}$.

习题 8.6

1. 切线方程：$\dfrac{x-x_0}{1}=\dfrac{y-y_0}{\dfrac{m}{y_0}}=\dfrac{z-z_0}{-\dfrac{1}{2z_0}}$，

法平面方程：$(x-x_0)+\dfrac{m}{y_0}(y-y_0)-\dfrac{1}{2z_0}(z-z_0)=0$.

2. $(-1,1,-1)$ 与 $\left(-\dfrac{1}{3},\dfrac{1}{9},-\dfrac{1}{27}\right)$.

3. 切线方程：$\dfrac{x-1}{16}=\dfrac{y-1}{9}=\dfrac{z-1}{-1}$，

法平面方程：$16x+9y-z=24$.

4. 切平面方程：$x+2y-4=0$，法线方程：$\begin{cases}\dfrac{x-2}{1}=\dfrac{y-1}{2}\\ z=0\end{cases}$.

5. 切平面方程：$x-y+2z=\pm\sqrt{\dfrac{11}{2}}$.

6. $\cos\varphi=\dfrac{3}{\sqrt{22}}$.

习题 8.7

1. $-\dfrac{\sqrt{2}}{2}$.

2. $\dfrac{\sqrt{2}}{3}$.

3. $\dfrac{98}{13}$.

4. $\mathbf{grad}f(0,0,0)=(3,-2,-6)$，$\mathbf{grad}f(1,1,1)=(6,3,0)$.

5. $\mathbf{grad}u=2i-4j+k$ 是方向导数取最大值的方向，其最大值为 $|\mathbf{grad}u|=\sqrt{21}$.

习题 8.8

1. (1) 极大值 $f(2,-2)=8$；　(2) 极小值 $f\left(\dfrac{1}{2},-1\right)=-\dfrac{e}{2}$；

(3) 极小值 $f(1,1)=-1$；　(4) 极大值 $f(3,2)=36$.

2. 6，6，6.

3. $\left(\dfrac{21}{13},2,\dfrac{63}{26}\right)$

4. 当矩形的边长为 $\dfrac{2}{3}p$ 与 $\dfrac{1}{3}p$ 时，绕短边旋转所得圆柱体的体积最大.

5. 当长方体的长、宽、高均为 $\dfrac{2}{\sqrt{3}}a$ 时，有最大体积 $\dfrac{8}{3\sqrt{3}}a^3$.

6. 最长距离为 $\sqrt{9+5\sqrt{3}}$，最短距离为 $\sqrt{9-5\sqrt{3}}$.

习题 8.9

1. $f(x,y)=5+2(x-1)^2-(x-1)(y+2)-(y+2)^2$.

2. $f(x,y)=y+\dfrac{1}{2!}(2xy-y^2)+\dfrac{1}{3!}(3x^2y-3xy^2+2y^3)+R_3$.

3. $f(x,y)=1+(x-1)+(x-1)(y-1)+\frac{1}{2}(x-1)^2(y-1)+R_3$，$1.1^{1.02}\approx 1.1021$.

4. $f(x,y)=1+(x+y)+\frac{1}{2!}(x+y)^2+\frac{1}{3!}(x+y)^3+\cdots+\frac{1}{n!}(x+y)^n+\frac{(x+y)^{n+1}}{(n+1)!}e^{\theta(x+y)}$.

习题 8.10

1. $\theta=2.234p+95.33$.

总习题八

一、选择题

1—5　ADCAA

二、解答题

1. (1) 6;　(2) 0.

2. $f(x,y)=x(y+1)$.

3. (1) $\frac{\partial z}{\partial x}=\ln(xy)+1$，$\frac{\partial z}{\partial y}=\frac{x}{y}$;

(2) $\frac{\partial z}{\partial x}=y^2(1+xy)^{y-1}$，$\frac{\partial z}{\partial y}=(1+xy)^y\left[\ln(1+xy)+\frac{xy}{1+xy}\right]$.

4. $z''_{xx}=2\cos 2(x+y)$，$z''_{yy}=2\cos 2(x+y)$，$z''_{xy}=z''_{yx}=2\cos 2(x+y)$

5. $\frac{1}{6}dx+\frac{1}{3}dy$.

6. (1) $\frac{dy}{dx}=\frac{x+y}{x-y}$　(2) $\frac{\partial z}{\partial x}=\frac{z}{x+z}$，$\frac{\partial z}{\partial y}=\frac{z^2}{(z+x)y}$.

7. 略.

8. $\frac{\partial^2 z}{\partial x\partial y}=2yf''\cdot\left(-\frac{y^2}{x^2}\right)=-\frac{2y^3}{x^2}f''$.

9. $\frac{du}{dx}=f_1'-\frac{y}{x}f_2'+\left[1-\frac{e^x(x-z)}{\sin(x-z)}\right]f_3'$.

10. $(-3,-1,3)$，$\frac{x+3}{-3}=\frac{y+1}{-1}=\frac{z-3}{3}$.

11. $\frac{7}{4\sqrt{6}}$.

12. $\sqrt{2}$.

13. 切点$\left(\frac{a}{\sqrt{3}},\frac{b}{\sqrt{3}},\frac{c}{\sqrt{3}}\right)$，$V_{\min}=\frac{\sqrt{3}}{2}abc$.

第九章习题参考答案

习题 9.1

1. (1) 正； (2) 负.

2. (1) $I_1>I_2$； (2) $I_1<I_2$.

3. (1) $[10, 16]$； (2) $[\frac{\sqrt{2}}{4}\pi^2, \frac{1}{2}\pi^2]$； (3) $[0, 2]$.

4. (1) 4π；(2) $\frac{2}{3}\pi R^3$.

习题 9.2

1. (1) $\frac{9}{4}$； (2) $-\frac{3}{2}\pi$； (3) 2π； (4) $\frac{1}{48}$； (5) $\frac{e}{2}-1$

(6) $\frac{4}{\pi^3}(2+\pi)$； (7) $\frac{5}{3}+\frac{\pi}{2}$； (8) $-\frac{2}{5}$

2. (1) $2-\frac{\pi}{2}$； (2) $-6\pi^2$； (3) $\frac{\pi}{3}a^3+\frac{4}{9}a^3(5-4\sqrt{2})$； (4) $\frac{\pi R^4}{4}(\frac{1}{a^2}+\frac{1}{b^2})$；

(5) 9π.

3. (1) $\int_0^1 dx\int_{x^2}^{x} f(x, y)dy$ (2) $\int_0^1\int_{e^y}^{e} f(x, y)dx$

(3) $\int_{-1}^{0} dy\int_{-\sqrt{1-y^2}}^{\sqrt{1-y^2}} f(x, y)dx+\int_0^1 dy\int_{-\sqrt{1-y^2}}^{\sqrt{1-y^2}} f(x, y)dx$

(4) $\int_{-1}^{0} dy\int_{1-\sqrt{1-y^2}}^{1+\sqrt{1-y^2}} f(x, y)dx$

4. (1) $\frac{a^3}{6}[\sqrt{2}+\ln(\sqrt{2}+1)]$； (2) $\frac{\pi}{8}a^4$； (3) $\frac{\pi}{2}(1-e^{-1})$； (4) $\sqrt{2}-1$.

5. (1) $\int_0^{2\pi} d\theta\int_0^a f(r\cos\theta, r\sin\theta)rdr$

(2) $\int_{-\frac{\pi}{2}}^{\frac{\pi}{2}} d\theta\int_0^{2\cos\theta} f(r\cos\theta, r\sin\theta)rdr$

(3) $\int_0^{2\pi} d\theta\int_a^b f(r\cos\theta, r\sin\theta)rdr$

(4) $\int_0^{\frac{\pi}{2}} d\theta\int_0^{\frac{1}{\cos\theta+\sin\theta}} f(r\cos\theta, r\sin\theta)rdr$

6. $\frac{5}{6}$

7. $\frac{17}{6}$

8. $\frac{\pi}{2}a^4$

9. (1) $\frac{1}{2}(e^2-e)\ln 2$; (2) $\frac{1}{3}(b-a)\ln\frac{q}{p}$.

10. 略.

习题 9.3

1. (1) $\int_1^2 dx\int_0^x dy\int_0^y f(x,y,z)dz$;

(2) $\int_{-1}^1 dx\int_{-\sqrt{1-x^2}}^{\sqrt{1-x^2}} dy\int_{x^2+y^2}^1 f(x,y,z)dz$;

(3) $\int_{-1}^1 dx\int_{-\sqrt{1-x^2}}^{\sqrt{1-x^2}} dy\int_{x^2+2y^2}^{2-x^2} f(x,y,z)dz$.

2. (1) $\frac{15}{8}$; (2) 32π; (3) $\frac{4\pi}{15}(b^5-a^5)$; (4) $\frac{4\pi}{3}$; (5) $\frac{\pi}{6}$; (6) $\frac{28}{45}$.

3. (1) $\frac{8}{9}a^3$; (2) $\frac{\pi}{4}[(1+4a)\ln(1+4a)-4a]$.

4. (1) $\frac{1}{5}\pi R^5(2-\sqrt{2})$; (2) $\frac{\pi}{10}$.

5. (1) $\frac{1}{4}$; (2) 6π.

习题 9.4

1. $\frac{1}{2}\sqrt{a^2b^2+a^2c^2+b^2c^2}$.

2. $2\pi a^2-4a^2$.

3. $(0, \frac{4a}{3\pi})$.

4. $(0, 0, \frac{5}{4})$.

5. $I_x=\frac{1}{28}$, $I_y=\frac{1}{20}$.

6. $I_z=\frac{\pi}{12}$.

7. $2\pi Ga\mu\left(\frac{1}{\sqrt{R^2+a^2}}-\frac{1}{a}\right)$.

8. $F_x=F_y=0$, $F_z=-2\pi G\rho[\sqrt{(h-a)^2+R^2}-\sqrt{R^2+a^2}+h]$.

总习题九

一、1. D 2. B 3. A 4. C 5. B 6. C 7. B

二、1. 略

2. (1)$I=\int_0^1 \mathrm{d}y\int_{y^2}^{y} \frac{\sin y}{x^2}\mathrm{d}x$；

(2)$\int_0^1 \mathrm{d}y\int_{-y}^{\sqrt{2y-y^2}} f(x, y)\mathrm{d}x$

3. (1) $\frac{8}{3}$；

(2)$1-\sin 1$；

(3)$2-\frac{\pi}{2}$；

(4) $\frac{28}{45}$；

(5) $\frac{4}{5}\pi R^5+\frac{4}{3}\pi R^3$.

4. $\frac{368}{105}\mu$.

5. $\left(0, 0, \frac{a}{2}\right)$.

6. $t=100$ 小时.

第十章参考答案

习题 10.1

1. (1)$I_x=\int_L y^2\rho(x, y)\mathrm{d}s$，$I_y=\int_L x^2\rho(x, y)\mathrm{d}s$；

(2) $\bar{x}=\frac{\int_L x\rho(x, y)\mathrm{d}s}{\int_L \rho(x, y)\mathrm{d}s}$，$\bar{y}=\frac{\int_L y\rho(x, y)\mathrm{d}s}{\int_L \rho(x, y)\mathrm{d}s}$.

2. (1)1；

(2) $\frac{\sqrt{2}}{2}+\frac{1}{12}(5\sqrt{5}-1)$；

(3)$2(\mathrm{e}^a-1)+\frac{\pi a}{4}\mathrm{e}^a$；

(4) $\frac{\sqrt{3}}{2}(1-\mathrm{e}^{-2})$；

(5)9；

(6)$6\sqrt{2}\pi$.

3. $2a^2$

4. 略.

5. (1) $\frac{4}{3}$；

(2) -18π；

(3) $-\pi a^2$；

(4) $-\frac{87}{4}$；

(5) $\frac{1}{2}$；

(6)$\sin 1+\cos 1-\frac{6}{5}$.

6. (1) ～ (4)13.

7. $\frac{\pi}{2}$.

8. $\int_L(\sqrt{2x-x^2}P(x,y)+(1-x)Q(x,y))\mathrm{d}s$.

习题 10.2

1. (1)18π;　　(2)8.

2. (1) $\frac{3\pi a^2}{8}$;　　(2)$3\pi a^2$.

3. (1) -8π;　　(2) $-\frac{19}{3}$.

4. (1)5;　　(2)$9\cos 2+4\cos 3$.

5. (1) $\frac{\pi^2}{4}$;　　(2) $-a^2$;

(3) -4.

6. $x^2+x\sin y$.

7. 略.

8. (1) 是，$x^3+3x^2y^2+\frac{4}{3}y^3=C$;　　(2) 是，$xe^y-y^2=C$;

(3) 不是，$e^{\frac{x}{2y}}=Cx(C\neq 0)$.

习题 10.3

1. 略

2. (1)$\pi a(a^2-h^2)$　　(2) $\frac{125\sqrt{5}-1}{420}$

(3)$(\sqrt{3}-1)\ln 2+\frac{3-\sqrt{3}}{2}$　　(4) $\frac{\pi}{2}(1+\sqrt{2})$

(5)$2\pi\arctan\frac{h}{R}$.

3. $\frac{2\sqrt{2}}{3}$

4. 略

5. (1) $\frac{2}{15}$　　(2)$2\pi a^3$

(3)8π　　(4) $-\frac{\pi}{4}h^4$ (5)$12\pi a$

习题 10.4

1. (1)$z=3a^4$　　(2) -6π

(3) $-\frac{\pi h^4}{2}$　　(4) $\pi e(4e^3-15e+2)$

2. 略

3. 略

4. (1)6　(2)0

5. (1) $2x+2y+2z$　　(2) $e^y+ze^{-y}+\frac{y}{z}$

习题 10.5

1. (1) $\frac{3}{2}$　　(2) $-\frac{9}{2}$

(3) 9π

2. (1) $2\boldsymbol{i}+4\boldsymbol{j}+6\boldsymbol{k}$　　(2)0

3. (1) 2π　　(2) 12π

总习题十

一、1－5　BABCC

二、1. (1)0　　(2) $\frac{\sqrt{2}}{16}\pi$

(3)0　　(4)0

(5) $\frac{\pi^2}{4}$　　(6) $-2\pi a(a+b)$

2. $\varphi(x, y)=-x^2+y^2+2$

3. (1) $\frac{4}{3}\pi R^4(a^2+b^2+c^2)+4\pi R^2d^2$　　(2) $\frac{32}{9}\sqrt{2}$

(3) $-\frac{\pi}{2}$　　(4) $12\pi a$

(5) $2\pi e^2$　　(6) $I=\frac{\pi^2}{2}R$

4. $\frac{3}{2}\pi$

第十一章习题参考答案

习题 11.1

1. (1) $-\frac{1}{2}, \frac{1}{3}$；　(2) $(-1)^{n-1}\frac{1}{n^2}$；　(3) $\frac{n!}{n^n}$.

2. (1) 收敛，$s=3$；　(2) 发散；　(3) 发散.

3. (1) 收敛；　(2) 发散；　(3) 发散；　(4) 发散.

4. (1) 收敛； (2) 收敛； (3) 发散.

习题 11.2

1. (1) 发散； (2) 发散； (3) 收敛； (4) 发散； (5) 收敛； (6) 发散.

2. (1) 收敛； (2) 收敛； (3) 收敛； (4) 收敛.

3. (1) 收敛； (2) 收敛； (3) 收敛；

(4) 发散； (5) 收敛； (6) 当 $0 < p \leqslant 1$ 时收敛;当 $p > 1$ 时发散.

4. (1) 条件收敛； (2) 绝对收敛； (3) 条件收敛； (4) 发散；

(5) 绝对收敛； (6) 绝对收敛； (7) 绝对收敛； (8) 绝对收敛.

习题 11.3

1. (1) $(-\infty, +\infty)$； (2) $\left(-\dfrac{1}{2}, \dfrac{1}{2}\right]$；

(3) 仅在 $x = 0$ 收敛； (4) $(-\sqrt{3}, \sqrt{3})$；

(5) $(-1, 1)$； (6) $(4, 6)$.

2. (1) $s(x) = \ln(1+x)$, $x \in (-1, 1]$；

(2) $s(x) = \dfrac{x}{(1-x)^2}$, $x \in (-1, 1)$；

(3) $s(x) = \dfrac{2}{2-x}$, $x \in (-2, 2)$.

3. $\dfrac{5}{8} - \dfrac{3}{4}\ln 2$

习题 11.4

1. (1) $\sum\limits_{n=0}^{\infty} (-1)^n \dfrac{x^{2n+1}}{n!}$, $x \in (-\infty, +\infty)$；

(2) $\sum\limits_{n=1}^{\infty} (-1)^{n-1} \dfrac{2^{2n-1}}{(2n)!} x^{2n}$, $x \in (-\infty, +\infty)$；

(3) $\sum\limits_{n=0}^{\infty} x^{2n+3}$, $x \in (-1, 1)$；

(4) $1 + \sum\limits_{n=1}^{\infty} \dfrac{1 \times 3 \times 5 \times \cdots \times (2n-1)}{2 \times 4 \times 6 \times \cdots \times (2n)} x^{2n}$, $x \in (-1, 1)$.

2. $\dfrac{1}{3-x} = \dfrac{1}{2} + \dfrac{1}{2^2}(x-1) + \dfrac{1}{2^3}(x-1)^2 + \cdots + \dfrac{1}{2^{n+1}}(x-1)^n + \cdots$, $x \in (-1, 3)$；

$\dfrac{1}{3-x} = 1 + (x-2) + (x-2)^2 + \cdots + (x-2)^n + \cdots$, $x \in (1, 3)$.

3. $\dfrac{1}{x^2+3x+2} = \sum\limits_{n=0}^{\infty} \left(\dfrac{1}{2^{n+1}} - \dfrac{1}{3^{n+1}}\right)(x+4)^n$, $x \in (-6, -2)$.

4. (1) 1.395 6； (2) 1.609； (3) 2.004 30.

5. 0.529 5.

习题 11.5

1. (1) $\frac{\pi}{3}+\sum_{n=1}^{\infty}(-1)^n\frac{4}{n^2}-\cos nx$，$x\in(-\pi,\pi]$；

(2) $\frac{\pi}{2}+\sum_{n=1}^{\infty}\left[\frac{1}{n^2\pi}\cos nx+(-1)^n\frac{1}{n}\sin nx\right]$，$x\in[-\pi,\pi]$；

(3) $\frac{\pi}{4}-\frac{2}{\pi}\sum_{n=1}^{\infty}\frac{1}{(2n-1)^2}\cos(2n-1)x+3\sum_{n=1}^{\infty}(-1)^{n+1}\frac{\sin nx}{n}$，$x\in(-\pi,\pi]$.

2. $2x^2=\frac{4}{\pi}\sum_{n=1}^{\infty}\left[-\frac{2}{n^3}+(-1)^n\left(\frac{2}{n^3}-\frac{\pi^2}{n}\right)\right]\sin nx$，$x\in[0,\pi)$；

$2x^2=\frac{2}{3}\pi^2+8\sum_{n=1}^{\infty}\frac{(-1)^n}{n^2}\cos nx$，$x\in[0,\pi]$.

3. (1) $\frac{\pi}{2}-\frac{4}{\pi}\sum_{n=1}^{\infty}\frac{1}{(2n-1)^2}\cos(2n-1)x$，$x\in(-\pi,\pi]$；

(2) $\frac{1}{2}+\frac{4}{n^2}\sum_{n=1}^{\infty}\frac{1}{(2n-1)^2}\cos(2n-1)\pi x$，$x\in(-\infty,+\infty)$.

4. $x^2=\frac{8}{\pi}\sum_{n=1}^{\infty}\left[\frac{(-1)^{n+1}}{n}+\frac{2}{n^3\pi^2}((-1)^n-1)\right]\sin\frac{n\pi x}{2}$，$x\in[0,2)$；

$x^2=\frac{4}{3}+\frac{16}{\pi^2}\sum_{n=1}^{\infty}\frac{(-1)^n}{n^2}\cos\frac{n\pi x}{2}$，$x\in[0,2]$.

总习题十一

一、1 ～ 10. BCDCA　CDBCA

二、

12. (1) 发散；　(2) 收敛；　(3) 收敛；

(4) 当 $0<x<\mathrm{e}$ 时收敛;当 $x\geqslant\mathrm{e}$ 时发散.

13. (1) 条件收敛；　(2) 绝对收敛.

14. (1)$(-2,2)$；　(2) 仅在 $x=0$ 收敛.

15. (1) $\sum_{n=0}^{\infty}(-1)^n(\frac{x}{2})^{n+1}$，$x\in(-2,2)$；

(2) $\sum_{n=0}^{\infty}(-1)^n\frac{x^{2n+1}}{n!}$，$x\in(-\infty,+\infty)$.

16. (1)$\pi^2+1+12\sum_{n=1}^{\infty}\frac{(-1)^n}{n^2}\cos\pi x$，$x\in(-\infty,+\infty)$；

(2) $\frac{2}{\pi}\sum_{n=1}^{\infty}\frac{1-\cos nh}{n}\sin nx$，$x\in(0,h)\cup(h,\pi]$.

6. $S_n=\frac{4}{3n(n+1)\sqrt{n(n+1)}}$，$\frac{4}{3}$.

参考文献

[1] 同济大学应用数学系．高等数学（第 6 版）[M]．北京：高等教育出版社，2009.

[2] 尤正书，黄宇林，奚小平．高等数学（第 2 版）[M]．武汉：华中师范大学出版社，2010.

[3] 赵国石，冉兆平，程历辉．高等数学全程辅导与提高（第 2 版）[M]．武汉：华中师范大学出版社，2007.

[4] 尤正书，马军，赵国石．高等数学（第 2 版）[M]．武汉：华中师范大学出版社，2010.

[5] 吴传生．经济数学——微积分 [M]．北京：高等教育出版社，2003.

[6] 王雪莲，等．高等数学 [M]．北京：化学工业出版社，2008.

[7] 俎冠兴．高等数学 [M]．北京：化学工业出版社，2007.